面向新工科普通高等教育系列教材

单片机原理与应用

——基于 Keil+Proteus

陈志英　徐　敏　主编
林　峰　曾汉超　参编

机械工业出版社

本书围绕“Keil+Proteus 联调技术”核心方法，通过多个“Keil+Proteus 实际应用案例”帮助读者掌握所学内容，增强对单片机硬件资源的理解与使用，并从软件设计、硬件设计以及实时在线调试三方面提高读者的单片机应用能力。

本书共 11 章，包括单片机基础知识、单片机硬件结构及工作原理、C51 程序设计、中断系统、定时/计数器、串行口、系统扩展技术（存储器扩展和 I/O 端口扩展）、接口技术（键盘、LED、LCD、A/D、D/A 等）、总线技术、Keil C51 和 Proteus 仿真软件及联合调试技术、单片机应用系统设计实例等。

本书既可作为大中专院校电气与电子信息类、计算机类、机械类等专业的教学用书，也可供从事单片机应用与产品开发工作的工程技术人员参考。

本书配有授课电子课件，需要的教师可登录 www. cmpedu. com 免费注册，审核通过后下载，或联系编辑索取（微信：15910938545，电话：010-88379739）。

图书在版编目（CIP）数据

单片机原理与应用：基于 Keil+Proteus/陈志英，徐敏主编．—北京：机械工业出版社，2022. 3（2026. 1 重印）
面向新工科普通高等教育系列教材
ISBN 978-7-111-70190-3

Ⅰ. ①单… Ⅱ. ①陈… ②徐… Ⅲ. ①单片微型计算机-高等学校-教材
Ⅳ. ①TP368. 1

中国版本图书馆 CIP 数据核字（2022）第 027759 号

机械工业出版社（北京市百万庄大街 22 号　邮政编码 100037）
策划编辑：郝建伟　　责任编辑：郝建伟　王　斌
责任校对：张艳霞　　责任印制：郜　敏

河北虎彩印刷有限公司印刷

2026 年 1 月第 1 版 · 第 5 次印刷
184mm×260mm · 18. 25 印张 · 452 千字
标准书号：ISBN 978-7-111-70190-3
定价：75. 00 元

电话服务	网络服务
客服电话：010-88361066	机　工　官　网：www. cmpbook. com
010-88379833	机　工　官　博：weibo. com/cmp1952
010-68326294	金　　书　　网：www. golden-book. com
封底无防伪标均为盗版	机工教育服务网：www. cmpedu. com

前 言

“单片机原理与应用”是电气工程、自动化、电子信息、计算机、机械等工科专业非常重要的基础课程，也是一门知识性、应用性、实践性很强的综合性技术课程。通过该课程，可以锻炼学生独自开发小型单片机应用系统的硬件设计、分析、制作与软件编写、调试的能力，提高学生的动手实践能力，培养学生的创新意识与创造性思维，最终为学生在校期间参加全国性竞赛（如大学生机器人大赛、智能车大赛等），以及学会采用单片机设计相关控制系统解决专业中的各种具体问题奠定坚实的理论与实践基础，使他们毕业时能获得更好的就业机会与岗位，并成为未来工作中负责应用系统研究开发的技术骨干。可以说，“单片机原理与应用”是一门非常重要的课程。

传统的单片机课程教学主要存在三大问题：一是教学模式采用“先理论讲解，再动手实验”，导致“教学-实验”分离、“理论-实践”不同步，不仅使学生理论理解困难，而且感觉枯燥乏味，使初学者感觉入门较难，难以培养兴趣甚至厌学，最终造成单片机课程教学效果不理想；二是实验教学采用统一的单片机实验箱（板），存在硬件电路固定、实验内容固定、学生不能随意更改、程序无法实时在线仿真调试、与工程实际应用脱节等缺点，很难培养学生的实践动手能力与创造性思维；三是缺乏对单片机系统化设计的培养，教学中通常将软硬件分离介绍，加上实验采用现成的电路板，大多只完成简单、分块的验证性程序设计，基本不涉及硬件设计，导致学生硬件设计与复杂软件设计能力薄弱，在构建实际的单片机应用系统时缺乏硬件平台搭建与系统软件调试能力，最终造成学生的单片机应用系统综合设计能力严重不足。

鉴于传统教学模式存在的不足，本书编者对单片机课程教学进行改革，提出了一种基于Proteus与Keil联调及项目导向的新型单片机教学模式。它的核心思想是将单片机课程教学围绕具体应用项目展开，使项目设计贯穿整个教学过程，授课时将每个应用项目分解为进阶式的多个子模块，按照模块化思路讲解相关软硬件设计的知识点，并采用Proteus与Keil软件构成虚拟实验平台，实现“教师边讲边指导、学生边学边实践”的教学形式，达到理论与实践教学的同步。这种教学形式对学生来说，增强了单片机学习的直观性和生动有趣的真实感，激发了他们的学习兴趣与积极主动性，提高了他们的学习成就感，最终在整体上提高了学生的单片机综合设计能力，使教学效率和教学质量得到大幅度提升；对教师来说，在普通机房或教室（学生自带笔记本计算机）授课即可实现理论与实践结合，不依赖于实验室及其单片机开发板，并能及时了解学生学习单片机时存在的问题与不足，做到及时和有针对性的辅导，提高与巩固教学效果。

本书以工程应用为主调，是编者在单片机教学与开发过程中，对教学模式与教学方法改革成果、实践经验教训、心得感悟的总结和整理。全书围绕“Keil+Proteus联调技术”核心方法，通过多个“Keil+Proteus实际应用案例”帮助学生掌握所学内容，增强对单片机硬件资源的理解与使用，提高学生的实际硬件设计与编程调试能力，使学生在课后易于根据教材自行学习，并采用Keil与Proteus软件进行单片机仿真实验。

本书共11章，内容包括绪论、MCS-51单片机的硬件结构及工作原理、C语言基础与C51程序设计、MCS-51中断系统、MCS-51定时/计数器、MCS-51串行口、MCS-51系统扩展技术、MCS-51 单片机接口技术、MCS-51 单片机总线技术、Keil C51 和 Proteus 仿真软件及联合调试技术、单片机应用系统设计实例。在每一章前列出了本章的学习目标或重要知识点，每章结尾给出本章小结，以便帮助读者回顾和复习。需要说明的是，由于 C 语言是当今微控制器或微处理器应用系统的主要开发语言，因此本书不介绍汇编语言，仅在附录列出 MCS-51 单片机的汇编指令，教师可根据讲解单片机工作原理的需要，自行增加部分汇编语言的基本讲解。

本书部分图片保留了软件固有的元器件符号，可能会与国家标准中的符号不一致，读者可查阅相关资料。

本书获得厦门理工学院教材建设基金资助。全书由陈志英副教授、徐敏教授主编，并参与全书的执笔编写；林峰和曾汉超参编，并为本书做了许多校对工作，在此表示衷心的感谢。

本书编写过程中参阅借鉴了一些相关教材和文献，在此向其编著者表示谢意。由于编者水平有限，书中疏漏之处在所难免，恳请读者批评指正。

编　者

目 录

第1章 绪 论

单片机也称为微控制器，它是在一片半导体硅片上集成了微处理器、存储器、输入/输出接口、外围设备等部件，属于芯片级的计算机，具有一台计算机的属性，是微型计算机的一个重要分支。单片机作为各种应用系统的控制核心，因具有体积小、价格低、可靠性高、灵活性好、开发较为容易等优点被广泛应用于工业和日常生活等领域。本章首先介绍单片机的基本概念、单片机的发展、单片机的特点和应用等基础知识，然后重点讨论微型计算机的组成与工作原理，最后介绍计算机中的数制与编码。

【重要知识点】

- 掌握单片机的基本概念。
- 掌握微型计算机的组成与工作原理。
- 掌握计算机中的数制与编码。

1.1 单片机的基本概念

单片机的全称为单片微型计算机（Single Chip Microcomputer），它是将计算机的基本部件微型化并集成在一块芯片上的微型计算机，在一块硅片上集成了中央处理器（CPU）、存储器（RAM、ROM、FLASH、E^2PROM 等）、输入/输出接口（并行 I/O 接口、同步串行口、异步串行口等）及各种外围设备（定时器、计数器、A/D、D/A、PWM 等）。从应用领域来看，单片机主要用于控制，所以又称为微控制器（Microcontroller Unit）或嵌入式控制器（Embedded Controller）。

1.1.1 单片机的分类

目前市面上的单片机品种很多，至少有五十多个系列、三百多个品种，可按以下方式进行分类。

（1）按适用范围分

通用型——是指可把开发资源（如 FLASH、RAM、I/O 接口、外设等）全部提供给应用者的单片机。其内部资源比较丰富，性能全面且适用性强，能覆盖多种应用需求，如 80C51 单片机。用户可以根据需要，设计不同的应用控制系统。

专用型——是指其硬件结构和指令是按照某个特定用途而专门设计的单片机。例如，打印机控制器、录音机机芯控制器等。这类单片机不属于本书讨论的范围。

（2）按制造工艺分

HMOS 工艺——高密度短沟道 MOS 工艺，具有高速度、高密度的特点。

CHMOS（或 HCMOS）工艺——互补的金属氧化物的 HMOS 工艺，是 CMOS 与 HMOS 的结合，具有高密度、高速度、低功耗的特点。

（3）按字长分

字长是指单片机内部参与运算的数的位数。它决定了单片机内部寄存器、算术逻辑单元

(Arithmetic Logic Unit，ALU）和数据总线的位数，直接影响着机器的硬件规模和造价。字长直接反映了单片机的计算精度。

单片机按字长可分为 4 位机（如 NEC 公司的 μPD75XX 系列）、8 位机（如 Intel 公司的 MCS-51 系列）、16 位机（如 Intel 公司的 MCS-96/98 系列）和 32 位机（如 Motorola 公司的 MC683XX 系列）等，字长越长其运算处理的速度越快，功能越强大。从近年来的使用情况看，8 位单片机使用率最高，其次是 32 位。前者主要用于满足大量低端控制领域应用的需求，后者主要用于满足一些高端新兴领域（如网络、通信、多媒体、数码产品和信息家电等）对海量数据处理能力的需要。对于工作速度不高、数据处理量不大、控制过程不很复杂的场合，如家用电器、商用产品等，可选用 8 位单片机；对于要求很高的实时控制及复杂的过程控制，如机器人、信号处理等，则最好选用 32 位单片机。

尽管单片机种类繁多，但它们的基本结构和功能类似，因此可以选择以一种单片机为主进行学习，并熟练掌握。目前，教学的首选机型仍然是 8 位单片机。

1.1.2 单片机的指标

衡量单片机的性能指标有很多，包括速度、位数、功耗、I/O 接口数量、存储容量、工作电压、价格、体积、重量等。

(1) 速度

CPU 处理速度，用每秒执行百万条指令表征，单位是 MIPS（Million Instruction Per Second），目前最快的单片机可达 200 MIPS。单片机的速度与系统时钟相关联，但并不是频率越高处理速度就越快。对于同一型号的单片机来说，采用频率高的时钟一般比频率低的速度快。

(2) 位数

位数是指 CPU 一次基本操作处理的数据位数。它与 CPU 内部数据总线宽度是一致的。位数越多，所表示的数据精度就越高。在完成同样精度的运算时，位数较多的单片机比位数较少的单片机运算速度快。

(3) 功耗

为了满足广泛使用于便携式系统的要求，目前许多单片机内的工作电压仅为 1.8~3.6 V，工作电流仅为数百毫安，一些低功耗单片机的静态电流甚至可以达到 μA 或 nA 级。几乎所有的单片机都有 WAIT、STOP 等省电运行方式。目前，低电压供电的单片机电源下限已达 1~2 V 甚至更低。

(4) I/O 接口数量

不同类型的单片机其输入/输出接口有很大差别。一般从几个到几十个。例如，MCS-51 系列单片机有 4 个 8 位并行 I/O 接口，使用上很方便。在片内接口不够时，可考虑进行接口扩展。

(5) 存储器

存储器包括数据存储器和程序存储器。数据存储器字节数通常在几十字节到几百字节之间。程序存储器空间较大，从几 KB 到几百 MB。

(6) 外设数量

随着半导体集成技术的高速发展，单片机集成的外设数量越来越多，功能也越来越强大，提供给用户的硬件资源非常丰富。例如，一些高性能单片机集成了 A/D、D/A、PWM、SPI、

I^2C、CAN、比较器等多达十几个模块。

(7) 扩展能力

当单片机片内资源不够时，需要扩展外部硬件模块，扩展能力决定了单片机最多能扩展多少容量的外部硬件设备。

1.2 单片机的发展

目前，计算机硬件技术正朝着大容量、高性能、高集成化、高微型化和低功耗等方向发展。单片机代表着计算机技术的一个发展方向。自1975年美国德克萨斯仪器公司（Texas Instruments，TI）研发的第一块单片机芯片TMS-1000问世以来，在短短的30多年间，单片机技术已发展成为计算机技术的一个非常有活力的分支，并有着自己的技术特征、规范、发展道路和应用环境。随着电子技术的发展，单片机在集成度、功能、性能、体系结构等方面都得到了飞速发展。

1.2.1 单片机的发展概况

单片机的发展历史可划分为四个阶段。

第一阶段（1974~1976年）：单片机的初级阶段。因工艺限制，单片机采用双片的形式而且功能比较简单。例如，仙童公司生产的F8单片机，实际上只包括了8位的CPU、64个字节RAM和2个并行口。因此，还需对外扩展程序存储器ROM、定时/计数器等设备才能组成一台完整的计算机。

第二阶段（1976~1978年）：低性能单片机阶段。以Intel公司制造的MCS-48单片机为代表，这种单片机片内集成有8位CPU、并行I/O接口、8位定时/计数器、RAM和ROM等，但是不足之处是无串行口、中断处理比较简单、片内存储器的容量较小且寻址范围不大于4KB。

第三阶段（1978~1983年）：高性能单片机阶段。这个阶段推出的单片机普遍带有串行口、多级中断系统、16位定时/计数器等，片内存储器容量加大，且寻址范围可达64K字节，有的片内还带有A/D转换器。

第四阶段（1983年~现在）：8位单片机巩固发展及16位、32位和64位单片机陆续推出。此阶段的主要特征是一方面发展16位、32位和64位单片机；另一方面不断完善高档8位单片机，改善其结构，以满足不同的用户需要。例如，1983年Intel公司推出的MCS-96系列，1987年Intel公司推出的80C96、美国国家半导体公司推出的HPC16040、NIEC公司推出的783XX系列等。20世纪80年代末推出了32位单片机，如Motorola的MC683XX系列、Intel的80960系列，以及近年来流行的ARM系列单片机。32位单片机是单片机的发展趋势，随着技术的发展及开发成本和产品价格的下降，将会与8位单片机并驾齐驱。近年来，推出了64位单片机，其在引擎控制、智能机器人、磁盘控制、语音/图像通信、算法密集的实时控制等场合已有应用，如英国Inmos公司的Transputer T800是高性能64位单片机。

虽然单片机的发展按先后顺序经历4位、8位、16位、32位、64位的阶段，但从实际使用情况看，并没有出现像微处理器那样更新换代的局面，这也是单片机发展的一大特点。4位、8位、16位、32位单片机都存在于市场中，各有应用领域。不过，各类单片机为适应市场需求，都在原来的基础上采取新技术、提高性能、推出新产品。图1.1是一项近期对单片机选型的市场调查，从中可以看出，8位单片机因其高性价比仍是市场的主流产品，但32位单片机的发展很迅速。

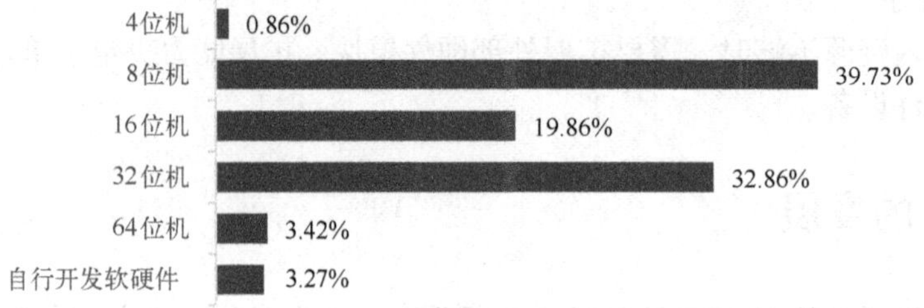

图 1.1　单片机选型市场调查

1.2.2　单片机的发展趋势

从单片机多年的发展历程可以看到，随着超大规模集成电路技术的发展，单片机的发展趋势将是向大容量、高性能化、外围电路高嵌入化等方面发展。

1. CPU 的改进

1）采用多 CPU（多核）结构，以提高处理能力。

2）增加数据总线宽度。例如，采用 16 位数据总线，其数据处理能力明显优于一般 8 位单片机。

3）提高主频，以提高单片机的处理速度。例如，51 单片机的工作频率已从最开始的几 MHz 提升到几十 MHz，ARM 公司推出的 Cortex-A15 核心 CPU 主频达到 2 GHz。

4）采用多线程流水线或并行处理结构。例如，TI 公司生产的 MSP430 系列单片机，采用流水线结构后大幅度提高了 CPU 处理速度，一个时钟周期可以执行一条指令。

2. 存储器的发展

1）加大存储容量。随着应用系统的功能要求多元化，应用程序长度快速增长，为了减少扩展，简化硬件设计，大部分单片机的片内程序存储器容量可达 64 KB 或 128 KB 甚至更大，数据存储器的容量也越来越大。

2）片内程序存储器采用可多次编程的 FLASH 存储器，一些单片机也集成了可在线读写且掉电不丢失的数据存储器 E^2PROM 等。

3）程序保密化。为了防止复制，某些公司对片内程序存储器采用加锁方式。加锁后，无法读取其中的程序。如要去读，必须抹去原来的程序，从而达到了程序保密的目的。

3. 片内 I/O 的改进

1）增加 I/O 口的驱动能力。这样可减少外部驱动芯片。例如，有的单片机可直接输出大电流和高电压，以便能直接驱动 LED 和 VFD 显示器。

2）增加 I/O 接口的逻辑控制功能。大部分单片机的 I/O 接口能够进行位寻址和位操作，大大提高了 I/O 接口线控制的灵活性。

3）增加 I^2C、SPI 等串行接口功能。方便了系统与外围设备连接，用户可以通过 I^2C、SPI 等串行接口连接诸如传感器等设备，完成检测功能，同时把系统情况通过串行口传送给上位机管理系统，完成远程设备的控制。

4. 外围电路内嵌化

随着集成度的不断提高，把更多的外围功能模块集成在芯片上，以进一步提高单片机的性能。除了一般必须具有的 ROM、RAM、定时/计数器、中断系统等，随着发展的要求，片内集成的部件还有 A/D 转换器、D/A 转换器、DMA 控制器、CAN 总线控制器、PWM 控制器、锁相环、频率合成器等。

5. 低噪声与高可靠性技术

为提高单片机系统的抗电磁干扰能力，使产品能适应恶劣的工作环境，满足电磁兼容性方面更高标准的要求，各单片机商家在单片机内部电路中采取了一些新的技术措施，例如，ST 公司的 μPSD 系列单片机片内增加了看门狗定时器，NS 公司的 COP8 单片机内部增加了抗 EMI 电路，增强了“看门狗”的功能。

6. 低功耗化

几乎所有的单片机都有 Wait、Stop 等省电运行方式，允许使用的电源电压范围也越来越宽，一般单片机都能在 3~6 V 范围内工作，对电池供电的单片机不再需要对电源采取稳压措施。低电压供电的单片机电源下限已由 2.7 V 降至 1.8 V，目前，0.9 V 供电的单片机也已经问世。

7. 在线编程技术

使用在线编程技术不需要采用专门的烧录器对芯片进行程序烧录，可在用户应用系统板上直接对单片机进行程序下载烧录。目前，在线编程主要有两种不同方式：

1）ISP（In System Programming），即在系统编程。具备 ISP 的单片机内部集成了 FLASH 存储器，用户可以通过下载线以特定的硬件时序在线编程，但用户程序自身不可以对内部存储器做修改。这类产品如 OTMEL8990 系列。

2）IAP（In Application Programming），即在应用编程。具备 IAP 的单片机厂家在出厂时向其内部写入了单片机引导程序，用户可以通过下载线对它进行在线编程，用户程序也可以自己对内存进行重新修改。这为工业实时控制和数据的保存提供了方便。这类产品如 SST 的 89 系列。

8. 在线仿真技术

一些新型的 SOC 单片机都具有在线仿真功能，这些单片机都配置了 JTAG 接口。JTAG（Joint Test Action Group，联合测试行动小组）是一种国际标准测试协议（IEEE1149.1 兼容），主要用于芯片内部测试。JTAG 接口的引入使单片机传统的仿真调试产生了彻底的变革。在上位机软件的支持下，通过串行的 JTAG 接口直接对产品系统进行仿真调试。如配置有 JTAG 接口的 C8052F 单片机不仅支持 Flash ROM 的读/写操作及非入侵式在线调试，它的 JTAG 逻辑还为在系统测试提供边界扫描功能。通过边界寄存器的编程控制，可对所有器件引脚、寄存器和 I/O 接口的功能实现观察和控制。

1.3 单片机的特点和应用

单片机作为计算机技术发展的一个重要分支，以其卓越的性能得到了广泛的应用，已深入到控制、检测、网络、通信、医疗、民用、军事等各个领域。

1. 单片机的特点

由于单片机的结构形式及所采取的半导体工艺，使其具有很多显著的特点，因而在各个领域都得到了迅猛的发展。单片机的主要特点如下：

1）小巧灵活、成本低、易于产品化。单片机体积小，性价比高，易于嵌入到各种应用系统中，能方便地组装成各种智能式的控制、测量设备等。

2）可靠性高，抗干扰能力强，适应环境条件宽。单片机芯片本身是按工业测控环境要求设计的，芯片内含有抗干扰功能部件，能适应各种恶劣的环境，这是几种其他类型的半导体芯片无法比拟的。

3）控制功能强，易扩展，很容易构成各种规模的应用系统。为了满足工业控制的要求，一般单片机的指令系统中均有极丰富的转移指令、I/O 接口的逻辑操作以及位处理功能。单片机的逻辑控制功能及运行速度均高于同一档次的微机。

4）发展迅速，前景广阔，且简单方便，易于普及。在短短的近二十几年，形式多样、功能日趋完善的高性能单片机不断问世。单片机技术也是非常适合于专业、非专业人员掌握的一门普及技术，广大工程技术人员通过学习可以快速掌握其应用设计技术。

2. 单片机的应用

单片机由于其功能简单、开发方便、尺寸小巧，具有良好的控制性能和灵活的嵌入形式，在许多领域都获得了极为广泛的应用。可以说，单片机是世界上数量最多的计算机。现代生活中几乎所有电子和机械产品中都集成有单片机。手机、计算机、家用电器、电子玩具、掌上电脑等都至少配有 1~2 个单片机，而个人计算机中也配置了为数不少的单片机，汽车上一般配备 40 多个单片机，复杂的工业控制系统中甚至可能有数百个单片机在同时工作。据不完全统计，目前世界上的单片机年销量已超过 10 亿片。下面就单片机的几个典型应用进行介绍。

1）智能仪器仪表。现代仪器仪表采用单片机，结合不同类型的传感器，可实现电压、功率、压力、温度、湿度、速度、加速度、长度等物理量的测量，不仅提高了仪器仪表使用功能和精度，使仪器仪表智能化、数字化，而且简化了其结构，减小了体积，降低了成本。

2）工业控制。用单片机可以构成形式多样的控制系统、数据采集系统。例如工厂流水线的智能化管理，电梯智能化控制、各种报警系统，与计算机联网构成二级控制系统等。

3）消费类电子产品。该应用主要反映在家电领域。现在家用电器都向智能化发展，单片机是家用电器智能化的大脑和心脏。可以这样说，现在的家用电器基本上都采用了单片机控制，从电饭锅、洗衣机、电冰箱、空调机、彩电、音响视频器材，到电子称量设备等，五花八门，无所不在。

4）在计算机网络和通信领域中的应用。信息和通信产品的自动化和智能化也离不开单片机的参与。现代的单片机普遍具备通信接口，可以很方便地与计算机进行数据通信，为在计算机网络和通信设备间的应用提供了极好的物理条件，现在的通信设备基本上都实现了单片机智能控制，从手机、电话机、小型程控交换机、楼宇自动通信呼叫系统、列车无线通信，再到日常工作中随处可见的移动电话、集群移动通信、无线电对讲机等。

5）单片机在医用设备领域中的应用。单片机在医用设备中的用途亦相当广泛，例如医用呼吸机、各种分析仪、监护仪、超声诊断设备及病床呼叫系统等。

另外，在交通领域中，汽车、火车、飞机、航天器等均有单片机的广泛应用。例如，汽车的自动导航系统、航天测控系统、黑匣子等。

单片机早已渗透到我们生活的各个领域，几乎很难找到哪个领域没有单片机的踪迹。导弹的导航装置，飞机上各种仪表的控制，计算机的网络通信与数据传输，工业自动化过程的实时控制和数据处理，广泛使用的各种智能 IC 卡，民用豪华轿车的安全保障系统，录像机、摄像机、全自动洗衣机的控制，以及程控玩具、电子宠物等，这些都离不开单片机。更不用说自动控制领域的机器人、智能仪表、医疗器械了。

1.4 微型计算机的组成与工作原理

1.4.1 微型计算机的组成

一个完整的微型计算机应用系统由两大部分组成：硬件部分和软件部分。硬件是组成计算机的物理实体，软件则是对硬件使用和管理的程序。

微型计算机应用系统的硬件由微型计算机和外部设备组成。而微型计算机包含微处理器（CPU）、存储器（存放程序指令或数据的 ROM、RAM 等）、输入/输出口（I/O 接口）及其他功能部件（如定时/计数器、中断系统、串行口）等，它们通过地址总线（AB）、数据总线（DB）和控制总线（CB）连接起来，如图 1.2 所示。

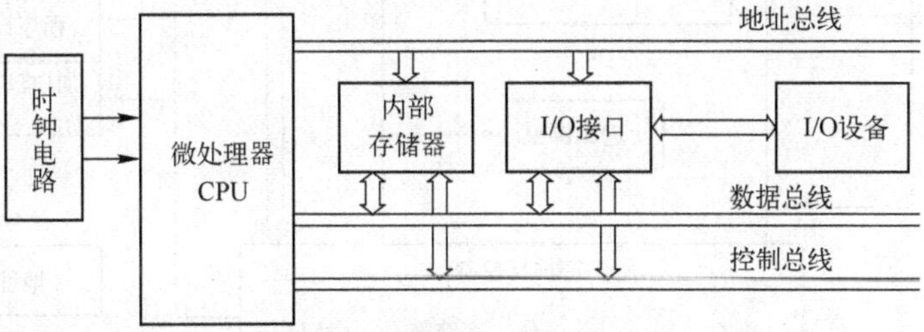

图 1.2　微型计算机的组成

在一般微机中，计算机的几个基本组成部分被做成若干块芯片和电路板，通过“主板”相连，是一个“多板、多片”系统。单片机（Single Chip Microcomputer）也是一种微型计算机，不同的是单片机将几个基本组成部分——CPU、存储器、输入输出接口等，全部集成到一块集成电路芯片中，使得这样一块集成电路芯片就是一部简单的微型计算机，具备了一般计算机的功能，可进行简单运算和控制。

随着微电子、半导体技术的发展，许多半导体公司在单片机内部还集成了许多外围功能电路和外设接口，如定时/计数器、中断、串行通信、模拟/数字转换（ADC）、脉冲宽度调制（PWM）等单元。这些单元已经突破了微型计算机传统的体系结构，突出了单片机的控制特性，使单片机的功能越来越强大，应用也越来越广泛。国际上目前习惯称单片机为微控制器（Micro Control Unit，MCU），这个名称更能确切反映单片机的本质。而在国内，仍然非常习惯地称之为“单片机”，本书中我们使用“单片机”一词。

1. 微处理器（CPU）

微处理器是微型计算机的核心单元，决定了单片机的运算能力和处理速度，它由运算器和控制器组成，其典型的内部结构如图 1.3 所示。运算器负责进行加、减、乘、除等算术运算和与、或、非、异或等逻辑运算。运算器一般包括算术逻辑运算单元 ALU、累加器 A、暂存寄存器 TMP 和标志寄存器 F 等。控制器负责协调和控制系统工作，让 CPU 有序地执行指令。控制器一般包括程序计数器指针 PC、指令寄存器 IR、指令译码器 ID、定时和控制逻辑电路、少量通用寄存器和专用寄存器等。

1）算术逻辑单元 ALU。由加法器和其他逻辑电路组成，其基本功能是进行加法和移位操作，并由此实现其他各种算术和逻辑运算。

2）累加器 A。用来存放参与运算的一个操作数，以及存放运算的结果。

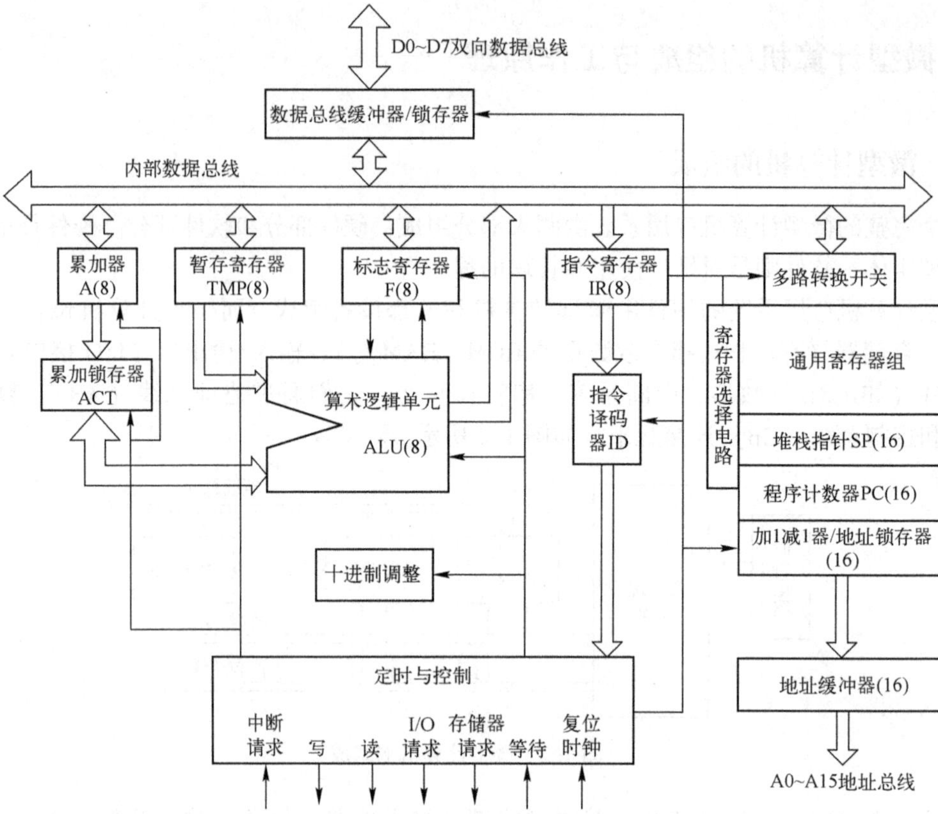

图 1.3　CPU 内部结构框图

3）暂存寄存器 TMP。用来存放参与运算的另一个操作数。

4）标志寄存器 F。用来保存 ALU 操作结果的条件标志，反映运算的状态等，如进位标志、溢出标志、奇偶标志等。

5）程序计数器 PC。CPU 是根据程序计数器 PC 中的地址，到程序存储器中去读取相应地址单元中的指令码和数据。

6）指令寄存器 IR。存放从程序存储器中读出的指令操作码。

7）指令译码器 ID。是分析指令操作码的部件，指令操作码经译码后产生相应于某一特定操作的信号。

8）定时和控制逻辑电路。可分为定时和微操作两部分。定时部件用来产生脉冲序列和各种节拍脉冲，每种节拍脉冲对应于一种微操作。微操作控制部件根据指令译码器产生的信号，按一定时间顺序发出一系列节拍脉冲，作为一系列微操作控制信号来完成指令规定的全部操作。

2. 总线

总线是用于传送信息的公共路径。总线可以分为数据总线、地址总线、控制总线，采用总线结构可以减少信息传输线的根数，提高系统的可靠性，增加系统的灵活性。

（1）数据总线 DB

数据总线用来在微处理器与存储器以及输入/输出接口之间传送指令代码和数据信息。通常微处理器的位数和数据总线的位数一致，8 位微处理器就有 8 根数据线。数据总线是双向的，既可以从 CPU 输出，也可以从外部输入到 CPU。

（2）地址总线 AB

地址总线用于传送地址信息。当微处理器与存储器或及外部设备交换信息时，必须指明要与哪个存储单元或哪个外部设备交换。因此，地址总线必须和所有存储器的地址线对应连接，也必须和所有 I/O 接口设备相连。这样，当处理器对存储器或外围设备读/写数据时，只要把单元地址码或外围设备的设备码送到地址总线上便可选中对象。地址总线是单向的，即地址总是从 CPU 传向存储器或外围设备。地址线的数目决定了 CPU 可以直接访问的存储器的单元数目，如在 8 位单片机中，它通常为 16 根，CPU 可直接访问的存储器的单元数目为 $2^{16}=65536=64\,KB$。

（3）控制总线 CB

控制总线用来传送使微机各个部件协调工作的定时信号和控制信号，从而保证正确执行指令所要求的各种操作。控制总线是双向总线，可分为两类，一类是由 CPU 发向存储器或外部设备进行某种控制，例如读、写操作控制信号；另一类由存储器或外部设备发向 CPU 表示某种信息或请求，例如忙信号、A/D 转换结束信号、中断请求信号等。控制总线的数目与微处理器的位数没有直接关系，一般受引脚数量的限制，控制总线的根数不会太多。

3. 存储器

存储器是用来存放程序和数据的部件。一般包括程序存储器和数据存储器。

- 程序存储器 ROM——用于存放用户程序，只允许读操作，ROM 的信息可在断电后长期保存。
- 数据存储器 RAM——用于存放程序运行时一些需要临时保存的工作变量和数据。RAM 存放的信息可随机“读出”或“写入”，其中存放的内容是易失性的，即掉电后会丢失。

（1）存储器的结构

存储器由存储体、地址译码器和读/写控制电路组成，如图 1.4 所示。

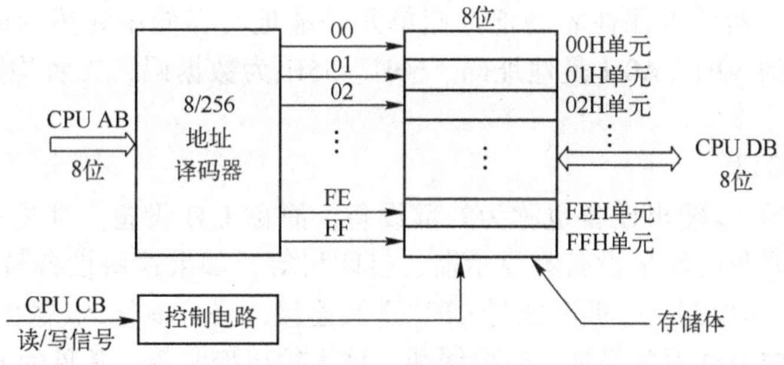

图 1.4　存储器结构

- 存储体——存储数据信息的载体。由一系列存储单元组成，每个存储单元都有确定的地址。存储单元通常按字节编址，一个存储单元为一个字节，每个字节能存放一个 8 位二进制数。就像一个大仓库，分成许多房间，大仓库相当于存储体，房间相当于字节，房间都有编号，编号就是地址。
- 地址译码器——将 CPU 发出的地址信号转换为对存储体中某一存储单元的选通信号。相当于 CPU 给出地址，地址译码器找出相应地址房间的钥匙。通常地址是 8 位或 16 位二进制数，输入到地址译码器，产生相应的选通线，8 位地址能产生 $2^8=256$ 个选通信号，即能选通 256 个单元。16 位地址能产生 $2^{16}=65536=64\,K$ 个选通信号，即能选通 64 K 个单元。

● 读/写控制电路——接收 CPU 读指令或写指令，确定已被选通存储单元与数据总线的连通方向（传输方向）。若是读指令，则将被选通存储单元中的内容传送到数据总线上；若是写指令，则将数据总线上的数据传送到被选通的存储单元中。

（2）存储器的读操作

以将地址为 30H 单元中的数据 60H 读出为例，其读操作时序如图 1.5 所示，具体操作过程如下：

● CPU 将地址码 30H 送到地址总线上，经存储器地址译码器选通地址为 30H 的存储单元。
● CPU 发出“读”信号，存储器读/写控制开关将数据传输方向拨向“读”。
● 地址为 30H 的存储单元中的数据 60H 送到数据总线上。
● CPU 将数据总线上的数据 60H 读入指定的寄存器。

（3）存储器的写操作

以将数据 55H 写入存储器地址 A0H 的存储单元中为例，其写操作时序如图 1.6 所示，具体操作过程如下：

● CPU 将地址码 A0H 送到地址总线上，经存储器地址译码器选通地址为 A0H 的存储单元。
● CPU 将数据 55H 送到数据总线上。
● CPU 发出“写”信号，存储器读/写控制开关将数据传送方向拨向“写”。
● 数据总线上的数据 55H 送入已被选中的地址为 A0H 的存储单元中。

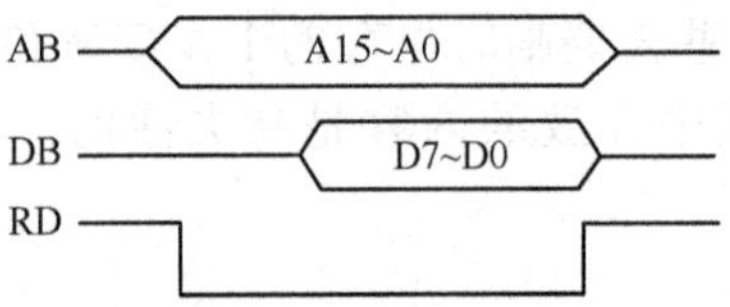

图 1.5　存储器读操作时序

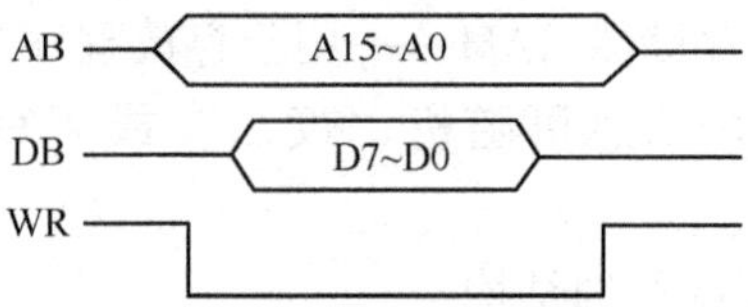

图 1.6　存储器写操作时序

需要指出的是，初学者往往容易把存储单元的地址与存储单元里的内容（数据）混淆，如上述读写例子中的 30H、A0H 是地址码，60H、55H 为数据码，二者均用十六进制数表示，不能搞错。

4. 输入/输出接口

微型计算机的输入/输出设备也称为外部设备，简称 I/O 设备。常见的输入设备有键盘、鼠标、扫描仪等，常见的输出设备有显示器、打印机等。如果这些设备与 CPU 交换信息，并对它们进行输入/输出控制，一般不能与 CPU 直接连接，必须有输入/输出接口电路，简称 I/O 接口电路，以完成 I/O 设备寻址、数据缓冲、输入输出控制等。常见的 I/O 接口有并行和串行两种。

● 并行 I/O 口——单片机的重要资源，用于并行通信，负责实现 CPU 与并行设备的联系。它可以使单片机和存储器或外设之间并行地传送数据。
● 串行 I/O 口——用于串行通信，负责实现 CPU 与串行设备或其他单片机的联系。它可以把单片机内部的并行数据一位一位地向外传送，也可以一位一位地接收外部送来的数据并把它们变成并行数据送给 CPU 处理。

1.4.2　微型计算机的工作原理

微型计算机是按照程序存储式原理工作，只能被动执行人们事先编制好的程序。程序是指令有规律的集合，而指令是微机生产厂家规定好的微机完成一项操作命令。微机对指令的处理有4个步骤：取指、译码、取操作数、执行。参考图1.7，以执行下列指令为例。

程序存储器地址	指令	操作码	功能
0000H：	MOV A,30H；	E5H,30H	(30H)→A
0002H：	ADD A,40H；	35H,40H	(A)+(40H)→A

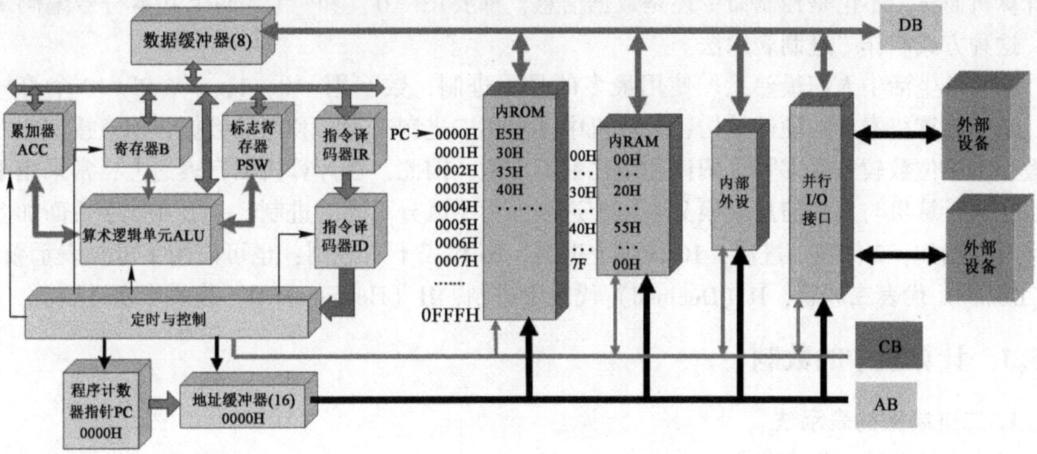

图1.7　微型计算机的工作原理

微型计算机的具体工作步骤如下：

- CPU根据程序计数器指针PC的值到程序存储器ROM相应单元读取指令代码，即CPU按PC给出的地址0000H经地址缓冲器输出到地址总线上，选通程序存储器ROM的0000H地址单元，然后PC=PC+1=0001H，程序存储器ROM将0000H地址单元中的内容E5H输出到数据总线上。
- CPU将E5H读入到指令寄存器IR后，再经过指令译码器进行译码，译出CPU即将要进行的一系列操作。
- CPU按PC给出的地址0001H经地址缓冲器输出到地址总线上，选通程序存储器ROM的0001H地址单元，然后PC=PC+1=0002H；接着CPU根据程序存储器ROM中0001H地址单元中的内容30H地址到内部数据存储器RAM中取操作数20H，即CPU将30H经地址缓冲器输出到地址总线上，选通内部RAM的30H地址单元，内部RAM将30H地址单元的内容20H输出到数据总线上。
- CPU将数据总线上的20H读入到累加器A中，完成MOV A，30H指令的执行。
- CPU再根据PC=0002H经地址总线到程序存储器ROM的0002H单元读取指令代码35H，然后PC=PC+1=0003H。
- CPU将指令代码35H读入到指令寄存器IR，经指令译码器译码，译出即将进行的操作。
- CPU按PC=0003H经地址总线到程序存储器ROM的0003H单元读取内容40H，再根据40H选通内部RAM的相应单元，内部RAM将40H地址单元中的内容55H输出到数据总线上。
- CPU将55H读入到算术逻辑运算单元与累加器A中的内容20H进行加法运算，并将计算结果75H存入累加器A中，从而完成ADD A，40H指令的操作。

1.5 计算机中的数与编码

计算机内部信息分为两大类：控制信息和数据信息。控制信息用于指挥计算机如何操作；数据信息是计算机操作的对象，它既可以用于表示数量的大小，也可以表示字符、汉字等。对于计算机而言，不论是控制命令还是数据信息，都要用“0”和“1”两个基本符号编码来表示。这种方式叫作二进制表示法。

在日常生活中人们最熟悉、使用最多的是十进制，数字用“0，1，…，9”10 个符号表示，基于计算机本身的硬件结构，计算机中多采用二进制来表示和存储数据，但直接使用二进制数，由于位数较长，书写、阅读和记忆都不方便，因此，在计算机语言表达上，常采用十六进制，而计算机与人的信息交换又多用十进制。为了区分不同的进制，一般在数字后面加上数制字符，例如，2 代表二进制，10 代表十进制，16 代表十六进制；也可以用字母来表示数制，B（Binary）代表二进制，D（Decimal）代表十进制，H（Hexadecimal）代表十六进制。

1.5.1 计算机中的数制

1. 二进制数的表示法

二进制计数法的特点如下。

1）需要 2 个数字符号：0，1。

2）以 2 为底，逢 2 进位。

二进制数用尾缀 B 作为标识符。

二进制只有两个数码，即 0 和 1，在电子计算机中容易实现。例如，用“1”表示高电平，用“0”表示低电平；还可表示脉冲的正负极等。二进制编码、加减运算规则简单。此外，二进制码的两个符号“1”和“0”还与逻辑数据“真”和“假”相对应，为逻辑运行带来了方便。

所有二进制数表示的大小都可以按“权”展开：

$$(NUM)_B = k_{n-1}\times 2^{n-1} + k_{n-2}\times 2^{n-2} + \cdots + k_1\times 2^1 + k_0\times 2^0 + k_{-1}\times 2^{-1} + \cdots + k_{-m}\times 2^{-m}$$

其中，2^n（如 2^2、2^1、2^0、2^{-1}、2^{-2}）称为二进制数各数位的“权”。

【例 1.1】 $1001.011B = 1\times 2^3 + 1\times 2^0 + 1\times 2^{-2} + 1\times 2^{-3} = 9.375$

2. 十六进制数的表示法

十六进制计数法的特点如下。

1）需要 16 个数字符号：0，1，2，…，9，A，B，C，D，E，F。

2）以 16 为底，逢 16 进位。

十六进制数用尾缀 H 表示。

任意一个十六进制数 $(NUM)_H$ 也都可以按权展开：

$$(NUM)_H = k_{n-1}\times 16^{n-1} + k_{n-2}\times 16^{n-2} + \cdots + k_1\times 16^1 + k_0\times 16^0 + k_{-1}\times 16^{-1} + \cdots + k_{-m}\times 16^{-m}$$

其中，16^n（如 16^2、16^1、16^0、16^{-1}、16^{-2}）称为十六进制数各数位的“权”。

【例 1.2】 $23A8.4H = 2\times 16^3 + 3\times 16^2 + A\times 16^1 + 8\times 16^0 + 4\times 16^{-1} = 9128.25$

由于二进制位数太长，不易记忆和书写，所以常采用十六进制的书写方式。4 位二进制数可表示 1 位十六进制数，例如 0010 对应十六进制数的 2，1110 对应十六进制数的 E。

表 1.1 列出了一些自然数在十进制、二进制、十六进制这三种不同数制中的对照关系。

表 1.1　部分自然数的三种进制表示

十 进 制	二 进 制	十六进制	十 进 制	二 进 制	十六进制
0	0	0	12	1100	C
1	1	1	13	1101	D
2	10	2	14	1110	E
3	11	3	15	1111	F
4	100	4	16	10000	10
5	101	5	17	10001	11
6	110	6	18	10010	12
7	111	7	19	10011	13
8	1000	8	20	10100	14
9	1001	9	32	100000	20
10	1010	A	100	1100100	64
11	1011	B	1000	1111101000	3E8

1.5.2　数制之间的转换

人们习惯用的进制数是十进制数，而计算机内部唯一能识别的是二进制数，因此，掌握各种数制之间的相互转换是很重要的。

下面介绍几种最常用的进制转换。

1. 二进制、十六进制数转换为十进制数

将一个二进制或十六进制数转换成十进制数，只要将此数按权展开，按十进制规律相加，结果就是要转换的十进制数。例如：

$$101B = 1\times2^3+1\times2^1+1\times2^0 = 11$$

$$1EFH = 1\times16^2+E\times16^1+F\times16^0 = 495$$

2. 十进制数转换成十六进制数

十进制数转换为十六进制数时，其整数部分和小数部分是分别转换的。具体如下。

（1）十进制整数转换成十六进制整数

方法：除 16 取余法。

具体步骤：将十进制数除以 16，得到一个商和一个余数；再将商除以 16，又得到一个商和一个余数；继续这个过程，直到商等于 0 为止。每次得到的余数就是对应十六进制数的各位数字。第一次得到的余数为十六进制数的最低位，最后一次得到的余数为十六进制数的最高位。

【例 1.3】638 =（?）H

```
16 | 6 3 8        余数  14，即十六进制数 E
   16 | 3 9       余数  7
      16 | 2      余数  2
```

得到：638 = 27EH

（2）十进制小数转换成十六进制小数

方法：乘 16 取整法。

具体步骤：用 16 乘以十进制小数，得到一个整数和一个小数部分；再将 16 乘以小数部分，又得到一个整数和一个小数；继续这个过程，直到余下的小数部分等于 0 为止；最后将每次得到的整数部分按先后顺序从左到右排列，就得到所对应的十六进制小数。

【例 1.4】0.4635 =(?)H

```
      0.4635
  ×       16
  ----------
      7.416      取整数 7
      0.416
  ×       16
  ----------
      6.656      取整数 6
      0.656
  ×       16
  ----------
     10.496      取整数 10，即十六进制数 A
```

得到：0.4635=0.76AH

注意：小数转换不一定能乘尽，只需要算到一定精度的位数即可，因此可能会有一定的误差。转换位数越多，误差越小。

3. 二进制数与十六进制数之间的转换

4 位二进制数表示的数值相当于 1 位十六进制数表示的数值。因此彼此间的相互转换极为方便，只要从小数点开始分别向左右展开即可。

二进制数转换成十六进制数：整数部分从右（最低位）向左将二进制每 4 位分为 1 组，最高位一组不足 4 位时应在左边加 0，以凑成 4 位 1 组，每一组用 1 位十六进制数表示；小数部分从小数点起从左至右将二进制数每 4 位分为 1 组，最低位一组不足 4 位时应在右边加 0，以凑成 4 位 1 组，每一组用 1 位十六进制数表示。

十六进制数转换成二进制数：把每个十六进制数用 4 位二进制数表示。

【例 1.5】1111011.10011B=0111 1011.1001 1000B=7B.98H

6B3EH=0110 1011 0011 1110B

可以看出，十六进制表示的数据信息很容易转换成二进制表示，且十六进制数书写较二进制简短，这就是普遍使用十六进制的原因。

4. 十进制数转换成二进制数

十进制数转换二进制数，整数部分除 2 取余，小数部分乘 2 取整。具体计算方法与十进制数转换成十六进制数相似。计算过程中，可以先把十进制数转换成十六进制数，再转换成二进制数。

1.5.3 原码、反码、补码

计算机中的数通常有两种：无符号数和有符号数。无符号数由于不带符号，表示时比较简单，直接用它对应的二进制数形式表示。除了无符号数，日常生活中，还有大量有符号数。数的符号有正有负，通常在计算机中表示有符号数时，二进制数的最高位作符号位，“0”表示“+”，“1”表示“-”，其余的位用 0 和 1 表示数的大小。这种连同一个符号位在一起作为一个数，称为机器数，它的数值称为机器数的真值。

机器数：机器中数的表示形式，位数通常为 8 的倍数。

真值：机器数所代表的实际数值。

【例 1.6】一个 8 位机器数与它的真值对应关系如下：

真值：X1=+84=+1010100B　X2=-84=-1010100B

机器数：$[X1]_{机}$=01010100　$[X2]_{机}$=11010100

机器数在计算机中有三种表示法：原码、反码和补码。

1. 原码

原码表示时，在一个字节中，最高位为符号位，“0”表示“+”，“1”表示“-”，而后7位为二进制数的数值位，数值位与真值数值位相同。通常用$[X]_{原}$表示。设计算机字长是8位，则：

$[+127]_{原}=01111111$　　$[+56]_{原}=00111000$　　$[+0]_{原}=00000000$

$[-127]_{原}=11111111$　　$[-56]_{原}=10111000$　　$[-0]_{原}=10000000$

【例1.7】 求+63、-34的原码。

$|+63|=111111B$　　$[+63]_{原}=00111111B$

$|-34|=100010B$　　$[-34]_{原}=10100010B$

原码表示简单直观，但0的表示不唯一，有两种数值，即00000000B(+0)和10000000B(-0)，加减运算复杂，先要判断符号位，还要比大小，因此在计算机进行数值运算时一般不采用原码运算，为此，引入了反码和补码的概念。

2. 反码

反码表示时，正数的反码与原码表示相同，负数的反码其符号位为1，数值位为原码数值各位取反。

【例1.8】 求+63、-34的反码。

$[+63]_{原}=00111111B$　　$[+63]_{反}=00111111B$

$[-34]_{原}=10100010B$　　$[-34]_{反}=11011101B$

反码表示“0”时，(-0)的反码为11111111B，(+0)的反码为00000000B，0的表达不唯一。在数值运算中也易出错。

3. 补码

补码表示时，正数的补码表示与原码相同，负数的补码的符号位为1，数值位等于反码加1。

【例1.9】 求+63、-34的补码。

$[+63]_{反}=00111111B$　　$[+63]_{补}=00111111B$

$[-34]_{反}=11011101B$　　$[-34]_{补}=11011110B$

$[+0]_{补}=[+0]_{反}=[+0]_{原}=00000000B=00H$

在求(-0)的补码时，我们会发现$[-0]_{原}=10000000B$，$[-0]_{反}=11111111B$，加1后得到100000000B(100H)，最高位溢出，得到$[-0]_{补}=00000000B$。

也就是说，用补码表示“0”时，只有一种数值，是唯一的。这样，用补码把减法运算转换为加法运算中结果是完全正确的，加减运算十分方便。

对于一个负数X，X的补码也可用$2^n-|x|$得到，其中n为计算机字长。或者说，一个补码X，所表示的值也可以按权展开：

$$(NUM)_B=-k_{n-1}\times2^{n-1}+k_{n-2}\times2^{n-2}+\cdots+k_1\times2^1+k_0\times2^0+k_{-1}\times2^{-1}+\cdots+k_{-m}\times2^{-m}$$

【例1.10】 求补码C7H所表示的值。

$$C7H=11000111B=-1\times2^7+1\times2^6+1\times2^2+1\times2^1+1\times2^0=-57$$

可见，在计算机中，不管是原码、反码还是补码，如果是正数则都相同，区别仅在负数上。

在计算机中，最容易实现的运算是加法运算，而减法运算则较复杂，如果使用补码，则减法运算就可以转化为加法运算。

补码的加减法有如下运算规则：

$$[X+Y]_{补}=[X]_{补}+[Y]_{补}$$
$$[X-Y]_{补}=[X]_{补}+[-Y]_{补}$$

对于$[-Y]_{补}$，也可以由$[Y]_{补}$求出。即把$[Y]_{补}$的符号与数值位一起取反．末位加 1，结果就等于$[-Y]_{补}$。

【例 1.11】 完成 63+34 的补码运算：

$$[63]_{补}=00111111B \qquad [34]_{补}=00100010B$$

$$\begin{array}{rr} & [63]_{补}=00111111B \\ + & [34]_{补}=00100010B \\ \hline & 01100001B \end{array}$$

$$[63+34]_{补}=[63]_{补}+[34]_{补}=01100001B=[97]_{补}$$

【例 1.12】 完成 63-34 的补码运算：

$$[63]_{补}=00111111B \qquad [-34]_{补}=11011110B$$

$$\begin{array}{rr} & [63]_{补}=00111111B \\ + & [-34]_{补}=11011110B \\ \hline & 00011101B \end{array}$$

$$[63+(-34)]_{补}=[63]_{补}+[-34]_{补}=00011101B=[29]_{补}$$

表 1.2 列出了 8 位二进制数码与无符号数、原码、反码、补码的相对应关系。由表可见 8 位二进制数码表示的范围为 0~255；表示原码为-127～+127；表示反码为-127～+127；表示补码为-128～+127。

表 1.2　数的表示方法

8 位机器数		无符号数	有符号数		
十六进制	二进制		原码	反码	补码
00	00000000	0	+0	+0	+0
01	00000001	1	+1	+1	+1
…	…	…	…	…	…
7F	01111111	127	+127	+127	+127
80	10000000	128	-127	-127	-128
…	…	…	…	…	…
FE	11111110	254	-126	-1	-2
FF	11111111	255	-127	-0	-1

在计算机中，得到一个数的反码很容易，因而得到一个数的补码也很容易。使用了补码后，运算时符号位与有效值部分一起参加运算，从而简化了运算规则，很多运算变得容易；补码表示法能使减法运算转换为加法运算，简化了计算机的硬件结构，控制线路变得简单；因而，目前多数计算机采用补码存储和补码运算，其结果也是补码形式。

1.5.4　二进制数的算术运算

在计算机运算中算术运算主要是二进制数的运算。而二进制的算术运算与十进制的算术运算原则基本相同，不同的是二进制进位计算时逢二进一，借位时借一当二。

1. 无符号数的算术运算

无符号数的算术运算有加、减、乘、除，其运算规则与十进制相同。运算规则如下：

加法规则：0+0=0；0+1=1；1+0=1；1+1=0（进 1）。

乘法规则：0×0=0；0×1=0；1×0=0；1×1=1。

无符号数因为不用符号位，8 位全部用来表示数据，所以这种方法可以表示的数据范围是 0~255。

2. 有符号数的算术运算

通常计算机内的有符号数皆为其补码形式，所以补码的算术运算规则就是有符号数的算术运算规则。

若两数作加减法，可不考虑两数的符号，直接用补码相加减，如果计算结果在字长为 8 位的计算机中，并且计算结果不超出补码的计数范围（-128~+127），这时的进位可以视为自然丢弃。在计算机处理中，这种自然丢弃并不影响结果的正确性。如果结果超出补码的计数范围则其进位称之为溢出。

溢出与自然丢弃的判别方法是如果在计算中第 7 位与第 8 位同时产生进位，即所谓双进位，则这种进位属于允许的自然丢弃；如果只有第 7 位或第 8 位产生进位，即只有单进位，则这种进位属于溢出。有时候判断进位也用符号位来判别，即两个符号相同的数进行加法运算，其结果符号与参加运算的数的符号不同，则产生溢出；两个不同符号的数进行减法运算，其结果符号与被减数不同，则产生溢出。溢出表示其数值超出计算机字长所能表示的范围，运算结果必然是错误的，因而也是不允许的。通常计算机用溢出标志位来判断溢出。

当然，溢出主要是指有符号二进制数进行算术运算可能产生的一种现象，对于无符号数来说，第 8 位不是符号，只有第 8 位进位才称为进位，因而不采用溢出这个概念。

【例 1.13】 X=54，Y=36，求 X-Y。

$$
\begin{aligned}
X-Y &= [[X-Y]_{补}]_{补} = [[X]_{补}+[-Y]_{补}]_{补} \\
&= [[54]_{补}+[-36]_{补}]_{补} \\
&= [18]_{补} = 18
\end{aligned}
$$

$$
\begin{array}{lrr}
[54]_{补} & & 00110110 \\
[-36]_{补} & + & 11011100 \\
\hline
 & & 100010010
\end{array}
$$

自然丢弃　　第 8 位进位 Cs+1=1，第 7 位进位 Cs=1，双进位

【例 1.14】 X=88，Y=48，求 X+Y。

$$
\begin{array}{lr}
[88]_{补} & 01011000 \\
[48]_{补} & +00110000 \\
\hline
[136]_{补} & 10001000
\end{array}
$$

溢出　　第 8 位进位 Cs+1=0，第 7 位进位 Cs=1，单进位

两个正数相加，和为负，错。

溢出判断可以依据如下方法：溢出=Cs+1⊕Cs（即：结果为 0 无溢出，结果为 1 有溢出）。

判断补码运算是否产生溢出，也有一种比较简单的方法。假设参加相加的两个数及结果都用补码，且将结果的进位位丢失，则有：

- 两个正数相加得负数，有正溢出。
- 两个负数相加得正数，有负溢出。

有三种情况下无溢出：①两个正数相加得正数；②两个负数相加得负数；③一个正数与一个负数相加。

1.5.5 常用编码

1. 术语

- 数码：代表一个确切的数字，如二进制数、八进制数等。
- 代码：特定的二进制数码组，是不同信号的代号，不一定有数的意义。
- 编码：n 位二进制数可以组合成 2^n 个不同的信息，给每一个信息规定一个具体码组，这个过程叫作编码。

2. 二-十进制编码（BCD 码）

十进制是人们在生活中最习惯的数制，人们通过键盘向计算机输入数据时，常用十进制数输入，显示器向人们显示的数据也多为十进制形式。但计算机能直接识别与处理的却是二进制数，所以就必须对十进制数进行编码。二-十进制编码又称为 BCD（Binary Coded Decimal Code）码，即用二进制表示十进制。这种编码的特点是保留十进制的权，数字则用二进制表示。即仍然是逢十进一，但又是一组二进制代码。常用的 8421BCD 码如表 1.3 所示。

表 1.3　常用的 BCD 码

十进制数	BCD 码	十进制数	BCD 码
0	0000B	5	0101B
1	0001B	6	0110B
2	0010B	7	0111B
3	0011B	8	1000B
4	0100B	9	1001B

例如，十进制数 123 的 BCD 码为 0001 0010 0011；十进制数 4.56 的 BCD 码为 0100.0101 0110。

BCD 码在单片机应用中十分重要，特别是在数码显示中应用很多。

3. 二进制码

- 自然二进制码：有权码，每位代码都有固定权值，结构形式与二进制数完全相同。
- 循环二进制码：无权码，每位代码无固定权值，任何相邻的两个码组中，仅有一个代码不同。

循环二进制码又称格雷码，属于可靠性编码，是一种错误最小化的编码，因为它大大地减少了由一个状态到下一个状态时电路中的混淆。由于这种编码相邻的两个码组之间只有一位不同，因而在用于模/数转换中，当模拟量发生微小变化而可能引起数字量发生变化时，格雷码仅改变一位，这样与其他码同时改变两位或多位的情况相比更为可靠，即可减少出错的可能性，这就允许代码电路能以较少的错误在较高的速度下工作。

自然二进制码和循环二进制码如表 1.4 所示。

4. ASCII 码

在计算机中除了数值之外，还有一类非常重要的数据，那就是字符，如英文的大小写字母（A，B，C，…，a，b，c，…）、数字符号（0，1，2，…，9）以及其他常用符号（如：?、=、%、+等）。在计算机中，这些符号都是用二进制编码的形式表示。

现在的计算机中字符数据的编码通常采用的是美国标准信息交换代码 ASCII 码（American Standard Code for Information Interchange）。基本 ASCII 码标准定义了 128 个字符。ASCII 码常用于计算机与外部设备的数据传输。常用字符的 ASCII 码如表 1.5 所示。

表 1.4　两种 4 位二进制编码

十进制数	自然二进制码	循环二进制码	十进制数	自然二进制码	循环二进制码
0	0000	0000	8	1000	1100
1	0001	0001	9	1001	1101
2	0010	0011	10	1010	1111
3	0011	0010	11	1011	1110
4	0100	0110	12	1100	1010
5	0101	0111	13	1101	1011
6	0110	0101	14	1110	1001
7	0111	0100	15	1111	1000

表 1.5　ASCII 码字符表

D3-D0	D6-D4							
	000	001	010	011	100	101	110	111
0000	NUL	DLE	Space	0	@	P	`	p
0001	SOH	DC1	!	1	A	Q	a	q
0010	STX	DC2	“	2	B	R	b	r
0011	ETX	DC3	#	3	C	S	c	s
0100	EOT	DC4	$	4	D	T	d	t
0101	ENQ	AND	%	5	E	U	e	u
0110	ACK	SYN	&	6	F	V	f	v
0111	BEL	ETB	‘	7	G	W	g	w
1000	BS	CAN	(	8	H	X	h	x
1001	HT	EM	)	9	I	Y	i	y
1010	LF	SUB	*	:	J	Z	j	z
1011	VT	FSC	+	;	K	[	k	{
1100	FF	FS	,	<	L	\	l	¦
1101	CR	GS	−	=	M	]	m	}
1110	SO	RS	.	>	N	^	n	~
1111	S1	US	/	?	O	_	o	del

在 ASCII 码中，前两列主要是一些操作码，如 NUL 表示空格，ACK 表示打印校验等。此外，ASCII 码中包括了数码（0~9）、英文大写字母（A~Z）、英文小写字母（a~z）、特殊符号（!，?，#等）。

在表 1.5 中，左面和上面为相应字符的 ASCII 的编码值，其中上面为高三位二进制码，左面为低四位二进制码。例如，字母‘A’用 ASCII 编码，其值为 1000001，即 41H，而符号‘!’的 ASCII 编码值为 0001010，即 0AH。

注意：在 ASCII 码中，字母的大、小写代码只有 b5 位有区别，因而要进行大小写的转换十分方便，如‘A’的代码为 01000001，而‘a’的代码则为 01100001，在运算中，大写字母的代码只需加上 32（100000B）就成为小写字母，而小写字母减去 32 就成为大写字母。

在 8 位微型计算机中，信息通常是按 8 位来存储和传送的，而 ASCII 码共 7 位，因此，最高位通常定义为 0（除非另有规定，如作奇偶校验位）。如果最高位为 1，就不再是 ASCII 码了，而可以成为其他代码，如在汉字系统中，两个最高位为 1 的字节组合在一起（16 位）就可代表一个汉字。

本章小结

单片机又称微控制器，它具有体积小、价格低、可靠性高和易于嵌入式应用等特点，极适合智能仪器仪表和工业测控系统的前端装置。单片机按其位数分为 8 位、16 位、32 位、64 位等，目前 8 位的应用最为广泛。单片机实际上就是一个芯片级的微型计算机，由 CPU、存储器、I/O 接口和外设组成，工作原理与微型计算机一样。

计算机中数据的存储和计算都使用二进制数，二进制数和十六进制数转换为十进制数的方法是将每位乘上其权值后再相加。十进制数转换为二进制数的方法为除 2 取余，而转换为十六进制数的方法为除 16 取余。

数在计算机内表示有两种——有符号数和无符号数，机器数用有符号数表示时，有三种形式：原码、反码和补码。这三种编码都将最高位作为符号位，其他位表示数据。对于正数，原码、反码和补码完全一样；而对于负数，反码是在原码的基础上，保持符号位不变，而其余位取反而得，补码是在反码的基础上加“1”获得。目前多数计算机采用补码存储和补码运算，其结果也是补码形式。有符号数进行算术运算时，如果计算结果在字长为 8 位的计算机中，并且计算结果不超出补码的计数范围（-128~+127），视为自然丢弃。如果结果超出补码的计数范围，则其进位称为溢出。

BCD 是单片机常用编码之一，它是使用二进制数的形式来表示十进制数的一种编码。BCD 码在数码显示中应用很多。符号在计算机内以 ASCII 码表示。

习题 1

1. 单片机的基本含义和主要特点是什么？
2. 简述单片机的基本组成及各部分功能。
3. 单片机的分类及主要指标是什么？
4. 在线编程目前有哪两种不同方式，各有什么特点？
5. 在计算机中为什么采用二进制而不采用十进制？
6. 将下列数转化成相应的二进制数、十六进制数？

(1) $(31)_D$　　(2) $(68)_D$

(3) $(54.625)_D$　　(4) $(5.4625)_D$

7. 将下列二进制数转化成相应的十进制数和十六进制数。

(1) $(101100)_B$　　(2) $(11100111)_B$

(3) $(11.011)_B$　　(4) $(1.1001)_B$

8. 将下列十六进制数转换为十进制数。

(1) 4E6H　(2) 1F.3H　(3) 20CCH　(4) 45ADH

9. 设机器字长为 8 位，求下列数的原码、反码和补码。

(1) +56　(2) +117　(3) -63　(4) -89

10. 已知下列补码求真值。

(1) +56　(2) +117　(3) -63　(4) -89

11. 已知 X=36，Y=58，分别用原码、反码、补码计算 X+Y，X-Y，Y-X 的值。
12. 写出下列十进制数的 8421BCD 码。

(1) 56　(2) 117　(3) 65.125　(4) 99.675

13. 查表求 0~9 十个数字相应的 ASCII 码。

第 2 章　MCS-51 单片机的硬件结构及工作原理

掌握单片机硬件结构是单片机应用系统设计的基础。单片机是微型计算机的一个分支，在原理和结构上，单片机与微型计算机之间没有本质性的区别，而且微型计算机的许多技术与特点都被单片机继承下来。MCS-51 单片机内部硬件结构组成可以概括为：一个 8 位 CPU，存储器（程序存储器、数据存储器、特殊功能寄存器），基本输入输出端口（P0~P3 口），外设（1 个中断系统、1 个全双工异步串行口、2 个 16 位定时/计数器），时钟电路等。本章将详细介绍单片机内部这些功能部件的相关基本概念、硬件结构及工作原理。通过对本章的学习，可以使读者对 MCS-51 单片机的硬件结构有较为全面的了解，从应用系统设计的角度，牢记 MCS-51 单片机为用户提供了哪些硬件资源，以及如何去应用它们。

【学习目标】

- 熟悉 MCS-51 系列单片机内部硬件架构及各功能部件。
- 熟练掌握 MCS-51 单片机硬件引脚的定义、功能、作用。
- 熟练掌握 MCS-51 单片机各存储器物理空间配置及特殊功能寄存器的定义、作用。
- 初步掌握 MCS-51 单片机 I/O 口的基本输入输出应用与编程。
- 理解 MCS-51 单片机工作时序、复位操作、复位条件、复位状态等概念。
- 了解单片机低功耗运行模式及设置。

2.1　MCS-51 单片机内部结构和引脚功能

掌握 51 单片机，应首先了解 51 单片机的片内硬件结构及引脚，熟悉 51 单片机内部有哪些硬件资源供用户使用，牢记 51 单片机各引脚的功能。

2.1.1　MCS-51 单片机内部结构

MCS-51 单片机硬件结构与微型计算机类似，它主要由微处理器（含运算器和控制器）、存储器（程序存储器和数据存储器）、I/O 接口（P0、P1、P2、P3 口）、串行口、定时/计数器、中断系统及特殊功能寄存器（Special Function Register，SFR）、时钟电路等组成。其片内结构如图 2.1 所示，各个功能部件都是通过片内总线连接到 CPU，CPU 通过该总线控制 SFR 从而控制各个功能部件的运行。

下面对各个功能部件作进一步说明。

（1）CPU（微处理器）

作为 MCS-51 单片机核心部分的微处理器是一个 8 位高性能中央处理器（CPU）。它的作用是读入并分析每条指令，根据各指令的功能控制单片机各功能部件执行指令指定的运算或操作，它不仅可处理字节数据，也可进行位变量的处理。

（2）程序存储器（ROM/EPROM/FLASH）

程序存储器是用来存储用户程序的部件。8031 无此部件，51 系列容量为 4 KB，52 系列容量为 8 KB。程序存储器的具体类型可以是 ROM、EPROM 或 FLASH，如 8051 为 ROM，8751 为

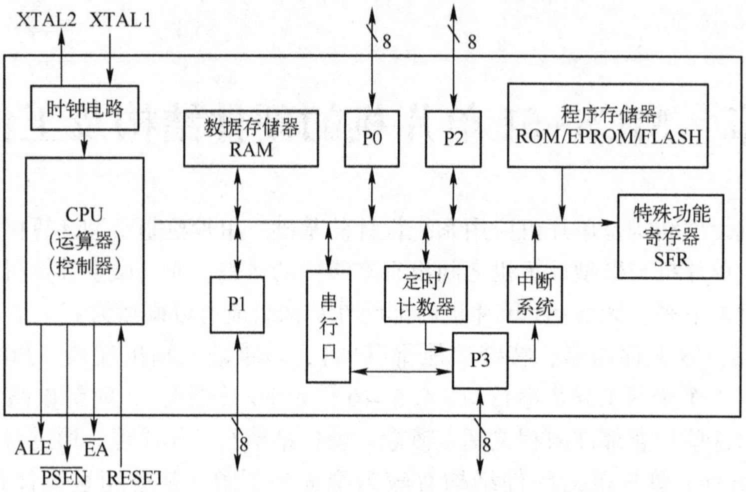

图 2.1　MCS-51 单片机内部硬件原理结构框图

EPROM，89C51/89S51 为 FLASH，其中 FLASH 存储器在线可擦写次数达千次以上，受到了工程设计人员的青睐，因此现今单片机应用系统设计大都采用 FLASH 型。另外，如果片内程序存储器的容量不够时，则需扩展片外程序存储器，片外最多可扩展至 64 KB。

(3) 数据存储器（RAM）

数据存储器是用来存储单片机运行期间的工作变量、运算的中间结果、数据暂存和缓冲、标志位等。51 系列片内为 128 B（52 系列片内为 256 B），片外最多可扩展至 64 KB。

(4) 中断系统

中断系统是 1 个可管理 5 个中断源，2 级优先级嵌套的中断管理系统。

(5) 定时/计数器

2 个 16 位的定时/计数器（52 系列有 3 个 16 位的定时/计数器），具有 4 种工作方式。可用来实现精确的定时或对外部事件脉冲进行计数。

(6) 串行口

1 个全双工的异步串行口，具有 4 种工作方式。可用来进行串行通信，或扩展并行 I/O 端口。

(7) 输入输出端口

4 个并行 8 位 I/O 口，分别为 P0 口、P1 口、P2 口、P3 口，既可以作为输入使用，也可以作为输出使用，其中部分口线具有第二功能。

(8) 特殊功能寄存器（SFR）

共有 21 个，实际上是一些控制寄存器和状态寄存器，是一个具有特殊功能的 RAM 区，用于 CPU 对片内各功能部件进行管理、控制、监视。

(9) 时钟电路

1 个提供单片机工作的片内时钟振荡器及时钟发生器。

(10) 总线

内部含有 8 根数据总线，16 根地址总线，若干控制总线，所有的片内功能部件均通过总线与 CPU 连接。

2.1.2　MCS-51 单片机的引脚功能

MCS-51 单片机采用双列直插封装（DIP）、QFP44（quad flat pack）和 LCC（leaded chip carrier）形式引脚封装。这里仅介绍常用 DIP40 引脚封装，如图 2.2 所示。40 只引脚按功能可分为 3 类：

- 电源及时钟引脚：V_{CC}、V_{SS}；XTAL1、XTAL2。
- 控制引脚：$\overline{PSEN}$、$\overline{EA}$、ALE、RST。
- I/O 口引脚：P0、P1、P2、P3 为 4 个 8 位 I/O 口的外部引脚。

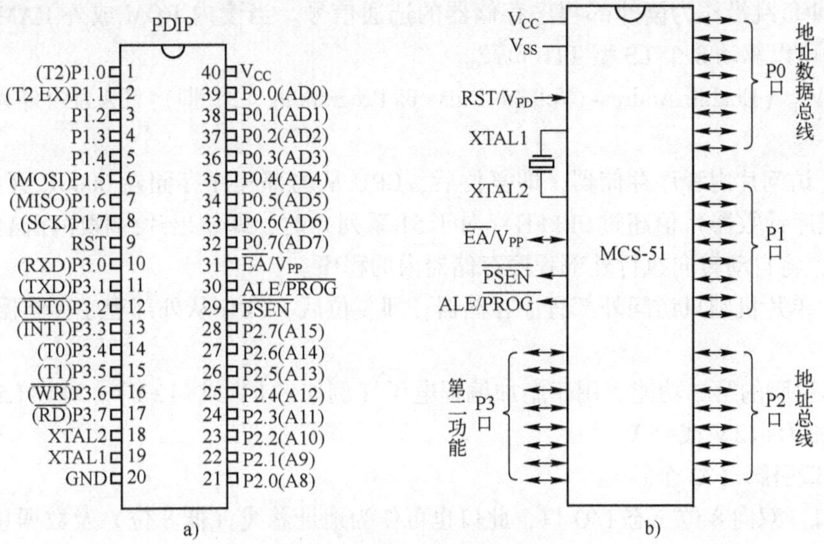

图 2.2　MCS-51 单片机引脚

a）引脚符号　b）逻辑符号

1. 电源及时钟引脚

（1）电源引脚（2 个）

1）V_{CC}（40 脚）：芯片电源，接+5V 电源。

2）GND（20 脚）：接地端。

（2）时钟引脚（2 个）

1）XTAL1（19 脚）：片内振荡器反相放大器和时钟发生器电路的输入端。当使用片内振荡器时，该引脚接外部晶体的一端（如果采用外部振荡器时，此引脚应接地）。

2）XTAL2（18 脚）：片内振荡器反相放大器的输出端。当使用片内振荡器时，该引脚接外部晶体的另一端（如果采用外部振荡器时，此引脚作为外部振荡器信号的输入端）。

2. 控制引脚（4 个）

控制引脚提供控制信号，有的引脚还具有复用功能。

1）RST/VPD（9 脚）：复位与备用电源。正常工作时，RST 端为复位信号输入端，只要在该引脚上连续保持 2 个机器周期以上高电平，MCS-51 单片机即实现复位操作，复位后单片机从程序存储器 0000H 重新开始执行程序；在 V_{CC} 掉电情况下，该引脚还可接上备用电源，由 V_{PD} 向内 RAM 供电，以保持内 RAM 中的数据不丢失。

2）ALE/$\overline{PROG}$（30 脚）：ALE 引脚第一功能为地址锁存允许，当单片机上电正常工作后，ALE 引脚不断输出正脉冲信号。当单片机访问外部存储器时，ALE 输出信号的负跳沿用于单片机发出的低 8 位地址经外部锁存器的锁存控制信号。即使不访问外部锁存器，ALE 仍有正脉冲信号输出，此频率为时钟振荡器频率 f_{osc} 的 1/6。若想初步判断单片机芯片的好坏，可用示波器观察 ALE 引脚是否有正脉冲信号输出。如果有信号输出，基本可判定单片机是好的。

需要指出，当 CPU 访问外部数据存储器时（即执行 MOVX 指令），在两个机器周期中 ALE 只出现 1 次，即丢失 1 个 ALE 脉冲。

ALE 引脚可驱动 8 个 LS 型 TTL 负载。

$\overline{\text{PROG}}$为本引脚的第二功能，为编程脉冲输入端。

3）$\overline{\text{PSEN}}$（29 脚）：读外部程序存储器的选通信号。当单片机访问外部程序存储器时，此引脚输出脉冲负跳沿作为读外部程序存储器的选通信号。当读内 ROM 或外 RAM 时，该引脚无效。$\overline{\text{PSEN}}$可以驱动 8 个 LS 型 TTL 负载。

4）$\overline{\text{EA}}/V_{PP}$（Enable Address/Voltage Pulse of Programing，31 脚）：$\overline{\text{EA}}$为内外程序存储器选择控制端。

$\overline{\text{EA}}$=1，访问片内程序存储器，即复位后，CPU 从内部程序存储器 0000H 开始执行指令，但在 PC（程序计数器）值超过 0FFFH（对于 51 系列）时，即超出片内程序存储器的 4K 字节地址范围时，将自动转向执行外部程序存储器内的程序。

$\overline{\text{EA}}$=0，单片机则只访问外部程序存储器，即复位后，CPU 从外部程序存储器 0000H 开始执行指令。

V_{PP}为本引脚的第二功能。用于施加编程电压（例如+21 V 或+12 V）。对 89C51，加在 V_{PP} 脚的编程电压为+12 V 或+5 V。

3. I/O 口引脚（32 个）

1）P0 口：双向 8 位三态 I/O 口，此口也可作为地址总线（低 8 位）及数据总线分时复用口。当作为总线使用时，先输出地址后输出数据。P0 可驱动 8 个 LS 型 TTL 负载。

2）P1 口：8 位准双向 I/O 口，可驱动 4 个 LS 型 TTL 负载。

3）P2 口：8 位准双向 I/O 口，与地址总线（高 8 位）复用，可驱动 4 个 LS 型 TTL 负载。

4）P3 口：8 位准双向 I/O 口，可作为一般 I/O 口使用，也可用于第二功能，如表 2.1 所示。P3 口可驱动 4 个 LS 型 TTL 负载。

表 2.1　P3 口的第二功能定义

P3 口引脚	第二功能	P3 口引脚	第二功能
P3.0	RXD（串行输入口）	P3.4	T0（定时器 0 外部计数输入）
P3.1	TXD（串行输出口）	P3.5	T1（定时器 1 外部计数输入）
P3.2	$\overline{\text{INT0}}$（外部中断 0）	P3.6	$\overline{\text{WR}}$（外部数据存储器写选通）
P3.3	$\overline{\text{INT1}}$（外部中断 1）	P3.7	$\overline{\text{RD}}$（外部数据存储器读选通）

2.2　MCS-51 的 CPU

由图 2.1 可见，MCS-51 单片机的中央处理器单元 CPU 由运算器和控制器组成。

2.2.1　运算器

运算器的功能是进行算术、逻辑运算和位操作。包括算术逻辑运算单元 ALU、累加器 A、位处理器、程序状态字寄存器 PSW 以及 BCD 码修正电路等。

1. 算术逻辑运算单元 ALU

可对 8 位变量进行加、减、乘、除、加 1、减 1、比较、十进制调整等算术运算，和与、或、非、异或、移位等逻辑运算，还具有位处理操作功能，可对位进行置“1”、清“0”、取反、测试转移及逻辑与、或等操作。

2. 累加器 A

累加器 A 是一个 8 位的累加器，是 CPU 使用最频繁的寄存器，也可写为 Acc。它是 ALU 单元的输入之一，又是运算结果的存放单元，即用来存放参与运算的其中一个操作数以及运算的结果。累加器 A 的进位标志 Cy 是特殊的，同时又是位处理机的位累加器。

3. 寄存器 B

寄存器 B 是运算结果的另一个存放单元。例如在进行 8 位变量乘以 8 位变量运算时，运算结果的高 8 位数据存放在寄存器 B 中，运算结果的低 8 位数据存放在累加器 A 中。

4. 程序状态字寄存器 PSW

程序状态寄存器 PSW，也称为标志寄存器，是 1 个 8 位可读写的寄存器，用于存放 CPU 运行过程中的各种状态信息，主要反映 CPU 运算结果标志及选择工作寄存器组。PSW 中的各个位信息通常是在指令执行过程中由硬件自动形成的，也可以由用户通过指令进行改写。PSW 位于单片机片内的特殊功能寄存器区，字节地址为 D0H。PSW 寄存器的位格式如下所示。

	D7	D6	D5	D4	D3	D2	D1	D0	
PSW	Cy	Ac	F0	RS1	RS0	OV	-	P	D0H

1）Cy(PSW.7)进位标志位：Cy 也可写为 C，在 CPU 进行加（减）法运算中若最高位 D7 位有进（借）位时，Cy=1；无进（借）位时，Cy=0。在进行位操作时，Cy 是位操作累加器。

2）Ac(PSW.6)辅助进位标志位：CPU 执行运算中若低 4 位向高 4 位有进（借）位时，Ac=1；否则 Ac=0。

3）F0(PSW.5)标志位：供用户使用的一个状态标志位。与位操作区 20H~2FH 中的位地址 00H~7FH 功能相同。区别在于位操作区内的位地址仅有位地址，而 F0 却有三种表示方法，位地址 D5H，位编号 PSW.5 和位定义 F0。

4）RS1、RS0(PSW.4、PSW.3)：4 组工作寄存器区选择控制位 1 和位 0，用于选择当前工作寄存器区是哪一组工作寄存器区。工作寄存器区有 4 个，但当前工作寄存器区只能有一个。具体功能见表 2.2。

表 2.2　RS1 和 RS0 组合代表的工作寄存器区

RS1	RS0	所选的 4 组工作寄存器区
0	0	0 区（内部 RAM 地址 00H~07H）
0	1	1 区（内部 RAM 地址 08H~0FH）
1	0	2 区（内部 RAM 地址 10H~17H）
1	1	3 区（内部 RAM 地址 18H~1FH）

5）OV(PSW.2)溢出标志位：指示运算结果是否产生溢出（运算结果超出补码表示范围），若有溢出，OV=1；无溢出，OV=0。

6）PSW.1 位：保留位，未用。

7）P(PSW.0)奇偶标志位：判断累加器 A 中“1”个数的奇偶性，若 A 中“1”个数为奇数时，则 P=1；若 A 中“1”个数为偶数，则 P=0。奇偶标志位 P 对串行通信中的数据传输有重要意义，主要用于信号通信过程中的奇偶校验。

PSW 是 51 单片机中一个非常重要的寄存器，其中 Cy、Ac、OV、P 反映了累加器 ACC 的状态或信息，RS1、RS0 决定工作寄存器区，F0 供用户自由使用。对 PSW 操作时，既可按字节整体操作，也可对其中某一位单独进行位操作。

2.2.2 控制器

控制器是整个单片机逻辑部件的指挥中心，主要任务是识别指令，并根据指令的性质控制单片机的各功能部件，从而保证单片机各部分能自动而协调地工作。控制器主要包括程序计数器PC，程序地址寄存器、指令寄存器IR、指令译码器、条件转移逻辑电路及时序控制逻辑电路。

1. 程序计数器PC（Program Counter）

程序计数器PC是一个16位的寄存器，用于存放下一条将要执行指令在程序存储器中的地址，因此也称为地址指针，复位时值为0000H，说明复位后，CPU将从程序存储器的0000H地址处的指令开始执行。

程序计数器PC的基本工作方式有以下几种：

1）程序计数器自动加1（顺序执行程序时），这是最基本的工作方式。

2）执行有条件或无条件转移指令时，程序计数器将被置入新的数值，从而使程序的流向发生变化。

3）在执行调用子程序或中断，完成下列操作：

- PC的现行值保护，即将断点地址自动压入堆栈，保护起来，以便子程序或中断返回时，恢复原有PC值，继续执行原顺序程序指令。
- 将子程序入口地址或中断向量地址送入PC，程序流向发生变化，CPU转去执行子程序或中断服务子程序。

由上可见，程序计数器PC指针非常重要，它决定了单片机程序执行的流向，PC指针指向哪儿，程序就执行到哪儿，转移指令、子程序调用、子程序返回或中断调用、中断返回都是通过改变PC指针的值从而改变程序的流向，除此之外，程序都是顺序执行的。

2. 指令寄存器IR、指令译码器及控制逻辑电路

指令寄存器IR用来存放指令操作码。IR的输出送至指令译码器，然后对该指令进行译码，译码结果送至定时控制逻辑电路。

定时控制逻辑电路的功能是根据对指令的译码结果，发出一系列的定时控制信号，控制单片机的各组成部件进行相应的工作，执行指令。

2.3 MCS-51存储器的结构

MCS-51单片机的存储器采用哈弗（Harvard）结构，程序存储器和数据存储器分开编址，各有自己的寻址系统、控制信号和功能。存放程序及程序中常数的存储器称为程序存储器，通常由ROM构成；存放数据的存储器称为数据存储器，通常由RAM构成。

MCS-51单片机的存储器结构可以分为2个不同的存储空间，分别是：

- 程序存储空间地址范围64 KB（ROM），包括片内程序存储器（4 KB）和片外程序存储器（64 KB）。
- 数据存储空间地址范围64 KB（RAM），包括片内数据存储器（共256 B，21个特殊功能寄存器与128 B内部RAM）和片外部数据存储器（64 KB）。MCS-51单片机没有独立的I/O空间，而是将I/O空间与片外数据存储器空间共用64 KB地址空间范围（即共同编址）。

图2.3为MCS-51单片机存储空间配置图，也称为存储器地址映射图，图中及本章的文字叙述中我们通用“ROM”称为程序存储器，“RAM”称为数据存储器。

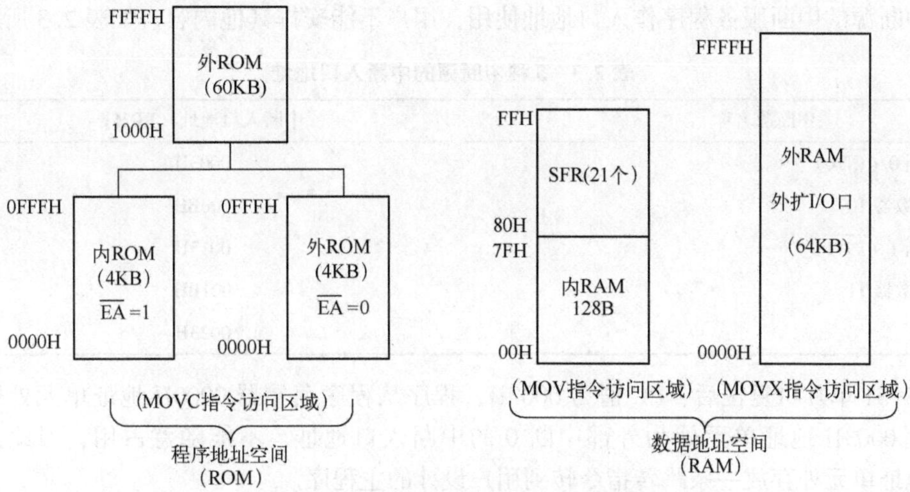

图 2.3　MCS-51 单片机存储空间配置图

2 个不同存储空间采用不同指令和控制信号来实现读、写操作功能：

1）程序存储空间的访问使用 MOVC 指令实现只读操作功能，若是对外部程序存储器访问时，单片机硬件自动使用$\overline{PSEN}$引脚信号选通外部程序存储器。

2）数据存储空间的访问分为两种，若访问外部数据存储器，需采用 MOVX 指令实现读写操作功能，这时，单片机硬件自动使用$\overline{RD}$引脚信号选通读外部数据存储器（外 RAM），使用$\overline{WR}$引脚信号选通写外部数据存储器；若访问内部数据存储器（包括内 RAM 与特殊功能寄存器）则使用 MOV 等指令实现读、写及其他功能操作。

3）所有存储空间均可用指针进行访问，其中，PC 指针指向程序存储器，DPTR 指针指向外部数据存储器，SP 指针指向内部数据存储器，工作寄存器 R0 和 R1 也可作为指针指向内部数据存储器。

2.3.1　程序存储器（使用 MOVC 访问）

MCS-51 单片机有 16 根地址线，最大寻址程序存储空间为 64 KB。分为片内程序存储器、片外程序存储器，采用统一编址方式：

4 KB 的片内 ROM 编址范围为 0000H~0FFFH；

64 KB 的片外 ROM 编址范围为 0000H~FFFFH，其中片外 ROM 有 4 KB（编址 0000H~0FFFH）与片内 ROM 有相同的地址编号，另外 60 KB 片外 ROM 编址范围为 1000H~FFFFH。

鉴于片外 ROM 有 4 KB 与片内 ROM 编址重复，为了取指令操作码时仅访问一个存储单元，单片机设置了一根控制线$\overline{EA}$，用于选择是片内 ROM 操作，还是片外 ROM 操作。当$\overline{EA}=1$时，程序将从内部 ROM 开始，PC 所指存储单元是片内 ROM 中某一单元地址，如果 PC 值渐增到超过片内 ROM 容量（PC 值大于 0FFFH），程序指针将自动转向 1000H~FFFFH 的外部 ROM 存储空间：当$\overline{EA}=0$时，程序将从外部 ROM 开始，PC 指向的存储单元是片外 ROM 中某一单元地址。单片机复位后，PC 指针的值是 0000H，这时，若$\overline{EA}=1$，则 CPU 从片内 ROM 0000H 单元开始执行指令；若$\overline{EA}=0$，则 CPU 从片外 ROM 0000H 单元开始执行指令。

对于无片内 ROM 的 8031 单片机，$\overline{EA}$应固定接地，使 8031 单片机复位时能从片外 ROM 开始执行指令。而对于其他型号的 51 单片机，若用户需要使用片内 ROM，则$\overline{EA}$引脚必须接高电平。

MCS-51 单片机规定程序存储器中有 5 个单元地址具有特殊用途，这 5 个特殊单元分别对应 5 个中断源的中断服务程序作入口地址使用，用户不能安排其他内容。如表 2.3 所示。

表 2.3　5 种中断源的中断入口地址

中断源名称	中断入口地址（ROM）
外部中断 0（$\overline{INT0}$）	0003H
定时/计数器 T0	000BH
外部中断 1（$\overline{INT1}$）	0013H
定时/计数器 T1	001BH
串行口	0023H

MCS-51 单片机复位后，PC 值为 0000H，程序从程序存储器 0000H 地址单元处开始执行指令，而 0003H 地址单元处为外部中断 0 的中断入口地址，不能随意占用，因此，一般在 0000H 地址单元处存放一条跳转指令转到用户设计的主程序。

2.3.2　外部数据存储器（使用 MOVX 访问）

MCS-51 单片机最多可外扩 64 K 字节的 RAM 或 I/O，地址范围是 0000H～FFFFH。MCS-51 单片机未设有独立的外部 I/O 空间，而是将外部 I/O 空间与外部数据空间统一编址，共享 64 KB 地址存储空间，供用户片内 RAM 或 I/O 端口不能满足应用要求时进行扩展。访问外部 RAM 或外部 I/O 设备时使用 MOVX 指令，控制信号是 P3 口的$\overline{WR}$和$\overline{RD}$。

读写外 RAM 或 I/O 的过程：外 RAM 或 I/O 16 位地址分别由 P0 口（低 8 位）和 P2 口（高 8 位）同时输出，ALE 信号有效时由地址锁存器锁存低 8 位地址信号，地址锁存器输出的低 8 位地址信号和 P2 口输出的高 8 位地址信号同时加到外 RAM 或 I/O 的 16 位地址输入端，当$\overline{RD}$信号有效时，外 RAM 或 I/O 将相应地址存储单元中的内容送至数据总线（P0 口），CPU 读入后存入指定单元，或当$\overline{WR}$信号有效时，外 RAM 或 I/O 将数据总线上（P0 口分别传送）的内容写入相应地址存储单元中。

2.3.3　内部数据存储器（使用 MOV 访问）

广义上讲，MCS-51 单片机片内 RAM（128 B）和特殊功能寄存器 SFR（21 个）均属于内 RAM 空间。但为了加以区别，内 RAM 通常指字节地址为 00H～7FH 的低 128 B 空间。

图 2.4 为 MCS-51 单片机内 RAM 结构图，它又可以分成三个物理空间：工作寄存器区、位寻址区和数据缓冲区。

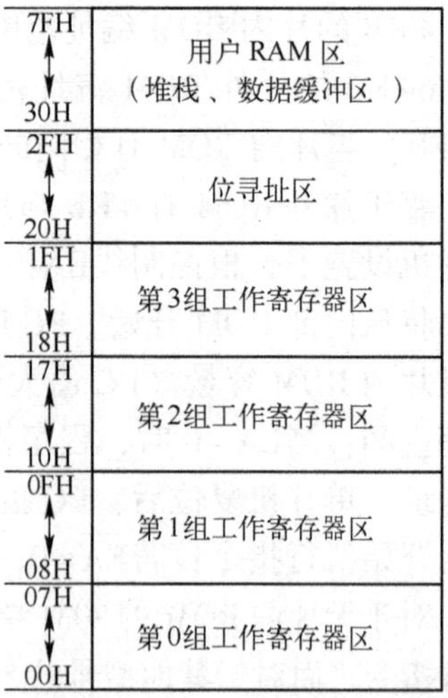

图 2.4　MCS-51 内 RAM 地址映射图

1. 工作寄存器区

00H～1FH 共 32 个字节单元属于工作寄存器区。工作寄存器是 MCS-51 单片机的重要寄存器，指令系统中有专用于工作寄存器操作的指令，读写速度比一般内 RAM 要快，指令字节比一般直接寻址指令要短，另外工作寄存器还具有间接寻址功能，能给编程和应用带来极大方便。

工作寄存器分为 4 个区：0 区、1 区、2 区、3 区。每个区有 8 个寄存器，用 R0～R7 命名，R0～R7 称为工作寄存器。在任何时刻，4 个工作寄存器区中只有 1 个有资格成为当前工作寄存器区，其他不能成为工作寄存器区的 3 个区只能充当一般的 RAM 使用。当前工作寄存器区的选择由程序状态字寄存器 PSW 中的 RS1 和 RS0 位决定。

2. 位寻址区

地址为 20H~2FH 共 16 个字节单元可分为 16×8＝128 个二进制位进行位寻址。每一位均有一个位地址，编址为 00H~7FH，表 2.4 所示为位寻址区的位地址映射表。注意该区既可以位寻址，也可以字节寻址。位寻址区的主要用途是存放各种标志位信息和位数据。

表 2.4　内 RAM 位寻址区的位地址映射

字节地址	位地址							
	D7	D6	D5	D4	D3	D2	D1	D0
2FH	7FH	7EH	7DH	7CH	7BH	7AH	79H	78H
2EH	77H	76H	75H	74H	73H	72H	71H	70H
2DH	6FH	6EH	6DH	6CH	6BH	6AH	69H	68H
2CH	67H	66H	65H	64H	63H	62H	61H	60H
2BH	5FH	5EH	5DH	5CH	5BH	5AH	59H	58H
2AH	57H	56H	55H	54H	53H	52H	51H	50H
29H	4FH	4EH	4DH	4CH	4BH	4AH	49H	48H
28H	47H	46H	45H	44H	43H	42H	41H	40H
27H	3FH	3EH	3DH	3CH	3BH	3AH	39H	38H
26H	37H	36H	35H	34H	33H	32H	31H	30H
25H	2FH	2EH	2DH	2CH	2BH	2AH	29H	28H
24H	27H	26H	25H	24H	23H	22H	21H	20H
23H	1FH	1EH	1DH	1CH	1BH	1AH	19H	18H
22H	17H	16H	15H	14H	13H	12H	11H	10H
21H	0FH	0EH	0DH	0CH	0BH	0AH	09H	08H
20H	07H	06H	05H	04H	03H	02H	01H	00H

3. 数据缓冲区

地址 30H~7FH 的 80 个字节单元为数据缓冲区，属一般内 RAM，只能进行字节寻址，用作数据缓冲区以及堆栈区，供用户存放各种数据和中间结果。

4. 字节寻址与位寻址说明

MCS-51 单片机既支持字节数据操作，即对一个字节 8 个二进制位整体进行操作，也支持位数据操作，即一位一位地单独操作。若 CPU 进行字节操作，则 CPU 对该字节操作数的寻址必须是字节寻址；若 CPU 进行位操作，则 CPU 对该位操作数的寻址必须是位寻址。

需要指出的是，位地址 00H~7FH 和内 RAM 字节地址 00H~7FH 编址虽然相同，但对应的存储器区域却是不相同的，CPU 执行指令时可通过位操作指令和字节操作指令区分开，不会搞错。

2.3.4　特殊功能寄存器 SFR（使用 MOV 访问）

CPU 对各种功能部件的控制通过特殊功能寄存器采用集中控制方式，即利用特殊功能寄存器控制单片机的 I/O 口、定时/计数器、串行口、中断系统等。特殊功能寄存器 SFR 共 21 个，离散地分布在高 128 B 片内 RAM 80H~FFH 区域中，其中字节地址能被 8 整除的特殊功能寄存器还具有位地址（共 83 个），地址范围为 80H~F7H。特殊功能寄存器名称及地址映射如表 2.5 所示。

表 2.5　SFR 的名称及地址映射

SFR 符号	名称	字节地址	位地址
B	B 寄存器	FDH	F7H~F0H
A	累加器	E0H	E7H~E0H
PSW	程序状态字	D0H	D7H~D0H
IP	中断优先级控制	B8H	BFH~B8H
P3	P3 口	B0H	B7H~B0H
IE	中断允许控制	A8H	AFH~A8H
P2	P2 口	A0H	A7H~A0H
SBUF	串行数据缓冲器	99H	
SCON	串行控制	98H	9FH~98H
P1	P1 口	90H	97H~90H
TH1	定时/计数器 1（高字节）	8DH	
TH0	定时/计数器 0（高字节）	8CH	
TL1	定时/计数器 1（低字节）	8BH	
TL0	定时/计数器 0（低字节）	8AH	
TMOD	定时/计数器方式控制	89H	
TCON	定时/计数器控制	88H	8FH~88H
PCON	电源控制	87H	
DPH	数据指针高字节	83H	
DPL	数据指针低字节	82H	
SP	堆栈指针	81H	
P0	P0 口	80H	87H~80H

下面介绍 SFR 块中的某些寄存器，其余部分将在后续有关章节中叙述。

1. 堆栈指针 SP

SP 用于指示堆栈顶部在内部 RAM 块中的位置，它可指向内 RAM 00H~7FH 中的任何单元。堆栈是存储器内按照“先进后出”原则组织起来的一段数据存储单元区间，堆栈主要是用来进行断点保护与现场保护，在调用子程序和中断都需用到堆栈。

MCS-51 单片机的堆栈主要有两种操作：入栈与出栈，都是字节操作，分别用 PUSH 和 POP 指令实现，下面用指令 PUSH　ACC 和 POP　B 说明入栈与出栈的操作过程。如图 2.5 所示。

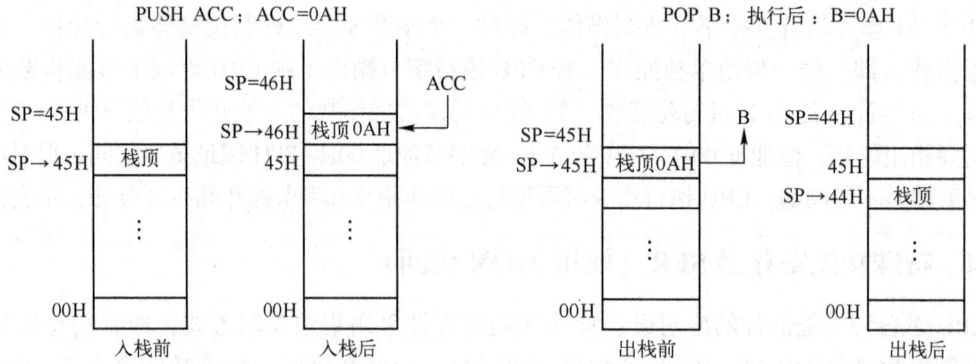

图 2.5　堆栈操作过程

入栈操作分为两步：

1）SP 自动加 1，指向下一单元。

2）A 的内容进入 SP 所指单元。完成后，SP 依旧指向栈顶。

出栈操作也分为两步：

1）SP 所指单元内容送入 B。

2）SP 自动减 1，栈顶发生变化，但 SP 依旧指向栈顶。

复位后，SP 中的内容为 07H，使得堆栈实际从 08H 单元开始，为了不影响工作寄存器的选择和位寻址区的使用，通常将 SP 指针设置在内 RAM 30H~70H 空间中。

2. 数据指针 DPTR

数据指针 DPTR 是一个 16 位的特殊功能寄存器，高位字节寄存器用 DPH 表示，低位字节寄存器用 DPL 表示。DPH、DPL 可以作为 8 位寄存器单独操作，也可以合并为一个 16 位寄存器 DPTR 操作。DPTR 主要用于存放一个 16 位的地址，作为访问外部存储器的地址指针。

3. I/O 端口控制寄存器 P0~P3

P0~P3 分别为 I/O 端口 P0~P3 的锁存器。单片机通过访问设置 P0~P3 寄存器控制 P0~P3 口引脚的输入输出数据。

4. 中断系统控制寄存器

IE、IP、TCON 是中断系统的相关控制寄存器，用户可通过设置 IE、IP、TCON 等寄存器控制中断系统的工作。

5. 串行口控制寄存器

SCON、SBUF、PCON 是串行口的相关控制寄存器，用户通过设置 SCON 等寄存器实现串行口的数据发送和接收等通信工作。其中，PCON 也是单片机低功耗控制寄存器，通过设置 PCON 可实现单片机的低功耗运行。

6. 定时/计数器控制寄存器

两个 16 位定时/计数器 T1 和 T0，各由两个独立的 8 位寄存器组成：TH1、TL1 和 TH0、TL0，并通过控制寄存器 TMOD、TCON 设置 T1 和 T0 的工作。

2.3.5 位地址空间

MCS-51 单片机共有 211 个（128 个+83 个）寻址位的位地址。位地址范围为：00H~FFH。内部 RAM 中 128 个可寻址位地址 00H~7FH（字节地址 20H~2FH）见表 2.3。特殊功能寄存器 SFR 中有 83 个可寻址位地址，见表 2.6。

表 2.6 SFR 的位地址映射

SFR 符号	字节地址	位地址							
		D7	D6	D5	D4	D3	D2	D1	D0
B	F0H	F7H	F6H	F5H	F4H	F3H	F2H	F1H	F0H
ACC	E0H	E7H	E6H	E5H	E4H	E3H	E2H	E1H	E0H
PSW	D0H	D7H	D6H	D5H	D4H	D3H	D2H	D1H	D0H
IP	B8H	-	-	-	BCH	BBH	BAH	B9H	B8H
P3	B0H	B7H	B6H	B5H	B4H	B3H	B2H	B1H	B0H
IE	A8H	AFH	-	-	ACH	ABH	AAH	A9H	A8H
P2	A0H	A7H	A6H	A5H	A4H	A3H	A2H	A1H	A0H
SCON	98H	9FH	9EH	9DH	9CH	9BH	9AH	99H	98H
P1	90H	97H	96H	95H	94H	93H	92H	91H	90H
TCON	88H	8FH	8EH	8DH	8CH	8BH	8AH	89H	88H
P0	80H	87H	86H	85H	84H	83H	82H	81H	80H

2.4 并行 I/O 口

MCS-51 单片机有 4 个双向的 8 位并行输入输出 I/O 口，分别记作 P0~P3。端口的每一位均由锁存器、输出驱动器和输入缓冲器组成。各端口除了可以作为字节输入/输出外，还可以按位寻址，便于位控功能的实现。MCS-51 利用 P0~P3 口实现 CPU 与外设的输入/输出，完成信息的交换。输出是指信号流向从单片机到外部设备，输入是指信号流向从外部设备到单片机。各个端口的功能有所不同，结构也有差别，但工作原理相似。下面分别叙述各个端口的内部结构。

2.4.1 P0 口

P0 口是一个双功能的 8 位并行 I/O 口，字节地址为 80H，位地址为 80H~87H。端口的各位具有完全相同但又相互独立的电路结构，P0 口某一位的电路如图 2.6 所示。

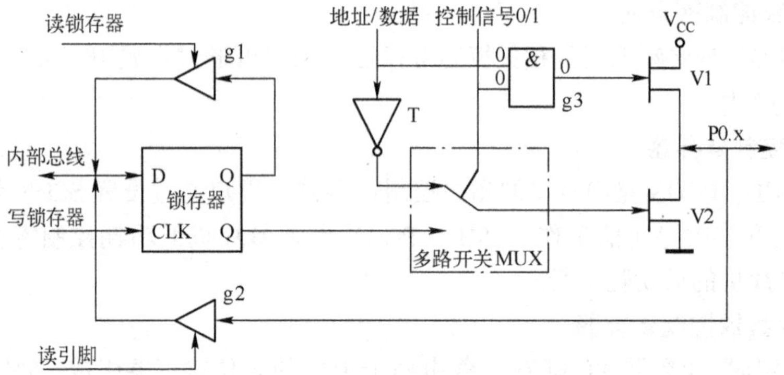

图 2.6　P0 口的位结构

1. 位电路结构

P0 口某一位的电路包括：

1）一个数据输出锁存器，用于数据位的锁存。

2）两个三态的数据输入缓冲器 g1 和 g2。

3）一个多路转接开关 MUX，设置多路转接开关的目的：P0 口既作通用 I/O 口，又可作为系统的地址/数据线口。

4）数据输出的驱动和控制电路，由两只场效应管（FET）组成，上方的场效应管 V1 构成上拉电路。

2. 工作过程分析

（1）P0 口用作地址/数据总线

当 MCS-51 单片机外扩存储器时，P0 口作为单片机系统的地址/数据的复用总线使用。

当作为地址或数据输出时，控制端=1，硬件自动使多路转接开关 MUX 接通反相器的输出，并使“与门”处于开启状态。当输出的地址/数据信息为 1 时，“与门”输出为 1，上方的场效应管导通，下方的场效应管导通，P0. x 引脚输出为 1；当输出的地址/数据信息为 0 时，上方的场效应管截止，下方的场效应管导通，P0. x 引脚输出为 0。这说明 P0. x 引脚的输出状态随地址/数据线而变化。输出电路由于上、下两个场效应管轮流导通，从而形成推拉式结构，大大提高了负载能力，上方的场效应管这时起到内部上拉电阻的作用。

当P0口作为地址/数据复用线输入时，仅从外部存储器（或外部I/O）读入信息，对应的控制信号为0，多路转接开关MUX接通锁存器的$\overline{Q}$端。由于P0口作为地址/数据复用方式访问外部存储器时，CPU自动向P0口输出FFH，使下方的场效应管截止，上方的场效应管由于控制信号为0也截止，从而保证数据信息的高阻抗输入，从外部存储器输入的数据信息直接由P0.x引脚通过输入缓冲器进入内部总线。

具有高阻抗输入的I/O口如果是真正的双向口，它应是具有高电平、低电平和高阻抗3种状态的端口。因此，P0口作为地址/数据总线使用时是一个真正的双向口，简称双向口。

（2）P0口用作通用I/O口

当系统不进行外部程序存储器和数据存储器扩展时，P0口也可作为通用的I/O口使用。

当用作通用的I/O口时，对应的“控制”信号为0，MUX接通锁存器的$\overline{Q}$端，“与门”输出为0，上方的场效应管截止，形成的P0口输出电路为漏极开路输出。

当P0口用作输出口时，来自CPU的“写”脉冲加在D锁存器的CP端，内部总线上的数据写入锁存器，并由引脚P0.x输出。当D锁存器为1时，$\overline{Q}$端为0，下方场效应管截止，输出为漏极开路，必须外接上拉电阻才能有高电平输出；当D锁存器为0时，下方场效应管导通，P0口输出为低电平。

当P0口作为输入口使用时，有两种读入方式：“读锁存器”和“读引脚”。当CPU发出“读锁存器”指令时，锁存器的状态有由Q端经上方的三态缓冲器进入内部总线；当CPU发出“读引脚”指令时，锁存器的输出状态必须为1（即$\overline{Q}$端为0），从而使下方场效应管截止，引脚的状态经下方的三态缓冲器进入内部总线。反之，“读引脚”时若锁存器的输出为0（即$\overline{Q}$端为1），下方场效应管导通，从而使P0.x引脚被钳位在0电平，使输入的高电平1无法读入。此外，在下方场效应管导通状态下，引脚的高电平被强行拉回为低电平，便可能产生很大的电流并经过下方场效应管而将其烧坏。

3. P0口的特点

综上所述，P0口具有如下特点：P0口为双功能口——地址/数据总线复用口和通用I/O口。

1）当P0口用作地址/数据总线复用口时，相当于一个真正的双向口，用作与外部存储器的连接，输出低8位地址和输出/输入8位数据。

2）当P0口用作通用I/O口时，由于需要在片外接上拉电阻，端口不存在高阻抗（悬浮）状态，因此为一个准双向口。为保证引脚信号的正确读入，应首先向锁存器写1。单片机复位后，锁存器自动被置1；当P0口由原来的输出状态转变为输入状态时，应首先置锁存器为1，方可执行输入操作。

一般情况下，如果P0口已作为地址/数据总线复用口，就不能再作为通用I/O口使用。

2.4.2 P1口

P1口是单功能的I/O口，字节地址为90H，位地址为90H～97H。P1口某一位的位电路结构如图2.7所示。

1. 位电路结构

P1口位电路结构由以下三部分组成：

1）一个数据输出锁存器，用于输出数据位的锁存。

2）两个三态的数据输入缓冲器g1和g2，分别用于锁存器数据和引脚数据的输入缓冲。

3）数据输出驱动电路，由一个场效应管和一个片内上拉电阻组成。

2. 工作过程分析

P1 口只能作为通用的 I/O 口使用。

1）P1 口作为输出口时，若 CPU 输出 1，Q=1，$\overline{Q}$=0，场效应管截止，P1 口引脚的输出为 1；若 CPU 输出 0，Q=0，$\overline{Q}$=1，场效应管导通，P1 口引脚的输出为 0。

2）P1 口作为输入口时，分为“读锁存器”和“读引脚”两种方式。“读锁存器”时，锁存器的输出端 Q 的状态经输入缓冲器 g1 进入内部总线；“读引脚”时，先向锁存器写 1，使场效应管截止，P1. x 引脚上的电平经输入缓冲器 g2 进入内部总线。

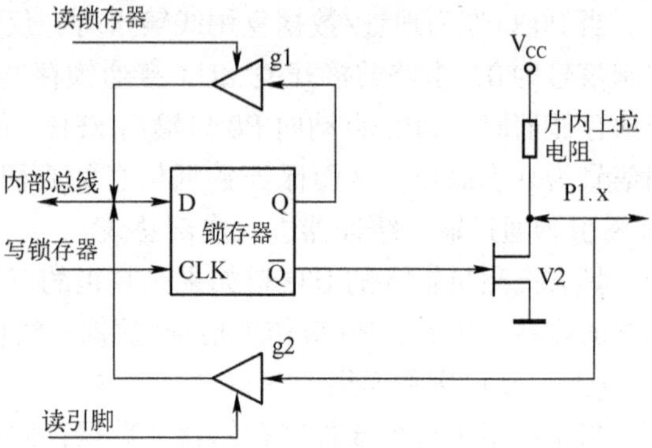

图 2.7　P1 口的位结构

3. P1 口的特点

P1 与 P0 口有两点区别：

1）因为 P1 口只传送数据，不再需要多路转接开关 MUX。

2）由于 P1 口用来传送数据，因此输出电路中有上拉电阻，这样电路的输出不是三态的，所以 P1 口是准双向口。

因此用户在使用时，需注意以下两点：

1）P1 口作为输出口使用时，外电路无需再接上拉电阻。

2）P1 口作为输入口使用时，应先向其锁存器写入“1”，使输出驱动电路的 FET 截止。

2.4.3　P2 口

P2 口也是复用口，既可作为高 8 位地址线使用，也可以作为通用 I/O 口使用，字节地址为 A0H，位地址为 A0H～A7H。P2 口某一位的内部位结构电路如图 2. 8 所示。

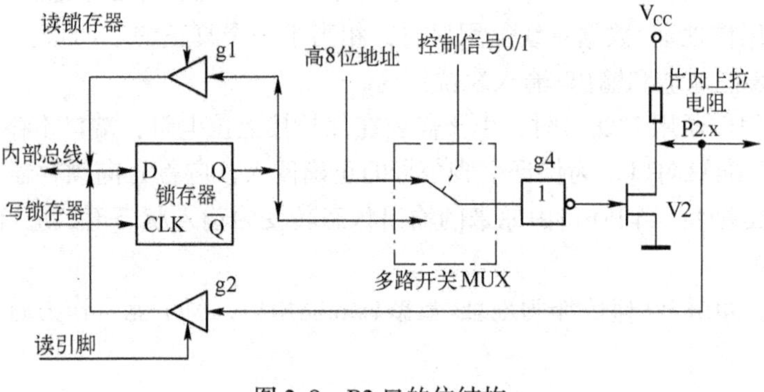

图 2.8　P2 口的位结构

1. 位电路结构

1）一个数据输出锁存器，用于输出数据位的锁存。

2）两个三态数据输入缓冲器 g1 和 g2，分别用于锁存器数据和引脚数据的输入缓冲。

3）一个多路转接开关 MUX，它的一个输入是锁存器的 Q 端，另一个输入是内部地址的高 8 位。

4）输出驱动电路，由场效应管和内部上拉电阻组成。

2. 工作过程分析

(1) P2 口用作地址总线

在内部控制信号作用下，MUX 与“地址”接通。当“地址”线为 0 时，场效应管导通，P2 口引脚输出 0；当“地址”线为 1 时，场效应管截止，P2 口引脚输出 1。

(2) P2 口用作通用 I/O 口

在内部控制信号作用下，MUX 与锁存器的 Q 端接通。

CPU 输出 1 时，Q=1，场效应管截止，P2. x 引脚输出 1；CPU 输出 0 时，Q=0，场效应管导通，P2. x 引脚输出 0。

输入时，分为“读锁存器”和“读引脚”两种方式。“读锁存器”时，Q 端信号经上方的输入缓冲器进入内部总线；“读引脚”时，先向锁存器写 1，使场效应管截止，P2. x 引脚上的电平经下方的输入缓冲器进入内部总线。

3. P2 口的特点

作为地址输出线使用时，P2 口可以输出外存储器的高 8 位地址，与 P0 口输出的低 8 位地址一起构成 16 位地址线，可以寻址 64 KB 的地址空间。当 P2 口作为高 8 位地址输出口时，输出锁存器的内容保持不变。

作为通用 I/O 口使用时，P2 口为一个准双向口。功能与 P1 口一样。

2.4.4 P3 口

由于 MCS-51 单片机的引脚数目有限，因此在 P3 口电路中增加了引脚的第二功能，P3 口的第二功能定义，如表 2.1 所示，应熟记。P3 口的每一位都可以分别定义为第二输入功能或第二输出功能。P3 口的字节地址为 B0H，位地址为 B0H~B7H。P3 口某一位的位电路结构如图 2.9 所示。

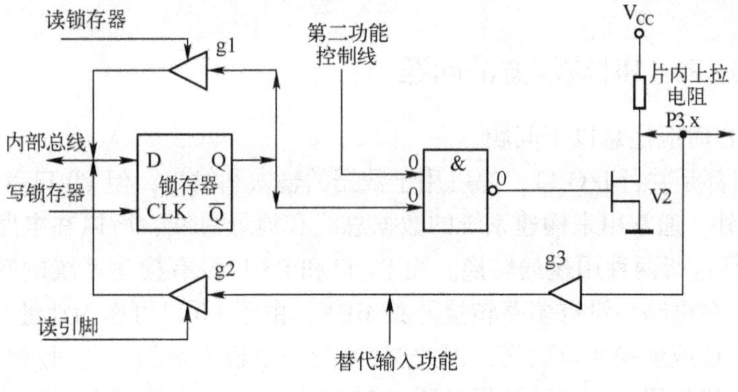

图 2.9　P3 口的位结构

1. 位电路结构

P3 口某一位的电路包括：

1) 一个数据输出锁存器，用于输出数据位的锁存。

2) 3 个三态数据输入缓冲器 g1、g2 和 g3，分别用于读锁存器、读引脚数据和第二功能数据的输入缓冲。

3) 输出驱动电路，由“与非门”、场效应管和内部上拉电阻组成。

2. 工作过程分析

(1) P3 口用作第二输入/输出功能

当选择第二输出功能时，该位的锁存器需要置“1”，使“与非门”为开启状态。当第二输出为1时，场效应管截止，P3.x引脚输出为1；当第二输出为0时，场效应管导通，P3.x引脚输出为0。

当选择第二输入功能时，该位的锁存器和第二输出功能端均应置1，保证场效应管截止，P3.x引脚的信息由输入缓冲器g3的输出获得。

(2) P3口用作第一功能——通用I/O口

当P3口用作第一功能通用输出时，第二输出功能端应保持高电平，“与非门”为开启状态。CPU输出1时，Q=1，场效应管截止，P3.x引脚输出为1；CPU输出0时，Q=0，场效应管导通，P3.x引脚输出为0。

当P3口用作第一功能通用输入时，P3.x位的输出锁存器和第二输出功能均应置1，场效应管截止，P3.x引脚信息通过输入g3和g2进入内部总线，完成“读引脚”操作。

当P3口实现第一功能通用输入时，也可以执行“读锁存器”操作，此时Q端信息经过缓冲器g1进入内部总线。

3. P3口的特点

P3口内部有上拉电阻，不存在高阻抗输入状态，为准双向口。

1）对作为第二功能输出的引脚，当作为通用I/O口使用时，电路中的“第二输出功能”线应保持高电平，与非门开通，以使锁存器的Q端输出通路保持畅通。当输出第二功能信号，该锁存器应预先置“1”，使与非门对“第二输出功能”信号的输出是畅通的，从而实现第二功能信号的输出。

2）对作为第二功能输入的引脚，在口线引脚的内部增加了一个缓冲器，输入的信号就从这个缓冲器的输出端取得。而作为通用的I/O口线使用的输入，仍取自三态缓冲器的输出端。P3口无论是作为输入口使用还是第二功能信号的输入，锁存器输出和“第二输出功能”线都应保持高电平。

2.4.5 使用P0~P3口时应注意的问题

使用P0~P3口时应注意以下问题。

1）P0~P3口都是并行I/O口，都可用于数据的输入和输出，但P0口和P2口除了可进行数据的输入/输出外，通常用来构建系统的数据总线和地址总线，所以在电路中有一个多路转接开关MUX，以便进行两种用途的转换。而P1口和P3口没有构建系统的数据总线和地址总线的功能，因此，在电路中没有多路转接开关MUX。由于P0口可作为地址/数据复用线使用，需传送系统的低8位地址和8位数据，因此MUX的一个输入端为“地址/数据”信号。而P2口仅作为高位地址线使用，不涉及数据，所以MUX的一个输入信号为“地址”。

2）在4个口中只有P0口是一个真正的双向口，P1~P3口都是准双向口。原因：P0口作为系统的数据总线使用时，为保证数据的正确传送，需要解决芯片内外的隔离问题，即只有在数据传送时芯片内外才接通；不进行数据传送时，芯片内外则应处于隔离状态。为此，要求P0口的输出缓冲器是一个三态门。

在P0口中输出三态门是由两只场效应管（FET）组成，所以是一个真正的双向口。而其他的三个口P1~P3中，上拉电阻代替P0口中的场效应管，输出缓冲器不是三态的，所以不是真正的双向口，只能称其为准双向口。因此，P0作为通用I/O口使用时，必须外接上拉电阻。

3）P3口的口线具有第二功能，为系统提供一些控制信号。因此在P3口电路增加了第二功能控制逻辑。这是P3口与其他各口的不同之处。

4）P0~P3 口作为输入口使用时，都应先向其锁存器先写入“1”，使输出驱动电路的 FET 截止，从而保证读入的引脚电平值是正确的。

2.4.6　P0~P3 口的使用操作

1. 基本输入输出

51 单片机分别通过操作特殊功能寄存器 P0~P3 控制 P0~P3 口工作，以操作 P1 口输出和输入为例，P1 寄存器的 D7~D0 位分别对应 P1 口的 P1.7~P1.0 引脚，如图 2.10 所示，P1 的 8 个端口可以一起进行字节操作，或每个端口也可以单独进行位操作，即每个引脚均可选择作为输入或输出使用。

	D7							D0
P1(90H)	P1.7	P1.6	P1.5	P1.4	P1.3	P1.2	P1.1	P1.0
引脚	P1.7	P1.6	P1.5	P1.4	P1.3	P1.2	P1.1	P1.0
引脚号	8	7	6	5	4	3	2	1

图 2.10　P1 寄存器与 P1 口引脚的对照图

（1）全部引脚输出（对 P1 寄存器进行写字节操作）

当 P1 口作为输出使用时，用户可通过对 P1 寄存器写操作控制 P1 口引脚的输出。

例如，若要让 P1.6、P1.2 两个引脚输出高电平，其他 6 个引脚输出低电平，则只需向 P1 寄存器的 D6 和 D2 位写入 1，其他位写入 0，即将 44H 写入 P1 寄存器：P1＝0x44。其中，0x44 是 44H 的 C 语言表示形式。

（2）全部引脚输入（对 P1 寄存器进行读字节操作）

当 P1 口作为输入使用时，引脚的电平状态决定了 P1 寄存器相应的位的状态，因此，用户可通过读取 P1 寄存器的值获得 P1 口引脚的状态。

例如，若 P1.3、P1.1 两个引脚接上拉电阻到 V_{CC}，其他引脚接地，则 P1 寄存器的值由引脚状态决定，即 P1 寄存器的值为 0AH，这时，读取 P1 寄存器的值即可知 P1 口的输入情况，但为了保证读到的值是正确的，必须先对 P1 口写入 1，如 P1＝0xff，ACC＝P1。这就将 P1 口的输入状态读入到累加器 ACC 中。

（3）部分引脚输出，部分引脚输入（对 P1 寄存器进行读或写位操作）

51 单片机的每个 I/O 引脚均可独立选择作为输入或输出，这时可通过位操作控制每个引脚。

例如，P1 口的 P1.7 和 P1.6 作为输入，接按键，当按键按下时输入 0，当按键未按下时输入 1；P1.1 和 P1.0 作为输出，接发光二极管 LED，输出 1 时，LED 灯亮，输出 0 时，LED 灯灭。这时，需对每个引脚单独操作，若 P1.7、P1.6 按键按下时，P1.1、P1.0 分别控制 LED 灯亮，用 C 语言表示如下：

```
P1_7=1;      //为了保证端口读入正确,先对 P1.7 口写入 1
P1_6=1;      //为了保证端口读入正确,先对 P1.6 口写入 1
if(P1_7==0) P1_1=1;
if(P1_6==0) P1_0=1;
```

或者：

```
P1_7=1;
P1_6=1;
P1_1=P1_7;
P1_0=P1_6;
```

【例 2.1】如图 2.11 所示，P1 口接拨盘开关，P2 口接 LED 灯，编程实现利用拨盘开关控制灯的亮灭，当拨盘打向右边时灯灭，打向左边时灯亮。

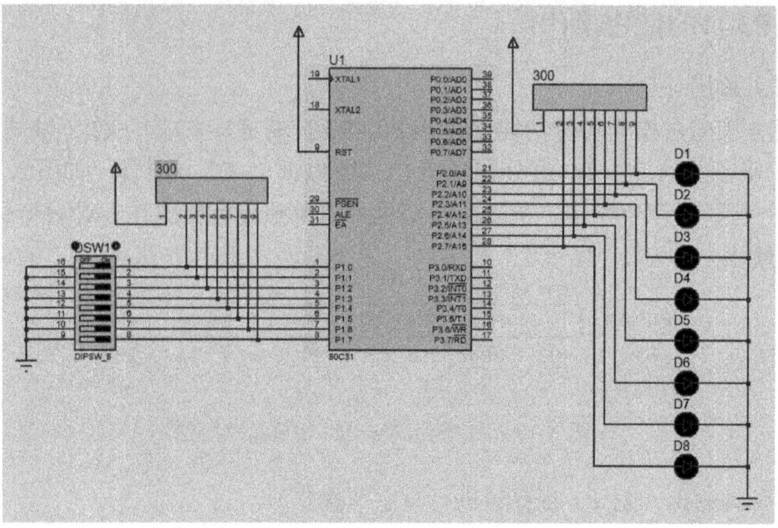

图 2.11　P1 口输入输出应用电路

分析：根据图 2.11 可知，当拨盘打向右边时，P1 口相应引脚的输入电平为 0，当拨盘打向左边时，P1 口相应引脚的输入电平为 1；接在 P2 口的 LED 灯在端口输出“1”时将被点亮，端口输出“0”时熄灭。因此，只需将 P1 口的输入状态赋给 P2 口就可实现拨盘控制 LED 灯的亮灭。具体 C 语言程序如下：

```
#include <reg51.h>
void main()
{P1=0xff;      //为了保证端口读入正确,先对 P1 口写入 1
 while(1){ P2=P1; }
}
```

2. 总线

51 单片机的 P0 和 P2 口具有第二功能，可作为片外总线扩展存储器和 I/O 使用。利用总线对片外数据存储器和 I/O 读写访问时，汇编语言主要采用 MOVX 命令，C 语言需采用 xdata 关键字定义片外单元。这部分内容将在第 4 章和第 8 章详细描述。

2.5　时钟电路与时序

时钟电路用于产生 MCS-51 单片机工作所必需的时钟控制信号。51 单片机就是在时钟信号的控制下，严格按照时序有节拍、有步骤地执行指令操作。CPU 在执行指令时所需控制信号的时间顺序称为时序。

2.5.1　时钟电路

时钟频率直接影响单片机的运行速度，其电路质量直接影响系统的稳定性。常用的时钟电路有两种方式：内部时钟方式和外部时钟方式。

1. 内部时钟方式

MCS-51 内部有一个用于构成振荡器的高增益反相放大器，反相放大器的输入端为芯片引脚 XTAL1，输出端为引脚 XTAL2。按图 2.12a 连接可构成自激振荡电路，振荡频率取决于石英晶体的振荡频率，晶体的振荡频率在 1.2 MHz~12 MHz 之间，C1 和 C2 典型值通常选择为 22 pF 左右。6 MHz 和 12 MHz 时钟频率是 MCS-51 单片机最常用的两个频率。晶体振荡频率越高，系统的时钟频率也越高，单片机运行速度也就越快。某些高速 51 单片机芯片的时钟频率已达 40 MHz。

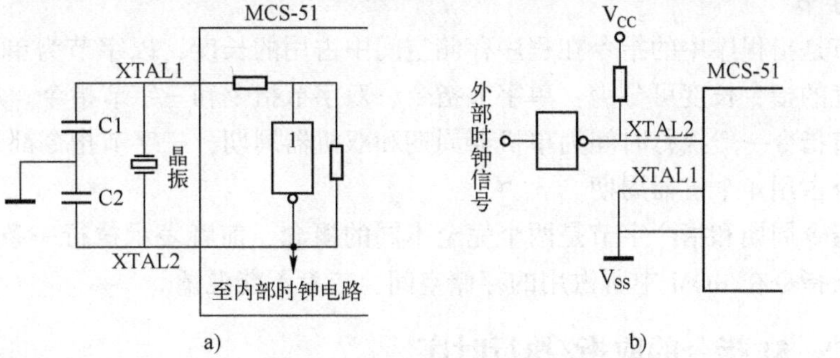

图 2.12　时钟电路

a）内部时钟方式　b）外部时钟方式

2. 外部时钟方式

外部时钟方式常用于多片 MCS-51 单片机同时工作。采用外振荡器输入，可按图 2.12b 连接，这时 XTAL1 接地，XTAL2 接外振荡器脉冲输入。

2.5.2　时钟周期、机器周期与指令周期

时序是用定时单位来描述的，MCS-51 的时序单位有 4 个，分别是时钟周期（节拍）、状态、机器周期和指令周期，现介绍单片机工作时序的几个相关基本概念和名称。

1. 时钟周期

它是单片机振荡器产生的时钟脉冲频率的倒数，是单片机的基本时间单位。若时钟晶体的振荡频率为 f_{osc}，则时钟周期 $T_{osc}=1/f_{osc}$。如 $f_{osc}=6$ MHz，则 $T_{osc}=166.7$ ns。

2. 状态周期

它是时钟脉冲二分频后的脉冲信号。状态周期是时钟周期的两倍。状态周期又称 S 周期。在 S 周期内有两个时钟周期，即分为二拍，分别称为 P1、P2，如图 2.13 所示。

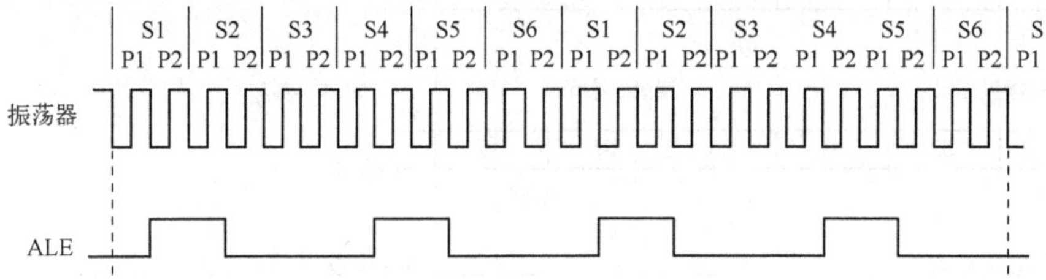

图 2.13　MCS-51 单片机机器周期

3. 机器周期

CPU 完成一个基本操作所需要的时间称为机器周期。执行一条指令分为几个机器周期。每个机器周期完成一个基本操作，如取指、取操作数等。MCS-51 单片机的一个机器周期包括

12 个时钟周期，分为 6 个状态：S1 ~ S6，每个状态周期有二拍，分别为 S1P1、S1P2、S2P1、S2P2、…、S6P1、S6P2，如图 2.13 所示。机器周期与时钟周期有着固定的 12 倍数关系。如当时钟频率为 12 MHz 时，机器周期为 1 μs；当时钟频率为 6 MHz 时，机器周期为 2 μs。

4. 指令周期

指令周期是指 CPU 执行一条指令占用的时间（用机器周期数表示）。MCS-51 单片机执行各种指令的时间是不一样的，可分为三类：单机器周期指令、双机器周期指令、四机器周期指令。

5. 指令字节

指令字节是指程序中的指令在程序存储空间中占用的长度，以字节为单位。MCS-51 单片机的指令系统的指令长度可分为：单字节指令、双字节指令和三字节指令。从执行时间看，单字节和双字节指令一般执行时间为单机器周期和双机器周期，三字节指令都是双机器周期，只有乘、除指令占用 4 个机器周期。

请注意指令周期和指令字节是两个完全不同的概念，前者表示执行一条指令所用的时间，后者表示一条指令在 ROM 中所占用的存储空间，二者不能混淆。

2.5.3 MCS-51 指令的取指/执行时序

指令的集合称为程序，执行程序的过程就是执行指令的过程。单片机执行任何一条指令时都可以分为取指阶段和执行阶段。在取指阶段，CPU 从程序存储器中取出指令操作码，送指令寄存器，再经指令译码器译码，产生一系列控制信号，完成本指令规定的操作。

1. 取指周期

取指周期中，单片机依据程序计数器 PC 的内容（地址），选中该地址对应的单元，取出其内容送回单片机作为操作码和操作数。

2. 执行周期

对取指周期取回的指令操作码进行译码，产生对应该指令的一系列控制信号（控制微指令），由这些控制信号控制单片机内其他部件完成该指令的操作。

MCS-51 指令的取指/执行时序，如图 2.14 所示。

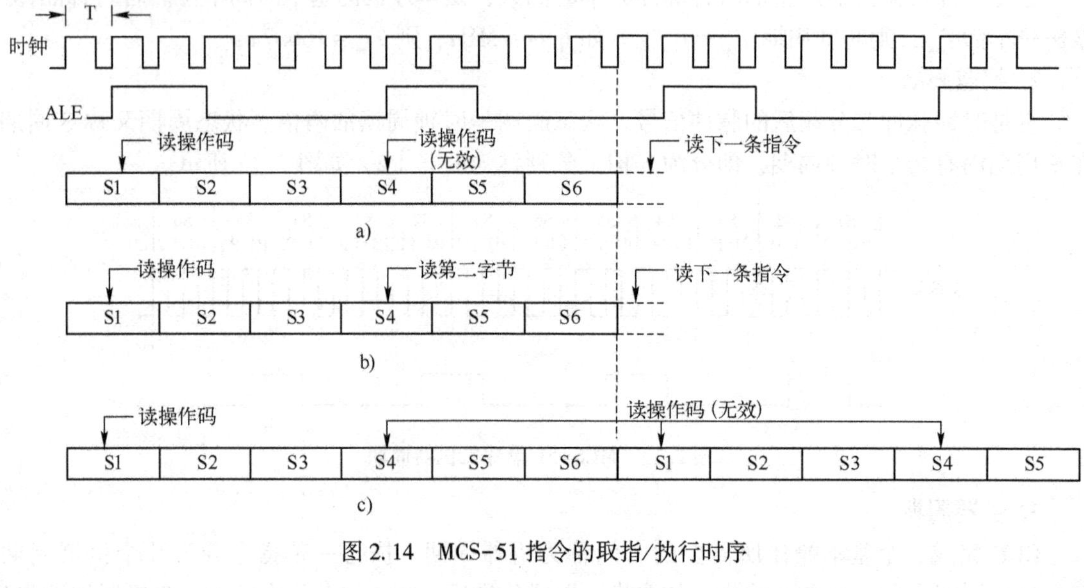

图 2.14 MCS-51 指令的取指/执行时序

说明：

1）ALE 信号的周期性，其一个周期包含六个时钟周期。在 ALE=1 期间，CPU 送出地址，该信号的下降沿指示外部锁存地址。因此，随着 ALE 信号的出现，都会进行一次取指操作。

2）MCS-51 单片机的指令可分为：单字节单周期指令时序、双字节单周期指令时序、单字节双周期指令时序。

3）ALE 信号是固定输出的。在有些指令中 ALE 信号是无效的，此时，PC 的处理是禁止自动加 1。

2.5.4 访问片外 ROM/RAM 的指令时序

单片机在访问片外数据或程序存储器时，要涉及 ALE、$\overline{PSEN}$、$\overline{RD}$、$\overline{WR}$以及数据、地址等信号。

1. 读片外 ROM 的指令时序

这类指令有：MOVC　A,@A+DPTR

MOVC　A,@A+PC

其操作是：把 16 位的 DPTR/PC 的内容与累加器内容相加作为 16 位地址，选取对应 ROM 单元的内容送回到 CPU 内。该指令与 ALE、PSEN 以及 P0、P2 有关。该指令的操作时序如图 2.15 所示。

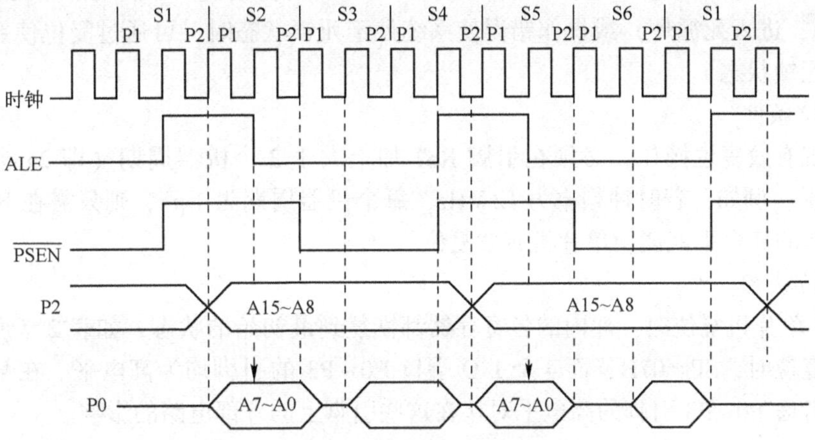

图 2.15　读片外 ROM 指令时序

2. 读/写外部 RAM 指令时序

这类指令有：MOVX　A,@DPTR

MOVX　@DPTR,A

其操作是：把 DPTR 的内容作为 16 位地址，选取对应外部 RAM 单元的内容送回到 CPU 的累加器 A 内。或者反向操作。该指令与 ALE、$\overline{RD}$、$\overline{WR}$以及 P0、P2 有关。该指令的操作时序如图 2.16 所示。

说明：

1）分两步完成：第一步是图中前两个 ALE 操作用于读取指令（单字节）。这期间，ALE、$\overline{PSEN}$以及 P0、P2 有效。

2）根据 DPTR 内容读取外部 RAM 的数据。这期间，ALE、$\overline{RD}$以及 P0、P2 有效。

3）注意：第二个机器周期的第一个 ALE 信号无效。

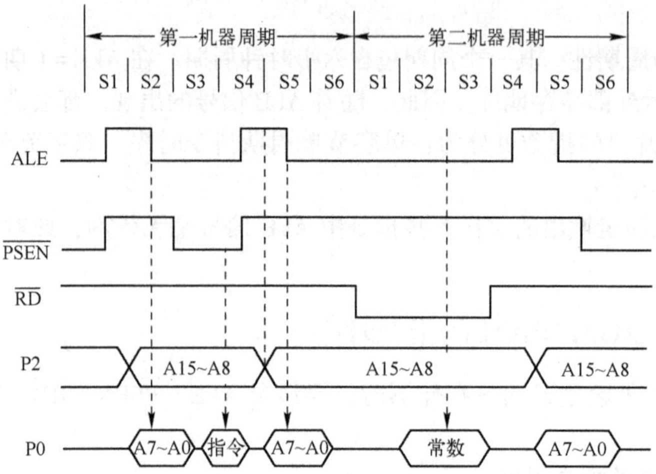

图 2.16　读片外 RAM 指令时序

2.6　复位操作和复位电路

1. 复位操作

复位是单片机的一个重要工作状态，复位是单片机的初始化操作。当单片机程序运行出错（如程序跑飞、进入死循环）或操作错误使系统处于死锁状态时，可通过复位使系统重新启动而摆脱系统死锁状态。

（1）复位条件

为了实现有效复位操作，必须在引脚 RST 加上大于 2 个机器周期（即 24 个时钟振荡周期）的高电平。例如，若时钟频率为 12 MHz，每个机器周期为 1 μs，则只需在 RST 引脚持续 2 μs 以上时间的高电平就能使单片机有效复位。

（2）复位状态

MCS-51 单片机复位时，片内的各寄存器都恢复到最初始的状态，如表 2.7 所示。从表中可以看出，复位时，SP=07H，而 4 个 I/O 端口 P0~P3 的引脚均为高电平。在某些控制应用中，要注意考虑 P0~P3 引脚的高电平对接在这些引脚上的外部电路的影响。

表 2.7　SFR 的复位状态

SFR 符号	复位状态	SFR 符号	复位状态
P0~P3	FFH	TH0	00H
SP	07H	TH1	00H
DPL	00H	SCON	00H
DPH	00H	SBUF	不定
PCON	0xxxxxxxB(HMOS)	IE	0xx0 0000B
TCON	00H	IP	xxx0 0000B
TMOD	00H	PSW	00H
TL0	00H	A	00H

其中 x 号表示无关位，是一个随机数值。

从上表所示的复位状态，注意到以下情况：

1）复位期间不产生 ALE 和 $\overline{PSEN}$ 信号，表明 MCS-51 单片机复位期间不会有任何取指操作。

2）复位后，PC 值为 0000H，表明复位后程序从程序存储器 0000H 单元开始运行。

3）SP=07H，P0~P3 的引脚均为高电平。

4）其余寄存器在使用时一般应先赋值，因此可不做记忆。

2. 复位电路

MCS-51 单片机复位主要有上电复位和手动复位两种，图 2.17a 是上电复位电路，RC 构成微分电路，在接通电源时，因电容 C 的充电作用在 RST 端产生一个尖的正脉冲，只要脉冲高电平超出 2 个机器周期持续时间，就能实现复位。图 2.17b 是兼有上电复位与手动复位的电路，手动复位用按键完成，当按键按下时，RST 端保持高电平，实现复位。图 2.17a、b 电路中的电阻 R、电容 C 常用值为 R=1 kΩ，C=10~30 μf。

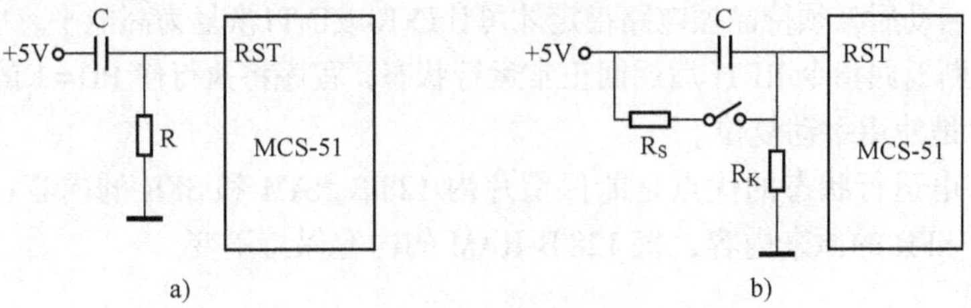

图 2.17 复位电路

a）上电复位电路 b）按键电平复位电路

2.7 低功耗运行模式

低功耗是单片机的重要功能之一，单片机在低功耗操作下的运行状态称为低功耗运行状态。MCS-51 单片机使用指令对电源控制寄存器 PCON 的 D1 和 D0 位操作，可进入低功耗运行状态。

1. 电源控制寄存器 PCON

MCS-51 单片机的电源控制寄存器 PCON 的位格式如下所示。

PCON	D7	D6	D5	D4	D3	D2	D1	D0
87H	SMOD1	SMOD0	–	POF	GF1	GF0	PD	IDL

D7(SMOD1)和 D6(SMOD0)：用于串行通信接口，SMOD1 是波特率倍增位，SMOD1=1 时的波特率增加 1 倍；SMOD0 是帧错误/模式识别选择位。

D4(POF)：上电标志位，其值由硬件电路决定，当 V_{CC}引脚由 0 V 上升到+5 V 时，POF 被硬件电路置 1，只有当 V_{CC}在 3 V 以下时，POF 才被置 0。

D3(GF1)和 D2(GF0)：通用标志位，由用户用指令设置成 0 或 1，作位寄存用。

D1(PD)和 D0(IDL)：运行状态标志位，由用户采用指令设置，具体运行状态如表 2.8 所示。复位时，PD、IDL 均为 0，处于正常运行状态。

表 2.8 PD 位和 IDL 位功能

D1	D0	单片机运行状态	电压/V	工作电流	功耗/mW
0	0	正常操作	5	16 mA	80
0	1	节电操作（待机方式，低耗方式）	5	3.7 mA	18.5
1	0	掉电操作（低耗方式）	2	50 μA	0.1
1	1	掉电操作（掉电方式优先节电方式）			

2. 节电运行方式

当 PD、IDL 置为 0、1 时，单片机工作于节电运行模式。节电运行也称为待机运行，运行特点如下：

1）内部时钟信号不再提供给 CPU，仅继续提供给机内定时/计数器、串行口和中断系统。

2）CPU 在失去时钟信号支撑后，其内部的全部状态保持不变，128 B RAM、SFR 和程序计数器 PC 内容保持不变。

3）V_{CC}继续为+5 V 不变，仅工作电流降至 3.7 mA 左右。ALE 和$\overline{PSEN}$输出高电平。

4）退出节电运行状态有两种方法：一种是使用中断；另一种是硬件复位。

使用中断唤醒节电运行状态可通过$\overline{INT0}$或$\overline{INT1}$送入中断申请信号来实现，外界中断源输入的中断信号必须设置成低电平触发方式，低电平的持续时间要求至少 10 ms 左右，在$\overline{INT0}$或$\overline{INT1}$为低电平使振荡器启动后，须待晶振电路稳定才可让$\overline{INT0}$或$\overline{INT1}$恢复为高电平。中断响应后进入中断服务，执行中断返回指令 RETI 后返回正常运行状态，程序将执行使 PD=1 的下一条指令。

硬件复位就是使用手动复位。

中断退出节电运行状态的优点是能保留片内 128 B RAM 和 SFR 的内容：复位退出掉电运行的缺点是丢掉 SFR 的原来内容，仅 128 B RAM 的内容保持不变。

3. 掉电方式

当 PD 置为 1 时，单片机运行于掉电状态，此时电路运行特点如下：

1）片内振荡电路停振，所有功能电路将因无时钟而停止工作，片内 RAM 和 SFR 的内容均保持不变，各端口的输出值被各自端口寄存器锁存，ALE 和$\overline{PSEN}$输出低电平。

2）V_{CC}降至 2 V，工作电流为 50 μA，仅用于保存片内 RAM 的数据信息。

3）退出掉电运行状态有两种方法：一是使用中断；另一种是硬件复位。退出过程和特点与退出节电运行方式相同。

2.8 单片机最小系统

单片机最小系统是指能使单片机正常工作所必需的最少外围功能部件，应包括：电源、时钟电路、复位电路等。8051 系列单片机最小系统电路如图 2.18 所示。8031 系列单片机因内部不含有程序存储器，需在片外扩展程序存储器，其最小系统电路如图 2.19 所示。

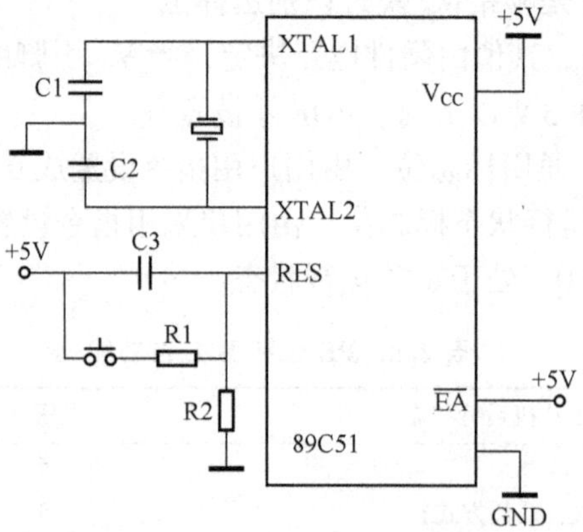

图 2.18 8051 单片机最小系统电路

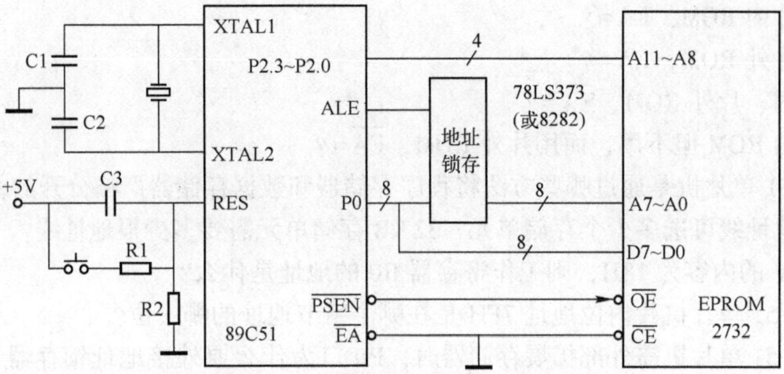

图 2.19　8031 单片机最小系统电路

本章小结

本章主要讨论了 MCS-51 型单片机的内部结构。单片机的内部由一个 8 位 CPU、128 B 内部 RAM、21 个特殊功能寄存器、4 个 8 位并行 I/O 口、两个 16 位定时/计数器、一个中断系统、一个异步串行口和时钟电路等组成。单片机的内部工作寄存器分为 4 组，每组的寄存器编号分别为 R0～R7，用程序状态字寄存器 PSW 中的 RS1 和 RS0 来选择工作寄存器的组号。

MCS-51 单片机有 3 个不同的存储空间，分别是 64 KB 的程序存储器（ROM）、64 KB 的外部数据存储器（RAM）和 256 B 的片内 RAM。用不同的指令和控制信号实现对存储空间的操作。

MCS-51 单片机的特殊功能寄存器有累加器 A、程序状态字 PSW、堆栈指针 SP、数据指针 DPTR 和地址指针 PC 等，每个寄存器均有着特殊的用途和功能。

MCS-51 单片机的 4 个 I/O 口均有着不同的结构，P0 口既用于 8 位数据线也用于低 8 位地址线；P1 口是通用的 I/O 接口；P2 口用于高 8 位地址线；P3 口常用于第二功能。这 4 个接口均有着通用的 I/O 接口的功能。

在 CPU 的时序中，有振荡周期、时钟周期、机器周期和指令周期之分，每一周期都有其不同的意义。

习题 2

1. MCS-51 单片机的存储结构（哈弗结构、诺依曼结构）有何特点？

2. 简述 MCS-51 单片机的物理存储空间。按编址方式划分，其存储器可分为哪几个空间、相应编址范围是什么？

3. MCS-51 单片机的片内数据存储器分为哪几个地址空间？各部分的主要功能是什么？

4. MCS-51 单片机特殊功能寄存器有多少个？其分布地址范围是什么？某特殊功能寄存器地址为 98H，它可以按位寻址吗？

5. MCS－51 单片机复位条件？复位后，CPU 从________单元开始执行程序，SP =________H，第一个压入堆栈的数据将位于片内 RAM 的________单元地址。

6. MCS-51 单片机 $\overline{EA}$ 引脚作用是什么？在下列情况 $\overline{EA}$ 引脚应接何种电平？

1）只有片内 ROM，$\overline{EA}$=？

2）只有片外 ROM，$\overline{EA}$=？

3）有片内、片外 ROM，$\overline{EA}$=？

4）有片内 ROM 但不用，而用片外 ROM，$\overline{EA}$=？

7. MCS-51 单片机是通过哪些方法将程序存储器和数据存储器严格分开的？

8. 12 根地址线可选多少个存储单元？32 KB 存储单元需要多少根地址线？

9. 若 PSW 的内容为 18H，则工作寄存器 R0 的地址是什么？

10. MCS-51 单片机片内位地址 7FH 是在哪个字节地址的哪一位？

11. MCS-51 单片机需外部扩展存储器时，P0 口为什么要外接地址锁存器？而 P2 口则不需接？

12. 端口某位锁存器的内容为 0，其相应引脚能否作输入用？为什么？

13. 通过堆栈操作实现子程序调用，首先要把________的内容入栈，以进行断点保护。调用返回时，再进行出栈保护，把保护的断点送回到________。

14. 何为堆栈？堆栈指针 SP 作用是什么？单片机没有堆栈功能行吗？

15. 什么叫机器周期？机器周期与时钟频率有何关系？当时钟频率为 12 MHz 和 6 MHz 时，机器周期各是多少时间？

16. 什么叫指令周期？什么叫指令字节？二者有什么区别？

17. 复位的作用是什么？MCS-51 单片机的复位条件是什么？复位后各寄存器的状态是什么？

18. 程序计数器 PC 寄存器的值是指（　　）。

A. 当前正在执行指令的前一条指令的地址

B. 当前正在执行指令的地址

C. 当前正在执行指令的下一条指令的地址

D. 控制器中的指令寄存器的地址

19. MCS-51 单片机引脚 ALE 的作用是什么？当单片机不外接存储器时，ALE 上输出的脉冲频率是多少？

第 3 章　C 语言基础与 C51 程序设计

由于单片机应用系统的日趋复杂，要求所写的代码规范化、模块化，并便于以软件工程的形式进行协同开发，汇编语言作为传统的单片机应用系统编程语言，已经不能满足这些实际需求。而 C 语言以其结构化和能产生高效代码满足这样的需求，成为电子工程师进行单片机系统编程时的首选编程语言，得到了广泛的应用。本章将详细介绍 C51 语言的基本语法、中断函数、C51 库函数、C51 编程技巧及 C51 应用编程举例等内容。通过本章的学习，可以使读者对 C51 程序编写有系统性的了解，只有牢记这些基本语法及 C51 各种编程方法，编程者才能解决实际的单片机应用程序的开发问题。

【学习目标】

- 熟记 C51 的关键字和数据类型，熟练应用 C51 的运算符和表达式。
- 掌握 C 语言的程序结构，中断服务程序编写，绝对地址访问方法。
- 理解变量的存储种类和存储类型，理解中断服务程序与调用子程序的区别。
- 熟悉 C51 程序设计及应用技巧，掌握 C51 应用程序编写与调试。

3.1　C51 语言概述

1. C51 程序结构

汇编语言虽然有执行效率高的优点，但其可读性和可移植性差，以及本身就是一种编程效率不高的低级语言，这些都使它的编程和维护极不方便，从而导致了整个系统的可靠性也较差。而使用 C 语言进行单片机应用系统的开发，有着汇编语言编程不可比拟的优势。

C 语言程序采用函数结构，每个 C 语言程序由一个或多个函数组成，在这些函数中至少应包含一个主函数 main( )，也可以包含一个 main( ) 主函数和若干个其他的功能子函数。不管 main( ) 函数放于何处，程序总是从 main( ) 函数开始执行，执行到 main( ) 函数结束则结束。可以在 main( ) 函数中调用其他子函数，其他子函数也可以相互调用，但 main( ) 函数只能调用其他的功能子函数，而不能被其他的子函数所调用。

功能子函数可以是 C 语言编译器提供的库函数，也可以是由用户定义的自定义函数。在编制 C 程序时，程序的开始部分一般是预处理命令、函数说明和变量定义等。

C51 的语法规定，程序结构及程序设计方法都与标准的 C 语言程序设计相同，但 C51 程序与标准的 C 程序在以下几个方面不一样：

1）C51 中定义的库函数和标准 C 语言定义的库函数不同。标准的 C 语言定义的库函数是按通用微型计算机来定义的，而 C51 中的库函数是按 MCS-51 单片机相应情况来定义的。

2）C51 中的数据类型与标准 C 中的数据类型也有一定的区别，在 C51 中增加了几种针对 MCS-51 单片机特有的数据类型。

3）C51 变量的存储模式与标准 C 中变量的存储模式不一样，C51 中变量的存储模式与 MCS-51 单片机的存储器紧密相关。

4）C51 与标准 C 的输入输出处理不一样，C51 中的输入输出是通过 MCS-51 串行口来完成的，输入输出指令执行前必须要对串行口进行初始化。

5）C51 与标准 C 在函数使用方面也有一定的区别，C51 中有专门的中断函数。

2. C 语言与 MCS-51 单片机

用 C 语言编写 MCS-51 单片机程序与用汇编语言编写 MCS-51 单片机程序不一样，主要体现如下：

1）用汇编语言编写 MCS-51 单片机程序必须要考虑其存储器结构，尤其必须考虑其片内数据存储器与特殊功能寄存器的使用以及按实际地址处理端口数据。

2）用 C 语言编写的 MCS-51 单片机应用程序，则不用像汇编语言那样须具体组织、分配存储器资源和处理端口数据，但在 C 语言编程中，对数据类型与变量的定义，必须要与单片机的存储结构相关联，否则编译器不能正确地映射定位。

用 C 语言编写单片机应用程序与标准的 C 语言程序也有相应的区别：

1）C 语言编写单片机应用程序时，需根据单片机存储结构及内部资源定义相应的数据类型和变量，而标准的 C 语言程序则不需要考虑这些问题。

2）C51 包含的数据类型、变量存储模式、输入输出处理、函数等方面与标准的 C 语言有一定的区别。其他的语法规则、程序结构及程序设计方法等与标准的 C 语言程序设计相同。

现在支持 MCS-51 系列单片机的 C 语言编译器有很多种，如 American Automation、Avocet、BSO/TASKING、DUNFIELD SHAREWARE、KEIL/Franklin 等。各种编译器的基本情况相同，但具体处理时有一定的区别，其中 KEIL/Franklin 以它的代码紧凑和使用方便等特点优于其他编译器，现在使用特别广泛。

3.2 C51 语言的基本语法

要通过 C51 语言进行单片机应用程序的开发，首先就是要掌握好 C51 语言的语法。C51 语言的语法主要包括 C51 标识符和关键字、C51 数据类型、变量的存储种类及存储类型、绝对地址访问及 C51 运算符和表达式。与传统 C 语言相比，C51 增加的部分，如针对单片机的关键字、数据类型及绝对地址访问方式，在本节中都将进行详细的介绍。

3.2.1 C51 的标识符和关键字

标识符用来标识源程序中某个对象的名字，这些对象可以是语句、数据类型、函数、变量、数组等。C 语言是区分大小写的一种高级语言，如果要定义一个变量，可以写作“a”，如果程序中有“A”，那么这两个是完全不同定义的标识符。标识符由字符串、数字和下画线等组成，应该注意的是第一个字符必须是字母或下画线，如“1a”是错误的，编译时会有错误提示。C51 中有些库函数的标识符是以下画线开头的，所以一般不要以下画线开头命名标识符。标识符在命名时应当简单，含义清晰，这样有助于阅读理解程序。在 C51 编译器中，只支持标识符的前 32 位为有效标识。

关键字则是编程语言保留的特殊标识符，它们具有固定名称和含义，在程序编写中不允许将关键字另做他用。在 C51 中的关键字除了有 ANSI C 标准的 32 个关键字外，还根据 C51 单片机的特点扩展了相关的关键字。其实在 C51 的文本编辑器中编写 C 程序，系统可以把关键字以不同颜色显示，如 MedWin 中关键字的默认颜色为天蓝色。

根据 MCS-51 单片机特点，C51 编译器除了支持 ANSI C 标准关键字外，还扩展了如表 3.1

所示的关键字。

表 3.1　C51 编译器的扩展关键字

关键字	用　途	说　明
bit	位标量声明	声明一个位标量或位类型的函数
sbit	位标量声明	声明一个可位寻址变量
sfr	特殊功能寄存器声明	声明一个特殊功能寄存器
sfr16	特殊功能寄存器声明	声明一个 16 位的特殊功能寄存器
data	存储器类型说明	直接寻址的内部数据存储器
bdata	存储器类型说明	可位寻址的内部数据存储器
idata	存储器类型说明	间接寻址的内部数据存储器
pdata	存储器类型说明	分页寻址的外部数据存储器
xdata	存储器类型说明	外部数据存储器
code	存储器类型说明	程序存储器
interrupt	中断函数说明	定义一个中断函数
reentrant	再入函数说明	定义一个再入函数
using	寄存器组定义	定义芯片的工作寄存器
_at_	地址定位	为变量进行存储器绝对空间地址定位
alien	函数特性说明	用于声明与 PL/M51 兼容的函数
compact	存储器模式	指定使用外部分页寻址数据存储器空间
large	存储器模式	指定使用 MCS-51 外部数据存储器空间
small	存储器模式	指定使用 MCS-51 内部数据存储器空间
priority	多任务优先声明	规定 RTX51 或 RTX51 Tiny 的任务优先级
task	任务声明	定义实时多任务函数

3.2.2　C51 的数据类型

C51 具有 ANSI C 的所有标准数据类型。其基本数据类型包括：char、int、short、long、float 和 double，对 C51 编译器来说，short 类型和 int 类型相同，double 类型和 float 类型相同。整型和长整型的符号位字节在最低的地址中。

除此之外，为了更加有效地利用 MCS-51 的结构，C51 还增加了一些特殊的数据类型，包括 bit、sfr、sfr16、sbit。表 3.2 所示为 C51 编译器所支持的数据类型。

表 3.2　C51 编译器能够识别的数据类型

数据类型	长　度	大　小
unsigned char	1 字节	0~255
char	1 字节	-128~+127
unsigned int	2 字节	0~65535
int	2 字节	-32768~+32767
unsigned long	4 字节	0~4294967295
long	4 字节	-2147483648~+2147483647

(续)

数据类型	长　度	大　小
float	4字节	±1.75494E-38~±3.402823E+38
*	1~3字节	对象的地址
bit	位	0或1
sfr	1字节	0~255
sfr16	2字节	0~65535
sbit	位	0或1

1. char字符类型

char类型的长度是1字节，通常用于定义处理字符数据的变量或常量。分无符号字符类型unsigned char和有符号字符类型signed char，默认为signed char类型。unsigned char类型用字节中所有的位表示数值，可以表达的数值范围是0~255。signed char类型用字节中最高位表示数据的符号，0表示正数，1表示负数，负数用补码表示，能表示的数值范围是-128~+127。unsigned char常用于处理ASCII字符或用于处理小于或等于255的整型数。

2. int整型

int整型长度为2字节，用于存放一个双字节数据。分有符号整型数signed int和无符号整型数unsigned int，默认值为signed int类型。signed int表示的数值范围是-32768~+32767，字节中最高位表示数据的符号，0表示正数，1表示负数。unsigned int表示的数值范围是0~65535。

3. long长整型

long长整型长度为4字节，用于存放一个4字节数据。分有符号长整型signed long和无符号长整型unsigned long，默认值为signed long类型。signed long表示的数值范围是-2147483648~+2147483647，字节中最高位表示数据的符号，0表示正数，1表示负数。unsigned long表示的数值范围是0~4294967295。

4. float浮点型

float浮点型在十进制中具有7位有效数字，是符合IEEE-754标准（32）的单精度浮点型数据，占用4字节。具有24位精度。

5. *指针型

指针型本身就是一个变量，在这个变量中存放的指向另一个数据的地址。这个指针变量要占据一定的内存单元，对不同的处理器长度也不尽相同，在C51中它的长度一般为1~3个字节。

6. bit位标量

bit位标量是C51编译器的一种扩充数据类型，利用它可定义一个位标量，但不能定义位指针，也不能定义位数组。它的值是一个二进制位，不是0，就是1，类似一些高级语言的Boolean类型中的True和False。

7. sfr特殊功能寄存器

sfr也是一种扩充数据类型，占用一个内存单元，值域为0~255。利用它可以访问51单片机内部的所有特殊功能寄存器。如用sfr P1 = 0x90，这一句定义P1变量为P1端口在片内的寄存器，在后面的语句中可以用P1 = 0xFFH（对P1端口的所有引脚置高电平）之类的语句操作特殊功能寄存器。sfr 特殊功能寄存器列表可参见表 2.5。

8. sfr16 16 位特殊功能寄存器

sfr16 用于定义存在于 MCS-51 单片机内部 RAM 的 16 位特殊功能寄存器。sfr16 型数据占用 2 个内存单元，取值范围为 0~65535，如定时器 T0 和 T1。通过名字或地址引用的 sfr16 地址必须大于 80H。

9. sbit 可寻址位

sbit 也是 C51 中的一种扩充数据类型，利用它可以访问芯片内部的 RAM 中的可寻址位或特殊功能寄存器中的可寻址位。如定义：

```
sfr P0= 0x80;          /*因 P0 口的寄存器是可位寻址的*/
sbit P0_0=P0^0;        /*所以 P0_0 为 P0 中的 P0.0 引脚*/
```

除了以上定义方式外，还可以用 P0.0 的地址去写，例如：

```
sbit P0_0=0x80;
```

通过 sbit 定义后，程序语句中就可以用 P0_0 对 P0.0 引脚进行读写操作了。通常这些可以使用系统提供的预处理文件，如 Keil 软件安装目录中可以找到 reg51.h、reg52.h 等，里面已定义好各种特殊功能寄存器的简单名字，直接引用可以省去一些时间。

在 MCS-51 单片机系统中，经常要访问特殊功能寄存器中的某些位，用关键字 sbit 定义可位寻址的特殊功能寄存器的位寻址对象。定义方法有如下三种。

（1）sbit 位变量名 = 位地址

将位的绝对地址赋给位变量，位地址必须位于 0x80H~0xFF 之间。例如 PSW 中 7 个位的定义：

```
sbit CY   = 0xD7;
sbit AC   = 0xD6;
sbit F0   = 0xD5;
sbit RS1  = 0xD4;
sbit RS0  = 0xD3;
sbit OV   = 0xD2;
sbit P    = 0xD0;
```

（2）sbit 位变量名 = 特殊功能寄存器名^位位置

当可寻址位位于特殊功能寄存器中时，可采用这种方法。位位置是一个 0~7 之间的常数。例如可以把 PSW 中的 7 个位定义为如下：

```
sbit CY   = PSW^7;
sbit AC   = PSW^6;
sbit F0   = PSW^5;
sbit RS1  = PSW^4;
sbit RS0  = PSW^3;
sbit OV   = PSW^2;
sbit P    = PSW^0;
```

（3）sbit 位变量名 = 字节地址^位位置

这种方法是以一个常数（字节地址）作为基地址，该常数必须在 0x80H~0xFF 之间。位位置是一个 0~7 之间的常数。例如可以把 PSW 中的 7 个位定义为如下：

```
sbit CY    = 0XD0^7;
sbit AC    = 0XD0^6;
sbit F0    = 0XD0^5;
sbit RS1   = 0XD0^4;
sbit RS0   = 0XD0^3;
sbit OV    = 0XD0^2;
sbit P     = 0XD0^0;
```

MCS-51 单片机中的特殊功能寄存器和特殊功能寄存器可寻址位，已被预先定义放在文件 reg51. h 和 reg52. h 中，在程序的开头只需加上#include<reg51. h>或#include<reg52. h>即可。

另外，sbit 还可访问 MCS-51 单片机片内 20H～2FH 范围内的位对象。C51 编译器提供了一个 bdata 存储器类型，允许将具有 bdata 类型的对象放入 MCS-51 单片机片内可位寻址区。

例如：

```
int bdata bint1;                      /* 在位寻址区定义一个整型变量 bint1 */
char bdata bc_array[3];               /* 在位寻址区定义一个字符型数组 bc_array  */
sbit bint1_0=bint1^0;                 /* 使用位变量 bint1_0 访问 bint1 第 0 位 */
sbit bint1_15=bint1^15;               /* 使用位变量 bint1_15 访问 bint1 第 15 位 */
sbit bc_array05= bc_array[0]^5        /* 使用位变量 bc_array05 访问 bc_array[0]第 5 位 */
```

sbit 和 bit 的区别：sbit 定义特殊功能寄存器中的可寻址位；而 bit 则定义了一个普通的位变量，一个函数中可包含 bit 类型的参数，函数返回值也可为 bit 类型。例如：

```
bit b0,b1;                    /* 定义了位变量 b0、b1 */
extern bitxbit;               /* 定义了一个外部位变量 xbit */
bit b_fun(bit b2,bit b3)      /* 位变量作为形参 */
{
bit b4;
b4=b2&b3;
return(b4);                   /* 返回一个位型值 b4 */
}
```

除了这些数据类型外，C51 编译器还支持复杂的构造数据类型，如结构体类型和联合体类型，具体参考 ANSI C。

3.2.3 变量的存储种类和存储类型

变量是一种在程序执行过程中，其数值不断变化的量。C51 规定变量必须先定义后使用。C51 对变量定义的格式如下：

```
[存储种类] 数据类型 [存储器类型] 变量名表
```

其中，存储种类和存储器类型是可选项。

1. 存储种类

存储种类是指变量在程序执行过程中的作用范围。变量的存储种类有四种，分别为：自动 (auto)、外部 (extern)、静态 (static) 和寄存器 (register)。

1) 使用存储种类说明符 auto 定义的变量称为自动变量。自动变量作用范围在定义它的函数体或复合语句内部，在定义它的函数体或复合语句被执行时，C51 才为该变量分配内存空间，当函数调用结束返回或复合语句执行结束时，自动变量所占用的内存空间被释放，这些内存空间又可被其他的函数体或复合语句使用。可见使用自动变量能最有效地使用 MCS-51 单片机内存。定义变量时，如果省略存储种类，则该变量默认为自动（auto）变量。例如：

```
{
char c_var;
int   i_var;
}
```

等价于：

```
{
auto char c_var;
auto int i_var;
}
```

由于 MCS-51 单片机访问片内 RAM 速度最快，通常将函数体内和复合语句中使用频繁的变量放在片内 RAM 中，且定义为自动变量，可有效地利用片内有限的 RAM 资源。

2）使用外部种类存储符 extern 定义的变量称为外部变量。在一个函数体内，要使用一个已在该函数体外或别的程序模块文件中定义过的外部变量时，该变量在本函数体内要用 extern 说明。外部变量被定义后，即分配了固定的内存空间，在程序的整个执行时间内都是有效的。通常将多个函数或模块共享的变量定义为外部变量。外部变量是全局变量，在程序执行期间一直占有固定的内存空间。当片内 RAM 资源紧张时，不建议将外部变量放在片内 RAM 中。

3）使用存储种类说明符 static 定义的变量称为静态变量。静态变量分为局部静态变量和全局静态变量。对静态局部变量的说明：

静态局部变量属于静态存储类别，在静态存储区内分配存储单元。在程序整个运行期间都不释放。而自动变量（即动态局部变量）属于动态存储类别，占动态存储空间，函数调用结束后即释放。

静态局部变量在编译时赋初值，即只赋初值一次；而对自动变量赋初值是在函数调用时进行，每调用一次函数重新给一次初值，相当于执行一次赋值语句。

如果在定义局部变量时不赋初值的话，则对静态局部变量来说，编译时自动赋初值 0（对数值型变量）或空字符（对字符变量）。而对自动变量来说，如果不赋初值，则它的值是一个不确定的值。

局部静态变量是在两次函数调用之间仍能保持其值的局部变量。有些程序要求在多次调用之间仍然保持变量的值，使用自动变量则无法作用到这一点。而使用全局变量有时会带来意外的副作用，这时可采用局部静态变量。

例如：局部静态变量的使用——打印 1 到 5 的阶乘值。

```
#include <reg51. h>
int fac(int n)
{
static int f=1;
  f=f * n;
  return(f);
}
void main()
{
int i;
```

```
    for(i=1;i<=5;i++)
    printf("%d!=%d\n",i,fac(i));
}
```

此程序中一共调用了 5 次阶乘函数 fac(i)，每次调用后输出一个阶乘值 i!，同时保留 i! 值，以便下次再乘（i+1），而不用重新计算 i! 值。但使用局部静态变量要占用较多的内存空间，因此建议不要过多使用局部静态变量。

全局静态变量是一种作用范围受限制的外部变量。全局静态变量只在定义它的程序文件中才可以使用，其他文件不能改变其内容。C 语言允许多模块程序设计，即全局静态变量只能在定义它的程序文件所产生的模块中使用。全局静态变量也占用固定的内存空间，但不能作为别的模块的外部变量，这一点和单纯的全局变量不同。

4）使用存储种类说明符 register 定义的变量称为寄存器变量。MCS-51 访问寄存器的速度最快，通常将使用频率最高的那些变量定义为寄存器变量。C51 编译器能自动识别程序中使用频率最高的变量，并自动将其作为寄存器变量，用户无需专门声明。

2. 存储器类型

定义变量时，除了说明存储种类外，还允许说明变量的存储器类型。存储器类型和存储种类是完全不同的概念，存储器类型指明该变量所处的单片机的内存空间。C51 编译器可识别以下存储器类型，如表 3.3 所示。

表 3.3　C51 编译器可识别的存储器类型

存储器类型	说　明
data	直接寻址的片内数据存储器低 128 B，访问速度最快
bdata	可位寻址的片内数据存储器（地址 20H~2FH 共 16 B、128 位），允许位和字节混合访问
idata	间接寻址片内数据存储器 256 B，允许访问片内全部地址
pdata	分页寻址片外数据存储器 256 B，使用指令 MOVX @ Ri 访问，需要 2 个指令周期
xdata	寻址片外数据存储器 64 KB，使用指令 MOVX @ DPTR 访问
code	寻址程序存储器 64 KB，使用指令 MOVC A,@ A+DPTR 访问

如果在变量定义时省略了存储器类型标识符，C51 编译器会选择默认的存储器类型。默认的存储器类型由 SMALL、COMPACT 和 LARGE 存储模式指令决定。

下面对 MCS-51 单片机各存储区类型的特点加以说明。

（1）data 区

对 data 区的寻址是最快的，所以应该把使用频率高的变量放在 data 区。由于空间有限，必须注意使用 data 区，data 区除了包含程序变量外，还包含了堆栈和寄存器组 data 区。

```
unsigned char data system_status=0;
unsigned int data unit_id[2];
char data inp_string[16];
float dataoutp_value;
mytype data new_var;
```

在 SMALL 存储模式下，未说明存储器类型时，变量默认被定位在 data 区。标准变量和用户自定义变量都可以存储在 data 区，只要不超过 data 区的范围。因为 C51 使用默认的寄存器组传递参数，至少失去了 8 B。另外要定义足够大的堆栈空间，当内部堆栈溢出的时候，程序会产生莫名其妙的错误，实际原因是 MCS-51 系列单片机没有硬件报错机制，堆栈溢出只能以这种方式表示出来。

（2）bdata 区

当在 data 区的位寻址区定义变量，这个变量就可进行位寻址，并且声明位变量。这对状态寄存器来说十分有用，因为它可以单独使用变量的每一位，而不一定要用位变量名引用位变量。下面是一些在 bdata 区中声明变量和使用位变量的例子。

```
unsigned charbdata status_byte;
unsigned intbdata status_word;
unsigned longbdata status_dword;
sbit stat_flag=status_byte^4;
if(status_word^15){
……}
stat_flag=1;
```

编译器不允许在 bdata 区中定义 float 和 double 类型的变量，如果想对浮点数的每位寻址，可以通过包含 float 和 long 类型的联合实现。

```
typedef union{                          /*定义联合类型*/
unsigned long Lvalue;                   /*长整型 32 位*/
float fvalue;                           /*浮点数 32 位*/
}bit_float;                             /*联合名*/
bit_floatbdata myfloat;                 /*在 bdata 区中声明联合*/
sbit float_ld=myfloat.Lvalue^31;        /*定义位变量名*/
```

（3）idata 区

idata 区也可以存放使用比较频繁的变量，使用寄存器作为指针进行寻址。在寄存器中设置 8 位地址进行间接寻址，与外部存储器寻址比较，它的指令执行周期和代码长度都比较短。举例如下。

```
unsigned charidata system_status=0;
unsigned intidata unit_id[2];
char idata inp_string[16];
float idata outp_value;
```

（4）pdata 和 xdata 区

在这两个区声明变量和在其他区的语法是一样的，pdata 区只有 256 B，而 xdata 区可达 65536 B，举例如下。

```
unsigned charxdata system_status=0;
unsigned intpdata unit_id[2];
char xdata inp_string[16];
float pdata outp_value;
```

对 pdata 和 xdata 的操作是相似的，对 pdata 区寻址比对 xdata 区寻址要快，因为对 pdata 区寻址只需要装入 8 位地址，而对 xdata 区寻址需装入 16 位地址。所以尽量把外部数据存储在 pdata 区中，对 pdata 和 xdata 寻址要使用 MOVX 指令，需要 2 个处理周期。

（5）code 区

code 区即 MCS-51 的程序代码区，所以代码区的数据是不可改变的，MCS-51 的代码区不可重写。一般代码区中可存放数据表、跳转向量和状态表，对 code 区的访问和对 xdata 区的访问的时间是一样的，代码区中的对象在编译时初始化，否则就得不到想要的值。下面是代码区的声明例子。

```
unsigned int code unit_id[2] = {0x1234, 0x89ab};
unsigned char code uchar_data[16] = {0x00,0x01,0x02,0x03,0x04,0x05, 0x06,0x07,0x08,0x09,0x10,0x11,
0x12,0x13,0x14,0x15};
```

3. 存储模式

C51 编译器允许采用三种存储模式：小编译模式 SMALL、紧凑编译模式 COMPACT、大编译模式 LARGE。一个变量的存储器模式确定了变量在内存中的地址空间。同样一个函数的存储器模式确定了函数的参数和局部变量在内存中的地址空间。在 SMALL 模式下，函数的参数和局部变量在 MCS-51 单片机的内部 RAM 中；在 COMPACT 和 LARGE 模式下，函数的参数和局部变量在 MCS-51 单片机的外部 RAM 中。

下面这个例子说明了存储模式的定义方法。

【例 3.1】 变量和函数的存储模式

```
#pragma small                  /*默认存储器类型为 MCS-51 片内直接寻址 RAM*/
char data i, j, k;             /*在 MCS-51 片内直接寻址 RAM 中定义了 3 个变量,默认为自动变量*/
char i, j, k;                  /*未指明存储模式,由#pragma small 决定,与前一句完全等价*/
int xdata m, n;                /*在 MCS-51 片外 RAM 中定义了 2 个自动变量*/
static char m, n;              /*在 MCS-51 片内直接寻址 RAM 中定义了 2 个静态变量*/
unsigned charxdata ram[128];   /*在 MCS-51 片外 RAM 中定义了大小为 128 B 的数组变量*/
int func1(int i, int j) large  /*指定 LARGE 模式*/
{
   return(i+j);
}
int func2(int i, int j)        /*未指明存储模式, 按默认的 SMALL 模式*/
{
   return(i-j);
}
```

不同的存储器类型访问速度是不一样的，如：

```
unsigned char data var1;     /*SMALL 模式,var1 被定位在 data 区*/
                             /*即 MCS-51 片内直接寻址 RAM*/
unsigned charpdata var1;     /*COMPACT 模式,var1 被定位在 pdata 区*/
                             /*即 MCS-51 片外按页面间接寻址 RAM*/
unsigned charxdata var1;     /*LARGE 模式,var1 被定位在 xdata 区*/
                             /*即 MCS-51 片外间接寻址 RAM*/
```

在 SMALL 模式下，var1 被定位在 data 区，经 C51 编译器编译后，采用内部 RAM 直接寻址方式访问速度最快；在 COMPACT 模式下，var1 被定位在 pdata 区，经 C51 编译器编译后，采用外部 RAM 间接寻址方式访问速度较快；在 LARGE 模式下，var1 被定位在 xdata 区，经 C51 编译器编译后，采用外部 RAM 间接寻址方式访问速度最慢。为了提高系统运行速度，建议在编写源程序时，把存储模式设定为 SMALL，再在程序中对 xdata、pdata 和 idata 等类型变量进行专门声明。

3.2.4 绝对地址的访问

1. 使用指针

采用指针的方法，可实现在 C51 程序中对任意指定的存储器地址进行操作。例如：

```
#define uchar unsigned char
#define uint unsigned int
void test_memory(void) {
uchar idata ivar1;
uchar xdata *xdp;        /*定义一个指向 xdata 存储器空间的指针*/
char data *dp;           /*定义一个指向 data 存储器空间的指针*/
uchar idata *idp;        /*定义一个指向 idata 存储器空间的指针*/
xdp=0x1000;              /*xdata 指针赋值,指向 xdata 存储器地址 1000H 处*/
*xdp=0x5A;               /*将数据 5AH 送到 xdata 的 1000H 单元*/
dp=0x61;                 /*data 指针赋值,指向 data 存储器地址 61H 处*/
*dp=0x23;                /*将数据 23H 送到 data 的 61H 单元*/
idp=&ivar1;              /*idp 指向 idata 区变量 ivar1*/
*idp=0x16;               /*等价于 ivar1=0x16*/
}
```

2. 使用 C51 运行库中预定义宏

C51 编译器提供了一组宏定义用来对 MCS-51 系列单片机的 code、data、pdata 和 xdata 空间进行绝对地址访问。函数原型如下：

```
#define CBYTE((unsigned char volatile code *)0x50000L)
#define DBYTE((unsigned char volatile data *)0x40000L)
#define PBYTE((unsigned char volatilepdata *)0x30000L)
#define XBYTE((unsigned char volatilexdata *)0x20000L)

#define CWORD((unsigned int volatile code *)0x50000L)
#define DWORD((unsigned int volatile data *)0x40000L)
#define PWORD((unsigned int volatilepdata *)0x30000L)
#define XWORD((unsigned int volatilexdata *)0x20000L)
```

这些函数原型放在 absacc.h 文件中。

CBYTE 以字节形式对 code 区寻址，DBYTE 以字节形式对 data 区寻址，PBYTE 以字节形式对 pdata 区寻址，XBYTE 以字节形式对 xdata 区寻址，CWORD 以字形式对 code 区寻址，DWORD 以字形式对 data 区寻址，PWORD 以字形式对 pdata 区寻址，XWORD 以字形式对 xdata 区寻址。例如：

```
#include<absacc.h>
#include<reg52.h>
#define uchar unsigned char
#define uint unsigned int
void main(void)
{
  uint ui_var1;
  uchar uc_var1;
  ui_var1 = XWORD[0x0004];     /*访问外部 RAM 0004H~0005H 地址的内容*/
  uc_var1 = XBYTE[0x0002];     /*访问外部 RAM 0002H 地址的内容*/
  ……
  while(1);
}
```

需要注意的是，ui_var1 在外部存储器区访问 0x0004。通过使用#define 预处理器命令，可采用其他符号定义绝对地址。

3. 使用 C51 扩展关键字_at_

使用_at_对指定的存储器空间的绝对地址进行定位，一般格式如下：

```
数据类型［存储器类型］标识符 _at_ 常数
```

其中，存储器类型为 idata、data、xdata 等 C51 能识别的数据类型，如果省略该选项，则按编译模式 SMALL、COMPACT 或 LARGE 规定的默认存储器类型来确定变量的存储器空间；数据类型除了可用 int、long、float 等基本类型外，还可采用数组、结构等复杂数据类型；常数规定变量的绝对地址，必须位于有效的存储器空间之内；要特别注意，使用_at_定义的变量只能为全局变量。例如：

uchar xdata xram[0x8000] _at_ 0x0000； /＊在外部 RAM 空间 0000H 处定义了一个一维数组变量 xram,数组的元素个数为 32768(0x8000)＊/

```
struct birthdate{
 int year;
  uchar month,day;
}
idata struct birthdate Hans _at_ 0x60; /*结构变量 Hans 定位于 idata 空间地址 0x60H */
```

【例 3.2】分别使用三种方法编写下面三个函数。

1）将起始地址为 1000H 的片外 RAM 的 16 B 内容送入起始地址为 2000H 片外 RAM 中。

2）将起始地址为 3000H 的片外 RAM 的 16 B 内容送入起始地址为 50H 片内 RAM 中。

3）将起始地址为 800H 的 ROM 的 16 B 内容送入起始地址为 80H 片外 RAM 中。

```
#include <reg52.h>
#include <absacc.h>
#define uchar unsigned char
#define uint unsigned int
code uchar codedata[16]   _at_   0x800;                          /*必须为全局变量*/
idata uchar idatadata[16]   _at_   0x80;
void movxx(uchar *s_addr,uchar *d_addr,uchar lenth)            /*使用指针*/
{
uchar i;
for(i=0;i<lenth;i++)
{
d_addr[i]=s_addr[i];
         }
}
void movxd(uint s_addr,uchar d_addr,uchar lenth)               /*使用 C51 运行库中预定义宏*/
{
uchar i;
for(i=0;i<lenth;i++)
{
DBYTE[d_addr+i]=XBYTE[s_addr+i];
}
}
void movcd(uchar lenth)                                          /*使用 C51 扩展关键字_at_*/
{
```

```
uchar i;
for(i=0;i<lenth;i++)
{
idatadata[i]=codedata[i];
}
}
void main()
{
uchar xdata *xram1;
uchar xdata *xram2;
xram1=0x1000;xram2=0x2000;
movxx(xram1,xram2,16);        /*使用指针,完成(1)*/
movxd(0x3000,0x50,16);        /*使用C51运行库中预定义宏,完成(2)*/
movcd(16);                    /*使用C51扩展关键字_at_,完成(3)*/
for(;;);
}
```

3.2.5 C51的运算符和表达式

运算符就是完成某种特定运算的符号。运算符按其表达式中与运算符的关系可分为单目运算符、双目运算符和三目运算符。单目就是指需要有一个运算对象，双目就要求有两个运算对象，三目则要三个运算对象。表达式是由运算符及运算对象所组成的具有特定含义的式子。C语言是一种表达式语言，表达式后面加“;”号就构成了一个表达式语句。C语言的运算符可分为以下几类：

1）赋值运算符：用于赋值运算。分为简单赋值（=）、复合算术赋值（+=，-=，*=，/=，%=）和复合位运算赋值（&=，|=，^=，>>=，<<=）3类共11种。

2）算术运算符：用于各类数值运算。包括加（+）、减（-）、乘（*）、除（/）、求余（或称模运算,%）、自增（++）、自减（--）共7种。

3）关系运算符：用于比较运算。包括大于（>）、小于（<）、等于（==）、大于等于（>=）、小于等于（<=）和不等于（!=）6种。

4）逻辑运算符：用于逻辑运算。包括与（&&）、或（||）、非（!）3种。

5）位运算符：参与运算的量，按二进制位进行运算。包括位与（&）、位或（|）、位非（~）、位异或（^）、左移（<<）、右移（>>）6种。

6）指针运算符：用于取内容（*）和取地址（&）2种运算。

7）条件运算符：这是一个三目运算符，用于条件求值（?:）。

8）逗号运算符：用于把若干表达式组合成一个表达式（,）。

9）求字节数运算符：用于计算数据类型所占的字节数（sizeof）。

10）特殊运算符：有括号（），下标［］，成员（→,.）等几种。

1. 赋值运算符

赋值运算符“=”，在C语言中它的功能是给变量赋值，称之为赋值运算符，如x=10。利用赋值运算符将一个变量与一个表达式连接起来的式子为赋值表达式，在表达式后面加“;”便构成了赋值语句。使用“=”的赋值语句格式如下：

```
变量 = 表达式;
```

示例如下：

```
a = 0xa6;          /* 将常数十六进制数 0xa6 赋予变量 a */
b = c = 33;        /* 同时赋值给变量 b,c */
d = e;             /* 将变量 e 的值赋予变量 d */
f = a+b;           /* 将变量 a+b 的值赋予变量 f */
```

由上面的例子可知，赋值语句的意义就是先计算出“=”右边的表达式的值，然后将得到的值赋给左边的变量。而且右边的表达式可以是一个赋值表达式。

需要注意“==”与“=”两个符号的区别，有时编译报错，往往就是错在 if (b = 0xff) 之类的语句中，错将“==”用为“=”。“==”符号是用来进行相等关系比较的运算。

2. 算术运算符

对于 a+b，a/b 这样的表达式大家都很熟悉，用在 C51 语言中，“+”“/”就是算术运算符。C51 中的算术运算符有如下几个，其中只有取正值和取负值运算符是单目运算符，其他则都是双目运算符。

\+ 加或取正值运算符

\- 减或取负值运算符

* 乘运算符

/ 除运算符

% 模（取余）运算符，如 8 % 5 = 3，即 8 除以 5 的余数是 3

算术表达式的形式为：

运算对象 1 算术运算符 运算对象 2

运算对象可以是常量、变量、函数、数组、结构等，例如：

```
a+b*(10-a);
(x+9)/(y-a);
a*(b+c)-(d-e)/f;
a+b/c-'T';
```

除法运算符和一般的算术运算规则有所不同，如是两个浮点数相除，其结果为浮点数，如 10.0/20.0 所得值为 0.5，而两整数相除时，所得值就是整数，如 7/3，值为 2。与 ANSI C 一样，运算符具有优先级和结合性，同样可用括号“()”改变优先级。

3. 关系运算符

C51 中有 6 种关系运算符：

> 大于

< 小于

>= 大于等于

<= 小于等于

== 等于

!= 不等于

当两个表达式用关系运算符连接起来时，就是关系表达式。关系表达式通常用来判别某个条件是否满足。要注意的是用关系运算符的运算结果只有 0 和 1 两种，也就是逻辑的真与假，当指定的条件满足时结果为 1，不满足时结果为 0。格式如下：

```
表达式 1  关系运算符  表达式 2
```

例如：

I<J, I>=J,(I = 4)>(J = 3), J+1>J

4. 逻辑运算符

关系运算符所能反映的是两个表达式之间的大小关系，逻辑运算符用于求条件式的逻辑值，用逻辑运算符将关系表达式或逻辑量连接起来就是逻辑表达式。格式如下：

逻辑与：条件式 1 && 条件式 2。

逻辑或：条件式 1 || 条件式 2。

逻辑非：! 条件式。

1）逻辑与，就是当条件式 1 与条件式 2 都为真时结果为真（非 0 值），否则为假（0 值）。也就是说运算会先对条件式 1 进行判断，如果为真（非 0 值），则继续对条件式 2 进行判断，当结果为真时，逻辑运算的结果为真（值为 1），如果结果不为真时，逻辑运算的结果为假（0 值）。如果在判断条件式 1 时就不为真的话，就不用再判断条件式 2 了，而直接给出运算结果为假。

2）逻辑或，是指只要两个运算条件中有一个为真时，运算结果就为真，只有当条件式都不为真时，逻辑运算结果才为假。

3）逻辑非，则是把逻辑运算结果值取反，也就是说如果两个条件式的运算值为真，进行逻辑非运算后则结果变为假，条件式运算值为假时最后逻辑结果为真。

如 a = 7, b = 6, c = 0 时，则：

!a 为假，!c 为真。

a &&b 为真；!a && b 为假；b || c 为真。

(a>0) && (b>3) 为真；(a>8) && (b>0) 为假。

5. 位运算符

C51 语言也能对运算对象进行按位操作，从而使 C51 语言也具有一定的对硬件直接进行操作的能力。位运算符的作用是按位对变量进行运算，但并不改变参与运算的变量的值。如果要求按位改变变量的值，则要利用相应的赋值运算。位运算符不能用来对浮点型数据进行操作。位运算一般的表达形式如下：

变量 1　位运算符 变量 2

C51 中共有 6 种位运算符：

&　按位与

|　按位或

^　按位异或

~　按位取反

<<　左移

>>　右移

位运算符也有优先级，从高到低依次是："~"（按位取反）→"<<"（左移）→">>"（右移）→"&"（按位与）→"^"（按位异或）→"|"（按位或）。

如 a = 0x54 = 0101 0100B, b = 0x3b = 0011 1011B，则：a & b = 00010000, a | b = 01111111, a ^ b = 01101111, ~a = 10101011, a<<2 = 01010000, b>>1 = 00011101。

6. 复合运算符

复合运算符就是在赋值运算符"="的前面加上其他运算符。以下是 C51 语言中的复合赋值运算符：

+=　加法赋值　　　>>=　右移位赋值

-=　减法赋值　　　&=　逻辑与赋值

*=　乘法赋值　　　|=　逻辑或赋值

/=　除法赋值　　　^=　逻辑异或赋值

%=　取模赋值　　　~=　逻辑非赋值

<<=　左移位赋值

复合运算的一般形式为：

```
变量 复合赋值运算符 表达式
```

其含义就是变量与表达式先进行运算符所要求的运算，再把运算结果赋值给参与运算的变量。其实这是C语言中简化程序的一种方法，凡是二目运算都可以用复合赋值运算符去简化表达。例如：a+=56等价于a=a+56，y/=x+9等价于y=y/(x+9)。

很明显采用复合赋值运算符会降低程序的可读性，但这样却可以使程序代码简单化，并能提高编译的效率。对于初学C51语言的读者，在编程时最好还是根据自己的理解力和习惯去使用程序表达的方式，不要一味追求程序代码的短小。

7. 指针和地址运算符

指针是C语言中十分重要的概念，也是学习C51语言中的一个难点。C51语言中提供的两个专门用于指针和地址的运算符：

*　取内容

&　取地址

取内容和取地址运算的一般形式分别为：

```
变量 = * 指针变量
指针变量 = & 目标变量
```

取内容运算是将指针变量所指向的目标变量的值赋给左边的变量，取地址运算是将目标变量的地址赋给左边的变量。要注意的是：指针变量中只能存放地址（也就是指针型数据），一般情况下不要将非指针类型的数据赋值给一个指针变量。

3.3　中断服务函数

MCS-51的中断系统十分重要，与标准C不同，C51编译器允许在C语言源程序中声明中断和编写中断服务函数，从而减轻了采用汇编程序编写中断服务程序的烦琐程度。可以通过使用interrupt关键字来实现。定义中断服务函数的一般格式如下：

```
void 函数名( ) interrupt n [using m]
```

关键字interrupt后面的n是中断号，n的取值范围：0~31。例如，编译程序从8n+3处产生中断向量，即在程序存储器8n+3地址处形成一条长跳转指令，转向中断号n的中断服务函数。中断号对应着IE寄存器中的使能位，即：IE寄存器中的0位对应着外部中断0，相应的外部中断0的中断号是0。中断号0~4对应中断源的关系如表3.4所示。

表 3.4 中断号和中断源的对应关系

中断号 n	中 断 源	中 断 向 量
0	外部中断 0	0003H
1	定时/计数器 0	000BH
2	外部中断 1	0013H
3	定时/计数器 1	001BH
4	串行口	0023H

using m 指明该中断服务函数所对应的工作寄存器组，取值范围：0~3。指定工作寄存器组的缺点是所有被中断调用的过程都必须使用同一个寄存器组，否则参数传递会发生错误。通常不设定 using m，除非保证中断函数中未调用其他子函数。

设置一个外部中断 0 的中断服务程序的例子如下：

```
#include <reg51.h>
sbit p=P0^0;
void main()
{
IT0=1;                          /*对外部中断0采用下降沿出发方式*/
EA=1;                           /*开启中断允许总控制位*/
EX0=1;                          /*开启外部中断0允许控制位*/
for(;;);
}

void int0() interrupt 0         /*外部中断0的中断服务程序*/
{
   p=!p;                        /*产生中断后对P0.0进行取反*/
}
```

使用 C51 编写中断服务函数，程序员无需关心 ACC、B、DPH、DPL、PSW 等寄存器的保护，C51 编译器会根据上述寄存器的使用情况在目标代码中自动增加压栈和出栈。

3.4 C51 的库函数

C51 的强大功能及其高效率的重要体现之一，在于其提供了丰富的可直接调用的库函数。使用库函数使程序代码简单、结构清晰、易于调试和维护。

1. 本征库函数和非本征库函数

C51 提供的本征函数在编译时直接将固定的代码插入当前行，而不是用 ACALL 和 LCALL 语句实现，这样就大大提供了函数访问的效率，而非本征函数则必须由 ACALL 及 LCALL 调用。C51 的本征库函数只有 9 个，数目虽少，但都非常有用，现罗列如下：

- _crol_，_cror_：将 char 型变量循环向左（右）移动指定位数后返回。
- _iror_，_irol_：将 int 型变量循环向左（右）移动指定位数后返回。
- _lrol_，_lror_：将 long 型变量循环向左（右）移动指定位数后返回。
- _nop_：相当于插入汇编指令 NOP。
- _testbit_：相当于 JBC bitvar 测试该位变量并跳转同时清除。

- _chkfloat_：测试并返回源点数状态。

使用上述函数时，源程序开头必须包含#inclucle <intrins. h>一行。

2. 几类重要的库函数

有几类重要的库函数如下。

- 专用寄存器 include 文件：reg51. h 中包括了所有 MCS-51 的 SFR 及其位定义，reg52. h 中包括了所有 80C52 的 SFR 及其位定义，一般系统都必须包括 reg51. h 或 reg52. h。
- 绝对地址 include 文件 absacc. h：在该文件中实际只定义了几个宏，以确定各存储空间的绝对地址。
- 动态内存分配函数，位于 stdlib. h 中。
- 缓冲区处理函数位于 "string. h" 中：其中包括复制、比较、移动等函数，如 memccpy、memchr、memcmp、memcpy、memmove、memset。
- 输入输出流函数，位于 stdio. h 中：流函数通过 MCS-51 的串行口或用户定义的 I/O 口读写数据，默认为 MCS-51 串行口，如果要修改，比如改为 LCD 显示，可修改 lib 目录中的 getkey. c 及 putchar. c 源文件，然后在库中替换它们即可。

3.5 C51 程序设计与应用技巧

C51 编译器能从 C 程序源代码中产生高度优化的代码，而通过一些编程上的技巧又可以帮助编译器产生更好的代码。

1. 合理地选择数据和变量的类型

51 系列单片机均为 8 位的 CPU，提高代码效率的最基本方法就是减少变量的长度。为此，能使用字符型（char）定义的变量，就不要使用整型（int）变量；能够使用整型变量定义的变量，就不要用长整型（long int）。例如：使用标准 C 语言编程时，我们都习惯于对循环控制变量使用 int 类型，而 int 型数据为 16 位，这对 8 位单片机来说是一种极大的浪费，应该经常使用 unsigned char 型变量，它只占用 1 个字节（8 位）。

另外，51 系列单片机不支持符号运算，所以程序中不要出现带符号变量的运算。除了根据变量长度来选择变量类型外，还要考虑变量是否会出现负数，如果程序中不需要负数，就可以把变量都声明成无符号类型的。

编程过程中尽量避免使用浮点指针，在单片机上使用 32 位浮点数会浪费大量的时间，所以在程序中声明浮点数时，要慎重考虑是否一定需要这样的数据类型。可以通过提高数值数量级和使用整型运算来避免浮点指针。如果浮点指针运算能被中断，则必须确保中断程序中不会使用浮点指针运算，或在中断程序前使用 fpsave 指令把中断指针推入堆栈，在中断程序执行后使用 fprestore 指令把指针恢复。当要使用像 sin( )这样的浮点运算程序时，应该禁止使用中断，并在运算程序执行完之后再使用它。

对某些标志位，应使用位变量而不是 unsigned char 型变量，这将节省 7 位存储区，而且在 RAM 中访问位变量只需要一个处理周期。但是应用位变量时应注意：

- 用#pragma disable 说明和用 using 指定的函数，不能返回 bit 值。
- bit 变量不能声明为指针，如 bit *ptr 是错误的。
- 不能用 bit 数组，如 bit arr[5]是错误的。

2. 为变量分配内部存储区

访问内部存储器比访问外部数据存储器快许多，因此应该把经常使用的变量放在内部 RAM 中。同时，因为写外部存储区的寻址指令相对要复杂些，这样也可简化编程。考虑到存储速度，一般可按下面的顺序使用存储器，即 data、idata、pdata、xdata，同时要留出足够的堆栈空间。

3. 选择存储器的模式

对于代码大小和执行速度影响较大的是存储器的模式。使用 SMALL 模式对源程序进行编译可以产生数量最少和速度最快的代码。在 SMALL 模式下，所有的变量（除非在声明时指定了存储器的类型）都将定位在单片机的片内 RAM 中，如上所述，访问片内的 RAM 速度快，产生的代码比 COMPACT 或 LARGE 模式少得多。

4. 使用运算量小的表达式

在功能相同的前提下，可以使用运算量小的表达式。例如：

1）求余运算。a=a%8 可以改为 a=a&7。因为位操作只需一个指令周期就可以完成，而%运算是调用子程序来完成，代码长，执行速度慢。

2）平方运算。a=pow(a,3)可以改为 a=a * a * a。因为单片机内置有硬件乘法器，乘法运算的速度比求平方运算快得多。

3）用移位代替乘除法运算。a=a * 2 可以改为 a=a<<1，a=a/2 改为 a=a>>1，而 a=a * 5 可以改为 a=(a<<2)+a。

4）使用自加、自减指令。通常使用自加、自减指令和复合赋值表达式（如 a-=1 及 a+=1 等）都能够生成高质量的程序代码，因为编译器通常都能够生成相应的 inc 和 dec 之类的指令，而使用 a=a+1 或 a=a-1 之类的指令，编译器会生成二到三个字节的指令。

5. 循环变量控制

1）一般来说，程序的内循环因为执行次数比较多，是要重点改进的对象。对于一些不需要在循环中运算的任务，可以把它们放在循环外面，例如表达式、函数的调用、指针运算、数组访问等。

2）延时函数。通常使用的延时函数均采用自加的形式：

```
void delay (void)
{unsigned int i;
for(i=0; i<1000; i++);
}
```

将其改为自减延时函数：

```
void delay (void)
{unsigned int i;
for(i=1000; i>0; i--);
}
```

两个函数的延时效果相似，但编译对后一种函数生成的代码比前一种代码少 1~3 个字节。因为几乎所有的 51 单片机均有为 0 转移的指令，采用后一种方式能够生成这类指令。在使用 while 循环时也一样，使用自减指令控制循环会比使用自加指令控制循环生成的代码要少 1~3 个字节。但是要注意，在循环中有通过循环变量“i”读写数组的指令时，使用预减循环时有可能使数组超界。

3）while 循环和 do…while 循环。用 while 循环时有以下两种循环形式：

```
unsigned char i;
i=0;
while(i<100)
{i++;
//用户程序
}
```

或：

```
unsigned char i;
i=100;
do {
i--;
//用户程序
} while (i>0);
```

在这两种循环中，使用 do…while 循环编译后生成的代码的长度短于 while 循环。

6. 尽量使用查表

若要在程序中进行较复杂的运算，如浮点数的乘除及开方等，以及一些数学模型的插补运算，应尽量使用查表的方式，并且将数据表置于程序存储区。如果直接生成所需的表比较困难，可尽量在启动时先计算，然后在数据存储器中生成所需的表，以备在程序运行时查表，减少程序执行过程中重复计算的工作量。

单片机由于受功能、成本和体积等因素的制约，其处理能力和存储空间有限。本节介绍的 51 单片机 C 语言编程技巧，能够从一定程度上帮助用户解决单片机上编程的限制。当然，还有其他的一些编程技巧，例如选择合适的数据结构和算法等。随着单片机硬件资源的不断丰富，编程的自由度也将增大，程序员可以将更多的精力投入到产品功能设计上。

3.6 基于 Keil 与 Proteus 联调的 C51 应用编程举例

【例 3.3】 使用 8051 单片机设计一交通灯系统电路如图 3.1 所示，最初东西南北都亮红灯 1 s，接着按下表模式工作。请用 C51 编程，并在 Proteus 上演示。

南北向	绿灯亮 15 s	黄灯亮 4 s	红灯亮 24 s	
东西向	红灯亮 19 s		绿灯亮 20 s	黄灯亮 4 s

分析：①首先要对东西南北的交通灯进行端口安排，安排时最好是具有规律。这里，P1 口控制南北向，P1.5~P1.3 分别控制南向的红黄绿指示灯，P1.2~P1.0 分别控制北向的红黄绿指示灯；P2 口控制东西向，P2.5~P2.3 分别控制东向的红黄绿指示灯，P2.2~P2.0 分别控制西向的红黄绿指示灯。②根据电路可见，当 I/O 口输出 1 时，LED 灯亮，当 I/O 口输出 0 时，LED 灯灭；东西向灯的状态一致，南北向灯的状态一致；因此，东西向和南北向 P2 口和 P1 口的状态为：红灯亮时口状态为 24H；黄灯亮时口状态为 12H；绿灯亮时口状态为 09H。程序流程如图 3.2 所示。其中，red 表示红灯状态 24H，yellow 表示黄灯状态 12H，green 表示绿灯状态 09H，delay1s 表示延时 1 s，delay4s 表示延时 4 s 等。具体 C51 参考程序如下：

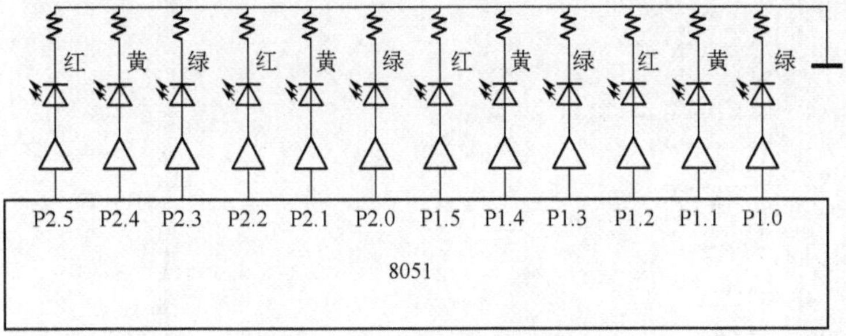

图 3.1　交通灯系统硬件电路

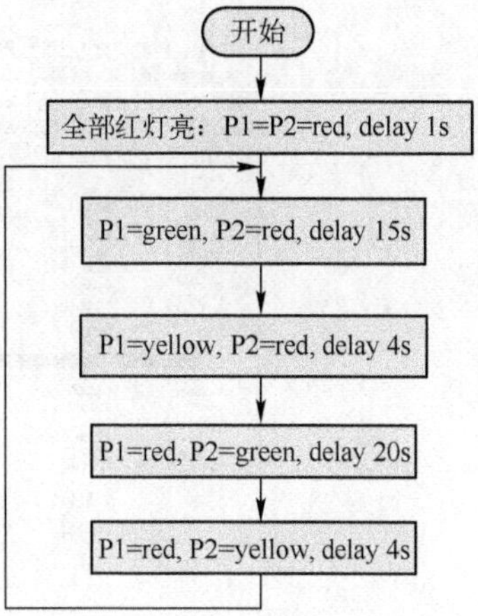

图 3.2　交通灯系统程序流程图

```
#include <REGX51. H>
#include <intrins. h>

#define uchar unsigned char
#define Red 0x24        //红灯状态值
#define Yellow 0x12  //黄灯状态值
#define Green 0x09    //绿灯状态值
#define SNP1              //P1 控制南北向
#define EW P2            //P2 控制东西向

//延时 1 s 子函数,晶振频率为 12 MHz
void delay( unsigned char x)
{
  uchar i,j,k;
  do
{
for( i=10;i>0;i--)
for( j=80;j>0;j--)
for( k=249;k>0;k--);
}
  while( --x);
}

void main( )
{
 SN = Red;          //最开始东西南北均红灯
 EW = Red;
 delay( 1);
while( 1)
{
  SN = Green;     //南北绿灯
  EW = Red;        //东西红灯
  delay( 15);       //延时 15 s
  SN = Yellow;    //南北黄灯
  EW = Red;        //东西红灯
  delay( 4);         //延时 4 s
  SN = Red;         //南北红灯
  EW = Green;     //东西绿灯
  delay( 20);       //延时 20 s
  SN = Red;         //南北红灯
  EW = Yellow;    //东西黄灯
  delay( 4);         //延时 4 s
}
}
```

利用 Keil 和 Proteus 建立的交通灯仿真调试项目如图 3.3 和图 3.4 所示。可采用联调技术实时在线仿真调试，也可以先在 Keil 软件中模拟仿真后再将可执行文件（.HEX）载入 Proteus 的单片机中查看程序运行结果。

【例 3.4】 键控流水灯。

根据如图 3.5 所示的电路图，编写可键控的流水灯程序。要求实现的功能为，当 K1 按下时，系统开始运行，K3、K4 按键有效，流水灯初始状态由上往下流动；当 K2 按下时，系统停止，K3、K4 失效，流水灯全灭；其中，当 K3 按下时使灯由上往下流动当 K4 按下时使灯由下往上流动。

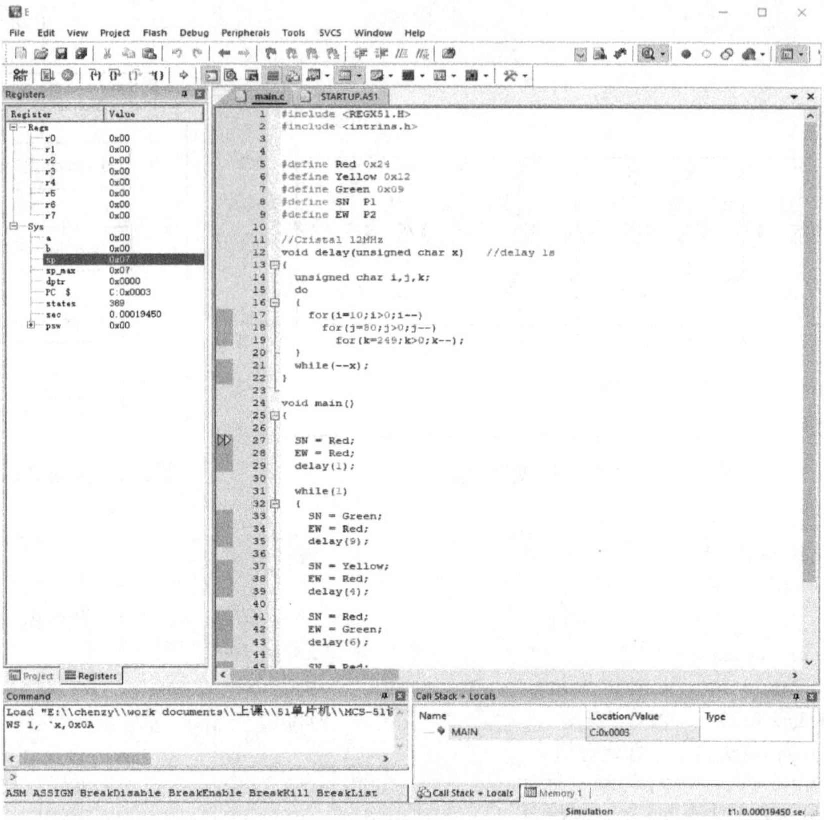

图 3.3　交通灯系统程序编译调试 Keil 界面

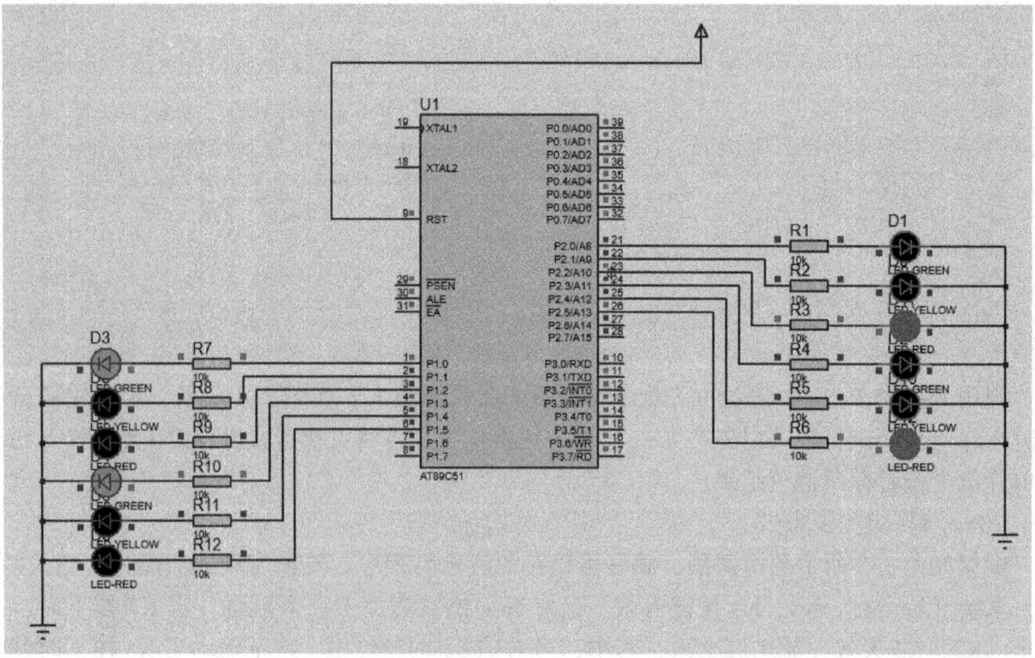

图 3.4　交通灯系统 Proteus 硬件仿真界面

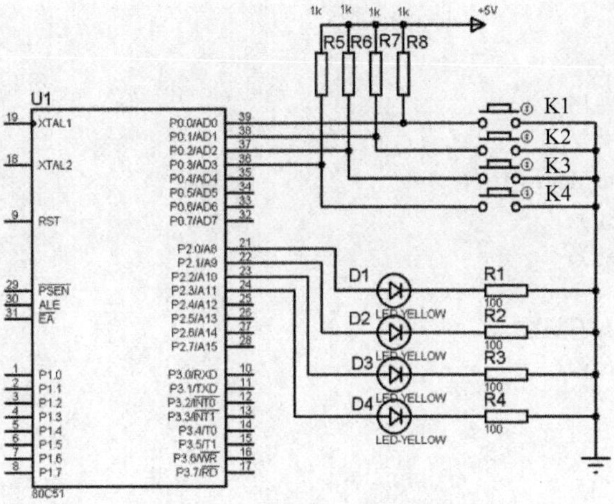

图 3.5　键控流水灯电路图

分析：根据如图 3.5 所示电路连线关系可知，接在 P0.0~P0.3 的任意一个按键按下时，相应端口的电平将由“1”状态变为“0”状态；而接在 P2.0~P2.3 的任意一个 LED 指示灯在端口输出“1”电平时将被点亮。

编程前做如下定义：

1）K1 为“开始键”，可使 K3 和 K4 有效，初值为“自下向上”运动。

2）K2 为“停止键”，可使 K3 和 K4 失效，并使全灯关闭。

3）K3 和 K4 为“方向键”，分别对应“由上往下”和“由下往上”运动。

1#~4#的键值：0x0e，0x0d，0x0b，0x07

对应功能：启停=1，启停=0，方向=1，方向=0

程序的整体流程如图 3.6 所示，获取按键状态流程如图 3.7 所示。

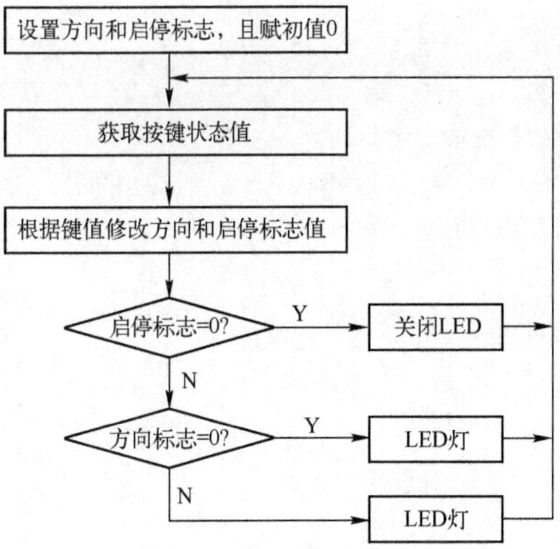

图 3.6　程序整体流程图

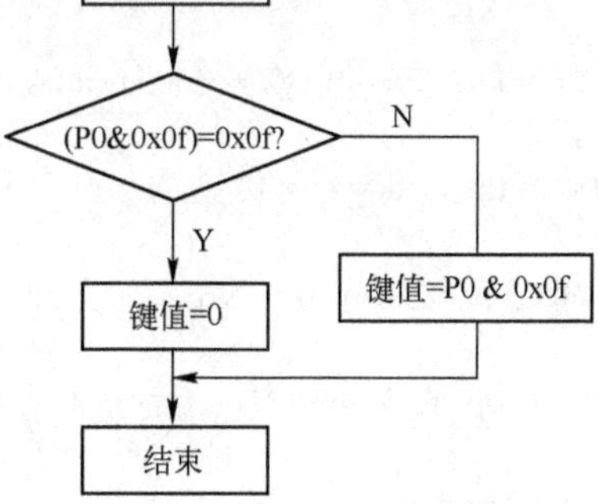

图 3.7　获取按键状态流程图

对应的 C51 参考程序如下：

```
#include <REGX51.H>
typedef unsigned charuint8;
typedef unsigned shortuint16;
uint8 Key_value = 0;
uint8 Start_flag=0,Up_to_down=0;
void Water_Up_to_Down();
void Water_Down_to_Up();

//晶振 24 MHz,延时 1 s 子函数
void delay(unsigned char x)
{unsigned char i,j,k;
 do
 {
   for(i=10;i>0;i--)
for(j=40;j>0;j--)
   for(k=249;k>0;k--);
 }
 while(--x);
}

void main()
{
P0=0xff;                //为了保证读入值正确,先写 1while(1)
{
Key_value =P0&0x0f;
switch(Key_value)
{
case 0x0e:Start_flag = 1;Up_to_down = 1;break;
case 0x0d:Start_flag = 0;break;
case 0x0b:Up_to_down = 1;break;
case 0x07:Up_to_down = 0;break;
default:;
}
if(Start_flag==0)
{
P2=0x00;//Press Key2 not do anything
}
else if(Up_to_down==1)
{
Water_Up_to_Down();
}
else if(Up_to_down==0)
{
Water_Down_to_Up();
}
}
}

void Water_Up_to_Down()
```

```
{
P2=0x01;
while(1)
{
delay(1);// delay 1s
P2=P2<<1;
if(P2==0X10)
{
break;
}
}
}

void Water_Down_to_Up()
{
P2=0x08;
while(1)
{
delay(1);// delay 1s
P2=P2>>1;
if(P2==0X00)
{
break;
}
}
}
```

程序说明：本实例的关键在于判断按键动作，并根据按键的组合状态控制流水灯运行。流水灯状态由事先存放在数组中的具体数据决定。

建立的 Keil 和 Proteus 联调项目界面如图 3.8 所示。

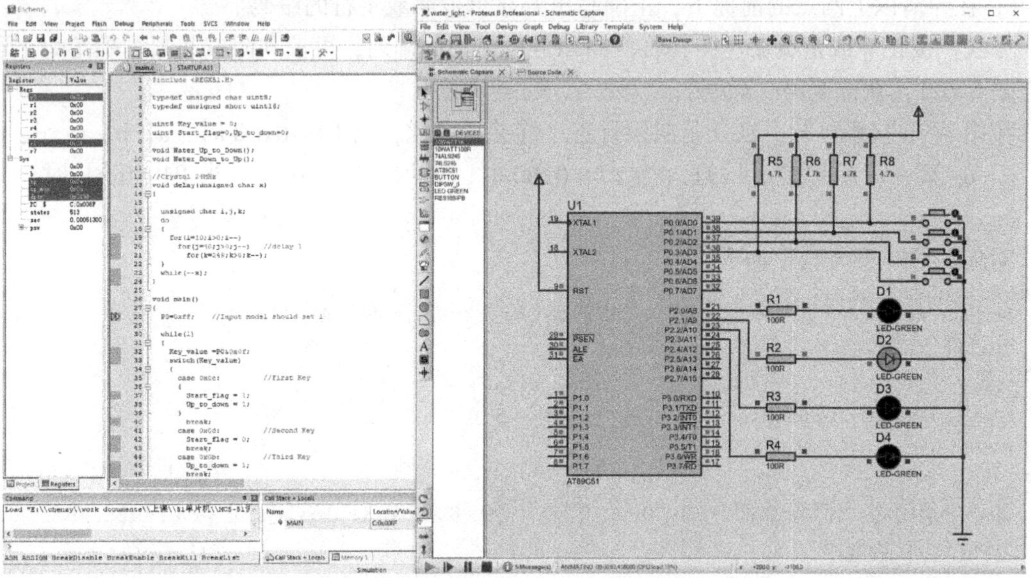

图 3.8　键控流水灯程序联调编程界面

【例 3.5】用 89C52 单片机的 P1 口驱动一位 8 段 LED 显示器。在 8 段 LED 显示器上，每隔 1 s 轮流显示字符 0~F。8 段 LED 显示器是把 8 段 LED 数码管在一定形状的绝缘材料上，利用单只 LED 组合排列成“8”字形的数码管，分别引出它们的电极，点亮相应的笔画来显示 0~F 的数字，如图 3.9a 所示。例如，当 a、b、c、d、g 亮时显示“3”，a、f、e、g 亮时显示“F”，单片机 89C52 驱动 8 段共阳极 LED 显示器电路如图 3.9b 所示。

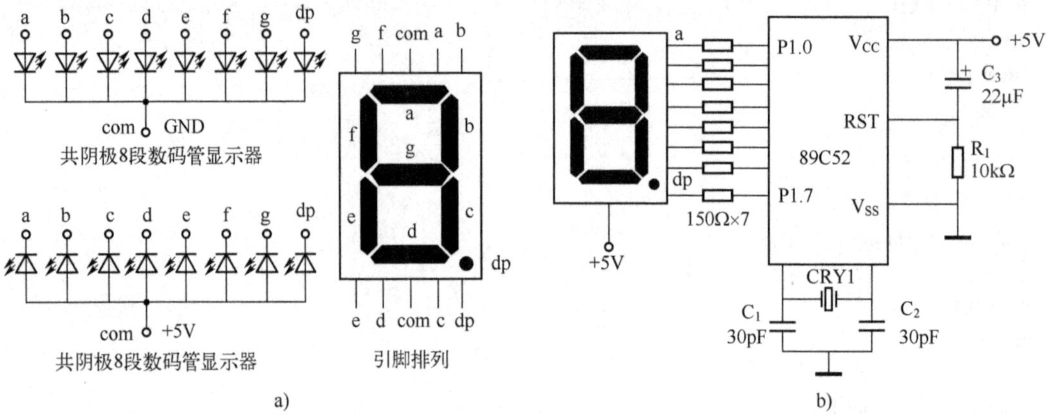

图 3.9 单片机 89C52 驱动 8 段共阳极 LED 显示器电路

获得 LED 数码管的编码（段码）步骤如下。

① 弄清 LED 是共阴还是共阳？

方法：看 LED 的公共端是连接到地 GND 还是到电源 V_{CC}，连至 GND 为共阴 LED，连至 V_{CC} 为共阳 LED。

② 弄清 LED 与单片机是正序连接还是负序（逆序）连接？

方法：看 LED 的段 abcdefgdp 是与单片机 I/O 口的高位开始连接还是低位开始连接，若从 dp 与单片机 I/O 口高位依次对应连接为正序，若相反则为负序（逆序）。

③ 在弄清以上两点的前提下，正确写出要显示数字或字符的编码。

方法：按正序或是负序连接，将段的编号从高到低排列，再按共阴或共阳，确定每个段的状态是 0 或 1，获得编码（段码）。

按图 3.9b 接线可知，LED 是共阳且正序连接，因此，当 P1=0xC0 时，a、b、c、d、e、f 亮，g、dp 灭，显示“0”，同理，当 P1=0xB0 时，显示“3”；……；当 P1=0x8E 时，显示“F”。

对应的 C51 参考程序如下：

```
#include <reg52. h>      /* 包括 P1 口在内的 89C52 特殊功能寄存器定义 */
#include <intrins. h>    /* C51 内部函数库 */

typedef unsigned charuint8;
typedef unsigned shortuint16;

uint8 code table [16] = {0xc0, 0xf9, 0xa4, 0xb0, 0x99, 0x92, 0x82,0xf8, 0x80, 0x90, 0x88, 0x83, 0xc6,
0xa1, 0x86, 0x8e};

//Crystal 24 MHz
```

```
void delay( unsigned char x)
{
unsigned char i,j,k;
  do
{
for( i=10;i>0;i--)
for( j=20;j>0;j--)                    //6 MHz   1 s
for( k=249;k>0;k--);
}
while( --x);
}

void main( )
{
while( 1)
{
uint8 i=0;
for( i=0;i<16;i++)
{
P2 = table[ i];
delay( 1);                            //延时 1 s
}
}
}
```

从上面的程序可以看出，C51 语法同 ANSI C 基本一致，只是要定义变量在 51 单片机存储器中的位置。其 Keil 与 Proteus 联调界面如图 3. 10 所示。

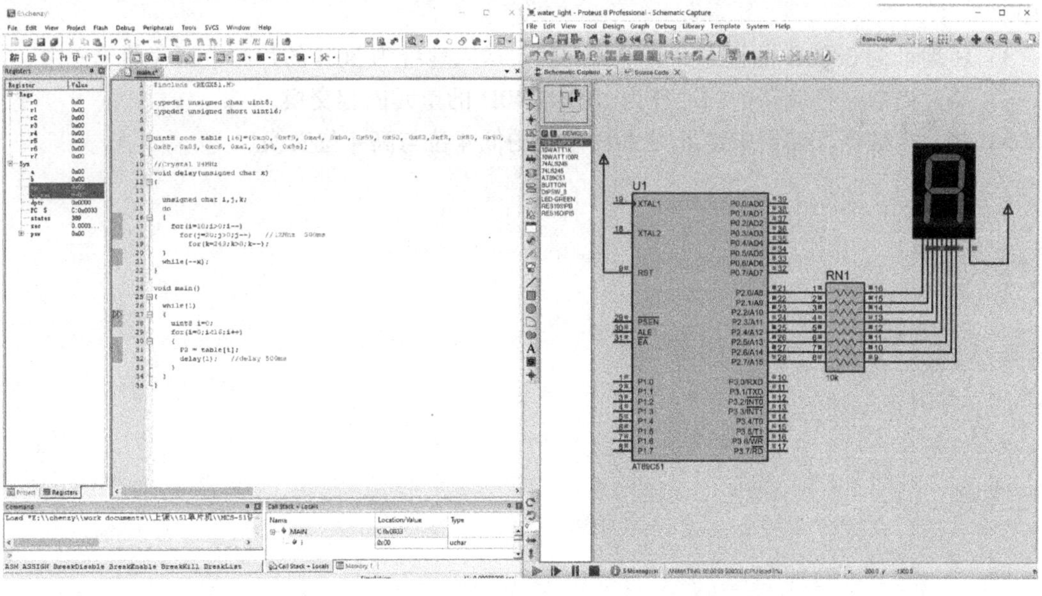

图 3. 10　LED 数码管显示 Keil 与 Proteus 联调界面

本章小结

C 语言具有简洁、紧凑，使用方便、灵活，运算符丰富，数据结构丰富，可进行结构化程序设计，可移植性好等优点。用 C 语言设计开发单片机程序已成为一种必然的趋势。本章对 C51 程序设计所需要的基础知识进行了系统的介绍，包括了对 C 语言的特点及程序结构的分析，C51 相关语法知识的介绍，只有掌握了这些语法知识，才能进行正确的 C51 编程。另外本章还介绍了 C51 库函数的使用方法，为单片机软件系统的开发提供了便利的工具。总结了 C51 程序设计及应用技巧，并在最后通过实例介绍这些编程方法的综合应用，这些知识的熟练掌握，对今后单片机应用系统的实际开发将起到重要的作用。

习题 3

1. 在单片机应用开发系统中，C 语言编程与汇编语言编程相比有哪些优势？
2. 在 C51 中有几种关系运算符？请举例。
3. 在 C51 中为何要尽量采用无符号的字节变量或位变量？
4. 为了加快程序的运行速度，C51 中频繁操作的变量应定义在哪个存储区？
5. 为何在 C51 中避免使用 float 浮点型变量？
6. 如何定义 C51 的中断函数？
7. 写出完成下列要求的 C 程序。

1）将地址为 4000H 的片外数据存储单元内容，送入地址为 30H 的片内数据存储单元中。

2）将地址为 4000H 的片外数据存储单元内容，送入地址为 3000H 的片外数据存储单元中。

3）将地址为 0800H 的程序存储单元内容，送入地址为 30H 的片内数据存储单元中。

4）将片内数据存储器中的地址为 30H 与 40H 的单元内容交换。

5）将片内数据存储器中地址为 30H 单元的低 4 位与高 4 位交换。

第4章 MCS-51中断系统

中断系统在计算机系统中起着十分重要的作用，中断功能的强弱以及中断源的数量已经成为衡量一台计算机功能强大与否的重要标志。MCS-51单片机的中断系统有5个中断源，具有两个中断优先级，可实现两级中断服务程序嵌套。用户可以用关中断指令（或复位）来屏蔽所有的中断请求，也可以用开中断指令使CPU接收中断申请。本章将介绍与中断有关的基本概念，MCS-51的中断源、中断控制和中断响应，并通过举例来说明中断技术的使用方法。

【学习目标】

- 掌握中断系统的基本概念，熟记MCS-51五个中断源及其中断入口地址。
- 熟悉功能寄存器TCON、SCON、IE、IP的结构、控制作用和设置方法。
- 理解MCS-51中断响应过程及处理方法。
- 理解中断服务子程序与调用子程序的区别。
- 掌握中断应用程序的编写方法和调试技术。

4.1 中断系统概述

中断系统是计算机的重要组成部分。实时控制、故障自动处理往往采用中断系统，计算机与外围设备之间传送数据及实现人机交互也常采用中断方式。如果单片机没有中断功能，单片机与外围设备间传送数据只能采用查询控制方式。查询方式的特点是输入/输出完全由CPU控制。其优点是硬件电路比较简单；缺点是CPU在查询时要不断检测外设状态，直至外设准备好后才传送数据。因此，在不传送数据时，CPU也不能执行其他程序，浪费了CPU的时间，降低了主机的运行效率，这在很多控制过程中是行不通的。一般单片机被要求具有实时处理功能，即能对外部或内部随机发生的事件做出及时的处理，这是靠中断技术来实现的。中断系统的应用大大提高了计算机效率。

1. 中断的概念

所谓中断就是指CPU正在处理某个事件时，外部发生了另一个事件（例如一个电平的变化、一个脉冲沿的发生、定时/计数器溢出等）请求CPU迅速去处理，这时，CPU暂停当前的程序，转去中断服务子程序处理所发生的事情，当处理完所发生的事情后，再回到原来被暂停的程序处，继续原来的工作。这样的过程称为中断，具体流程如图4.1所示，对事件的整个处理过程，称为中断服务（或中断响应），实现这种功能的部件称为中断系统（中断机构），产生中断的请求源称为中断源。中断源向CPU提出的处理请求，称为中断请求或中断申请。

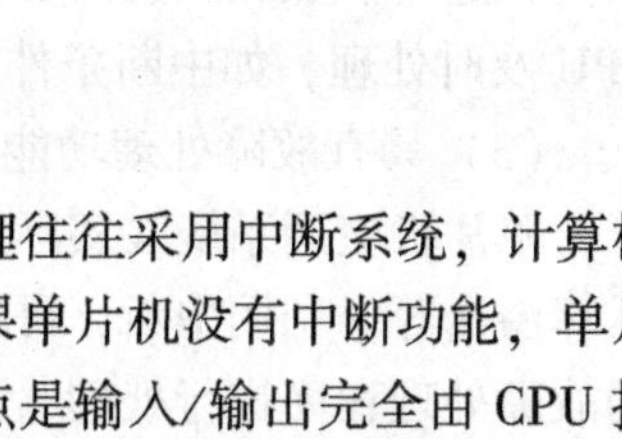

图4.1 中断示意图

CPU暂时中止执行的程序，转去执行中断服务子程序，除了硬件会自动把断点地址（16位程序计数器PC的值）压入堆栈之外，用户还得注意保护有关的工作寄存器、累加器、标志位等信息，这称为保护现场。在完成中断服务程序后，恢复有关的工作寄存器、累加器、标志位内容，这称为恢复现场。最后执行中断返回指令，从堆栈中自动弹出断点地址到PC，继续执行被中断的程序，这称为中断返回。

调用中断服务子程序的过程类似于调用子程序，其区别在于调用子程序在程序中是事先安排好的；而何时调用中断服务子程序事先却无法确定，因为“硬件中断”的发生是由外部因素决定的，程序中无法事先安排调用指令（除软件中断指令外），因此，调用中断服务子程序的过程是由硬件自动完成的。

2. 中断的作用

当计算机采用了中断技术后，可大大地提高其工作效率和处理问题的灵活性。中断的作用主要表现在以下几个方面。

（1）提高CPU工作效率

在计算机与外围设备之间传送数据，CPU工作速度快，外围设备工作速度慢，形成CPU等待，效率降低。如果没有使用中断，CPU的大量时间可能会浪费在等待操作上。设置中断后，完全消除了CPU在查询中的等待现象，CPU不必花费大量时间等待和查询外围设备工作，就可以使CPU与外设同步工作，大大地提高了CPU的工作效率。

（2）具有实时处理功能

实时控制是微型计算机系统特别是单片机系统应用领域的一个重要内容。在实时控制系统中，现场各种参数和状态的变化是随机发生的，要求CPU能快速响应、及时处理。有了中断系统，这些参数和状态的变化可以作为中断信号，根据要求随时向CPU发出中断申请，请求CPU及时处理，如中断条件满足，CPU马上就会响应进行相应的处理，从而实现实时处理。

（3）具有故障处理功能

单片机应用系统在实际运行中，常会出现一些故障。例如电源突然掉电、硬件自检出错、运算溢出等。利用中断，可通过中断系统由故障源向CPU发出中断请求，再由CPU转到相应的故障处理程序进行处理。

（4）实现分时操作

单片机应用系统通常需要控制多个外围设备同时工作。例如键盘、打印机、显示器、A/D转换器、D/A转换器等，这些设备工作有些是随机的，有些是定时的。对于一些定时工作的外围设备，可以利用定时器，到一定时间产生中断，在中断服务子程序中控制这些外围设备工作。例如动态扫描显示，每隔一定时间，更换显示字位码和字段码。

此外，中断系统还能用于程序调试、多机连接等方面。因此，中断系统是计算机中重要的组成部分，中断系统的应用使计算机的功能更强，效率更高，使用更加方便灵活。

3. 中断的分类

（1）按中断源的不同分

硬件中断：由硬件产生请求使CPU响应中断。例如，定时/计数器溢出、A/D转换完成等。51单片机的中断源均是硬件中断。

软件中断：指可以通过相应的中断指令使CPU响应中断。例如，为调试程序设置的中断源（如单步调试）。

（2）按是否可屏蔽分

可屏蔽中断：指用户可以通过中断控制指令来控制CPU是否响应中断源的中断请求。51单片机的中断源均是可屏蔽中断。

不可屏蔽中断：指CPU不能屏蔽中断源的中断请求，必须响应该中断请求。例如，常见的故障源（如掉电）一般被设为不可屏蔽中断。

4. 中断的优先级

中断的优先级是针对当有2个或2个以上的中断源同时向CPU进行中断请求时，CPU按中断源的优先级高低来先后响应相应中断，即CPU先处理完优先级别高的中断源的中断请求后，再响应优先级别低的中断源。51单片机有2个中断优先级：高级和低级，但由于有5个中断源，因此，在同级中还安排了中断源的优先权。

5. 中断嵌套

当CPU响应某一中断源的中断请求，正在进行中断处理时，若有优先级别更高的中断源发出中断请求，则CPU应中止正在进行的中断服务程序，保留其断点和现场，转去响应级别更高的中断请求。在处理完优先级别高的中断请求之后，再继续执行被中止了的中断服务程序，这个过程称为中断嵌套，图4.2是中断嵌套流程图。若新发出中断请求的中断源的优先级别与正在处理的中断源的优先级别相同或更低，则CPU不响应这个中断请求，直到完成当前中断处理后，才去处理新的中断请求。

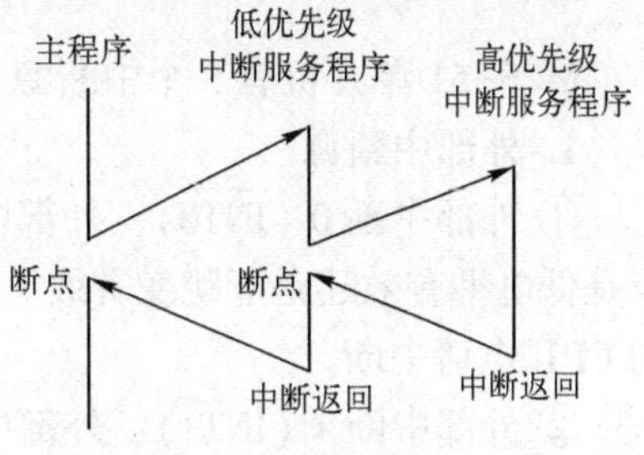

图4.2　中断嵌套流程图

4.2　MCS-51单片机的中断系统

中断过程是在硬件基础上再配以相应的软件而实现的，不同的计算机其硬件结构和软件指令是不完全相同的，因此，中断系统也是不相同的。图4.3所示为MCS-51单片机的中断系统结构。从图中可以看出，MCS-51单片机中断系统涉及4个寄存器，分别为定时器控制寄存器TCON和串行口控制寄存器SCON、中断允许控制寄存器IE和中断优先级控制寄存器IP，它反映了中断系统的功能和控制情况。

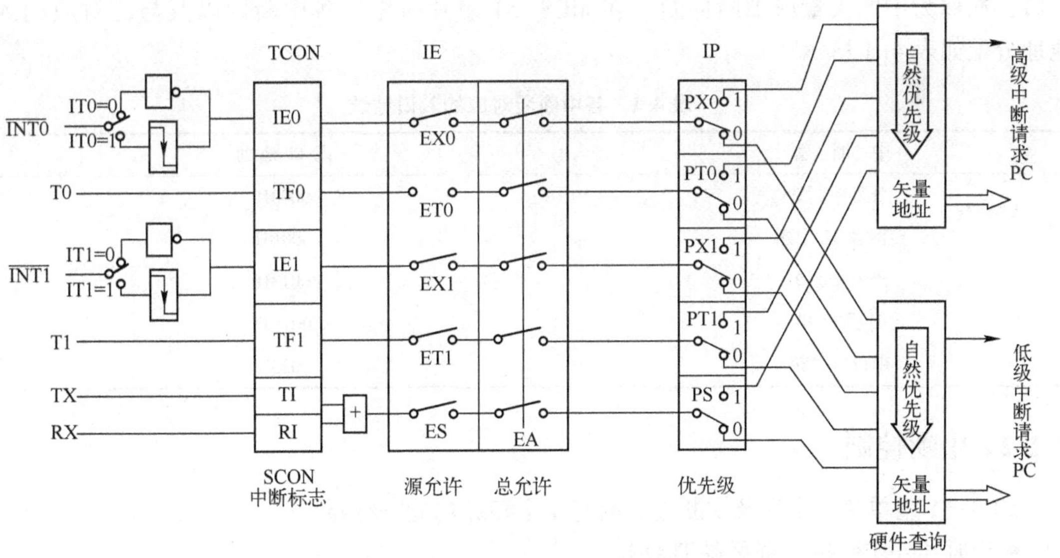

图4.3　MCS-51中断系统结构示意图

MCS-51单片机共有5个中断源，2个在片外，3个在片内，分别为：外部中断0请求

$\overline{\text{INT0}}$、外部中断 1 请求$\overline{\text{INT1}}$、定时/计数器 T0 溢出中断请求 TF0、定时/计数器 T1 溢出中断请求 TF1 和串行中断请求 RI 或 TI。5 个中断源分别对应 5 个固定的中断入口地址，每个中断源都可提供两个中断优先级，即可实现二级中断嵌套，用户可以通过软件设置实现对中断的控制。

4.2.1 中断源及中断入口

MCS-51 单片机有 5 个中断源，分为两类，它们分别是：外部中断和内部中断。

1. 外部中断源

① 外部中断 0（$\overline{\text{INT0}}$）：外部中断 0 请求，由 P3.2 脚输入。通过 IT0 位（TCON.0）来决定是低电平有效还是下跳变有效。一旦输入信号有效，则置位中断请求标志位 IE0（IE0=1），向 CPU 申请中断。

② 外部中断 1（$\overline{\text{INT1}}$）：外部中断 1 请求，由 P3.3 脚输入。通过 IT1 位（TCON.2）来决定是低电平有效还是下跳变有效。一旦输入信号有效，则置位中断请求标志位 IE1（IE1=1），向 CPU 申请中断。

2. 内部中断源

① 定时/计数器 0（T0）：当定时器 T0 计数产生溢出时，硬件将自动置位定时器 T0 中断请求标志位 TF0（TCON.5），请求中断处理。

② 定时/计数器 1（T1）：当定时器 T1 计数产生溢出时，硬件将自动置位定时器 T1 中断请求标志位 TF1（TCON.7），请求中断处理。

③ 串行口中断：当串行口接收或发送完一串行数据帧时，硬件将自动置位串行口接收中断请求标志位 RI（SCON.0）或发送中断请求标志位 TI（SCON.1），请求中断处理。

5 个中断源分别对应 5 个固定的中断入口地址。当某中断源的中断申请被 CPU 响应之后，CPU 将把此中断源的入口地址装入 PC，中断服务程序即从此地址开始执行。此地址称为中断入口，亦称为中断矢量或中断向量。在 MCS-51 单片机中，各中断源以及与之对应的入口地址分配如表 4.1 所示。

表 4.1 各中断所对应的入口地址

中 断 源	入 口 地 址
外部中断 0	0003H
定时器 T0 中断	000BH
外部中断 1	0013H
定时器 T1 中断	001BH
串行口中断	0023H

4.2.2 中断控制

MCS-51 型单片机中涉及中断控制的有 4 个特殊功能寄存器：

- 定时和外中断控制寄存器 TCON。
- 串行口中断控制寄存器 SCON。
- 中断允许控制寄存器 IE。
- 中断优先级控制寄存器 IP。

其中 TCON 和 SCON 只有一部分用于中断控制，通过对上述 4 个中断控制寄存器的各位进行置位（置 1）或复位（清零）操作，可实现各种中断控制功能，下面分别对其给予介绍。

1. 中断请求标志寄存器

MCS-51 对每一个中断请求都对应有一个中断请求标志位，中断请求被响应前，中断请求是由 CPU 锁存在特殊功能寄存器 TCON 和 SCON 的相应中断标志位中。

（1）定时和外中断控制寄存器 TCON

TCON 为定时/计数器 T0 和 T1 的控制寄存器，同时也锁存 T0 和 T1 的溢出中断标志及外部中断（$\overline{INT0}$和$\overline{INT1}$）的中断标志等。TCON 可采用字节操作指令或位操作指令进行设置，其字节地址为 88H，位地址为 8FH~88H。其相关的位及功能如下：

TCON（88H）	D7	D6	D5	D4	D3	D2	D1	D0
	TF1		TF0		IE1	IT1	IE0	IT0
位地址	8FH		8DH		8BH	8AH	89H	88H

① TF1：定时/计数器 T1 溢出中断请求标志位。TF1=1，表示有中断请求，TF0=0，表示无中断请求。当定时/计数器 T1 计数溢出后，由 CPU 内硬件自动置“1”，表示向 CPU 请求中断。CPU 响应该中断后，片内硬件自动对其清“0”。TF1 也可由软件程序查询其状态或由软件置位清“0”。

② TF0：定时器/计数器 T0 的溢出中断请求标志位。功能与 TF1 相同。

③ IE1：外部中断 1 的中断请求标志位。IE1=1，表示有中断请求，IE1=0，表示无中断请求。当 CPU 响应该中断时将由硬件自动对 IE1 进行清零。

④ IT1：外部中断 1 触发方式控制位。

当 IT1=0，外部中断 1 设置为电平触发方式。在这种方式下，CPU 在每个机器周期的 S5P2 期间对$\overline{INT1}$（P3.3）引脚采样，若采到低电平，则认为有中断申请，随即使 IE1=1。若为高电平，认为无中断申请或中断申请已撤除，随即清除 IE1 标志。在电平触发方式中，CPU 响应中断后不能自动清除 IE1 标志，也不能由软件清除 IE1 标志，所以在中断返回前必须撤销$\overline{INT1}$引脚上的低电平，否则将再次响应中断造成出错。

若 IT1=1，外部中断 1 设置为边沿触发方式。CPU 在每个机器周期的 S5P2 期间采样引脚。若在连续两个机器周期采样到先高电平后低电平，则使 IE1=1，此标志一直保持到 CPU 响应中断时，才由硬件自动清除。在边沿触发方式中，为保证 CPU 在两个机器周期内检测到先高后低的负跳变，输入高低电平的持续时间起码要保持 12 个时钟周期。

⑤ IE0：外部中断 0 的中断请求标志位。功能与 IE1 相同。

⑥ IT0：外部中断 0 的中断触发方式选择位。功能与 IT1 相同。

（2）串行中断控制寄存器 SCON

SCON 为串行口控制寄存器，其字节映射地址为 98H，也可以进行位寻址。串行口的接收和发送数据中断请求标志位（RI、TI）被锁存在串行口控制寄存器 SCON 中，其格式如下：

SCON（98H）	D7	D6	D5	D4	D3	D2	D1	D0
							TI	RI
位地址							99H	98H

SCON 寄存器各位的含义如下：

① TI：串行口的发送中断请求标志位。TI＝1，表示有中断请求，TI＝0，表示无中断请求。将一个字节的数据写入发送缓冲器 SBUF 时，就启动一帧串行数据的发送，每发送完一帧串行数据后，硬件自动将 TI 位置为 1。但 CPU 响应中断时，并不清除 TI，必须在中断服务程序中用软件对 TI 清零。

② RI：串行口接收中断请求标志位。RI＝1，表示有中断请求，RI＝0，表示无中断请求。在串行口允许接收时，每接收完一个串行帧，硬件自动将 RI 位置 1。但 CPU 在响应本中断时，并不清除 RI，必须在中断服务程序中用软件对 RI 清零。

TCON 其他位的功能和作用与定时/计数器有关，将在第 5 章中介绍。SCON 其他位的功能和作用与串行通信有关，将在第 6 章中介绍。

CPU 复位后，TCON 和 SCON 各位清零，CPU 关中断，所有中断请求被禁止。另外，上述的特殊功能寄存器中的所有中断请求标志位，都可以由软件清零，撤销中断请求。

2. 中断允许控制寄存器 IE

CPU 对中断系统所有中断以及某个中断源的开放和屏蔽是由中断允许寄存器 IE 控制的。IE 的状态可用软件对各位分别置“1”或清“0”，从而实现对各中断源中断允许或中断屏蔽。IE 寄存器的字节地址是 A8H，位地址为 AFH～A8H，其格式为：

IE (A8H)	D7	D6	D5	D4	D3	D2	D1	D0
	EA			ES	ET1	EX1	ET0	EX0
位地址	AFH			ACH	ABH	AAH	A9H	A8H

① EA：CPU 中断允许总控制位。

EA ＝ 1，表示 CPU 开放中断，但每个中断源的中断请求是允许还是禁止，要由各自的允许位控制。

EA ＝ 0，表示 CPU 禁止所有中断，即所有的中断请求被屏蔽，称关中断。

② ES：串行口中断控制位。

ES ＝ 1，允许串行口中断；

ES ＝ 0，禁止串行口中断。

③ ET1：T1 中断控制位。

ET1 ＝ 1，允许 T1 中断；

ET1 ＝ 0，禁止 T1 中断。

④ EX1：外部中断 1 控制位。

EX1 ＝ 1，允许外部中断 1 中断；

EX1 ＝ 0，禁止外部中断 1 中断。

⑤ ET0：T0 中断控制位。

ET0 ＝ 1，允许 T0 中断；

ET0 ＝ 0，禁止 T0 中断。

⑥ EX0：外部中断 0 控制位。

EX0 ＝ 1，允许外部中断 0 中断；

EX0 ＝ 0，禁止外部中断 0 中断。

需要说明的是，MCS-51 型单片机对中断实行两级控制，总控制位是 EA。每一中断源还有各自的控制位对该中断源的开或关进行控制。首先要 EA=1，其次还要自身的控制位置“1”。

例如，要对$\overline{\text{INT0}}$开中断（其余关中断），可执行下列 C 语言语句：

采用位操作：

```
EA=1;
EX0=1;
```

或者采用字节操作：

```
IE=0x81; 或者 IE=IE|0x81;
```

MCS-51 单片机复位后，IE 中各中断控制位均被清零，即所有的中断请求被禁止。所以，在 MCS-51 单片机系统复位后，用户必须通过程序中的指令来开放所需的中断。

3. 中断优先级控制寄存器 IP

MCS-51 型单片机有两个中断优先级：高优先级和低优先级，可实现两级中断服务嵌套，由 IP 控制。只要对 IP 各位置“1”或清“0”，就可对各中断源设置高优先级或低优先级。相应位置“1”，定义为高优先级；相应位清“0”，定义为低优先级。IP 寄存器地址为 B8H，位地址为 BFH～B8H。IP 寄存器的内容及位地址如下：

IP (B8H)	D7	D6	D5	D4	D3	D2	D1	D0
			PT2	PS	PT1	PX1	PT0	PX0
位地址			BDH	BCH	BBH	BAH	B9H	B8H

① PX0：外部中断 0 中断优先级控制位。
  PX0=1，外部中断 0 定义为高优先级中断；
  PX0=0，外部中断 0 定义为低优先级中断。

② PT0：定时/计数器 T0 中断优先级控制位。
  PT0=1，T0 溢出中断定义为高优先级中断；
  PT0=0，T0 溢出中断定义为低优先级中断。

③ PX1：外部中断 1 中断优先级控制位。
  PX1=1，外部中断 1 定义为高优先级中断；
  PX1=0，外部中断 1 定义为低优先级中断。

④ PT1：定时/计数器 T1 中断优先级控制位。
  PT1=1，T1 溢出中断定义为高优先级中断；
  PT1=0，T1 溢出中断定义为低优先级中断。

⑤ PS：串行口中断优先级控制位。
  PS=1，串行口中断定义为高优先级中断；
  PS=0，串行口中断定义为低优先级中断。

MCS-51 单片机响应中断的基本原则：

- 低优先级中断可被高优先级中断请求所中断，反之则不能。
- 在同一优先级中（不管是高优先级或低优先级），某个中断一旦得到响应，与它同级的中断请求就不能再中断它。

CPU 同时接收到几个中断时，首先响应优先级最高的中断请求；如果同级的多个中断请求同时出现，则按 CPU 查询次序确定的中断优先权排队来响应，其确定的查询次序如表 4.2 所示。由此可见，各中断源在同一个优先级的条件下，外部中断 0 的中断优先权最高，串行口中断优先权最低。

表 4.2　中断源同级优先次序

中　断　源	硬件优先级
外部中断 0	最高
定时/计数器 0 中断	↓
外部中断 1	↓
定时/计数器 1 中断	↓
串行口中断	最低

例如，设置 IP 寄存器的初始值，将 MCS-51 单片机的两个外中断请求设置为高优先级，其余中断请求设置为低优先级。

（1）用位操作指令

```
PX0=1;      //设置两个外中断为高优先级
PX1=1;
PS=0;       //设置串行口、两个定时/计数器为低优先级
PT0=0;
PT1=0;
```

（2）用字节操作指令

```
IP=0x05;
```

4.3　中断处理过程

CPU 在执行每一条指令的最后一个机器周期会扫描中断标志位，检查是否有中断请求，若无，则继续执行下一条指令，若有中断请求，则 CPU 检查是否满足中断的响应条件，中断的响应条件包括：是否已打开相应中断允许？是否未在执行同级或高优先级的中断？是否未正在执行中断返回或访问 IE、IP 的指令等？若条件满足，则认为 CPU 满足中断响应条件，将马上响应中断，这时，CPU 将断点地址（PC 的值）压入堆栈进行保护，然后将相应中断的入口地址送给 PC，CPU 将转至执行中断服务子程序（包括现场保护、具体中断请求所需的服务、现场恢复、中断返回），当执行中断返回时，硬件自动将之前保护的断点地址重新置入 PC，CPU 就返回到原来的断点继续执行程序。中断处理过程的一般流程如图 4.4 所示。中断处理过程可具体分为三个阶段，即中断响应、中断处理和中断返回。所有计算机的中断处理都

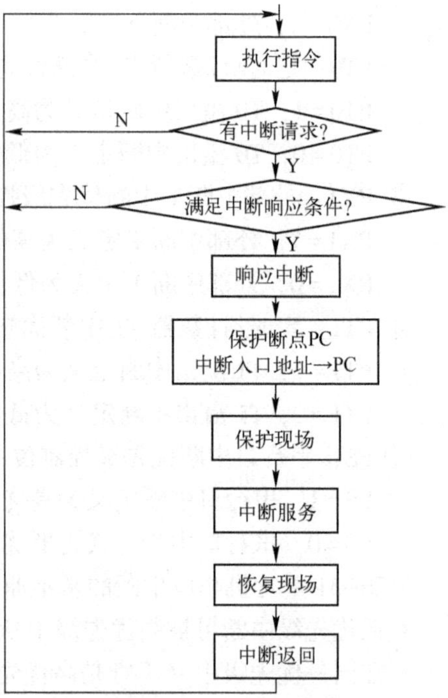

图 4.4　中断处理过程流程图

有这样三个阶段，但不同的计算机由于中断系统的硬件结构不完全相同，因而中断响应的方式也有所不同。

4.3.1 中断响应

中断响应是在满足 CPU 的中断响应条件之后，CPU 对中断源中断请求的回答。在这一阶段，CPU 要完成中断服务以前的所有准备工作，包括保护断点和把程序转向中断服务程序的入口地址（通常称矢量地址）。

计算机在运行时，并不是任何时刻都会去响应中断请求，而是在中断响应条件满足之后才会响应。

1. CPU 的中断响应条件

CPU 响应中断的条件主要有以下几点：

- 有中断源发出中断申请。
- 中断总允许位 EA=1，即 CPU 允许所有中断源申请中断。
- 申请中断的中断源的中断允许位为 1，即此中断源没有被屏蔽，可以向 CPU 申请中断。

以上是 CPU 响应中断的基本条件。若满足，CPU 一般会响应中断，但如果有下列任一种情况存在，中断响应则被封锁。

- CPU 正在执行一个同级或高一级的中断服务程序。
- 当前的机器周期不是正在执行的指令的最后一个周期，即正在执行的指令完成前，任何中断请求都得不到响应。
- 正在执行的指令是中断返回指令或者对专用寄存器 IE、IP 进行读/写的指令时，不会马上响应中断请求。

若存在上述任何一种情况，则不会马上响应中断，而把该中断请求锁存在各自的中断标志位中，在下一个机器周期再按顺序查询。

在每个机器周期的 S5P2 期间，CPU 对各中断源采样，并设置相应的中断标志位。CPU 在下一个机器周期 S6 期间按优先级顺序查询各中断标志，如查询到某个中断标志为 1，将在下一个机器周期 S1 期间按优先级进行中断处理。中断查询在每个机器周期中重复执行，如果中断响应的基本条件已满足，但由于存在中断阻断的情况而未被及时响应，待上述封锁中断的条件被撤销之后，如果中断标志还存在，仍会响应。

2. 中断响应过程

如果中断响应条件满足，且不存在中断阻断的情况，则 CPU 响应中断。此时，中断系统通过硬件，自动把断点地址压入堆栈保护，然后将对应的中断入口地址装入程序计数器 PC 使程序转向该中断入口地址，并执行中断服务程序。

4.3.2 中断处理

中断处理（又称中断服务）子程序从入口地址开始执行，直到返回指令为止，这个过程称为中断处理。此过程一般包括两部分内容，一是保护现场，二是处理中断源的请求。因为一般主程序和中断服务子程序都可能会用到累加器、PSW 寄存器及其他一些寄存器，CPU 在进入中断服务子程序后，用到上述寄存器时就会破坏它原来存在寄存器中的内容，一旦中断返回，将会造成主程序的混乱。因而，在进入中断服务子程序后，一般要先保护现场，然后再执行中断处理主体功能程序，在返回主程序以前，再恢复现场。

另外，在编写中断服务子程序时还需注意以下几点：

1）因为各入口地址之间只相隔 8 个字节，一般的中断服务子程序是容纳不下的。因此最常用的方法是在中断入口地址单元处存放一条无条件转移指令，使程序跳转到用户安排的中断服务子程序起始地址上去。这样可使中断服务子程序灵活地安排在 64 KB 程序存储器的任何空间。

2）若在执行当前中断程序时禁止更高优先级中断源的中断请求，应先用软件关闭 CPU 中断，或屏蔽更高级中断源的中断，在中断返回前再开放被关闭或被屏蔽的中断。

3）在保护现场和恢复现场时，为了不使现场数据受到破坏或者造成混乱，一般规定此时 CPU 不响应新的中断请求。这就要求在编写中断服务子程序时，注意在保护现场之前要关中断，在恢复现场之后再开中断。如果在中断处理时，允许有更高级的中断打断它，则在保护现场之后开中断，恢复现场之前关中断。

4.3.3 中断返回

中断返回是指中断服务完成后，计算机返回到断点（即原来断开的位置），继续执行原来的程序。中断返回由专门的中断返回指令“RETI”实现，该指令的功能是把断点地址取出，送回到程序计数器 PC 中去。另外，它还通知中断系统已完成中断处理，将清除优先级状态触发器。特别要注意不能用子程序返回“RET”指令代替中断返回“RETI”指令。

4.3.4 中断响应时间

CPU 不是在任何情况下对中断请求都予以响应的。因此，不同的情况对中断响应的时间也是不同的。下面以外部中断为例，说明中断响应的时间。

在每个机器周期的 S5P2 期间，$\overline{\text{INT0}}$和$\overline{\text{INT1}}$端的中断请求信号被锁存到 TCON 的 IE0 和 IE1 里。CPU 在下一个机器周期才会查询这些值。如果满足中断响应条件，下一条要执行的指令将是一条硬件长调用指令“LCALL”，使程序转入中断矢量入口。调用本身要用 2 个机器周期。这样，从外部中断请求有效到开始执行中断服务程序的第一条指令，至少需要 3 个机器周期。这是最短的响应时间。

如果遇到中断受阻的情况，中断响应时间会更长一些。例如，当一个同级或更高级的中断服务正在进行，则额外等待时间取决于正在进行的中断服务程序；如果在中断申请时，CPU 正在执行长指令，如乘法和除法指令等四机器周期指令，则额外等待时间增加 3 个机器周期；若正在执行“RETI”指令或访问 IE、IP 的指令，则额外等待时间又增加两个机器周期。

若系统中只有一个中断源，则响应时间为 3~8 个机器周期。如果有两个以上中断源同时申请中断，则响应时间将更长。一般情况可不考虑响应时间，但在精确定时的场合要考虑此问题。

4.3.5 中断请求的撤除

CPU 响应中断请求后即进入中断服务子程序，在中断返回前，应撤除该中断请求，否则，会重复引起中断而导致错误。MCS-51 各中断源中断请求撤销的方法各不相同，分别如下。

（1）定时器中断请求的撤除

对于定时器 0 或 1 溢出中断，CPU 在响应中断后即由硬件自动清除其中断标志位 TF0 或

TF1，无需采取其他措施。

（2）串行口中断请求的撤除

对于串行口中断，CPU 在响应中断后，硬件不能自动清除中断请求标志位 TI、RI，必须在中断服务子程序中用软件将其清除。

（3）外部中断请求的撤除

外部中断可分为边沿触发型和电平触发型。

对于边沿触发的外部中断 0 或 1，CPU 在响应中断后由硬件自动清除其中断标志位 IE0 或 IE1，无需采取其他措施。

对于电平触发的外部中断，其中断请求撤除方法较复杂。因为对于电平触发外部中断，CPU 在响应中断后，硬件不会自动清除其中断请求标志位 IE0 或 IE1，同时，也不能用软件将其清除。所以，在 CPU 响应中断后，应立即撤除 $\overline{INT0}$ 或 $\overline{INT1}$ 引脚上的低电平。否则，就会引起重复中断而导致错误。由于 CPU 不能控制 $\overline{INT0}$ 或 $\overline{INT1}$ 引脚的信号，因此，只有通过硬件再配合相应软件才能解决这个问题。图 4.5 是可行方案之一。

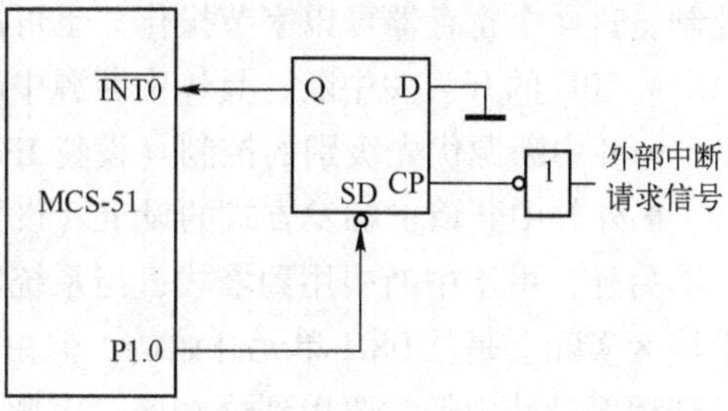

图 4.5　撤除外部中断请求的电路

由图可知，外部中断请求信号不直接加在 $\overline{INT0}$ 或 $\overline{INT1}$ 引脚上，而是加在 D 触发器的 CP 端。由于 D 端接地，当外部中断请求的正脉冲信号出现在 CP 端时，Q 端输出为 0，$\overline{INT0}$ 或 $\overline{INT1}$ 为低，外部中断向单片机发出中断请求。利用 P1 口的 P1.0 作为应答线，当 CPU 响应中断后，可在中断服务子程序中采用两条指令来撤除外部中断请求：

```
P1=P1&0xFE;
P1=P1|0x01;
```

第一条指令使 P1.0 为 0，因 P1.0 与 D 触发器的异步置 1 端 SD 相连，Q 端输出为 1，从而撤除中断请求。第二条指令使 P1.0 变为 1，Q 继续受 CLK 控制，即新的外部中断请求信号又能向单片机申请中断。第二条指令是必不可少的，否则，将无法再次形成新的外部中断。

4.4　中断程序设计结构及应用举例

中断系统的应用要解决的问题主要是编写应用程序，编写应用程序包括两大部分：一是中断初始化；二是中断服务子程序。本节将介绍中断程序的一般设计方法，并通过实例说明中断系统的应用。

4.4.1　中断程序的一般设计方法

为实现中断而设计的有关程序称为中断程序，中断程序由主程序和中断服务子程序两部分组成。主程序实现对中断的控制，中断服务子程序则完成中断源所要求的各种操作。中断服务子程序是一种具有特定功能的独立程序段，只是在主程序运行过程中发生中断时，CPU 才暂时停止主程序的执行，转而去执行中断服务子程序。中断服务完毕之后，再转回到原来断点位置继续执行主程序。

1. 主程序

在编写主程序时应注意以下两点。

1）主程序的起始地址：MCS-51系列单片机复位后，(PC)=0000H，而各中断源的入口地址为0003H~0023H。因此，在编写汇编程序时应在0000H处使用一条转移指令以跳过上述区域，主程序则以转移指令的目的地址作为其起始地址。

2）中断系统的初始化：MCS-51中断系统的功能是通过与中断有关的特殊功能寄存器统一管理的。中断系统的初始化是指用户对这些特殊功能寄存器中的各控制位赋值。初始化包括开放相应中断源，设定所涉及中断源的中断优先级，若为外部中断，应规定其触发方式等。即中断初始化实质上是对4个与中断有关的特殊功能寄存器TCON、SCON、IE和IP进行管理和控制，这4个寄存器可以字节操作，也可以位操作。具体实施如下：

- CPU的开、关中断，具体中断源中断请求的允许和禁止（屏蔽）（设置IE寄存器）。
- 各中断源优先级别的控制（设置IP寄存器）。
- 外部中断请求触发方式的设定（设置TCON中的IT0或IT1位）。

另外，由于中断中用到堆栈，当系统复位或上电后，堆栈指针SP总是默认为07H，使得堆栈区实际上是从08H单元开始的。但由于08H~2FH单元属于工作寄存器区和位寻址区，考虑到程序设计中经常要用到这些区，因此常需要更新设定的值。通常将堆栈开辟在用户RAM的高地址区（60H~7FH）。由于C51编译器会自动统筹分配堆栈区，在C51程序中可不用设置SP。

2. 中断服务子程序

中断服务子程序编写应包括以下几个部分内容：

- 根据需要进行现场保护。
- 中断源请求CPU进行服务的具体内容。
- 若是外部中断并采用电平触发方式，应有相应的中断撤除操作。
- 现场恢复。
- 中断返回。

(1) 汇编中断服务子程序的编写

在编写汇编中断服务子程序时应注意以下两点：

- 由表4.1可知，5个中断源的入口地址之间彼此相差8个存储单元，一般来说是无法容纳下一个完整的中断服务子程序。因此，通常在中断服务程序的入口处设置一条三字节长转移指令，这样可使中断服务子程序安排在64 KB程序存储器的任何地方。
- 中断服务子程序的最后一条指令是中断返回指令RETI。用RETI是区分中断服务子程序与普通子程序的标志。

以外部中断0为例，下面是汇编中断服务子程序的一般结构：

```
        ORG 0000H
        AJMP MAIN          ；跳转向主程序
        ORG 0003H          ；外部中断0入口地址
        AJMP WINT          ；放置一条跳转指令跳转至中断服务子程序WINT
        ORG 0100H          ；主程序
MAIN:   ……
        ORG 0200H          ；中断服务子程序
```

```
WINT： ……                    ；现场保护
       ……                    ；中断服务主体
       ……                    ；现场恢复
       RETI                  ；中断返回
       END
```

外部中断 0 的入口地址在 0003H 单元，而中断服务子程序则可放在程序存储器的任何地方。但必须在 0003H 单元放一条跳转指令，指向中断服务子程序的起始地址。中断服务子程序最后一条指令必须是 RETI 指令，以便在结束时能返回到被中断的主程序。

单片机 CPU 执行程序由 0000H 单元自动跳到主程序执行，一直执行下去，直至中断的到来。

单片机在每个机器周期的 S5P2 期间对 INT0 采样（注意此处选择为边沿触发），如果连续采样到一个周期为高电平，下一个周期紧接着为低电平，则硬件自动将 TCON 寄存器的中断请求标志位 IE0 置位，由 IE0 标志请求中断（保存中断请求）。

在单片机检查到外部中断 0 有中断请求时，在当前指令执行完毕之后，下一个机器周期的 S1 期间开始响应。在响应期间单片机自动完成一系列动作：

- 将相应的优先级有效触发器置位，清除中断请求标志（IE0=0）。
- 把程序计数器 PC 的内容（断点地址，即主程序被中断处的地址）压入堆栈。
- 把请求中断的相应中断入口地址（此处为 0003H）装入 PC。
- 由 0003H 再跳至中断服务子程序入口 0200H。
- 当中断服务子程序的指令全部执行完毕，最后执行 RETI，把保存在堆栈的断点地址重新装入 PC，使主程序继续执行下去。

（2）C51 中断服务子程序的编写

C51 中断服务子程序的编写格式如下：

```
void name( ) interrupt n1 using n2
{
 ……         //现场保护
 ……         //中断服务主体
 ……         //现场恢复
}            //中断返回
```

其中：

name：中断服务子函数名称。

interrupt：定义中断子函数关键字，申明该函数为中断服务子函数。

n1：中断号，n1=0~4。0 表示为外部中断 0 的中断服务子函数，1 表示为定时/计数器 T0 的中断服务子函数，2 表示为外部中断 1 的中断服务子函数，3 表示为定时/计数器 T1 的中断服务子函数，4 表示为串行口的中断服务子函数。

using：定义工作寄存器组关键字，申明中断服务子函数所使用的工作寄存器组由 n2 确定。

n2：寄存器组号，n2=0~3。0 表示为工作寄存器组 0，1 表示工作寄存器组 1，2 表示工作寄存器组 2，3 表示工作寄存器组 3。

using 关键字及其后面 n2 是可以省略的，若省略，则默认中断服务子函数采用的是工作寄存器组 0。

C51 运行中断服务子函数时，会对某些寄存器自动进行现场保护，包括累加器 ACC、寄存器 B、PSW 和 DPTR，当 using 省略时，还将自动保护工作寄存器 R0～R7。由于系统堆栈区容量有限，因此当有多个中断服务子程序时，可以采用 using 指定中断服务子程序使用的寄存器组，如此，R0～R7 就不会被保护。

3. 中断汇编程序编写框架

综上，采用汇编语言编写中断程序的一般框架格式如下：

```
ORG      0000H
LJMP     MAIN            ;跳转至主程序
ORG      0003H
LJMP     INT0            ;INT0 中断入口设置,转至 INT0 中断服务子程序
ORG      000BH
LJMP     TIMER0          ;T0 中断入口设置,转至 TIMER0 中断服务子程序
ORG      0013H
LJMP     INT1
ORG      001BH
LJMP     TIMER1
ORG      0023H
LJMP     SERIALPORT
ORG      0030H           ;主程序
MAIN:    ……              ;初始化
         ……              ;其他功能程序
INT0:    PUSH ACC        ;外部中断 0 的中断服务子程序,现场保护
         PUSH B
         ……              ;中断服务主体
         POP  B          ;现场恢复
         POP  ACC
         RETI            ;中断返回
TIMER0:  ……              ;定时器 T0 的中断服务子程序
         ……              ;语句省略
```

4. 中断 C 程序编写框架

采用 C 语言编写中断程序的一般框架格式如下：

```
void main( )
{ ……                                //初始化
  ……                                //其他功能程序
}
void int0( ) interrupt 0             //外部中断 0 的中断服务子函数
{ ……                                //现场保护
  ……                                //中断服务主体
  ……                                //现场恢复
}
void timer0( ) interrupt 1           //定时器 T0 的中断服务子函数
{ ……
}
void int1( ) interrupt 2             //外部中断 1 的中断服务子函数
{ ……
}
……                                  //其他 C 语句省略
```

为了弄清中断系统的工作原理，本章也介绍了中断的汇编语言编写方法，但是，本章后面的中断应用例子将全部采用C语言编写，并在例子中进一步阐述中断程序的C语言编写思路，包括中断初始化，中断子函数中现场保护的原则、方法，现场恢复，中断的扩展，采用中断方式编写程序与采用查询方式编写程序的区别等。

4.4.2　基于Keil与Proteus联调的中断程序应用举例

【例4.1】 要求使用8051单片机，设计一交通灯系统，最初东西南北都亮红灯1s，接着按下表模式工作。若有急救车到来，东西南北都亮红灯10s，让急救车通过，请设计相应硬件及软件。

南北向	绿灯亮90s	黄灯亮4s	红灯亮64s	
东西向	红灯亮94s		绿灯亮60s	黄灯亮4s

分析：东西南北交通灯系统与例3.3类似，因此，硬件可采用例3.3的电路，即利用P2、P1口分别控制东西南北的红黄绿灯。此外，为了模拟急救车到来，由于急救车到来是随机不能预测的，与中断请求的性质一致，因此，利用$\overline{\text{INT0}}$（外部中断0）的下降沿触发中断模拟急救车到来，电路上利用一按键连接至$\overline{\text{INT0}}$引脚（P3.2）实现，当按键按下时，将在$\overline{\text{INT0}}$引脚产生一个下降沿信号申请中断。具体电路如图4.6所示。

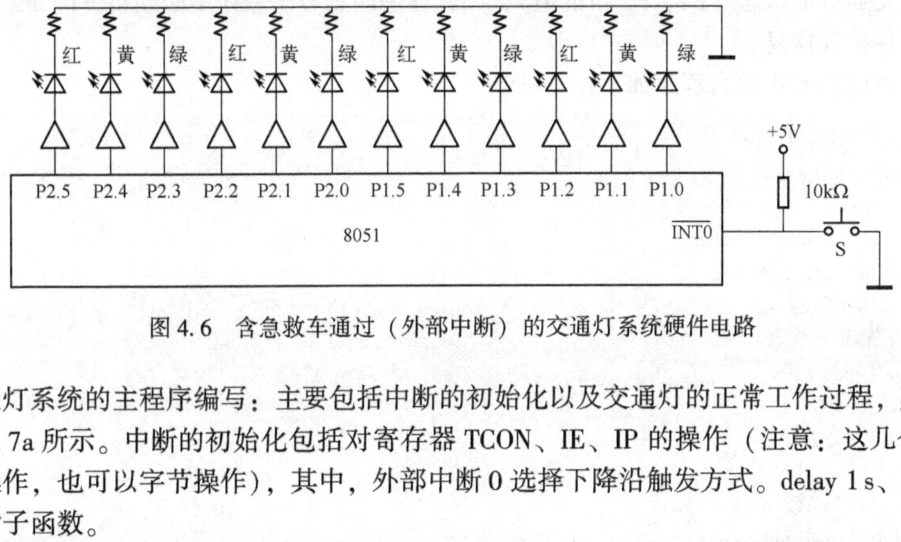

图4.6　含急救车通过（外部中断）的交通灯系统硬件电路

交通灯系统的主程序编写：主要包括中断的初始化以及交通灯的正常工作过程，其程序流程如图4.7a所示。中断的初始化包括对寄存器TCON、IE、IP的操作（注意：这几个寄存器可以位操作，也可以字节操作），其中，外部中断0选择下降沿触发方式。delay 1s、delay 90s等为延时子函数。

中断服务子程序的编写：首先要弄清对应的中断号，如外部中断0的中断号是0。接着考虑是否要做现场保护？中断请求所需要的服务是什么？怎么实现？注意，若有现场保护，就必须有相应的现场恢复。

由于中断请求是随机的，不能预测，当中断发生的时刻单片机所有的I/O端口和寄存器的值就是现场，即东西南北向灯的状态以及通行或禁止通行的时间就是当时的现场情况。CPU为中断源进行中断服务后，要回到原来的断点，并保证能回到断点时的I/O端口和寄存器状态继续运行，而I/O端口和寄存器在中断服务时可能被用到和改写，因此必须把断点现场（I/O端口和寄存器）状态保护起来，这就是现场保护。现场保护的原则是：主程序和中断服务子程序共同使用的I/O端口和寄存器都需要进行保护。现场保护的方法是：在中断服务子程序中的最开始定义暂存变量，把要保护的端口和寄存器的值存入暂存变量中。而在中断服务子程序

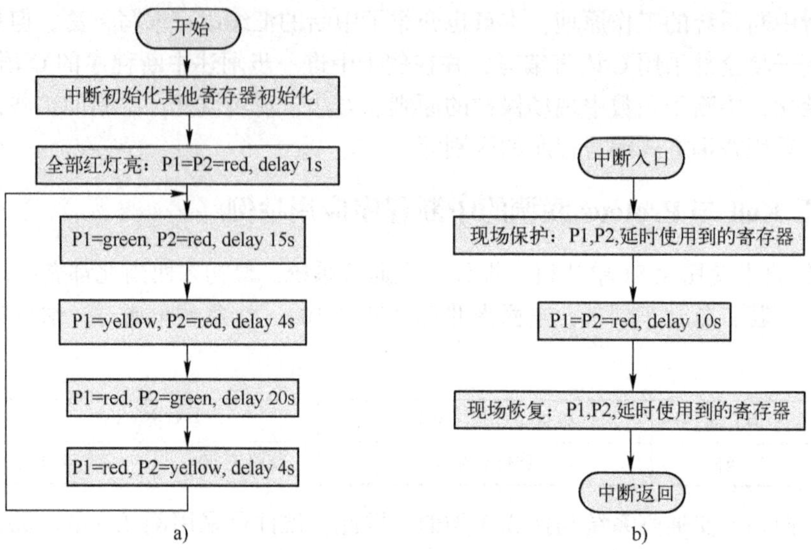

图 4.7　含外部中断的交通灯系统程序流程图
a）主程序流程图　b）中断服务子程序流程图

的最后把保护起来的值重新赋给 I/O 端口和寄存器，这就是现场恢复。由于在中断服务子程序中会改变交通灯的状态（P1、P2 口的值），因此在中断服务子程序中必须将 P1、P2 口寄存器进行现场保护和恢复。

系统对应的 C51 语言程序如下：

```
#include <REG51. H>
#include <intrins. h>

#define uchar unsigned char
#define uint unsigned int;
#define Red 0x24
#define Yellow 0x12
#define Green 0x09
#define SN P1
#define EW P2

//delay1s 子函数,晶振 12 MHz
void delay(unsigned char x)
{
uchar i,j,k;
  do
{
for(i=10;i>0;i--)
for(j=80;j>0;j--)
for(k=249;k>0;k--);
}
while(--x);
}
```

```
void main()                         //主函数
{
IT0 = 1;                            //中断初始化
EX0 = 1;
EA = 1;
SN = Red;                           //交通灯初始化
EW = Red;
delay(1);
while(1)
{
SN = Green;
EW = Red;
delay(90);

SN = Yellow;
EW = Red;
delay(4);

SN = Red;
EW = Green;
delay(60);

SN = Red;
EW = Yellow;
delay(4);

}
}

void INT0_ISF() interrupt 0         //中断服务子函数
{
uchar Temp1 = 0,Temp2 = 0;
Temp1 = SN;                         //保护现场,保护南北灯状态
Temp2 = EW;                         //保护东西灯状态
SN = Red;                           //中断服务,让急救车通过
EW = Red;
delay(10);
SN = Temp1;                         //恢复现场
EW = Temp2;
}
```

最后，基于 Keil 和 Proteus 联调的交通灯系统调试界面如图 4.8 所示。另外，在调试中断程序时，可以在中断服务子程序中打个断点，程序全速运行，当有中断请求时，程序能进入中断，停在断点处，就说明中断初始化是正确的，否则，就必须检查中断初始化是否正确或中断请求信号是否正确。

【例 4.2】 如图 4.9 所示，当有一串脉冲从 $\overline{\text{INT0}}$ 处输入，请编程计算出脉冲个数，设脉冲个数 < 65536，脉冲频率 < 50 kHz。

分析： 脉冲含有下降沿，可以采用外部中断 0 的边沿触发方式，进入中断一次，在中断中

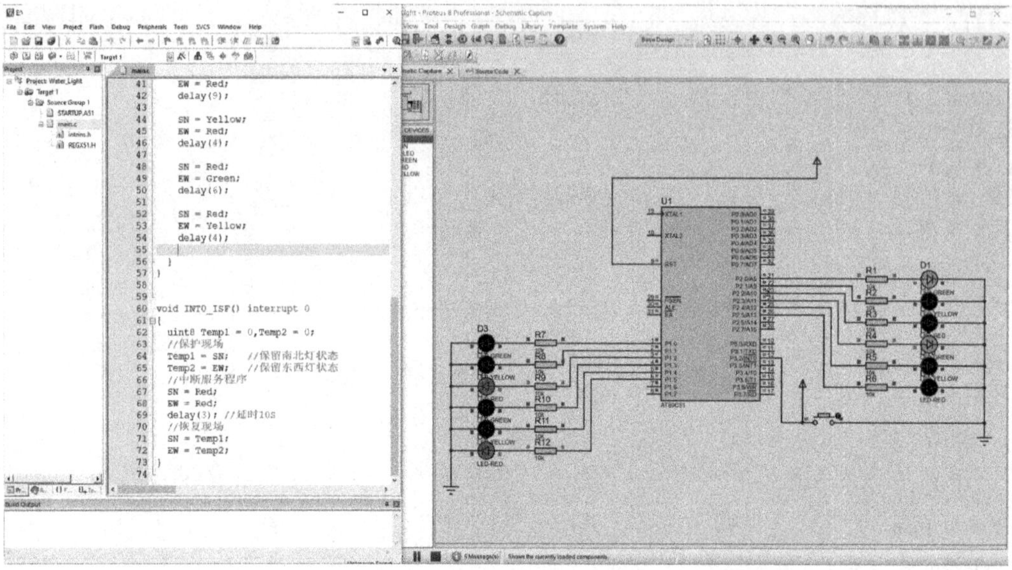

图 4.8　基于 Keil 和 Proteus 联调的交通灯系统调试界面

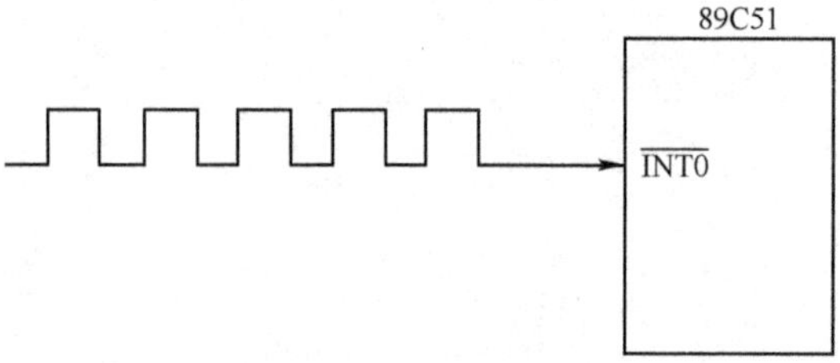

图 4.9　脉冲计数电路图

计数加 1。由于主程序和中断服务子程序未用到相同端口或变量，因此不需要现场保护和恢复。计数结果变量需在程序的所有位置有效，因此必须采用全局变量定义。

具体 C51 程序如下：

```
#include <reg51.h>
#define uint unsigned int
uint count = 0;                //存放计数结果

void main()                    //主函数
{
  IT0 = 1;                     //设置外部中断 0 为边沿触发
  EX0 = 1;                     //允许外部中断 0 中断
  EA = 1;                      //开总中断
  while(1);
}
void int1() interrupt 0        //中断服务子函数
{
  count++;                     //计数加 1
}
```

【**例 4.3**】如图 4.10 所示，要求用中断方式编程实现：初始 LED 灭，当 S1 按下时 LED

亮，S2 按下时 LED 灭。

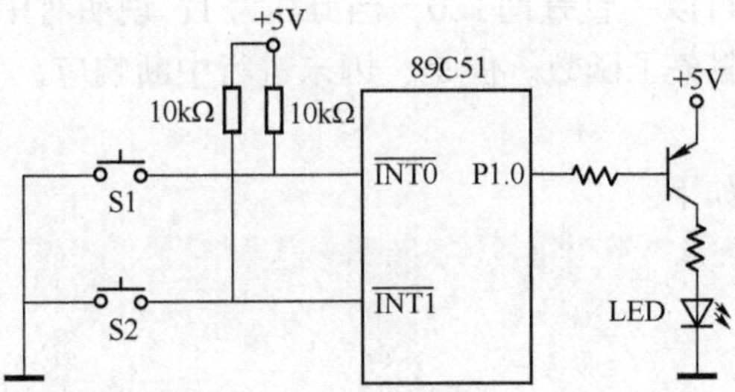

图 4.10　利用外部中断 0、1 实现按键控制 LED 灯硬件电路

分析： S1 和 S2 按键分别连至外部中断$\overline{\text{INT0}}$和$\overline{\text{INT1}}$引脚，可以采用边沿触发中断，在外部中断 0 服务子程序中将 LED 点亮，在外部中断 1 服务子程序中将 LED 熄灭。从电路可以看出，当 P1.0 输出 0 时，LED 灯亮，当 P1.0 输出 1 时，LED 灯灭。由于主程序和中断服务子程序没有需要保护的公共使用的 I/O 端口或变量，因此，在中断服务子程序中无需进行现场保护和恢复。

对应的 C 语言程序如下：

```
#include <reg51.h>
sbit LED = P1^0;
void main()                 //主函数
{
  TCON = 0X05;              //中断初始化,将INT0和INT1中断请求设置为下降沿触发
  IE = 0X85;                //允许INT0和INT1中断,并开系统总中断 EA
  IP = 0X01;                //设置INT0为高优先级中断,INT1为低优先级中断
  while(1);
}
void int1() interrupt 0     //外部中断INT0的中断服务子函数
{
  LED = 0;                  //点亮 LED
}
void int2() interrupt 2     //外部中断INT1的中断服务子函数
{
  LED = 1;                  //熄灭 LED
}
```

4.4.3　采用查询方式处理中断请求

以上均是介绍采用响应中断方式处理中断源的中断请求，本节介绍一种无需响应中断和编写中断服务子函数，而是采用查询中断标志位处理中断源中断请求的方法。但是，这种查询方式 CPU 需不断查询中断标志位，将耗费一定的等待时间（查询过程不能处理其他任务），降低了 CPU 的处理效率。因此，用户应尽可能采用中断方式处理中断请求（可以处理其他任务，又可以实时响应中断进行中断服务），但在某些实际应用场合，也可以合理选择采用查询方式处理中断请求。

【例 4.4】 利用单脉冲接入外部中断 0 引脚$\overline{\text{INT0}}$申请中断，在中断服务中要求对 P1.0 输出信号取反。要求采用查询方式编写相应程序。

分析：可以通过查询外部中断0的中断请求标志位IE0是否为1，判断是否有请求，不需要响应中断。因此，CPU可以一直查询IE0，当IE0为1，说明有中断请求，就将P1.0的信号取反，而不需要编写中断服务子函数。但是，因未进行中断响应，中断标志位硬件不会自动清除，需采用软件清零撤除。

具体的C51参考程序如下：

```
#include <reg51.h>
sbit P1_0 = P1^0;
void main()
{
  IT0 = 1;                        //设置外部中断0为边沿触发
  EX0 = 0;                        //禁止外部中断0中断
  EA = 0;                         //关总中断
  while(1)
  {
  if(IE0 == 1){P1_0 = ~P1_0;IE0=0;} //查询INT0中断请求标志位IE0,为1时,P1.0取反,清除中断标志
  }
}
```

4.4.4 外部中断的扩展

MCS-51单片机为用户提供两个外部中断请求输入端，即$\overline{INT0}$和$\overline{INT1}$。在实际应用中，若系统所需的外部中断源为两个以上时，就需要扩展外部中断源。本节介绍一种扩充外部中断源的方法。

1. 定时/计数器作为外部中断源的使用方法

MCS-51有两个定时/计数器（有关定时/计数器的工作原理将在下一章介绍），当它们选择为计数器工作模式，T0或T1引脚上发生负跳变时，T0或T1计数器加1，利用这个特性，可以把T0、T1引脚作为外部中断请求输入引脚，而定时/计数器的溢出中断TF1或TF0作为外部中断请求标志。例如：T0设置为方式2（自动重装初值方式）外部计数工作模式，计数器TH0、TL0初值均为0FFH，并允许T0中断，CPU开放中断，当连接在P3.4的外部中断请求输入线上的电平发生负跳变时，TL0加1，产生溢出，将TF0置“1”，向CPU发出中断请求，同时TH0的内容0FFH送TL0，即TL0恢复初值0FFH，这样，P3.4相当于跳沿触发的外部中断请求源输入端。对P3.5也可做类似的处理。

2. 中断和查询结合的方法

若系统中有多个外部中断请求源，如图4.11所示，共有5个外部中断请求源IR0~IR4，它们均为高电平请求有效，这时可以按它们的轻重缓急进行排队，把其中最高级别的中断源IR0直接接到MCS-51的一个外部中断输入端$\overline{INT0}$，其余的中断源IR1~IR4用“线或”的办法连到另一个中断源输入端$\overline{INT1}$。同时还连到P1口，中断源的中断请求由外设的硬件电路产生，这种方法原则上可处理任意多个外部中断。例如，5个外部中断源的排队顺序依此为：IR0、IR1、…、IR4，对于这样的中断源系统，可以采用如图4.11所示的中断电路。

图4.11中的4个外设IR1~IR4的中断请求通过集电极开路的OC门构成“线或”的关系，它们的中断请求输入均通过$\overline{INT1}$传给CPU。无论哪一个外设提出的高电平有效的中断请求信号，都会使$\overline{INT1}$引脚的电平变低。究竟是哪个外设提出的中断请求，可通过程序查询P1.0~P1.3的逻辑电平即可知道。设IR1~IR4这四个中断请求源的高电平可由相应的中断服务子程

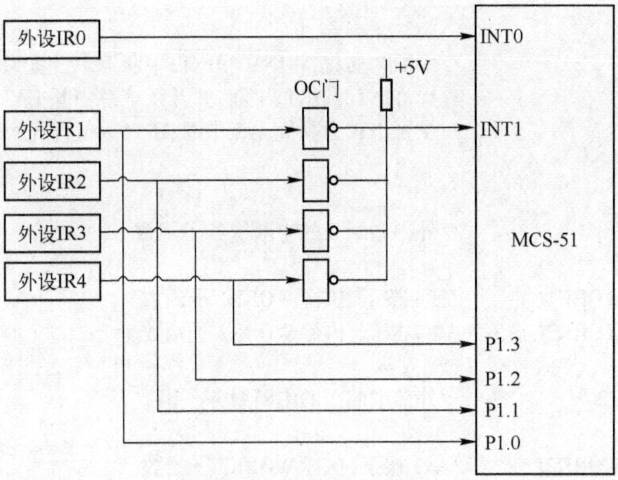

图 4.11　外部中断扩展

序软件清“0”撤除。则处理$\overline{INT1}$的中断服务子程序如下：

```
void int1( ) interrupt 2
{  P1=0x0f;                          //为保证 I/O 口读入正确,先写入 1
   switch(P1&0x0f)                   //判断是哪个外设申请中断
   case 0x0e: IR1( ); break;         // P1.0 引脚为 0,执行 IR1 的中断服务子函数
   case 0x0d: IR2( ); break;         // P1.1 引脚为 0,执行 IR2 的中断服务子函数
   case 0x0b: IR3( ); break;         // P1.2 引脚为 0,执行 IR3 的中断服务子函数
   case 0x07: IR4( ); break;         // P1.3 引脚为 0,执行 IR4 的中断服务子函数
   default: break;
}
```

【例 4.5】 如图 4.12 所示，有 K1、K2、K3、K4、K5 五个按键，当按键按下时，能分别执行 WORK1、WORK2、WORK3、WORK4、WORK5 功能操作。请编写 C51 程序。

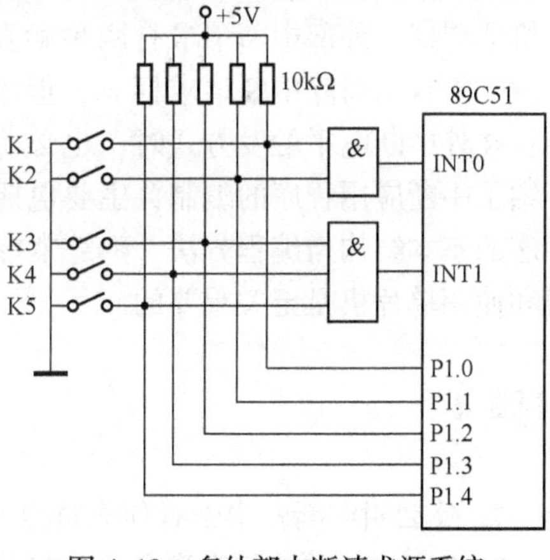

图 4.12　多外部中断请求源系统

分析： 由图 4.12 可以看出，K1 和 K2 按键共享一个中断请求源$\overline{INT0}$，K3、K4 和 K5 按键共享一个中断请求源$\overline{INT1}$，任何一个按键按下，均可使$\overline{INT0}$或$\overline{INT1}$引脚为低电平，获得一个中断请求信号，再在中断服务子函数中查询 P1 口引脚的状态，就可判定具体的中断请求源。

系统的 C51 参考程序如下：

```
#include <reg51. h>
sbit K1 = P1^0;
sbit K2 = P1^1;
sbit K3 = P1^2;
sbit K4 = P1^3;
sbit K5 = P1^4;

void main( )
```

```
{
  TCON = 0X05;                    //中断初始化,将INT0和INT1中断请求设置为下降沿触发
  IE = 0X85;                      //允许INT0和INT1中断,并开系统总中断 EA
  IP = 0X01;                      //设置INT0为高优先级中断,INT1为低优先级中断
  while(1);
}
void int1() interrupt 0           //外部中断 0 的中断服务子函数
{
  If ( K1 == 0 ) WORK1();         //K1 按下,执行 WORK1 子函数
  If ( K2 == 0 ) WORK2();         //K2 按下,执行 WORK2 子函数
}
void int2() interrupt 2           //外部中断 1 的中断服务子函数
{
  If ( K3 == 0 ) WORK3();         //K3 按下,执行 WORK3 子函数
  If ( K4 == 0 ) WORK4();         //K4 按下,执行 WORK4 子函数
  If ( K5 == 0 ) WORK5();         //K5 按下,执行 WORK5 子函数
}
```

本章小结

本章详细介绍了 MCS-51 单片机的中断系统的结构、中断处理的过程、中断应用程序的编制与应用。MCS-51 单片机的中断系统具有 5 个中断请求源（$\overline{INT0}$、$\overline{INT1}$、T0、T1 和串行口），它们的中断服务程序入口地址分别为 0003H、000BH、0013H、001BH 和 0023H，共有两个中断优先级，可由中断优先级寄存器 IP 设定其优先级别。中断处理一般包括中断请求、中断响应、中断服务、中断返回四个环节。在一个单一中断的系统里，中断响应等待时间为 3~8 个机器周期，外部中断请求有两种触发方式：电平触发方式和跳沿触发方式。CPU 在响应中断后，能自动清除中断请求标志，但串行口中断须由用户在串行口中断服务程序中用软件清除；在外中断电平触发方式时，也必须用硬软结合的方法清除引起外中断的低电平信号。最后介绍了中断应用程序的编制，主要包括中断初始化和中断服务程序的设计。重点掌握中断应用程序的基本结构与编程方法，熟练掌握中断的响应过程以及中断处理程序的编写对于进一步学习和使用单片机是至关重要的。

习题 4

1. 什么叫中断？中断有什么特点？
2. MCS-51 单片机有哪几个中断源？简述各中断源的中断请求方式、中断标志位及中断入口地址？
3. MCS-51 单片机外部中断有哪两种触发方式？对触发脉冲或电平有什么要求？如何选择和设定？
4. MCS-51 中断处理过程包括哪几个步骤？简述中断处理过程。
5. 为什么 MCS-51 单片机在执行 RETI 或访问 IE、IP 指令时，不能立即响应中断？
6. 什么叫中断嵌套？中断嵌套有什么限制？中断嵌套与子程序嵌套有什么区别？
7. 什么叫保护现场？需要保护哪些内容？什么叫恢复现场？恢复现场与保护现场有什么

关系？须遵循什么原则？

8. 用 MCS-51 的 P0 口接 8 个 LED 发光二极管，由 INT1 接一消抖开关，开始 P1.0 的 LED 亮，以后每中断一次，下一个 LED 亮，顺序下移，且每次只一个 LED 亮，周而复始。画出电路图，编出程序。

9. 在 MCS-51 单片机的 $\overline{INT0}$ 引脚外接脉冲信号，要求每送来一个脉冲，把 30H 单元值加 1，若 30H 单元记满则进位 31H 单元。试利用中断结构，编制一个脉冲计数程序。

10. 在一个随机计数装置中，采用中断控制信号触发计数操作，其控制电路如下图所示。要求：每按一次 K1 键，片内 RAM 的 30H 单元内容作加“1”运算；每按一次 K2 键，则使片内 RAM 的 30H 单元内容作减“1”运算。试设计实现这一计数功能的程序。

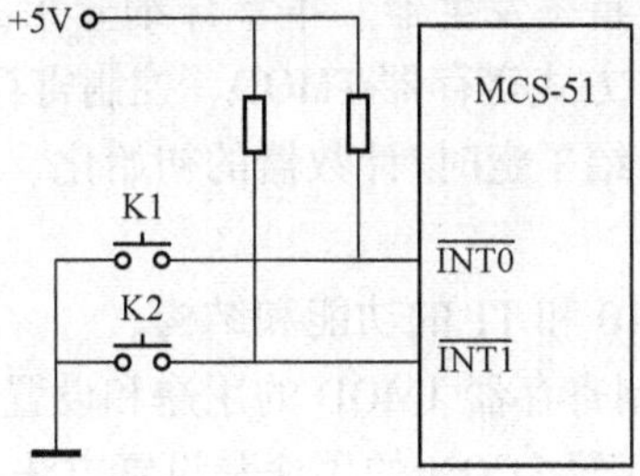

第 5 章　MCS-51 定时/计数器

单片机应用于检测、控制及智能仪器等领域时，常需要实时时钟来实现定时或延时控制，也常需要计数器对外界事件进行计数。几乎所有的单片机都集成了定时/计数器。MCS-51 单片机可提供两个 16 位可编程的定时/计数器：T0 和 T1，它们均可用作定时器或计数器。定时器主要完成系统运行过程中的定时功能，而计数器主要用于对外部事件的计数。此外，定时/计数器还可作为串行通信中的波特率发生器。本章详细介绍了定时/计数器结构、基本工作原理、相关寄存器配置（包括工作方式寄存器 TMOD、控制寄存器 TCON）以及各种工作方式的工作特点，最后通过多个实例介绍了定时/计数器的初始化、编程方法及应用。

【学习目标】

- 理解单片机定时/计数器 T0 和 T1 的功能和结构。
- 掌握定时/计数器方式控制寄存器 TMOD 的用途和设置方法。
- 掌握定时/计数器控制寄存器 TCON 的用途和设置方法。
- 理解单片机定时/计数器的 4 种工作方式。
- 掌握定时/计数器 T0 和 T1 的应用编程方法。

5.1　定时/计数器概述

在计算机检测、控制等实时应用系统中，往往需要设置实时时钟以实现定时或延时控制，也需要计数器以实现对外部事件进行计数。在单片机应用系统中，实现定时的方法一般有以下三种。

（1）软件定时

软件定时是让计算机执行一段程序来进行延时，通过适当的选择指令和安排循环次数，可调节这段程序执行所需时间的长短。软件定时的特点是定时时间精确，且无需外加硬件电路。但软件定时要占用 CPU，降低了 CPU 的利用率，因此定时时间不宜过长。此外，软件定时方法在某些情况下无法使用。

（2）硬件定时

硬件定时是指由硬件电路来实现定时的功能。与软件定时相比，硬件定时不占用 CPU，可以进行较长时间的定时。定时时间的长短靠改变电路中元件的参数来调节，使用上不够方便灵活。例如采用 555 电路，外接必要的元器件（电阻和电容），即可构成硬件定时电路。但在硬件连接好以后，定时值与定时范围不能由软件进行控制和修改，即不可编程。

（3）可编程定时/计数器

由于纯软件定时占用 CPU，而纯硬件定时又欠灵活。因此，现在的微机系统中广泛采用了软、硬件结合的方法，即使用专门的定时/计数器进行定时。定时/计数器通过对系统时钟脉冲或外部脉冲信号进行计数来实现定时功能。通过编程设定不同的计数值即可改变定时时间，使用方便灵活，且定时过程中不占用 CPU，提高了 CPU 的工作效率。

在单片机应用中，定时和计数的需求比较多，为了使用方便并增加单片机的功能，就把定时电路集成到芯片中，称之为定时/计数器。目前，几乎所有的单片机都集成了可编程定时/计数器，为单片机提供定时和计数功能。

5.1.1 定时/计数器 T0、T1 的结构

MCS-51 单片机内部有两个 16 位的可编程定时/计数器，称为定时器 0（T0）和定时器 1（T1），都具有定时和计数的功能，可编程选择其作为定时器用或作为计数器用，其结构框图如图 5.1 所示。

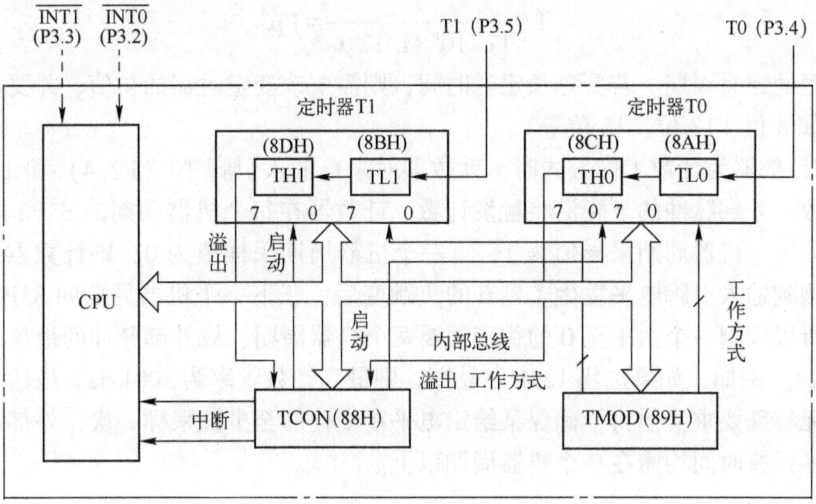

图 5.1 MCS-51 定时/计数器结构框图

由图可知，MCS-51 定时/计数器由定时器 T0（TH0、TL0）、定时器 T1（TH1、TL1）、工作方式寄存器 TMOD 和控制寄存器 TCON 组成。

T0、T1 是 16 位加法计数器，分别由两个 8 位专用寄存器组成：T0 由 TH0（高 8 位）和 TL0（低 8 位）构成，T1 由 TH1（高 8 位）和 TL1（低 8 位）构成。TL0、TL1、TH0、TH1 的访问地址依次为 8AH~8DH，每个寄存器均可单独访问。两个定时/计数器都具有两种工作模式：定时器模式和计数器模式，并具有 4 种工作方式：方式 0、方式 1、方式 2 和方式 3。T0 或 T1 工作在计数器模式时，是对芯片引脚 T0（P3.4）或 T1（P3.5）上输入的外部脉冲计数，每输入一个脉冲，加法计数器加 1；工作在定时器模式时，是对内部机器周期脉冲（时钟信号经片内 12 分频后的脉冲）计数，由于机器周期是定值，故计数值一定时，时间也随之确定。

此外，其内部还有一个 8 位的工作方式寄存器 TMOD 和一个 8 位的控制寄存器 TCON。这些寄存器之间是通过内部总线和控制逻辑电路连接起来的。TMOD 主要是用于选择定时/计数器 T0、T1 的工作模式和工作方式；TCON 主要是用于控制 T0、T1 的启动和停止计数，同时还可以保存 T0、T1 的溢出和中断标志。

5.1.2 定时/计数器的工作原理

16 位的定时/计数器实质上就是一个加 1 计数器，它每接收到一个输入脉冲，该加 1 计数器便在预置计数初值 N 的基础上加 1，当计数器的计数初值 N 被加到 0（即产生进位）时，将

使计数器的溢出中断标志 TFx（x=0 为 T0 的标志位，x=1 为 T1 的标志位）置 1，通过中断或查询方式来判断 TFx 是否为 1，从而达到了解计数器是否完成本次定时或计数的目的。调整计数器初值，可调整从初值到计满溢出的数值，即调整了定时时间和计数值。

当定时/计数器为定时工作方式时，计数器的加 1 信号由振荡器的 12 分频信号产生，即每过一个机器周期，计数器加 1，直至计满溢出为止。显然，定时器的定时时间与系统的振荡频率紧密相关。因 MCS-51 单片机的一个机器周期由 12 个振荡脉冲组成，所以计数频率 $f_{count}=f_{osc}/12$。如果晶振为 12 MHz，则计数周期为：

$$T=\frac{1}{12\times10^{6}\times1/12\ \mu s}=1\ \mu s$$

这是最短的定时周期。若要延长定时时间，则需要改变定时器的初值，并要适当选择定时器的长度（如 8 位、13 位、16 位等）。

当定时/计数器为计数工作方式时，计数器对来自输入引脚 T0（P3.4）和 T1（P3.5）的外部信号计数，外部脉冲的下降沿将触发计数。计数器在每个机器周期的 S5P2 期间采样引脚输入电平，若一个机器周期采样值为 1，下一个机器周期采样值为 0，则计数器加 1。新的计数值是在检测到输入引脚电平发生 1 到 0 的负跳变后，于下一个机器周期的 S3P1 期间装入计数器中的，所以检测一个由 1 至 0 的跳变需要两个机器周期，故外部脉冲的最高计数频率为振荡频率的 1/24。例如，如果选用 12 MHz 晶振，则最高计数频率为 500 kHz。虽然对外部输入信号的占空比无特殊要求，但为了确保某给定电平在变化前至少被采样一次，外部计数脉冲的高电平与低电平保持时间均需在一个机器周期以上。

5.2 定时/计数器的控制

MCS-51 单片机定时/计数器是一种可编程的部件，在启动定时/计数器工作之前，CPU 必须将一些命令（称为控制字）写入定时/计数器中，这个过程称为定时/计数器的初始化。定时/计数器的初始化通过两个特殊功能寄存器 TMOD 和 TCON 的状态设置来实现。TMOD 用于设置其工作方式、选择定时或计数功能；TCON 用于控制其启动、中断申请以及作为运行状态的标志等。

1. 工作方式寄存器 TMOD

TMOD 为 T1、T2 的工作方式寄存器，主要用于设置定时/计数器 T0 和 T1 的工作模式和 4 种工作方式。TMOD 在特殊功能寄存器中，字节地址为 89H，无位地址。其低 4 位用于控制 T0，高 4 位用于控制 T1，它们的含义完全相同。TMOD 的格式如下所示。

	D7	D6	D5	D4	D3	D2	D1	D0	
TMOD	GATE	$C/\overline{T}$	M1	M0	GATE	$C/\overline{T}$	M1	M0	89H
	T1方式字段				T0方式字段				

① M1 和 M0：工作方式选择位。定义如下：

M1	M0	工作方式	功能说明
0	0	方式 0	13 位计数器：TLx 中低 5 位与 THx 中的 8 位构成 13 位计数器。计满溢出时，13 位计数器回零
0	1	方式 1	16 位计数器：TLx 与 THx 构成 16 位计数器。计满溢出时，16 位计数器回零

（续）

M1	M0	工作方式	功能说明
1	0	方式2	自动再装入8位计数器：每当8位计数TLx溢出时，THx中的内容自动重新装载到TLx
1	1	方式3	仅适用于T0，这时T0分成两个8位计数器；T1停止计数；T1不能工作在方式3

② $C/\overline{T}$：计数/定时方式选择位。

$C/\overline{T}=0$：设置为定时器工作模式，对片内机器周期脉冲计数，用作定时器。

$C/\overline{T}=1$：设置为计数器工作模式，对外部事件脉冲计数，用作计数器。

③ GATE：门控位。

GATE=0：以TRx（x=0，1）来启动定时/计数器运行。即定时/计数器的运行只受TCON中运行控制位TRx的控制。TR0或TR1置1即可启动定时器0或1。

GATE=1：用TRx（x=0，1）和外中断输入引脚（$\overline{INT0}$和$\overline{INT1}$）上的高电平来启动定时/计数器运行。即控制位TR0或TR1须置1，同时还须$\overline{INT0}$（P3.2）或$\overline{INT1}$（P3.3）为高电平方可启动定时器。

以T0为例，GATE=0时，TR0=1，T0运行；TR0=0，T0停止。GATE=1时，TR0=1，且$\overline{INT0}$为高电平时，T0运行；两个条件有一个不满足，T0就不能运行。

注意，TMOD不能位寻址，只能用字节指令设置定时器工作方式，高4位定义T1，低4位定义T0。复位时，TMOD所有位均置0。

2. 控制寄存器TCON

TCON在特殊功能寄存器中，字节地址为88H，位地址（由低位到高位）为88H~8FH，由于有位地址，十分便于进行位操作。TCON的作用是控制定时器的启动、停止，标志定时器的溢出和中断情况。TCON的结构和各位名称、地址如下所示。

	D7	D6	D5	D4	D3	D2	D1	D0	
TCON	TF1	TR1	TF0	TR0	IE1	IT1	IE0	IT0	88H

TCON已在上一节中断系统中介绍，其低4位只与外部中断有关，用于控制外部中断，高4位与定时/计数器有关。其高4位含义如下。

① TF1：定时器T1溢出标志位。当T1计数溢出时，由硬件自动置TF1=1，并向CPU申请中断。在中断方式下，当CPU响应中断，进入中断服务程序后，TF1由硬件自动清零。在中断屏蔽时，TF1可作查询测试用，此时TF1必须由软件清零。

② TR1：定时器T1运行控制位。由软件置1或清零来启动或关闭定时器T1。当GATE=1，且$\overline{INT1}$为高电平时，TR1置1启动定时器T1；当GATE=0时，TR1置1即可启动定时器T1。

③ TF0：定时器T0溢出标志位。其功能及操作情况同TF1。

④ TR0：定时器T0运行控制位。其功能及操作情况同TR1。

TCON的字节地址为88H，可以位寻址，清除溢出标志位或启动定时器都可以用位操作指令。当系统复位时，TCON的所有位均清零。

5.3 定时/计数器的工作方式

MCS-51定时/计数器有4种工作方式，由TMOD寄存器中M0、M1位的状态确定，不同的工作方式有不同的工作特点，下面分述各种工作方式的特点和用法。

1. 方式0

当M1M0=00时，定时/计数器工作于方式0，构成一个13位的定时/计数器。这时，定时/计数器的等效逻辑结构框图如图5.2所示（以T1为例）。可见，16位加法计数器只用了13位，由TLx（x=0，1）的低5位和THx（x=0，1）的高8位组成。TLx低5位计数满时不向TLx第6位进位，而是向THx进位，13位计满溢出，TFx置“1”（硬件自动置位），并申请中断。当计数器初值为0时，最大计数值可达$2^{13}=8192$时溢出。

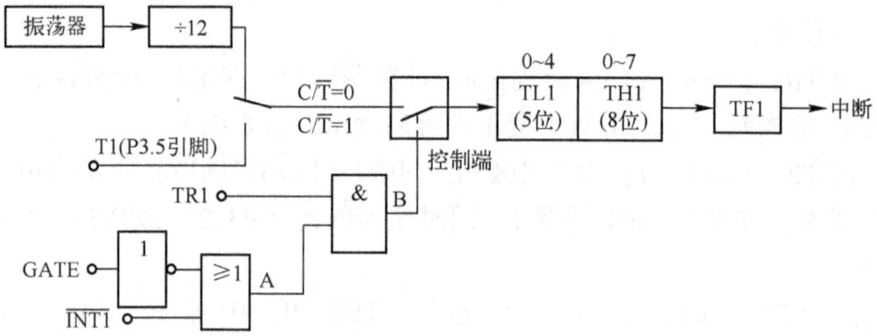

图5.2　T1（或T0）方式0时的逻辑电路结构图

图5.2中，C/$\overline{T}$位控制的电子开关决定了定时/计数器的两种工作模式。

① C/$\overline{T}$=0，电子开关打在上面位置，T1（或T0）工作在定时器模式，把时钟振荡器12分频后的脉冲作为计数信号，即对机器周期脉冲计数。这时，若定时器从某个初值X开始计数直到溢出，则其定时时间t为：

$$t=(2^{13}-\text{初值 X})\times\text{机器周期}=(8192-\text{初值 X})\times\text{时钟周期}\times12$$

② C/$\overline{T}$=1，电子开关打在下面，T1（或T0）工作在计数器模式，控制开关与T1（P3.5）或T0（P3.4）相连，对外部脉冲计数，当外部信号电平发生由1到0的负跳变时，计数器加1。

GATE位的状态决定定时/计数器运行控制取决于TRx一个条件，还是TRx和$\overline{INTx}$（x=0，1）引脚电平这两个条件。

① GATE=0，或门被封锁，$\overline{INTx}$信号无效。或门输出常1，打开与门，TRx直接控制定时器的启动和关闭。TRx=1，接通控制开关，定时器从初值开始计数直至溢出。溢出时，定时/计数器归0，TFx置位，并申请中断。如要循环计数，则定时器需重置初值。

② GATE=1，与门的输出由$\overline{INTx}$的输入电平和TRx位的状态确定。若TRx=1，则与门打开，外部信号电平通过$\overline{INTx}$引脚直接开启或关断定时器，当$\overline{INTx}$为高电平时，允许计数，否则停止计数；若TRx=0，则与门被封锁，控制开关被关断，停止计数。

2. 方式1

当M1M0=01时，定时/计数器工作于方式1，构成一个16位定时/计数器，如图5.3所示。在方式1情况下，内部计数器为16位，由TLx作低8位，THx作高8位组成。16位计满溢出时，TFx置“1”（硬件自动置位），并申请中断。

方式1与方式0的区别在于方式0是13位计数器，最大计数值为$2^{13}=8192$；方式1是16位计数器，最大计数值为$2^{16}=65536$。用作定时器时，若$f_{osc}=12\,\text{MHz}$，则方式0最大定时时间为8192 μs，方式1最大定时时间为65536 μs。有关控制状态位的含义（GATE、C/$\overline{T}$、TFx、

TRx）与方式 0 相同。方式 1 下，若定时器从某个初值 X 开始计数直到溢出，则其定时时间 t 为：

$$t=(2^{16}-\text{初值 X})\times\text{机器周期}=(65536-\text{初值 X})\times\text{时钟周期}\times 12$$

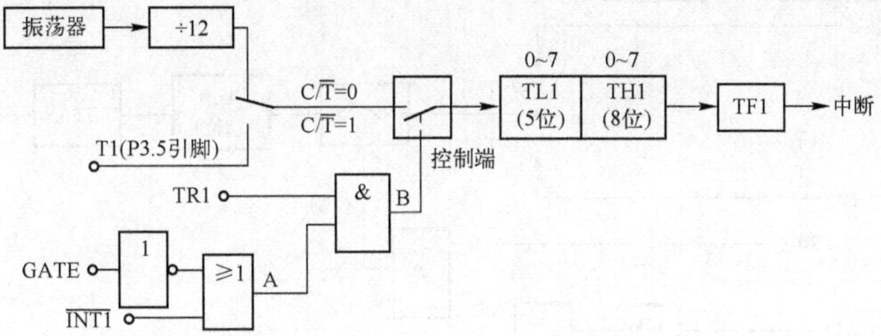

图 5.3　T1（或 T0）方式 1 时的逻辑结构图

3. 方式 2

当 M1MO=10 时，定时/计数器工作于方式 2，如图 5.4 所示。在方式 2 情况下，定时/计数器为 8 位，能自动恢复定时/计数器初值（初值自动重装）。方式 0 和方式 1 的最大特点是计数溢出后，计数器为全 0，计数器的初值不能自动恢复，因此在循环定时或循环计数应用时就存在用指令反复装入计数初值的问题。这不仅影响定时精度，而且也给程序设计带来了麻烦。方式 2 就是针对此问题而设置的。

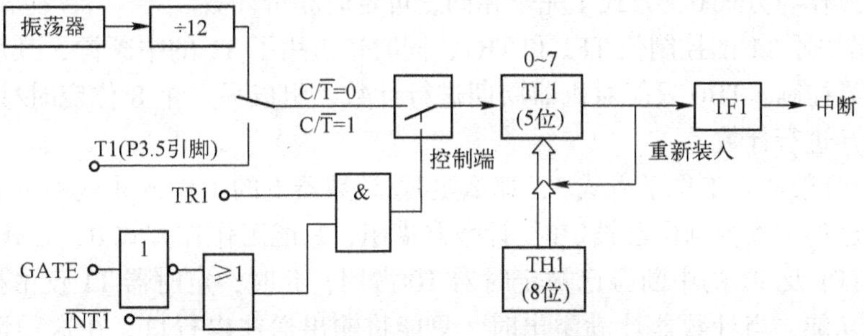

图 5.4　T0（或 T1）方式 2 时的逻辑结构图

由图 5.4 可见，定时/计数器的方式 2 为初值自动重装的 8 位定时/计数器 TLx（x=0，1），当 TLx 计数溢出时，在溢出标志 TFx 置“1”的同时，还自动将 THx 中的初值送至 TLx，使 TLx 从初值开始重新计数。

这种工作方式可以省去用户软件中重装初值的指令执行时间，简化定时初值的计算方法，可以相当精确地确定定时时间。

但由于方式 2 是 8 位定时/计数器，所以计数范围比较小，单次溢出的最大计数值为 $2^8=256$，单次溢出所能达到的定时时间也较短，适合用于定时范围不大的应用场合。方式 2 下，若定时器从某个初值 X 开始计数直到溢出，则其定时时间 t 为：

$$t=(2^{8}-\text{初值 X})\times\text{机器周期}=(256-\text{初值 X})\times\text{时钟周期}\times 12$$

4. 方式 3

当 M1MO=11 时，定时/计数器处于工作方式 3，但方式 3 仅适用于 T0，T1 无方式 3。方式 3 是为了增加一个附加的 8 位定时/计数器而设置的，从而使 89C51 具有三个定时/计数器。

T1 处于方式 3 时相当于 TR1=0，停止计数（此时 T1 可用来作为串行口波特率产生器）。T0 方式 3 时的逻辑结构图如图 5.5 所示。

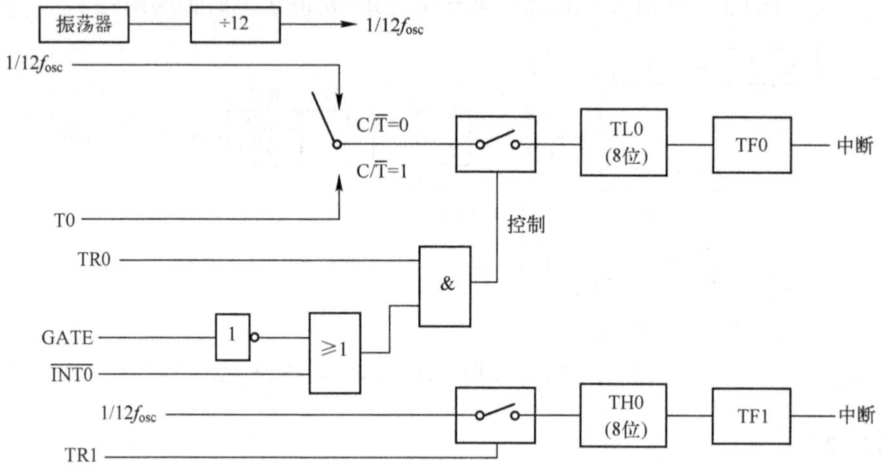

图 5.5　T0 方式 3 时的逻辑结构

方式 3 时，定时器 T0 被分解成两个独立的 8 位计数器 TL0 和 TH0。其中：

1）TL0 使用原 T0 的控制位、引脚和中断源，即 C/$\overline{T}$、GATE、TR0、TF0 和 T0（P3.4）引脚、$\overline{INT0}$（P3.2）引脚，组成一个 8 位的定时/计数器。除计数位数不同于方式 0、方式 1 外，其功能、操作与方式 0、方式 1 完全相同，可定时亦可计数。

2）TH0 借用原 T1 的控制位 TF1 和 TR1，同时还占用了 T1 的中断源，其启动和关闭仅受 TR1 置 1 或清零控制，TH0 只能对机器周期进行计数，组成另一个 8 位定时/计数器，但不能用作对外部脉冲进行计数。

如果定时/计数器 0 工作于方式 3，那么定时/计数器 1 的工作方式就不可避免受到一定的限制，因为自己的一些控制位已被定时/计数器借用，只能工作在方式 0、方式 1 或方式 2 下。但由于 TR1、TF1 及 T1 的中断源已被定时器 T0 占用，此时，定时器 T1 仅由控制位 C/$\overline{T}$切换其定时或计数功能，当计数器计满溢出时，只能将输出送往串行口。在这种情况下，定时器 T1 一般用作串行口波特率发生器或不需要中断的场合。因定时器 T1 的 TR1 被占用，因此其启动和关闭较为特殊，当设置好工作方式时，定时器 T1 即自动开始运行，若要停止操作，只需送入一个设置定时器 T1 为方式 3 的方式字即可。这是因为定时/计数器 T1 本身就不能工作在方式 3，如硬把它设置为方式 3，自然会停止工作。

5.4　定时/计数器的应用编程

定时/计数器是单片机应用系统中的重要部件，通过下面实例可以看出，灵活应用定时/计数器可提高编程技巧，减轻 CPU 的负担，简化外围电路。下面就定时/计数器的初始化和具体的应用编程进行详细叙述。

5.4.1　定时/计数器的初始化

1. 初始化步骤

MCS-51 内部定时/计数器是可编程序的，其工作方式和工作过程均可由 MCS-51 通过程序对它进行设定和控制。因此，MCS-51 在定时/计数器工作前必须对它进行初始化。初始化步骤如下：

1）设置定时/计数器的工作模式、工作方式，即设置 TMOD 寄存器。

2）对定时/计数器赋初值，即设置 THx、TLx 寄存器。

3）开相应中断和定义中断优先级（若有），即设置 IE 和 IP 寄存器。

4）启动定时/计数器，设置 TCON（TRx=1）。

5）等待中断响应或查询中断标志 TCON. TFx。

2. 计数器初值的计算

当定时/计数器工作在计数器模式时，必须给计数器赋计数器初值，这个计数器初值是送到 TH0/TH1 或 TL0/TL1 中的。

定时/计数器中的计数器是在计数初值基础上以加 1 计数的，并能在计数器从全“1”变为“0”时自动产生定时溢出中断请求。因此，定时/计数器的初值因工作方式的不同而不同。把计数器从初值 X 计数至溢出所需要的计数值设定为 L，则计数器初值 X 可按下式计算：

$$2^n-X=L \quad (n=8,13,16) \tag{5-1}$$

其中，2^n是计数器溢出时的值（也是计数的最大值），当计数器工作在方式 0 时，n=13；方式 1 时，n=16；方式 2 时，n=8；计数器 0 工作在方式 3 时，n=8。因此，计数的最大值为：

方式 0：$2^{13}=8192$

方式 1：$2^{16}=65536$

方式 2：$2^8=256$

方式 3：T0 分成 2 个 8 位计数器，所以 2 个计数器的计数最大值均为 256。

3. 定时器初值的计算

当定时/计数器工作在定时器模式时，计数器对单片机晶振频率经 12 分频后的脉冲进行计数，即对机器周期脉冲进行计数。设晶振频率为 f_{osc}，则晶振频率的倒数是一个振荡周期所需要的时间，因为 12 个振荡周期为一个机器周期，一个机器周期所需要的时间是 $12/f_{osc}$。当 $f_{osc}=12\,\text{MHz}$ 时，机器周期=1 μs，当 $f_{osc}=6\,\text{MHz}$ 时，机器周期=2 μs。因此，当定时器从初值 X 计数至溢出所需要的时间记为用户要定时的时间 T，则定时器初值 X 的计算公式为：

$$(2^n-X)\times\frac{12}{f_{osc}}=T \quad (n=8,13,16) \tag{5-2}$$

同理，其中定时器工作在方式 0 时，n=13；方式 1 时，n=16；方式 2 时，n=8；定时器 0 工作在方式 3 时，n=8。

在上式中，若设 X=0，则定时器定时时间为最大。因此，不同工作方式下定时器的最大定时时间不同。

若设单片机晶振频率 f_{osc} 为 12 MHz，则每个机器周期的时间是 1 μs，最大定时时间为

方式 0：$Tmax=2^{13}*1\,\mu s=8192\,\mu s\approx 8\,ms$

方式 1：$Tmax=2^{16}*1\,\mu s=65536\,\mu s\approx 65\,ms$

方式 2 和方式 3：$Tmax=2^8*1\,\mu s=256\,\mu s$

若设单片机晶振频率 f_{osc} 为 6 MHz，则每个机器周期的时间是 2 μs，最大定时时间为

方式 0：$Tmax=2^{13}*2\,\mu s=16384\,\mu s\approx 16\,ms$

方式 1：$Tmax=2^{16}*2\,\mu s=131072\,\mu s\approx 131\,ms$

方式 2 和方式 3：$T_{max}=2^8 * 2\ \mu s = 512\ \mu s$

【**例 5.1**】已知晶振频率为 6 MHz，要求定时 0.5 ms，试分别求出 T0 工作在方式 0、方式 1、方式 2、分式 3 时的初值。

（1）工作在方式 0

由定时器初值计算公式（5-2），有：

$$(2^{13}-X)\times\frac{12}{6\times10^6}=0.5\times10^{-3}$$

可求得：

$$X=2^{13}-500\ \mu s/2\ \mu s=8192-250=7942=1F06H$$

1F06H 化成二进制：1F06H $=\underline{0001}\ \underline{1111}\ \underline{0000}\ \underline{0110}$B

$=000\ 11111000\ 00110$B

其中低 5 位 00110 前添加 3 位 000 送入 TL0，TL0 = 000 $\underline{00110}$B = 06H；

高 8 位送入 TH0，TH0 = $\underline{1111}\ \underline{1000}$B = F8H。

（2）工作在方式 1

同理，可求得方式 1 下的 T0 初值：

$$X=2^{16}-500\ \mu s/2\ \mu s=65536-250=65286=FF06H$$

即 TH0 = FFH；TL0 = 06H。

（3）工作在方式 2

同理，可求得方式 2 下的 T0 初值：

$$X=2^8-500\ \mu s/2\ \mu s=256-250=06H$$

即 TL0 = 06H；为了重装 TL0 初值也为 06H，也将 TH0 = 06H。

（4）工作在方式 3

T0 工作于方式 3 时，被拆成两个 8 位定时器，定时初值可分别计算，计算方法同方式 2。两个定时初值一个装入 TL0，另一个装入 TH0。因此：

TH0 = 06H；TL0 = 06H（两个定时器分别可以定时 0.5 ms）。

从上例中看到，方式 0 时计算定时器初值比较麻烦，根据式（5-2）计算出数值后．还要变换一下，弄不好要出错，不如直接用方式 1，且方式 0 计数范围比方式 1 小，方式 0 完全可以用方式 1 代替，方式 0 与方式 1 相比，无任何优点，不建议用户使用。方式 3 的定时范围与方式 2 相同，但缺乏了自动重装初值的功能，而且定时范围小，因此，方式 3 也不建议用户使用。

5.4.2 基于 Keil 与 Proteus 联调的定时器应用举例

【**例 5.2**】单个定时器使用。如图 5.6 所示，要求 LED 发光二极管从上到下（Q7 到 Q0 方向）每隔 100 ms 依次轮流点亮，其中 74LS245 为缓冲器，已知 $f_{osc}=6$ MHz。试分别用 T1 工作方式 1、方式 2 编制程序，并利用 Keil 和 Proteus 进行联合调试。

分析：根据电路图，当 P1 口输出高电平时可以点亮 LED 灯，一开始最上面 LED 灯亮（其他灯灭），则 P1 口应输出 80H，然后采用定时器 T1 定时 100 ms，当定时时间到时，将 P1 口输出循环右移一位，就可以实现 8 盏 LED 依次循环点亮。当晶振 $f_{osc}=6$ MHz 时，机器周期为 2 μs，则定时器单次溢出最大定时时间：方式 1 为 $2^{16} * 2\ \mu s=131.072$ ms，方式 2 为 $2^8 * 2\ \mu s=512\ \mu s$。因此，方式 1 可采用单次溢出定时，定时时间为 100 ms，当 100 ms 定时时间到时将 P1 口输出右移一位，点亮下一盏灯；而方式 2 由于单次溢出的最大定时时间小于 100 ms，可以采用多次溢出实现定时 100 ms，即 T1 每隔 500 μs 溢出一次（中断一次），当溢出 200 次（中断 200 次）时就是 100 ms，并在溢出 200 次时才将 P1 口输出右移一位，实现每隔 100 ms 依次轮流点亮。下面具体介绍其编程过程。

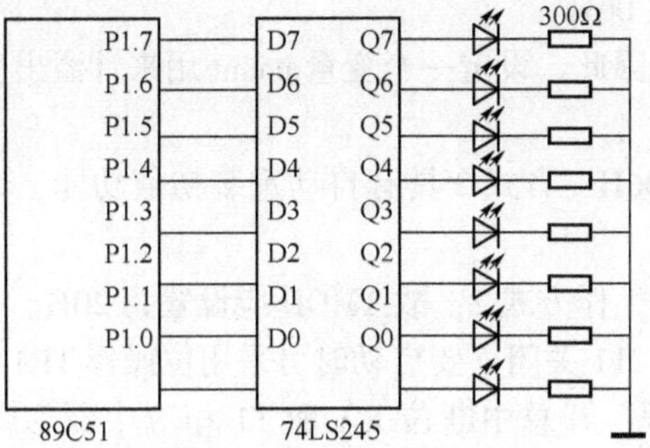

图 5.6　流水灯硬件电路

1. 用定时器 1 工作在方式 1 实现 LED 每隔 100 ms 轮流点亮

（1）计算初值

$$X = 2^{16} - 100000\ \mu s/2\ \mu s = 15536 = 3CB0H$$

即 TL1 = B0H；TH1 = 3CH。

（2）寄存器初始化

TH1、TL1：赋初值 3CB0H，特别要注意当溢出中断时应在中断服务中重装初值。

TMOD：T1 作为定时器工作在方式 1，故 TOMD 应设置为 10H。

TCON：复位值为 00H，T1 关闭，要启动时可采用位操作 TR1=1 启动 T1。

IE：采用中断方式编程，开总中断位 EA 和 T1 相应中断 ET1，即 IE=88H，或 EA=1，ET1=1。

具体 C51 程序如下：

```
#include <reg51.h>
#include <intrins.h>
void main( )
{
  TMOD = 0x10;                //设置 T1 为定时器模式和工作在方式 1
  TL1 = 0xB0;                 //设置 T1 的初值
  TH1 = 0x3C;
  EA = 1;                     //开总中断
  ET1 = 1;                    //开 T1 中断
  TR1 = 1;                    //启动 T1
  P1 = 0x80;                  //对 P1 赋初值,第一盏灯亮
  while(1);                   //等待中断
}
void int_T1( ) interrupt 3    //T1 溢出中断服务子程序
{
  TL1=0xB0;                   //重装定时初值
  TH1=0x3C;
  P1 = _cror_(P1,1);          //P1 右移一位,点亮下一盏灯
}
```

2. 用定时器 1 工作在方式 2 实现 LED 每隔 100 ms 轮流点亮

(1) 计算初值

定时 500 μs 的初值：X = 2^8-500 μs/2 μs = 6 = 06H

即 TL1 = 06H；TH1 = 06H。

溢出 200 次为 100 ms，因此，设定一个变量 count 用来计溢出次数。

(2) 寄存器初始化

TH1、TL1：均赋初值 06H，方式 2 具有自动重装初值功能，因此不需要在中断服务中重装初值。

TMOD：T1 作为定时器工作方式 2，故 TMOD 应设置为 20H。

TCON：复位值为 00H，T1 关闭，要启动时可采用位操作 TR1 = 1 启动 T1。

IE：采用中断方式编程，开总中断位 EA 和 T1 相应中断 ET1，即 IE = 88H，或 EA = 1，ET1 = 1。

具体 C51 程序如下：

```
#include <reg51. h>
#include <intrins. h>
#define uchar unsigned char
uchar count = 200;              //赋溢出中断次数初值为 200
void main( )
{
  TMOD=0x20;                    //设置 T1 为定时器模式和工作在方式 1
  TL1=0x06;                     //设置 T1 的初值
  TH1=0x06;
  EA=1;                         //开总中断
  ET1=1;                        //开 T1 中断
  TR1=1;                        //启动 T1
  P1=0x80;                      //对 P1 赋初值,第一盏灯亮
  while(1);                     //等待中断
}
void int_T1( ) interrupt 3      //T1 溢出中断服务子程序
{
  count - - ;                   //溢出中断次数减 1
  if( count = = 0)
  {  P1 = _cror_(P1,1);         //溢出 200 次到,即定时 100 ms 到,P1 右移一位,点亮下一盏灯
     count = 200;               //重新赋溢出中断次数初值
  }
}
```

可见，方式 2 与方式 1 相比，优点是定时初值不需重装。方式 0 的用法与方式 1 相同，在此不举例了。

程序的 Keil 与 Proteus 联合调试界面如图 5.7 所示。注意：调试时，为了查看定时时间是否正确，可以先采用 Keil 进行软件仿真，在中断子程序中打上断点，单击全速运行后，程序将暂停在断点处，这时可以查看 Keil 软件的寄存器窗口中的 sec 变量显示的时间是否为定时时间，若是，则定时程序编写正确，若否，则需要再检查初值和初始化正确与否。

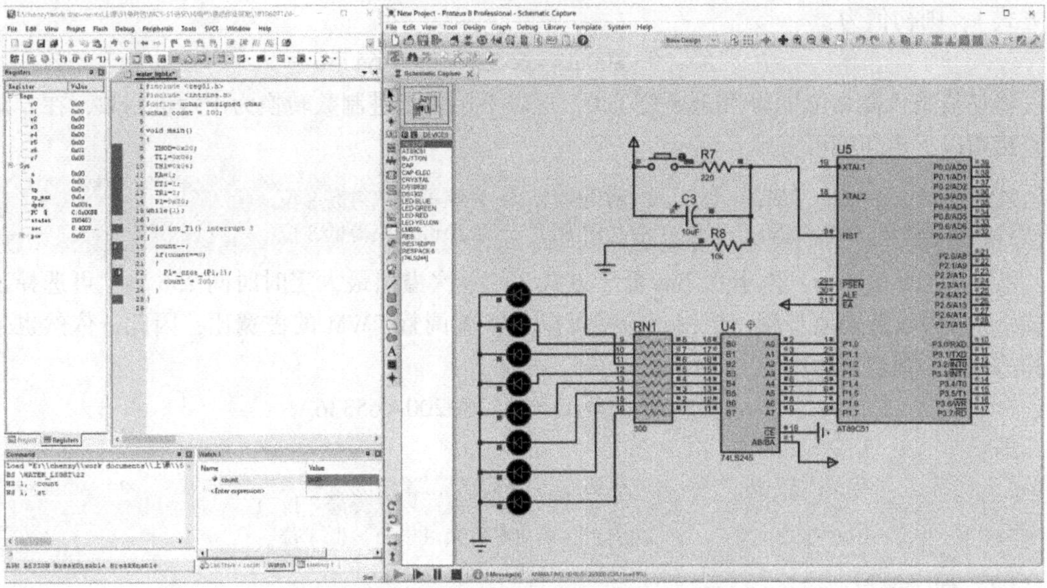

图 5.7　流水灯的 Keil 与 Proteus 联调界面

【例 5.3】两个定时器的使用。如图 5.8 所示电路中，利用单片机的定时器和 P2.0 端口产生一频率为 1 kHz，占空比为 80% 的 PWM 脉冲控制直流电机的转动，请编写程序并采用 Proteus 仿真实现。晶振频率为 12 MHz。

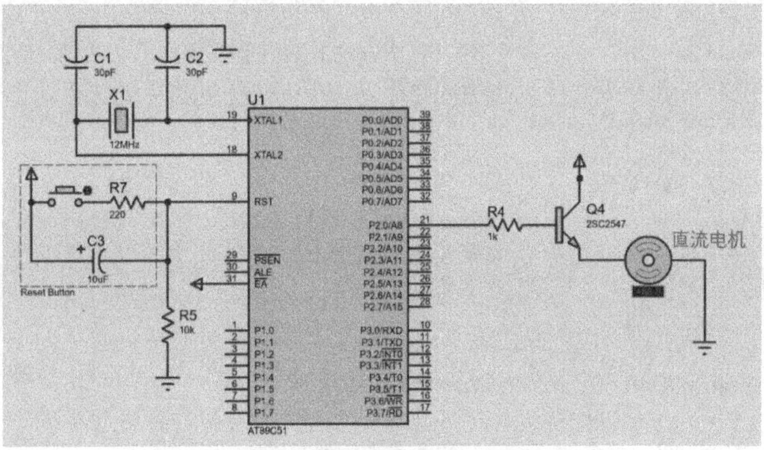

图 5.8　PWM 脉宽调制控制电机运转电路

分析：根据题目要求，1 kHz 的 PWM 脉冲信号的周期为 1 ms，占空比为 80%时，则在一个周期内高电平占 0.8 ms，低电平占 0.2 ms，可采用定时器 T0 定时 0.8 ms，采用定时器 T1 定时 0.2 ms，最先将 P2.0 设置为高电平，然后开启 T0 定时 0.8 ms，接着在 T0 定时时间到时在中断服务子程序中将 P2.0 设置为低电平，关闭 T0，并开启 T1 定时 0.2 ms，最后在 T1 定时时间到时在中断服务子程序将 P2.0 设置为高电平，关闭 T1，再开启 T0，如此反复，就可以产生题目所要求的 PWM 脉冲了。

（1）初值计算

① T0 定时 0.8 ms：由于 0.8 ms 大于方式 2 的单次溢出最大定时时间 256 μs，因此选择工

作方式 1，则初值为：

$$X=2^{16}-800\ \mu s=65536-800=64736$$

将初值装入高 8 位 TH0 和低 8 位 TL0，可以不用将十进制数转换为十六进制数，在 C 语言中直接用以下语句就可实现：

```
TH0 = (65536-800)/256;          //利用除以 256 取整可以获得高 8 位
TL0 = (65536-800)%256;          //利用除以 256 取余可以获得低 8 位
```

② T1 定时 0.2 ms：由于 0.2ms 低于方式 2 的单次溢出最大定时时间 256 μs，可选择工作方式 2，省去重装初值步骤，但由于希望可以大幅度调整 PWM 的占宽比，因此，依然也采用工作方式 1，则初值为：

$$X=2^{16}-200\ \mu s=65536-200=65336$$

即：

```
TH1 = (65536-200)/256;          //利用除以 256 取整可以获得高 8 位
TL1 = (65536-200)%256;          //利用除以 256 取余可以获得低 8 位
```

(2) 程序编写

定时器 T0 工作在方式 1，定时器 T1 工作在方式 2，均采用中断方式编程，则对应的 C51 程序如下：

```
#include<reg51.h>
sbit PWM=P2^0;
void main( )
{
   TMOD = 0x11;                  //T0 工作在方式 1,T1 工作在方式 1,均为定时器模式
   TH0 = (65536-800)/256;        //对 T0 赋初值
   TL0 = (65536-800)%256;
   TH1 =(65536-200)/256;         //对 T1 赋初值
   TL1 = (65536-200)%256;
   IE = 0x8A;                    //开总中断、T0 和 T1 中断
   PWM = 1;                      //最开始 P2.0 输出高电平
   TR0 = 1;                      //启动定时器 T0
while(1);
}
void time0( ) interrupt 1        //T0 中断服务子程序
 {
   TH0 = (65536-800)/256;        //方式 1,需要重载初始值
   TL0 = (65536-800)%256;
   PWM = 0;                      //高电平 0.8 ms 时间到,P2.0 输出低电平
   TR0 = 0;                      //关闭定时器 T0
   TR1 = 1;                      //启动定时器 T1
 }
void time1( ) interrupt 3        //T1 中断服务子程序
{
  TH1 = (65536-200)/256;         //方式 1,需要重载初始值
  TL1 = (65536-200)%256;
  PWM = 1;                       //低电平 0.2 ms 时间到,P2.0 输出高电平
  TR1 = 0;                       //关闭定时器 T1
```

```
    TR0 = 1;                        //启动定时器 T0
}
```

PWM 控制直流电机的 Keil 和 Proteus 联调界面如图 5.9 所示，在 Proteus 界面中可以直观看到直流电机转动及其转速，通过调整脉宽（改变 T0、T1 初值）也可清晰地看出电机转速变化。

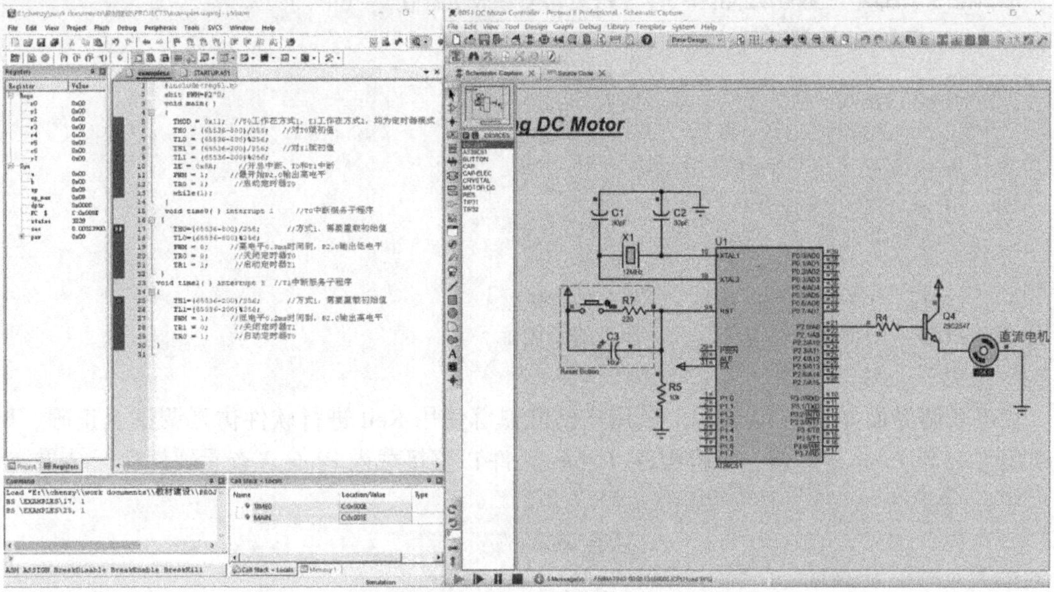

图 5.9　PWM 控制直流电机的 Keil 和 Proteus 联调界面

【例 5.4】用定时器实现时钟走时。要求设计一个秒表，秒表可以从 0 s 计至 59 s，60 s 时溢出归零后继续走时，请用定时器编程模拟时钟走时，并采用 Proteus 设计电路仿真实现（显示采用 LED 数码管）。晶振频率为 12 MHz。

分析：晶振 12 MHz 时，定时器工作方式 1 的最大定时时间为 65.536 ms，因此，选择采用定时器 T0 工作在方式 1 单次溢出中断定时 50 ms，共溢出中断 20 次就是 1s。然后采用 P2、P1 口正序连接 2 个共阴极 LED 数码管，分别显示秒表的十位和个位。

具体的 C51 程序如下：

```
#include<reg51.h>
#define uchar unsigned char
#define LEDH P2
#define LEDL P1
uchar count = 20;                    //赋溢出中断次数初值为 20
uchar sec = 0;                       //秒表初始值为 0
uchar code LEDTAB[10] = {0x3f,0x06,0x5b,0x4f,0x66,0x6d,0x7d,0x07,0x7f,0x6f};

void main( )
{
    TMOD = 0x01;                     //T0 工作在方式 1,为定时器模式
    TH0 = (65536-50000)/256;         //对 T0 赋初值
    TL0 = (65536-50000)%256;
    EA = 1;                          //开总中断
```

```
    ET0 = 1;                        //开 T0 中断
    TR0 = 1;                        //启动定时器 T0
  while(1);
  }
  void time0( ) interrupt 1         //T0 中断服务子程序
  {
    TH0 = (65536-50000)/256;        //方式 1,需要重载初始值
    TL0 = (65536-50000)%256;
    count--;                        //溢出中断次数减 1
    if(count==0)                    //1s 时间到
      {
        sec++;
        if(sec==60) sec=0;
        count=20;
      }
     LEDH=LEDTAB[sec/10];           //取秒的十位显示
     LEDL=LEDTAB[sec%10];           //取秒的个位显示
  }
```

程序联调界面如图 5.10 所示。若用户已能熟练使用 Keil 进行软件仿真调试至正确，则可不使用 Keil 与 Proteus 联调，可将程序（.hex 文件）直接载入 Proteus 查看硬件运行结果。

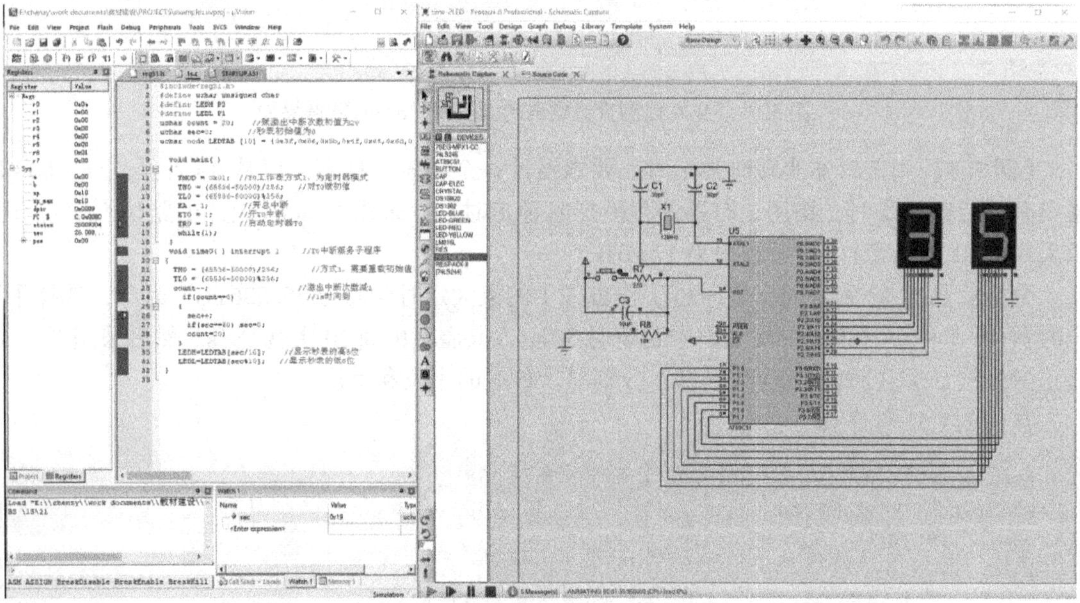

图 5.10　秒表走时 Keil 与 Proteus 联调界面

5.4.3　基于 Keil 与 Proteus 联调的计数器应用举例

【例 5.5】 计数器的应用。如图 5.11 所示，有一串脉冲输入到 T1 引脚，要求在发光二极管上能随时采用二进制反映出脉冲的个数。假设脉冲个数小于 256，脉冲频率为 1 Hz，时钟频率为 6 MHz。

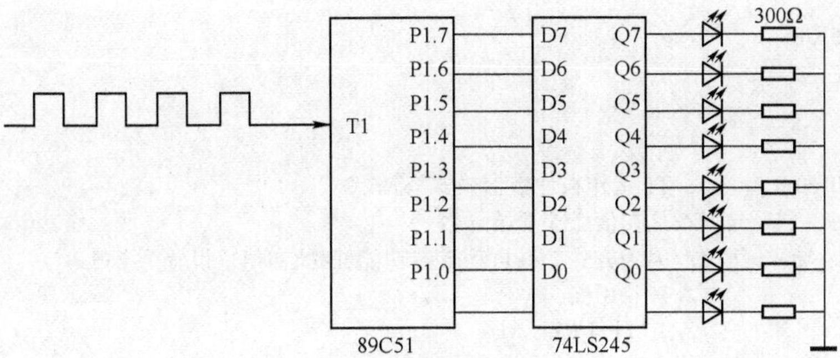

图 5.11　脉冲计数电路图

分析：依题意，脉冲从 T1 引脚输入，因此定时/计数器应工作在计数器模式，对引脚脉冲进行计数，然后将计数的结果输出至 P1 口，8 个发光二极管分别表示 8 位二进制数，亮表示 1，灭表示 0，具体程序可采用两种方法进行设计。

方法一：用计数器 T1 从 0 开始计数后，不断读取计数器的计数结果寄存器 TH1、TL1 的内容，并将结果送到 P1 口显示。由于脉冲个数小于 256，因此可采用方式 2，具体 C51 程序如下：

```
#include<reg51.h>
void main( )
{
  TMOD = 0x60;            //T1 工作在计数器模式,方式 2
  TL1 = 0;                //从初值 0 开始计数
  TH1 = 0;                //因为方式 2 有自动重装功能,因此初值也设置为 0
  ET1 = 0;                //T1 中断关闭
  TR1 = 1;                //开启 T1 计数
while(1)
  {
    P1 = TL1;             //不断读取 T1 计数结果,送到 P1 口显示
  }
}
```

注意：在读取运行中的定时/计数器时，若恰好出现 TLx（x=0，1）溢出向 THx（x=0，1）进位的情况，则读得的（TLx）值就完全不对。读取方法：先读（THx），后读（TLx），再读（THx）。若两次读得（THx）相同，则读的内容正确。若前后两次读得（THx）有变化，则再重复上述过程，这次重复读得的内容就应是正确的。下面是有关的程序，读得的（TH0）和（TL0）放置在 resh 和 resl 内。

```
while(1)
{
  temp= TH0;
  resl = TL0;
  if(temp == TH0) {resh = temp;break;}
}
```

方法二：让计数器 T1 每计一个数就产生溢出中断，用变量 res 在每一次中断服务中加 1 来统计脉冲个数，并将结果送到 P1 口显示。同样可以采用方式 2，这时计数器初值为 2^8-1 = 255。具体 C51 程序如下：

```
#include<reg51.h>
unsigned char res = 0;
void main( )
{
  TMOD = 0x60;          //T1 工作在计数器模式,方式 2
  TL1 =255;             //从初值 255 开始计数
  TH1 =255;             //因为方式 2 有自动重装功能,因此初值也设置为 255
  EA = 1;               //开总中断
  ET1 =1;               //开 T1 中断
  TR1 = 1;              //开启 T1 计数
  while(1);             //等待计数器中断
}

void intT1( ) interrupt 3
{
  res++;
  if(res == 256) res=0;
  P1=res;
}
```

最终，将程序载入 Proteus 硬件电路中，运行界面如图 5.12 所示。其中，将脉冲发生器直接接入 T1（P3.5）引脚，并在该引脚接示波器，运行时，就能在示波器看到脉冲波形，同时 LED 发光二极管也按二进制形式显示输入至引脚的脉冲个数。

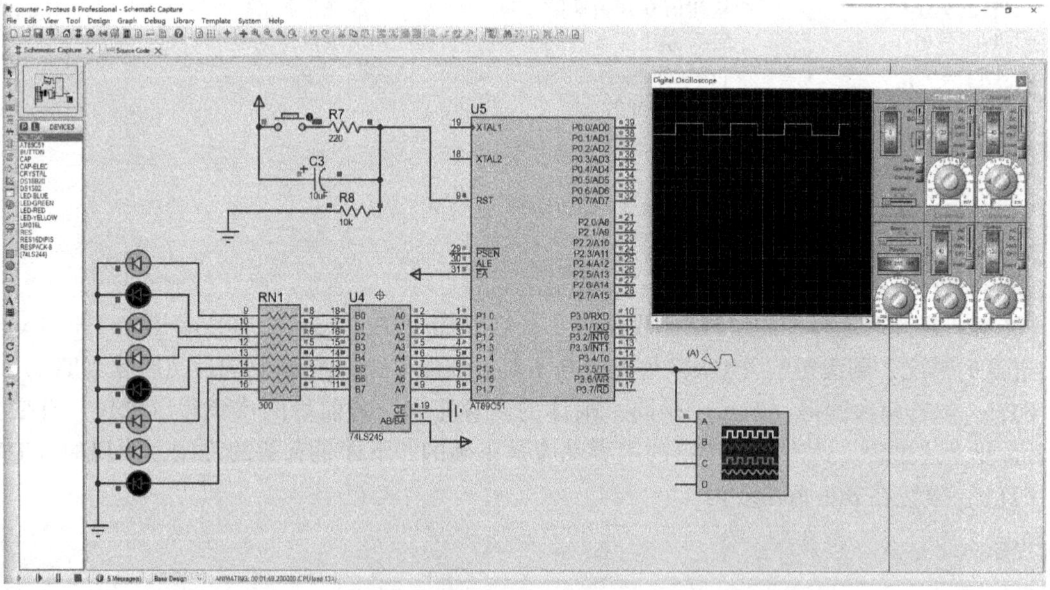

图 5.12　计数器计数 Proteus 仿真界面

【**例 5.6**】分频器的应用。有一脉冲信号（信号频率<500 kHz）如图 5.13（1）所示，要求用 89C51 单片机将该信号进行 4 分频，即输出信号如图 5.13（2）所示，请说明信号的输入和输出引脚，且编程实现该功能。晶振频率 $f_{osc}=12\ \text{MHz}$。

分析：依题意，选择将脉冲信号输入 T0（P3.4）引脚，对脉冲计数 2 个后溢出中断，然后在 T0 中断服务中让 P3.7 引脚状态取反，如此，在 P3.7 引脚就可获得 4 分频信号。计数器选择工作方式 1，则计数初值为 $2^{16}-2=65534$。具体的 C51 程序如下：

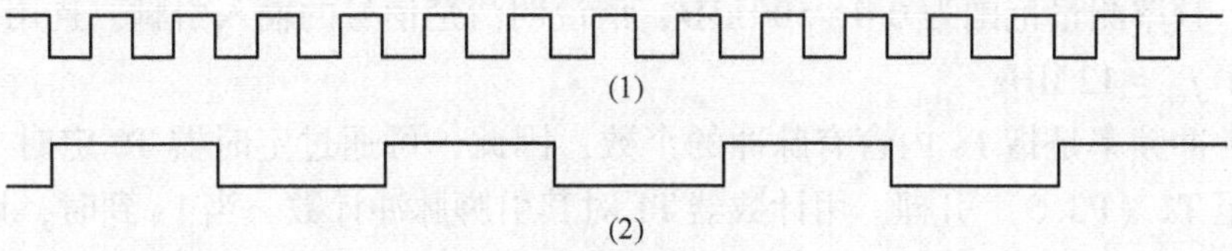

图 5.13　脉冲信号

```
#include<reg51. h>
sbit pulse = P3^7;
void main( )
{
  TMOD = 0x05;                //T0 工作在计数器模式,方式 1
  TH0 = (65536-2)/256;        //从初值 0 开始计数
  TL0 = (65536-2)%256;        //因为方式 2 有自动重装功能,因此初值也设置为 0
  EA = 1;                     //开总中断
  ET0 = 1;                    //开 T0 中断
  TR0= 1;                     //开启 T0 计数
  while(1);                   //等待计数器中断
}

void intT0( ) interrupt 1
{
  TH0 = (65536-2)/256;        //重装初值
  TL0 = (65536-2)%256;
  pulse= ~pulse;
}
```

将程序载入 Proteus 硬件仿真电路，如图 5.14 所示，可在示波器上看到程序执行结果是正确的。

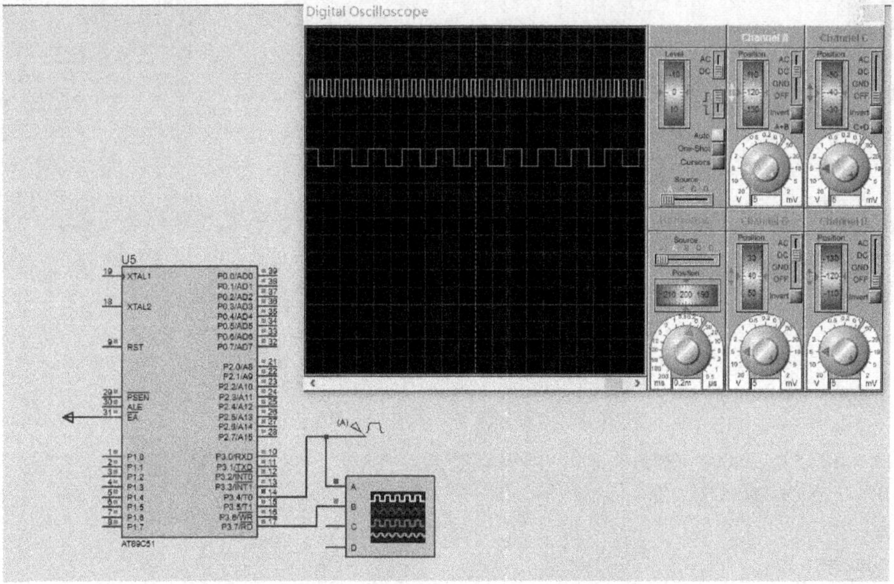

图 5.14　分频器 Proteus 仿真界面

【例 5.7】频率计的应用，涉及定时器和计数器的同时使用。要求利用 89C51 单片机设计一个频率计，频率测量范围为 0.1~500 kHz，请说明清楚信号的输入引脚，且用 C 语言编程实现。晶振频率 $f_{osc}=12\,MHz$。

分析：脉冲频率是指 1 s 内含有脉冲的个数，因此，可通过定时器 T0 定时 1 s，然后将被测脉冲连接至 T1（P3.5）引脚，用计数器 T1 对其引脚脉冲计数，当 1 s 到时，计数器 T1 停止计数，计数结果就是被测脉冲的频率。但由于计数器的单次溢出最大计数为工作方式 1 的 65536，即最大测量频率为 65.536 kHz，不符合题目测量范围要求。有两种方法解决该问题：

方法 1 还是 T0 定时 1 s，T1 在 1 s 内对脉冲计数，然后定义一个 unsigned long 型的变量 frequency 储存计数结果，每当 T1 溢出中断，在 T1 中断服务中将 frequency 加上 65536，当 1 s 时间到，T0 停止定时，T1 停止计数，最终计数结果为 frequency 已有的值再加上 TH1、TL1 的计数值，得到的 frequency 最终值即为脉冲频率。

方法 2 是将定时时间缩小，T0 定时 0.1 s，T1 在 0.1s 内对脉冲计数，这样 T1 单次溢出的最大值为 65536，即能测量的频率最大值为 65536/0.1=655.36 kHz，符合题目要求。这种情况下，只需 T0 定时 0.1 s 到，T0 停止定时，T1 停止计数，然后读取 TH1、TL1 的计数值后除以 0.1 s 即为被测脉冲的频率，T1 不需要开中断。

下面分别给出方法 1 和 2 的 C51 程序。

方法 1：

```
#include<reg51.h>
#define uchar unsigned char
#define ulong unsigned long
uchar num = 20;                    //T0 每次定时 50ms,中断 20 次为 1s
ulong frequency = 0;               //频率初值为 0
void main( )
{
  TMOD = 0x51;                     //T0 工作在定时器模式,方式 1,T1 工作在计数器模式,方式 1
  TH0 = (65536-50000)/256;         //T0 定时 0.05s 的初值设置
  TL0 = (65536-50000)%256;
  TH1=0;                           //T1 从初值 0 开始计数
  TL1=0;
  EA = 1;                          //开总中断
  ET0 = 1;                         //开 T0 中断
  ET1 = 1;                         //开 T1 中断
  PT1 = 1;                         //T1 中断为高优先级
  TR0= 1;                          //开启 T0 计数
  TR1 = 1;                         //开启 T1 计数
  while(1);                        //等待定时/计数器中断
}

void intT0( ) interrupt 1
{
  TH0 = (65536-50000)/256;         //重装初值
  TL0 = (65536-50000)%256;
  num--;
  if(num == 0)
  {
```

```
        TR0 = 0;                                //1 s 时间到,关闭 T0 和 T1
        TR1 = 0;
        frequency = frequency+TH1 * 256+TL1;    //最终的脉冲个数,即频率值
    }
}

void intT1( ) interrupt 3
{
    frequency= frequency+65536;                 //T1 溢出归零 1 次,则计数值加上 65536
}
```

方法 2：

```
#include<reg51. h>
#define uint unsigned int
#define ulong unsigned long
uint num = 400;                 //T0 每次定时 250 us,中断 400 次为 0. 1 s
ulong frequency = 0;            //频率初值为 0
void main( )
{
    TMOD = 0x52;                //T0 工作在定时器模式,方式 1,T1 工作在计数器模式,方式 1
    TH0 = 256-250;              //T0 定时 0. 05 s 的初值设置
    TL0 = 256-250;
    TH1=0;                      //T1 从初值 0 开始计数
    TL1=0;
    EA = 1;                     //开总中断
    ET0 = 1;                    //开 T0 中断
    TR0= 1;                     //开启 T0 计数
    TR1 = 1;                    //开启 T1 计数
    while(1);                   //等待定时/计数器中断
}

void intT0( ) interrupt 1
{
    num--;
    if( num = = 0)
    {
        TR0 = 0;                //1 s 时间到,关闭 T0 和 T1
        TR1 = 0;
        frequency = (TH1 * 256+TL1)/0. 1;      //最终的脉冲个数,即频率值
    }
}
```

将程序载入 Proteus 的 source code 窗口进行仿真调试，并打开变量（Variables)、寄存器（Registers)、观察（Watch）等窗口，运行程序，当观察到测量结束（TH1、TL1 的值不变)，暂停仿真，就可在变量窗口看到 frequency 的结果，图 5. 15 为 Proteus 仿真界面，可以看出，当脉冲输入为 100 kHz 时，测量的 frequency 为 100060 Hz，误差为 0. 06%，主要原因是 T0 定时器的定时时间因产生中断和中断服务而有所误差。若要提高精度，可适当调整定时器 T0 的初值，通过软件仿真使得每次定时时间精确到 1 s（包括中断的时间在内)。

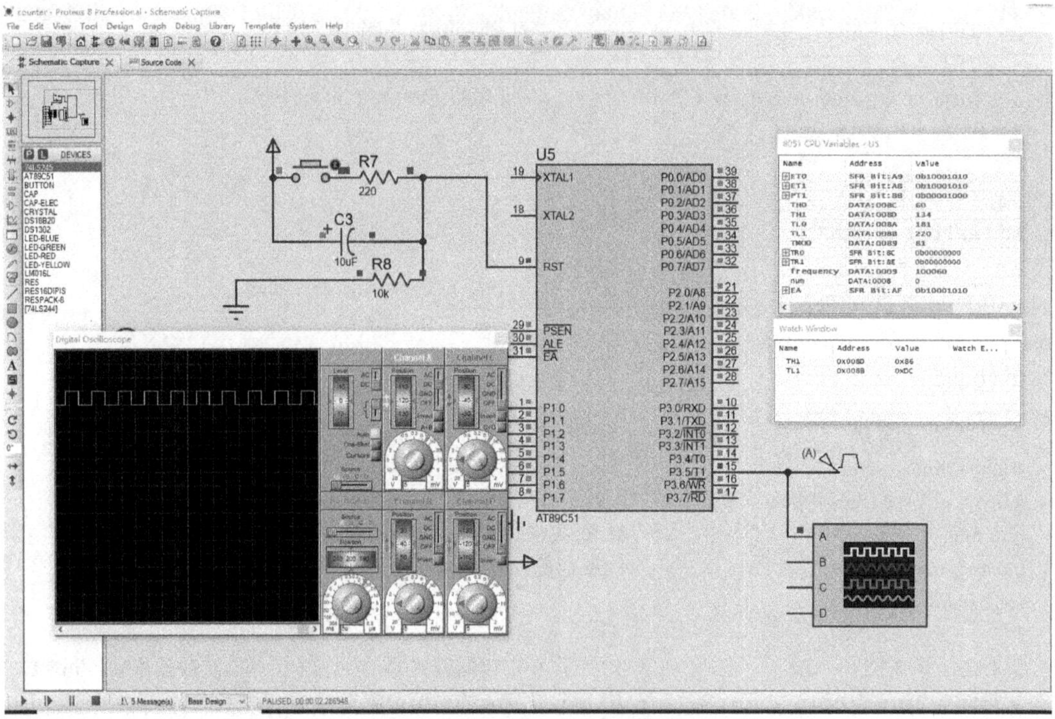

图 5.15　频率计 Proteus 仿真界面

5.4.4　门控制位 GATE 的应用举例

【例 5.8】 利用 T0 门控位测试$\overline{\text{INT0}}$引脚上出现的正脉冲的宽度，并以机器周期数的形式将结果存放在 30H 和 31H 两个单元中。

分析： 根据要求可这样设计程序，因门控制位 GATE 可使定时/计数器 T0 的启动计数受$\overline{\text{INT0}}$的控制。因此，将 T0 设定为方式 1（16 位计数器），GATE 设为 1，置 TR0 为 1。一旦$\overline{\text{INT0}}$（P3.2）引脚上出现高电平 T0 即开始对机器周期脉冲计数（T0 才被允许计数），直至出现低电平，停止计数，并使 TR0=0，然后读出 TH0、TL0 的计数值并保存，此计数值（机器周期数）乘以机器周期，即可得到$\overline{\text{INT0}}$引脚（P3.2）上正脉冲的宽度。其方法如图 5.16 所示。

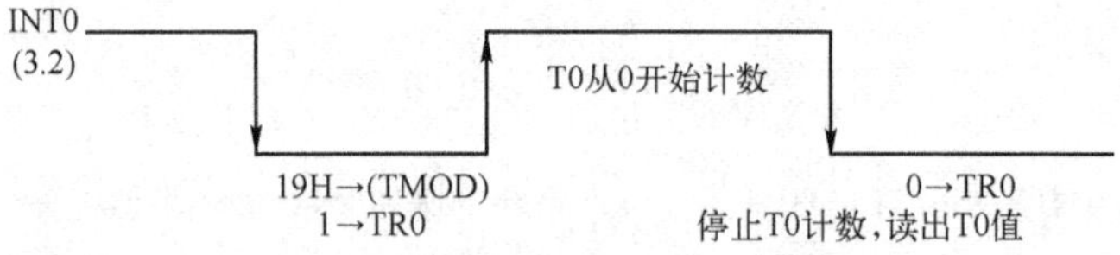

图 5.16　外部正脉冲宽度测量

对应的 C51 程序如下：

```
#include<reg51.h>
sbit P3_2 = P3^2;
char data   M _at_ 0x30;            //定义常量 M 指向地址 30H
char data   N  _at_ 0x31;           //定义常量 N 指向地址 31H
void main( )
    {
```

```
    TMOD = 0X09;                    //设 T0 为方式 1,定时方式,GATE=1
    TL0 = 0;
    TH0 = 0;
    while(P3_2 == 1);               //等待 P3.2 为低电平
    TR0 = 1;                        //准备启动定时器 0
    while(P3_2 == 0);               //等待 P3.2 为高电平,开始计数
    while(P3_2 == 1);               //等待 P3.2 为低电平,停止计数
    TR0 = 0;
    M = TL0;                        //计数值低 8 位存入 30H 中
    N = TH0;                        //计数值高 8 位存入 31H 中
}
```

【例 5.9】 某自动化生产线每隔 10 ms 左右可生产一件产品。如果两件产品的间隔时间小于 8 ms 或大于 12 ms 就认为生产线出现异常，立即置位 P1.0 以发出报警信号。假设晶振频率 f_{osc} 为 6 MHz，请编程实现此功能。

① 分析题意：实际生产中，可以在生产线上设置一个光电开关，如图 5.17 所示。当有产品通过时，给 $\overline{\text{INT0}}$ 输入低电平 “0”，由于产品通过时需要一定的时间，因此，低电平将持续一段时间，如图 5.18 所示。当产品通过后，输入至 $\overline{\text{INT0}}$ 的信号变为高电平 “1”，直至下一个产品到来时，$\overline{\text{INT0}}$ 端的信号再次变为低电平。此时，高电平的持续时间就是产品的时间间隔。

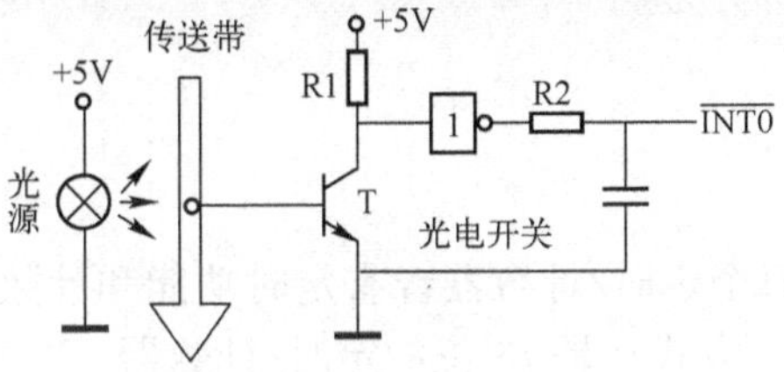

图 5.17　监控系统示意图

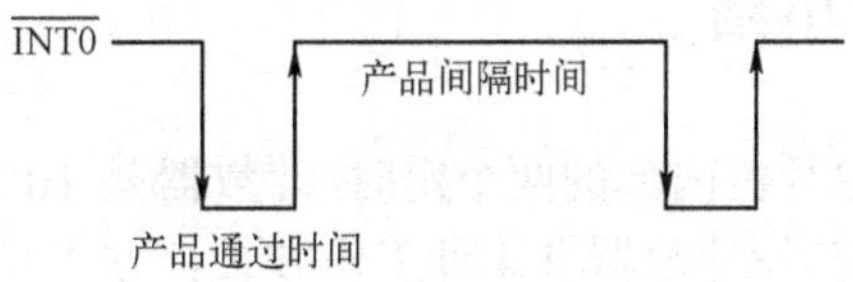

图 5.18　正脉冲宽冲测试原理

当定时/计数器的门控位 GATE=1 时，定时器的启动运行受外部中断输入 $\overline{\text{INT0}}$（或 $\overline{\text{INT1}}$）引脚电平的控制。当检测到 $\overline{\text{INT0}}$（或 $\overline{\text{INT1}}$）由低变高时，使 TR0（或 TR1）= 1，启动计数；当 $\overline{\text{INT0}}$（或 $\overline{\text{INT1}}$）由高变低时，停止计数，此计数值即为被检测到的正脉冲宽度。

② 时间测试方式：由于产品之间的时间间隔不是一个定值，因此应用定时器的方式也有所变化。在此，可使计数器从零开始计数，比较检测到的脉冲实际值与 8 ms 和 12 ms 所对应的脉冲数的大小。

设定时器 T0 工作在方式 1，为 16 位计数器。根据题意，机器周期 = 2 μs。当时间间隔为 8 ms 时，需计数 4000（0FA0H）次，因此，令 TH0 = 0FH，TL0 = 0A0H；当时间间隔为 12 ms 时，需计数 6000（1770H）次，因此，令 TH0 = 17H，TL0 = 70H。

若实际检测到的脉冲数小于 4000 或大于 6000，则置位 P1.0 报警，若在二者之间，表示生产线正常，继续检测。

对应的 C51 程序如下：

```
#include<reg51.h>
sbit P1_0 = P1^0;
sbit P3_2 = P3^2;
```

```
void main( )
{
    unsigned int m;
    TMOD = 0X09;                          //设 T0 的(GATE)= 1,选择工作方式 1
    TH0 = 0;                              //置定时初值
    TL0 = 0;
    IE = 0;                               //关中断
    P1_0 = 0;
    while(P3_2 == 0);                     //等待 P3.2 为高电平,启动定时器 0
    TR0 = 1;
    while(1)
    {
      while(P3_2 == 1);                   //等待 P3.2 为低电平,停止定时
      TR0 = 0;
      m = TH0 * 256+TH0;                  //将计数器高、低 8 位组合为一个数
      TH0 = 0;                            //重新赋初值
      TL0 = 0;
       while(P3_2 == 0);                  //等待 P3.2 为高电平,继续启动定时器
      TR0 = 1;
      if(m<0x0FA0||m>0x1770) P1_0 = 1;    //计数值超出范围则报警
  }
}
```

本章小结

单片机内部的两个定时/计数器是 T0 和 T1，每个定时/计数器皆有定时功能和计数功能。每个定时/计数器有 4 种工作方式：方式 0~方式 3。方式 0 是 13 位的定时/计数器，方式 1 是 16 位的定时/计数器，方式 2 是初值重载的 8 位定时/计数器，方式 3 只适用于 T0，将 T0 分为两个独立的定时/计数器，同时 T1 可以作为串行口波特率发生器。无论是定时还是计数，在使用定时/计数器前要初始化定时器控制寄存器 TCON 和定时器方式寄存器 TMOD，并为定时/计数器赋初值。当计数器溢出时都会自动置位 TF0 或 TF1，从而发出中断请求。在查询方式下，可以通过检查 TF 的状态判断是否计满；在允许中断的情况下，CPU 自动进入中断服务程序。采用中断方式可大大提高 CPU 的利用率。

习题 5

1. 软件定时与硬件定时的原理有何异同？

2. MCS-51 定时/计数器的定时功能和计数功能有什么不同？分别应用在什么场合下？

3. 简述 MCS-51 单片机定时/计数器 4 种工作方式的特点、如何选择和设定？

4. 定时/计数器对外部计数频率有何限制？

5. 定时/计数器初始化包括哪些步骤？

6. 已知单片机时钟频率 $f_{osc}=12$ MHz，当要求定时时间为 2 ms 或 5 ms，定时器分别工作在方式 0、方式 1 和方式 2 时，定时器计数初值各是多少？

7. 已知 MCS-51 单片机的 $f_{osc}=6$ MHz，请利用中断技术和 T0，从 P1.0 端输出高电平宽度

为 50 μs、低电平宽度为 200 μs 的矩形波。

8. 已知 MCS-51 单片机的 $f_{osc}=6$ MHz，用 T1 定时。试编程由 P1.0 和 P1.1 引脚分别输出周期为 2 ms 和 500 μs 的方波。

9. 一个定时器的定时时间有限，如何实现两个定时器的串行定时来实现较长时间的定时？

10. 将定时器 T1 设定为外部事件计数器，要求每计满 100 个脉冲，T1 转为 1 ms 定时方式，定时到后又转为计数方式，周而复始，设系统时钟频率为 6 MHz。试编写程序。

11. 设计一个 8 灯闪烁的控制电路，系统晶振为 12 MHz，编程实现 8 灯轮流闪烁，其中每盏灯点亮时间为 2 s。

第6章　MCS-51串行口

计算机与外界的信息交换称为通信。通信是单片机最重要的基本功能之一。MCS-51单片机含有一个能同时发送和接收数据的全双工异步串行通信接口，它既可用于通用异步接收和发送（Universal Asynchronous Receiver/Transmitter，UART），又能作为同步移位寄存器。MCS-51串行口有4种工作方式，波特率和帧格式能通过编程自由设置。对外通信通过引脚RXD（P3.0）和TXD（P3.1）实现。本章将介绍MCS-51单片机串行口的基本工作原理、串行口有关的特殊功能寄存器、串行口的4种工作方式、串行口的应用编程、多机通信等。

【学习目标】

- 熟悉并理解串行通信相关的基本概念：串行通信、异步通信、同步通信、波特率、通信制式等。
- 了解MCS-51单片机串行口的内部硬件结构。
- 掌握SBUF、SCON、PCON寄存器的结构、控制作用与设置方法。
- 掌握串行口的4种工作方式和应用编程。
- 了解RS-232C电平转换电路和RS-485通信接口电路。

6.1　串行通信的基本概念

1. 并行通信与串行通信

所谓通信是指计算机与计算机或外围设备之间的数据传送。数据传输主要有两种基本方式：并行通信和串行通信。

并行通信是指数据的各位同时进行传送的通信方式。一般按照CPU的字长或总线的宽度（位数）进行通信，常见的有8位并行通信、16位并行通信。并行通信比较简单，它的优点是传输速度快，缺点是占用I/O线多，如8位并行通信需8根线，16位并行通信需16根线，且并行通信传输距离短，一般小于30 m，抗干扰能力也比较差。

与并行通信不同，串行通信是指数据一位一位按时间顺序传送的通信方式。它的优点是占用I/O线少，只需两根导线，一根用于发送，另一根用于接收。在相同条件下，串行通信比并行通信传输速度要低，但其工程造价要比并行通信低得多，且串行通信的抗干扰能力比较好，传输距离远，因此，串行通信已被越来越广泛地采用。

2. 同步通信和异步通信方式

串行通信根据传输数据格式的不同，主要分为同步通信和异步通信两种方式。

（1）异步通信

异步通信是指发送和接收设备使用各自的时钟控制数据的传输过程。

数据以字节为单位组成信息帧（或称为字符帧）传送。信息帧格式如图6.1所示，包括1位起始位、1~8位数据位、1位奇偶校验位及1~2位停止位组成。信息帧由发送端一帧一帧地发送，两个相邻信息帧之间可以无空闲位，也可以有若干空闲位，空闲时数据线状态为高电平。发送端和接收端的时钟各自独立，实现双方同步接收是靠信息帧的起始位和停止位。

异步通信的优点是不需要传送同步时钟，但信息帧中包含有起始位和停止位，从而降低了有效数据的传输速率，比较适用于低速通信。

(2) 同步通信

同步通信是一种连续串行传送数据的通信方式，它传送的每个信息帧由多个字节数据构成，每帧有一个或两个同步字符作为起始位以触发同步时钟开始发送或接收数据。其信息帧格式如图 6.2 所示。1 个信息帧中包含有若干个字符，包括 1~2 个同步字符、n 个数据字符、CRCH、CRCL。字符之间无间隔。因此，同步是指发送、接收双方的数据帧与帧之间严格同步，而不只是位与位之间严格同步。

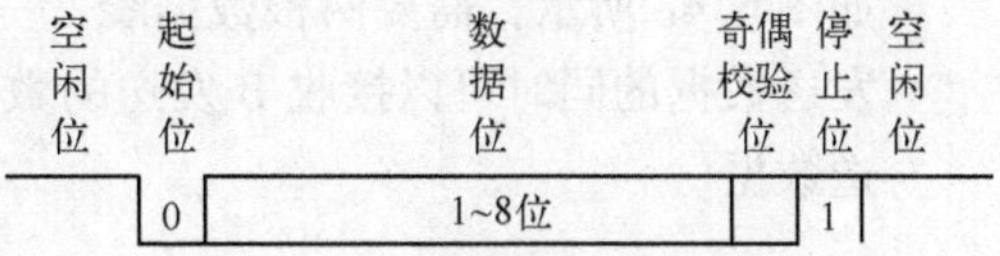

图 6.1　异步通信信息帧格式

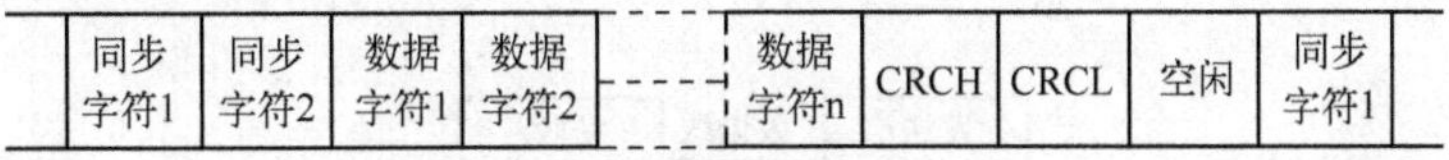

图 6.2　同步通信信息帧格式

同步通信的传输速度较快，但要求有准确的时钟来实现收发双方的严格同步，对硬件要求较高，常常需要传送同步时钟信号，适用于传送成批数据，例如常见的 SPI 通信接口和 I^2C 通信接口均为同步通信方式。

3. 串行通信的数据传送速率

波特率是串行通信的一个重要概念。波特率是指每秒钟传送二进制数码的位数（bit），单位为 bit/s（bit per second）或 b/s。波特率的倒数即为传送每一位所需的时间。常用的工业标准波特率为：110 bit/s、300 bit/s、600 bit/s、1200 bit/s、1800 bit/s、2400 bit/s、4800 bit/s、9600 bit/s、14.4 kbit/s、19.2 kbit/s 等。

例如，已知异步通信接口的信息帧格式由 1 个起始位，8 个数据位和 1 个停止位组成。当该接口每分钟传送 3600 个字符时，其传送波特率为：

$$\text{baud rate} = \frac{3600 \times 10}{60} = 600\ \text{bit/s}$$

即每传送一位二进制数需要 1/600≈1.67 ms。若按上述信息帧格式发送数据 55H，低位在前，高位在后，则在发送引脚数据线上将出现如图 6.3 所示的脉冲信号，空闲位和“1”为高电平，“0”为低电平。

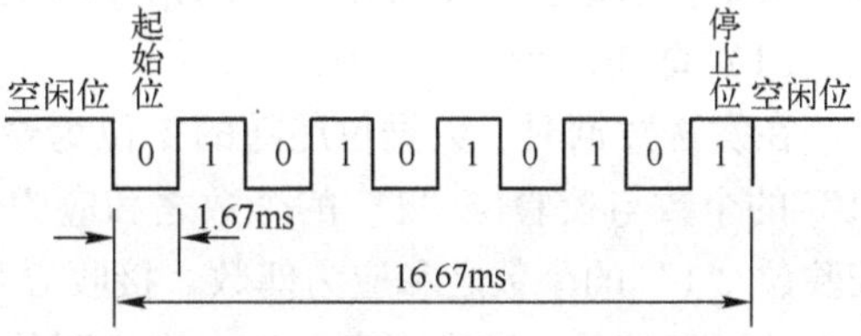

图 6.3　发送数据 55H 的信号波形

由以上串行通信原理可知，互相通信的双方必须具有相同的波特率和信息帧格式，否则无法成功地完成串行数据通信。

4. 串行通信的制式

串行通信具有多种操作制式：单工、半双工和全双工。

- 单工制式是指甲乙双方通信时只能单向传送数据，不能实现反向传输，如图 6.4a 所示，只需一根数据线，且只有一个箭头（表示数据单向），即数据只能从 A 传输到 B，不能从 B 传输到 A。
- 半双工制式是指通信双方都具有发送器和接收器，既可发送也可接收，但需要分时进行，不能同时接收和发送，如图 6.4b 所示，也只需一根数据线，有两个箭头（表示数据双向)，即允许一段时间内 A 发送 B 接收，另一段时间 B 发送 A 接收。

- 全双工制式是指通信双方都可以同时发送和接收数据，即数据可以同时进行双向传输，如图 6.4c 所示，需要两根数据线，一根箭头为 A 到 B，另一根箭头为 B 到 A，即 A 在发送数据的同时可以接收 B 发送的数据，而 B 在接收 A 发送的数据同时也可以向 A 发送数据。

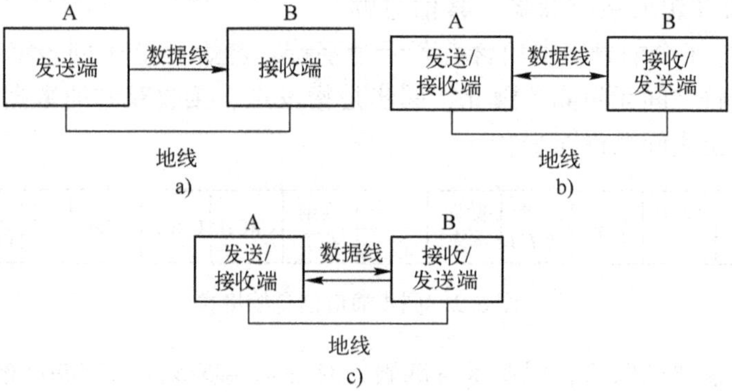

图 6.4 串行通信的操作制式

a）单工制式 b）半双工制式 c）全双工制式

5. 通信协议

所谓通信协议是指通信双方的一种约定。在约定中包括数据格式、同步方式、传送速度、传送步骤、检纠错方式以及控制字符定义等做出统一规定，通信双方必须共同遵守。因此，也称通信控制规程，或称传输控制规程。在串行通信中主要有基于同步方式和异步方式的通信协议。其中，通信协议中常用的检纠错方法主要有奇偶检验、和校验、循环冗余码校验等。

(1) 奇偶校验

在发送数据时，数据位尾随的 1 位为奇偶校验位（1 或 0）。当约定为奇校验时，数据中“1”的个数与校验位“1”的个数之和应为奇数；当约定为偶校验时，数据中“1”的个数与校验位“1”的个数之和应为偶数。接收方与发送方的校验方式应一致。接收字符时，对“1”的个数进行校验，若发现不一致，则说明传输数据过程中出现了差错。

(2) 和校验

代码和校验是发送方将所发数据块求和（或各字节异或)，产生的校验和字节附加到数据块的末尾。接收方在接收数据时要对数据块（除校验字节外）求和（或各字节异或)，将所得的结果与收到的“校验和”进行比较，相符则无差错，否则就认为传送过程出现了差错。

(3) 循环冗余码校验（Cyclic Redundancy Check，CRC)

这种校验是对 1 个数据块校验 1 次。这种方法广泛应用于同步串行通信方式中。这里不做详细说明，有兴趣的读者可参考有关书籍。

6.2 MCS-51 串行口结构与工作原理

MCS-51 单片机内部含有 1 个可编程全双工异步串行通信接口，它有 4 种工作方式，波特率和帧格式能通过编程设置，具有 UART 的全部功能。其内部结构如图 6.5 所示。它包含发送/接收数据缓冲器 SBUF，可同时发送、接收数据；两个控制寄存器 SCON、PCON，SCON 主要用于串行口工作方式与工作状态的设置，PCON 与定时器 T1 可用于串行口波特率的设置；引脚 TXD（P3.1）用于数据的发送，引脚 RXD（P3.0）用于数据的接收。

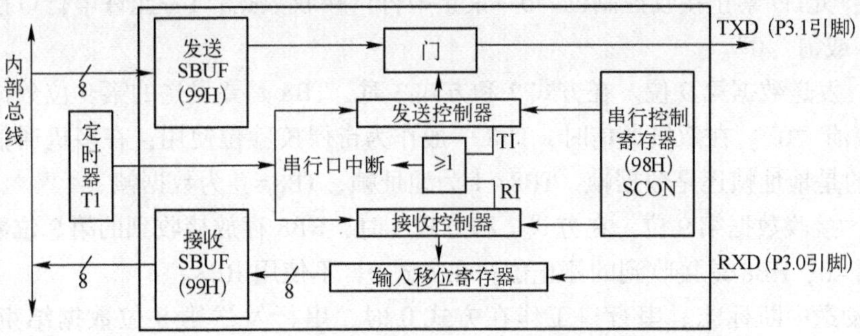

图 6.5　MCS-51 单片机串行口内部结构

8 位发送/接收缓冲器 SBUF，在物理上是独立的两个，包括发送缓冲器 SBUF 和接收缓冲器 SBUF，共用地址 99H，这样可以以全双工方式进行通信，同时进行发送、接收。虽然二者共用一个地址，但不会出现冲突，因为发送缓冲器 SBUF 只能写入不能读出，接收缓冲器 SBUF 只能读出不能写入。在访问操作时，若 SBUF 作为目的操作数（C 语言中 SBUF 位于赋值语句的左边），则一定是访问发送缓冲器；若 SBUF 作为源操作数（C 语言中 SBUF 位于赋值语句的右边），则一定是访问接收缓冲器，例如：

```
发送语句:SBUF = ACC;      //将累加器 ACC 中的数据写入发送缓冲器 SBUF
接收语句:ACC = SBUF;      //将接收缓冲器 SBUF 接收的数据读出到累加器 ACC 中
```

6.2.1 串行口控制寄存器 SCON

SCON 是 MCS-51 单片机的一个可位寻址的专用寄存器，用于串行口数据通信的控制。单元地址 98H，位地址 9FH~98H。寄存器格式及位地址如下所示。

SCON (98H)	D7	D6	D5	D4	D3	D2	D1	D0
	SM0	SM1	SM2	REN	TB8	RB8	TI	RI
位地址	9FH	9EH	9DH	9CH	9BH	9AH	99H	98H

① SM0、SM1：串行口 4 种工作方式选择位，所对应的工作方式如表 6.1 所示。

表 6.1　串行口的 4 种工作方式

SM0	SM1	工作方式	功　能	波特率
0	0	0	同步移位寄存器，用于扩展 I/O 口	$f_{osc}/12$
0	1	1	10 位 UART，不能用于多机通信	可变
1	0	2	11 位 UART，可用于多机通信	$f_{osc}/64$ 或 $f_{osc}/32$
1	1	3	11 位 UART，可用于多机通信	可变

② SM2：多机通信位，主要用于方式 2、3。0—单机对单机；1—多机通信。当 SM2=1 时，只有当接收到第 9 位数据（RB8）为 1 时，才将接收到的前 8 位数据送入 SBUF，并置位 RI；否则，将接收到的 8 位数据丢弃。当 SM2=0 时，则不论第 9 位数据为 0 还是为 1，都将 8 位数据装入 SBUF 中，并置位 RI。

③ REN：允许/禁止接收控制位。0—禁止串行口接收数据；1—允许串行口接收数据。由软件置“1”或清“0”。

④ TB8：发送数据第 9 位。在方式 2 和方式 3 时，TB8 是要发送的第 9 位数据，其值由软件置“1”或清“0”。在双机通信时，TB8 一般作为奇偶校验位使用；在多机通信中，用来表示主机发送的是地址帧还是数据帧，TB8=1 为地址帧，TB8=0 为数据帧。

⑤ RB8：接收数据第 9 位。在方式 2 和方式 3 时，RB8 存放接收到的第 9 位数据。在方式 1，如果 SM2=0，RB8 是接收到的停止位；在方式 0，不使用 RB8。

⑥ TI：发送中断标志。串行口工作在方式 0 时，串行发送第 8 位数据结束时由硬件置“1”，在其他工作方式中，串行口发送停止位的开始时置“1”。即表示一帧数据发送结束，发送缓冲器 SBUF 为空时，硬件将自动置位 TI 为“1”，向 CPU 申请中断处理或供用户软件查询。CPU 响应中断后或软件查询到 TI=1，CPU 就可以向 SBUF 写入下一帧要发送的数据。TI 标志位必须由用户软件清零。

⑦ RI：接收中断标志。串行口工作在方式 0 时，接收完第 8 位数据时，RI 由硬件置“1”。在其他工作方式中，串行接收到停止位时，该位置“1”。即表示当接收完一帧数据，接收缓冲器 SBUF 为满时，硬件将自动置位 RI 为“1”，向 CPU 申请中断处理或供用户软件查询，要求 CPU 从接收缓冲器 SBUF 取走数据。RI 标志位必须用户软件清零。

SCON 的所有位都可进行位操作清“0”或置“1”。

6.2.2　特殊功能寄存器 PCON

PCON 主要是为 CHMOS 型单片机的电源控制而设置的专用寄存器。单元地址为 87H，没有位寻址功能，其格式如下所示。

SMOD (87H)	D7	D6	D5	D4	D3	D2	D1	D0
	SMOD	—	—	—	GF1	GF0	PD	IDL

PCON 在 HMOS 型单片机（如 8051）中，只设置了 SMOD 位，其他都是备用位。

SMOD：波特率系数选择位。当 SMOD=1 时，要比 SMOD=0 时的波特率加倍，所以，也称 SMOD 位为波特率倍增位。

6.2.3　波特率的设置

在串行通信中，收发双方发送或接收的波特率必须一致。通过软件对 MCS-51 串行口可设定 4 种工作方式。其中方式 0 和方式 2 的波特率是固定的；方式 1 和方式 3 的波特率是可变的，由定时器 T1 的溢出率来确定。对于定时器的不同工作方式，得到的波特率的范围是不一样的，这是由定时/计数器 T1 在不同工作方式下，计数位数的不同所决定的。其波特率计算公式如下：

$$波特率=\frac{2^{SMOD}}{32}\times T1溢出率 \tag{6-1}$$

式中，SMOD 是寄存器 PCON 的 D7 位（最高位），值可设置为 0 或 1，T1 溢出率是指定时器 T1 每秒溢出的次数，即为 T1 溢出周期的倒数。T1 溢出周期与工作方式和中断服务程序执行时间有关。

（1）T1 工作在方式 0

若 T 表示机器周期（为 $12/f_{osc}$），X 表示初值，则：

$$\begin{aligned}T1溢出周期&=(2^{13}-X)\times T+执行T1中断服务程序机器周期数\times T\\&=T\times(2^{13}-X+执行T1中断服务程序机器周期数)\end{aligned}$$

$$T1溢出率=1/T1溢出周期$$

（2）T1 工作在方式 1

T1 工作在方式 1 时，溢出周期计算与方式 0 类似，为：

$$溢出周期=T\times(2^{16}-X+执行T1中断服务程序机器周期数)$$

由此可见，由于方式 0 和 1 必须在中断服务子程序中重装初值，中断必不可少，且由于中断响应所需时间不确定（3~8 个机器周期），溢出周期会随中断响应时间改变，使得波特率无法为一个常量，因此，不建议 T1 采用方式 0 和 1 产生波特率。

（3）T1 工作在方式 2

若 T1 也产生中断，则溢出周期与方式 0、1 类似，为：

$$溢出周期=T\times(2^{8}-X+执行T1中断服务程序机器周期数)$$

但产生中断不适合用于产生波特率。由于方式 2 的初值可自动装入，可以不产生中断，这时有：

$$溢出周期=T\times(2^{8}-X)$$

$$溢出率=1/溢出周期=1/(T\times(2^{8}-X))$$

$$波特率=\frac{2^{SMOD}}{32}\times T1溢出率=\frac{2^{SMOD}}{32}\times\frac{1}{(256-X)\times T} \tag{6-2}$$

由于，机器周期 T 为 $12/f_{osc}$，因此，波特率公式又可以写为：

$$波特率=\frac{2^{SMOD}}{32}\times\frac{f_{osc}}{(256-X)\times 12} \tag{6-3}$$

式中，SMOD 为 PCON 寄存器的最高位的值（0 或 1）。

可见，由于方式 2 不产生中断，可以获得一个精确的波特率，因此，用户应采用 T1 工作在方式 2 且不产生中断来产生波特率。

【例 6.1】 已知波特率为 2400 bit/s，$f_{osc}=6$ MHz，SMOD=1，定时器 T1 为方式 2，求 T1 初值 X=?，TH1=? TL1=?

解：

$$波特率=\frac{2^{SMOD}}{32}\times\frac{f_{osc}}{12\times(256-X)}=2400$$

$X=243=F3H$　　　　所以 $TH1=TL1=F3H$

在实际应用中，经常根据已知波特率和时钟频率来计算定时器 T1 的初值 X，为了避免繁杂的初值计算，工业常用的标准波特率对应的定时器 T1 的初值可从表 6.2 中查询。注意，表中时钟频率使用 6 MHz 或 12 MHz 时，初值 X 与相应波特率存在一定误差。如果在实际应用中不允许有误差，建议用户选择使用 11.0592 MHz 的时钟频率。

表 6.2 定时器 T1 产生的常用波特率对应的初值

波特率	f_{osc}	SMOD 位	定时器 T1		
			C/T	工作方式	初值 X
19.2 kbit/s	11.0592 MHz	1	0	2	FDH
9.6 kbit/s	11.0592 MHz	0	0	2	FDH
4.8 kbit/s	11.0592 MHz	0	0	2	FAH
2.4 kbit/s	11.0592 MHz	0	0	2	F4H
1.2 kbit/s	11.0592 MHz	0	0	2	E8H
137.5 bit/s	11.0592 MHz	0	0	2	1DH
110 bit/s	12 MHz	0	0	1	FEEBH
19.2 kbit/s	6 MHz	1	0	2	FEH
9.6 kbit/s	6 MHz	1	0	2	FDH
4.8 kbit/s	6 MHz	0	0	2	FDH
2.4 kbit/s	6 MHz	0	0	2	FAH
1.2 kbit/s	6 MHz	0	0	2	F4H
0.6 kbit/s	6 MHz	0	0	2	E8H
110 bit/s	6 MHz	0	0	2	72H

6.3 串行口的 4 种工作方式

串行口的 4 种工作方式由特殊功能寄存器 SCON 中 SM0、SM1 位定义，设置见表 6.1。方式 0 不是串行口，而是作为同步移位寄存器使用，方式 1、2 和 3 是标准的全双工异步串行口，但数据格式和波特率存在一些不同。

6.3.1 方式 0

串行口工作在方式 0 时，串行口的 SBUF 是作为同步移位寄存器，主要用途是和外部同步移位寄存器连接，扩展 1 个并行口。可用于扩展键盘、显示器接口等。当 REN=0 时，串行口作为输出口使用；当 REN=1 时，串行口作为输入口使用。这时，串行口的引脚功能也有所不同，其中：

- TXD 引脚：作为输出移位脉冲线（时钟），固定频率= $f_{osc}/12$。
- RXD 引脚：作为串行输入/输出数据线（发送/接收引脚）。

方式 0 发送/接收的数据格式无起始位和停止位，所以不同于异步通信，数据位为 8 位，低位在前，高位在后。下面具体介绍。

1. 输出（发送）

当设置 SCON 寄存器中 SM0=0，SM1=0，SM2=0，REN=0 时，串行口工作在方式 0 发送状态，其发送时序如图 6.6 所示。当用户向发送缓冲器 SBUF 写入数据后，在移位时钟脉冲 TXD 的控制下，数据从 RXD 引脚逐位移出，当移完 8 位数据，即 SBUF 为空，硬件将自动置“1”中断标志位 TI，向 CPU 请求中断处理，CPU 响应中断后必须软件清“0”TI。

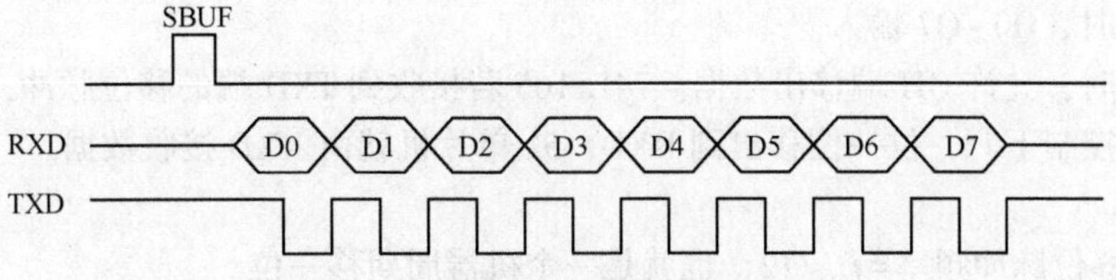

图 6.6　串行口方式 0 发送数据时序

该方式下可以与“串入并出”的移位寄存器芯片配合扩展一并行输出口（如 74LS164）。其典型连接电路如图 6.7 所示。

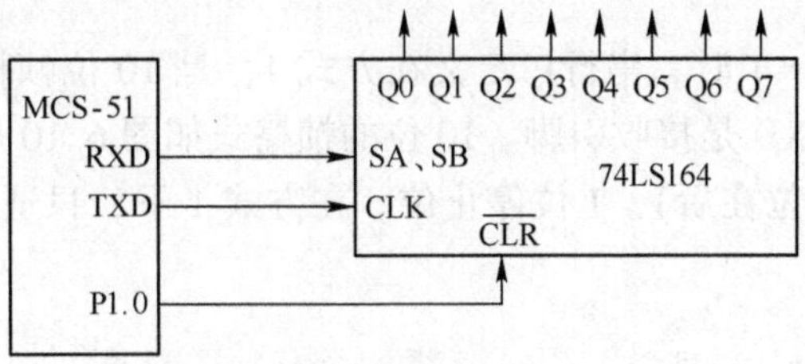

图 6.7　串行口扩展为并行口输出

- $\overline{\text{CLR}}=0$ 时，将 74LS164 输出端 Q0~Q7 清零。
- $\overline{\text{CLR}}=1$ 时，允许 74LS164 输出端 Q0~Q7 输出数据。这时，通过移位脉冲 TXD 的控制，数据 D0~D7 从 RXD 端逐位移入 74LS164 内的移位寄存器，并从 74LS164 的 Q0~Q7 输出。

2. 输入（接收）

当设置 SCON 寄存器中 SM0=0，SM1=0，SM2=0，REN=1 时，串行口工作在方式 0 接收状态。其接收时序如图 6.8 所示。当设置 REN=1 后，TXD 引脚就会发出移位脉冲，数据将在移位脉冲 TXD 的控制下，一位一位地从 RXD 引脚被移进串行口的 SBUF 接收缓冲器中。当接收完 8 位数据，即 SBUF 为满，硬件将自动置“1”中断标志位 RI，向 CPU 请求中断处理，CPU 响应中断后必须软件清“0”RI。

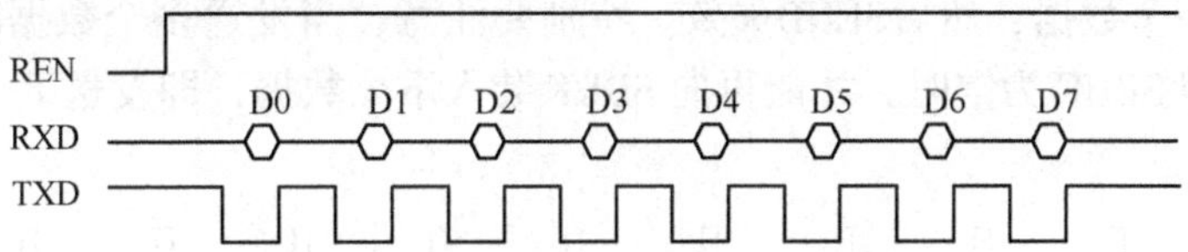

图 6.8　串行口方式 0 接收数据时序

该方式下可以与“并入串出”的移位寄存器芯片配合扩展一并行输入口（如 74LS165）。其典型连接电路如图 6.9 所示。

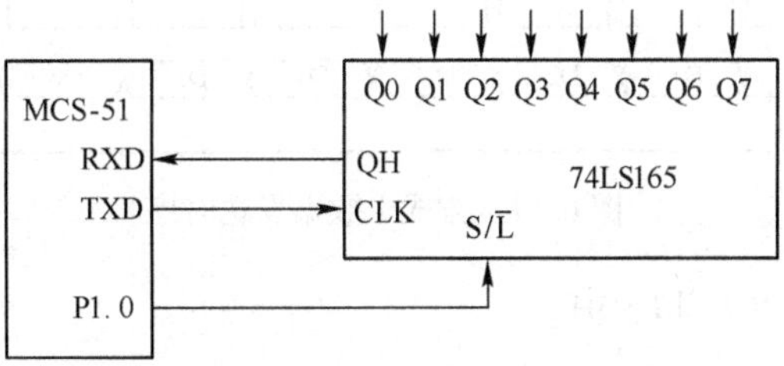

图 6.9　串行口扩展为并行输入口

- $S/\overline{L}=0$ 时，Q0～Q7 输入。
- $S/\overline{L}=1$ 时，允许 QH 端移出数据。74LS165 若接收到 TXD 端的移位脉冲，那么数据就在 TXD 的控制下，一位一位移出到 RXD，51 单片机就由 RXD 接收数据。

3. 波特率

波特率=移位脉冲频率=$f_{osc}/12$，也就是一个机器周期移一位。

- 若 $f_{osc}=6$ MHz，则波特率=500 kbit/s，即 2 μs 移位一次。
- 若 $f_{osc}=12$ MHz，则波特率=1 Mbit/s，即 1 μs 移位一次。

6.3.2 方式 1

当设置 SM0=0，SM1=1 时，串行口定义在方式 1，是 10 位帧格式的异步串行通信方式。这时 TXD 是发送引脚；RXD 是接收引脚。10 位的帧格式如图 6.10 所示。包括 1 位起始位、8 位数据位（低位在前，高位在后）、1 位停止位。在方式 1 下，只适合单机通信，因此 SM2 应设为 0。

图 6.10　方式 1 的数据帧格式

1. 方式 1 数据发送

CPU 只需向发送缓冲器 SBUF 写入数据即可启动数据发送过程，如 mov sbuf，#40 h（C 语言：SBUF=0x40;）。起始位、停止位由硬件自动加入。方式 1 发送时序如图 6.11 所示。TX（CLOCK）时钟的频率就是发送的波特率。发送开始时，内部发送控制信号 $\overline{SEND}$ 变为有效，将起始位向 TXD 引脚（P3.0）输出，此后每经过一个 TX 时钟周期，便产生一个移位脉冲，数据就在移位脉冲的作用下，一位一位地由 TXD 引脚（P3.0）串行输出。当 8 位数据全部发送完毕后，即 SBUF 为空时，硬件将自动置“1”中断标志位 TI，向 CPU 申请中断处理，通知 CPU 可以发送下一个数据，然后 $\overline{SEND}$ 失效。特别要注意，当发送多个数据时，一定要等前一个数据发送完，即 SBUF 为空时，才能再向 SBUF 装入下个数据，即发送下个数据。

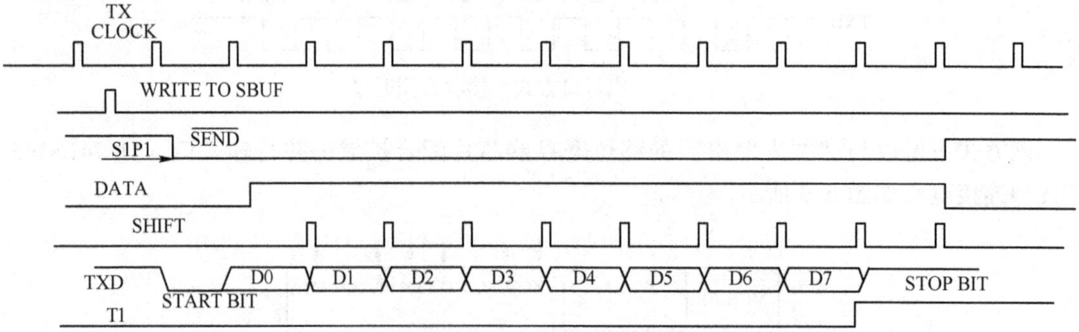

图 6.11　方式 1 数据发送时序

例如：发送两个字符 40H 和 50H。

```
SBUF = 0x40;               //发送数据 40H
while(TI == 0);            //等待 TI=1,即等待发送完
TI = 0;                    //发送完,TI 清零
SBUF = 0x50;               //发送下一个数据 50H
```

2. 方式 1 数据接收

接收时，必须将 REN 设置为“1”，数据从 RXD（P3.1）引脚输入。REN 设置为 1 后，串行口立即自动采样 RXD 端，当采样到 RXD 引脚由“1”变为“0”时，串行口再采样 3 次，如果有 2 次以上为“0”，CPU 就认为接收到起始位，随后在移位脉冲的控制下，把接收到的数据移入接收缓冲器 SBUF，接收每一位数据时，也都进行 3 次连续采样，接收的值是 3 次采样中至少 2 次相同的值，以保证接收到的数据的准确性。方式 1 数据接收时序如图 6.12 所示。

当一帧数据接收完毕后，必须同时满足以下两个条件，这次接收才真正有效。

1）RI=0，即上一帧数据接收完成时，RI=1 发出的中断请求已被响应，SBUF 中的数据已被取走，说明“接收 SBUF”已空。

2）收到停止位=1 或 SM2=0 时，则将接收到的数据装入 SBUF，停止位进入 RB8，且置“1”中断标志位 RI。

若这两个条件不同时满足，则接收到的数据不能装入 SBUF，这意味着该帧数据将丢失。

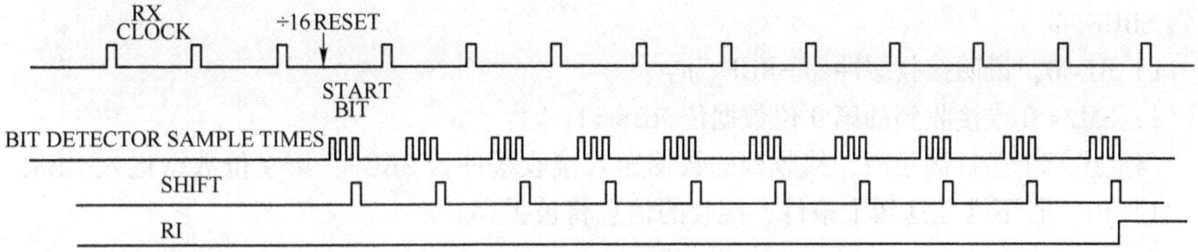

图 6.12　方式 1 数据接收时序

3. 波特率（可变）

方式 1 时，串行口的波特率是可变的，由定时器 T1 工作在方式 2（不中断）产生，具体计算公式见式（6-3）。

6.3.3　方式 2

当设置串行口 SCON 寄存器的 SM0=1，SM0=0 时，串行口工作在方式 2，被定义为 11 位通用异步串行通信接口（UART），帧格式如图 6.13 所示，包括：1 位起始位、9 位数据位（8）、1 位停止位。其中第 9 位存放在 TB8 或 RB8 中，发送时第 9 位要预先放在 TB8 中。该方式可用于多机通信。

图 6.13　方式 2、3 的数据帧格式

1. 数据发送

发送前，先根据通信协议预先设置第 9 位数据 TB8，然后将要发送的数据写入 SBUF，即

可启动发送过程，由 TXD 引脚一位一位地将数据送出。发送完，硬件将自动置“1”发送中断标志位 TI，向 CPU 申请中断处理。方式 2 数据发送时序如图 6.14 所示。

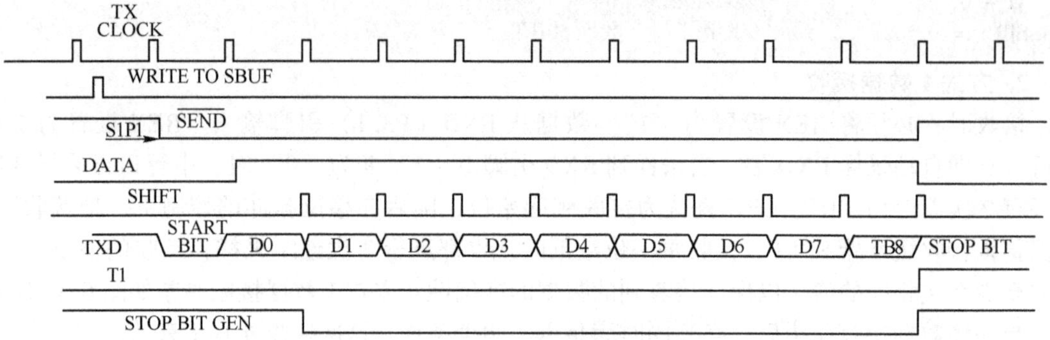

图 6.14　方式 2、3 数据发送时序

2. 数据接收

当将 REN 置位后，串行口允许进行数据接收。接收时序如图 6.15 所示，接收时，单片机不断采样 RXD 引脚信号，当采样到 RXD 引脚从 1 到 0 的负跳变，并判断起始位有效后，便开始数据接收，当接收完第 9 位数据后，需满足以下两个条件，才能将接收到的数据送入接收缓冲器 SBUF。

1）RI=0，说明接收缓冲器 SBUF 为空。

2）SM2=0 或接收到的第 9 位数据位 RB8=1。

当上述两个条件满足时，接收到的数据送入接收缓冲器 SBUF，第 9 位数据送入 RB8，并置“1”RI。若不满足这两个条件，接收的信息将被丢弃。

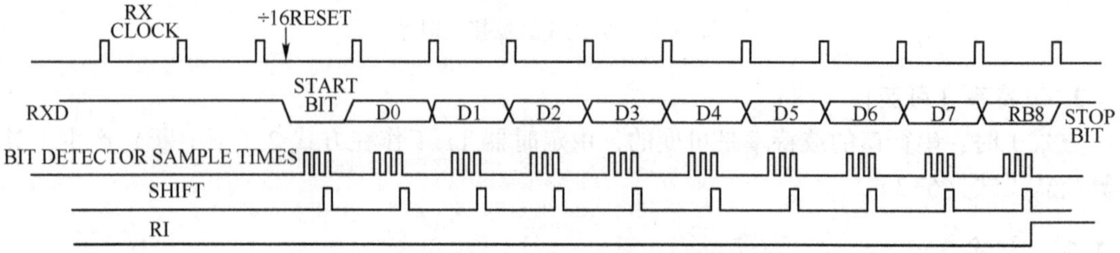

图 6.15　方式 2、3 数据接收时序

3. 波特率（固定）

串行口工作在方式 2 时的波特率是固定波特率 $f_{osc}/64$ 或 $f_{osc}/32$。由下式确定：

$$波特率=\frac{2^{SMOD}}{64}\times f_{osc} \tag{6-4}$$

式中，SMOD 为 PCON 寄存器的最高位的值（0 或 1）。

6.3.4　方式 3

当设置 SM0=1，SM1=1 时，串行口被定义工作在方式 3，工作原理与方式 2 相同，是 11 位 UART 口，适用于多机通信，发送和接收时序见图 6.14 和图 6.15。但它的波特率是可变的，与方式 1 相同，由式（6-3）确定。

6.4 串行口的应用编程

本节将通过实例重点介绍串行口的 C51 应用编程，主要包括串行口的初始化、发送和接收数据的程序设计步骤、4 种工作方式的具体应用等。

6.4.1 串行口的初始化与发送/接收步骤

1. 串行口初始化

用户在进行串行口应用编程时，需先对串行口进行初始化操作，包括设置串行口的工作方式、波特率、是否开中断等。其中，波特率有固定波特率和可变波特率两种。固定波特率只需设置 PCON 中的 SMOD 位，当 SMOD=0 时，波特率为 $f_{osc}/64$；当 SMOD=1 时，波特率为 $f_{osc}/32$。可变波特率一般用定时器 T1 方式 2 作为波特率发生器，通过设置定时器 T1 不同的值可得到不同的波特率，T1 的初值按式（6-3）计算。因此，串行口初始化主要设置以下与串行口工作相关的寄存器：SCON、PCON、IE、IP、TMOD、TCON、TH1、TL1 等。其中 SCON 是对串行口的工作方式等进行设置，IE、IP 是对串行口中断进行设置，波特率是对 PCON 中的 SMOD 位进行设置，当串行口工作在方式 1 和方式 3 时，波特率还需要对 TMOD、TH1、TL1 和 TCON 中的 TR1 位进行设置。

综上所述，串行口初始化主要是根据需要设置以下寄存器：TMOD、TH1、TL1、TCON、SCON、PCON、IE、IP，其中跟 T1 有关的寄存器按串行口工作方式确定是否设置，IE、IP 根据选择的编程方法确定是否设置。

2. 串行口发送/接收程序设计步骤

进行串行口通信时，发送数据可以按照以下步骤操作：

- 设置 SCON，选择串行口工作方式 SM0、SM1，选择单/多机通信 SM2，置 TI = 0，REN=0。
- 赋波特率 PCON，若是方式 1、3，还需设置 T1 定时器工作方式 TMOD，初值 TH1、TL1，并开启 TR1。
- 开串行口中断 IE、IP（若采用中断方式编程）。
- 发送数据第 9 位写入 TB8（方式 2、3）。
- 发送数据写入发送缓冲器 SBUF，启动一次发送。
- 查询 TI 是否为 1，或等待中断处理。
- 清零 TI，发送下一个数据。

而接收数据可以按照以下步骤操作：

- 设置 SCON，选择串行口工作方式 SM0、SM1，选择单/多机通信 SM2，置 RI = 0，REN=1。
- 赋波特率 PCON，若是方式 1、3，还需设置 T1 定时器工作方式 TMOD，初值 TH1、TL1，并开启 TR1。
- 开串行口中断 IE、IP（若采用中断方式编程）。
- 查询 RI 是否为 1，或等待中断处理。
- 将接收到第 9 位数据 RB8 读入（方式 2、3）。

- 将接收缓冲器 SBUF 中数据读入。
- 清零 RI，等待接收下一个数据。

6.4.2 串行口应用程序的一般结构

串行口编程可以采用中断方式或查询方式。下面分别给出采用中断方式和查询方式编程的程序的一般结构。

1. 中断方式编写

采用中断方式编写的发送程序的一般结构如下：

```
void main( )
{SCON =   ;                    //串行口初始化
 PCON =   ;                    //波特率 SMOD 位设置
 TMOD = 0x20;                  //设置 T1 工作在方式 2(方式 1、3 波特率设置,方式 0、2 不需要)
 TH1 =   ;                     //设置 T1 初值(方式 1、3 波特率设置,方式 0、2 不需要)
 TL1 =   ;                     //设置 T1 初值(方式 1、3 波特率设置,方式 0、2 不需要)
 TR1 = 1;                      //开启 T1(方式 1、3 波特率设置,方式 0、2 不需要)
 IE = 0x90 ;                   //开串行口中断和总中断
 IP =   ;                      //设置串行口中断的优先级
 SBUF = *(p++);                //向发送缓冲器 SBUF 写入数据,启动发送
 while(1);                     //等待数据发送完进入中断
}
void sci_int( ) interrupt 4    //串行口中断服务子程序
{
 TI = 0;                       //发送完,将发送标志位 TI 清零
 SBUF = *(p++);                //发送下一个数据
}
```

采用中断方式编写的接收程序中的串行口初始化与发送程序类似，但特别注意的是需将 SCON 中的接收使能位 REN 置 1，其程序的一般结构如下：

```
void main( )
{SCON = ;
 PCON = ;
 TMOD = ;
 TH1 = ;
 TL1 = ;
 TR1 = 1;
 IE = ;
 IP = ;
 REN = 1;                   //接收使能
 while(1);
}
void sci_int( ) interrupt 4
{ *p = SBUF;                //读出接收缓冲器中接收到的数据
  p++;
  RI = 0;                   //将接收中断标志位清零
}
```

2. 查询方式编写

查询方式是指将串行口中断关闭，通过查询发送中断标志位或接收中断标志位判断串行口是否发送完数据或是接收到数据。串行口初始化除了需将串行口中断关闭，其他与中断方式中的初始化相同，下面以发送和接收 10 个数据为例，分别说明采用查询方式编写发送和接收程序的一般结构。

采用查询方式编写的发送程序的一般结构如下：

```
void main( )
{ char i;
  SCON =   ;
  PCON =   ;
  TMOD =   ;
  TH1 =   ;
  TL1 =   ;
  TR1 = 1;
ES = 0;
SBUF = *p;
for(i = 1;i<10; i++)
{ while(TI == 0);              //查询 TI 是否为 1 判断是否发送完数据,若否,则一直等待 TI=1
  TI = 0;                      //发送完数据,将 TI 清零
  SBUF = *(p+i);               //发送下一个数据
  }
}
```

采用查询方式编写的接收程序的一般结构如下：

```
void main( )
{ char i;
  SCON =   ;
  PCON =   ;
  TMOD =   ;
  TH1 =   ;
  TL1 =   ;
  TR1 = 1;
  ES = 0;
  REN = 1;
  for(i =0;i<10; i++)
  { while(RI == 0);            //查询 RI 是否为 1 判断是否接收到数据,若否,则一直等待 RI=1
   *(p+i) = SBUF;              //接收到数据,读到内部存储器中
  RI = 0;                      //将 RI 清零,准备接收下一个数据
  }
}
```

虽然查询方式需要 CPU 一直在等待，降低了 CPU 的效率，但由于 CPU 发送数据是主动的，且发送数据的速度快，因此采用查询方式编写发送程序基本上可以说不存在 CPU 浪费，建议采用查询方式编写。但是，由于接收数据是随机的，一般不能要求 CPU 一直处于等待接收状态，因此建议采用中断方式编写程序。另外，当单片机需要全双工通信时，发送数据采用查询方式编写，接收数据采用中断方式编写也更为合适。

6.4.3 基于 Keil 与 Proteus 联调的串行口应用举例

1. 方式 0 应用举例

【**例 6.2**】串入并出实例。电路如图 6.16 所示，要求使发光二极管从左向右依次点亮，并进行循环操作，试编写程序。

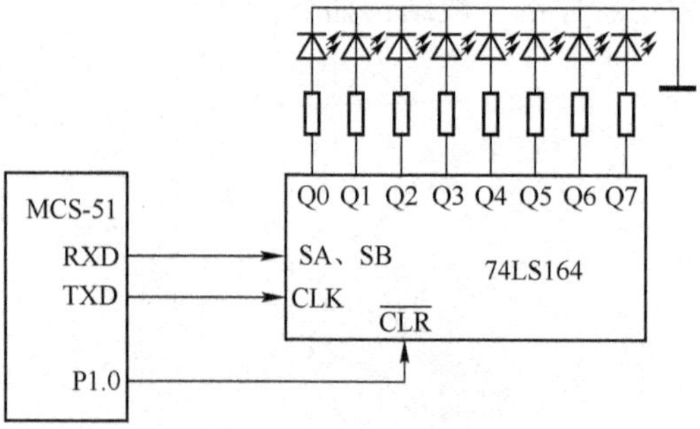

图 6.16　串入并出电路

分析：图 6.16 是利用 74LS164 将 51 单片机的串行口扩展为一个 8 位的并行输出口，因此 51 单片机应设置工作在方式 0。根据题目要求，第一盏点亮的 LED 是 Q0 对应的输出口，51 单片机串行发送 8 位数据是低位在前，高位在后，一位一位移入 Q0，因此，Q0 对应发送数据的最高位，Q7 是最低位，发送的第一个数据为 80H，点亮 Q0 对应的 LED，之后将发送数据 80H 依次右移并循环发送，就能达到题目要求的功能。

对应的 C51 程序如下：

```
#include <reg51.h>
sbit CLR164 = P1^0;
void delay();                          //延时子函数在此不列出具体代码
void main()
{
 unsigned char led;
 SCON = 0;
 EA = 0;
 led = 0x80;
 CLR164 = 1;
while(1)
{
  SBUF = led;
  while(TI == 0);
  TI = 0;
  led = (led>>1)|(led<<7);             //循环右移一位
 delay();
}
}
```

利用 74LS164 扩展并行口的仿真界面如图 6.17 所示。

【**例 6.3**】并入串出实例。利用 74LS165 扩展一个并行输入口，连接拨盘开关，单片机串行口读入拨盘开关状态后，通过 P1 口输出到发光二极管（LED）上显示，从而实现拨盘开关对 LED 灯的控制。请设计电路图并编写程序。

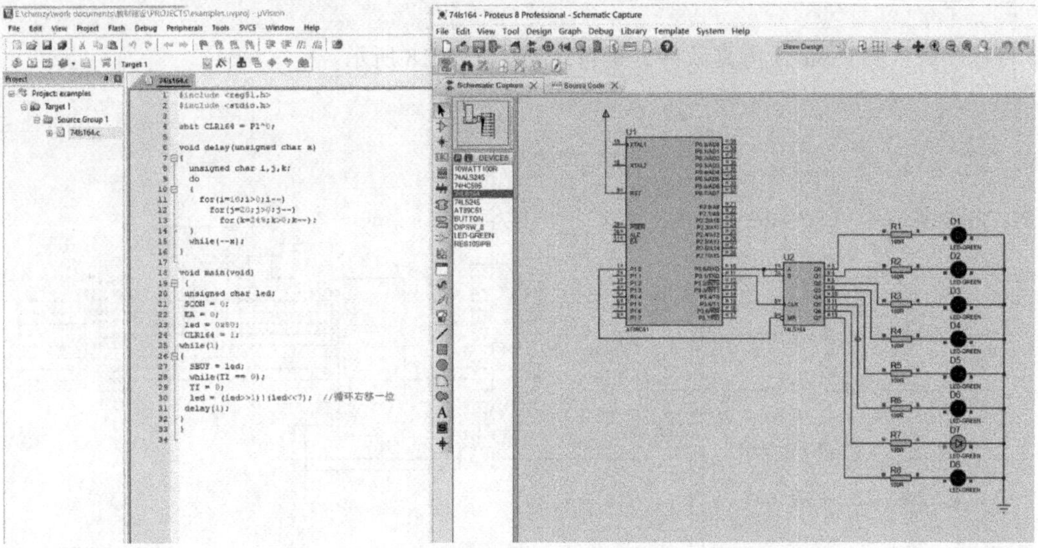

图 6.17　串入并出（74LS164）Keil 与 Proteus 仿真界面

分析：依题意，单片机与 74LS165 连接电路如图 6.18 所示，单片机 TXD、RXD 引脚分别连接 74LS165 的 CLK、SO 引脚，利用 P3.7 控制 74LS165 的 $S/\overline{L}$ 引脚。当 $S/\overline{L}=0$ 时，运行 74LS165 并口输入拨盘状态；当 $S/\overline{L}=1$ 时，允许 74LS165 移位输出，这时，串行口工作在方式 0 的输入状态，通过置位接收使能位 REN，使 TXD 引脚输出移位脉冲，74LS165 在移位脉冲的作用下，将拨盘开关状态一位一位地从 RXD 引脚移入单片机的接收缓冲器 SBUF 中，当 8 位数据全部移入 SBUF 时，置位 RI，用户通过查询 RI，就可将 SBUF 数据读出送入 P1 口寄存器，将拨盘的状态显示出。注意，由于串行口方式 0 的传输波特率和晶振频率相同，因此，接收 8 位移位数据只需 8 个机器周期，采用查询 RI 方式较为合适，当接收到数据后，需关闭 REN，把接收数据读出，并将 $S/\overline{L}$ 清零，以便于开始下一个拨盘开关状态的传输。

具体的 C51 程序如下：

```
#include <reg51.h>
sbit SL165 = P3^7;
void main( )
{
 SCON = 0;
 IE = 0x0;
 SL165 = 0;
while(1)
{
 SL165 = 1;
 REN = 1;
 while(RI == 0);
 REN = 0;
 P1 = SBUF;
 RI = 0;
 SL165 = 0;
```

```
    }
}
```

将程序载入到 Proteus 仿真软件，运行结果如图 6.18 所示。

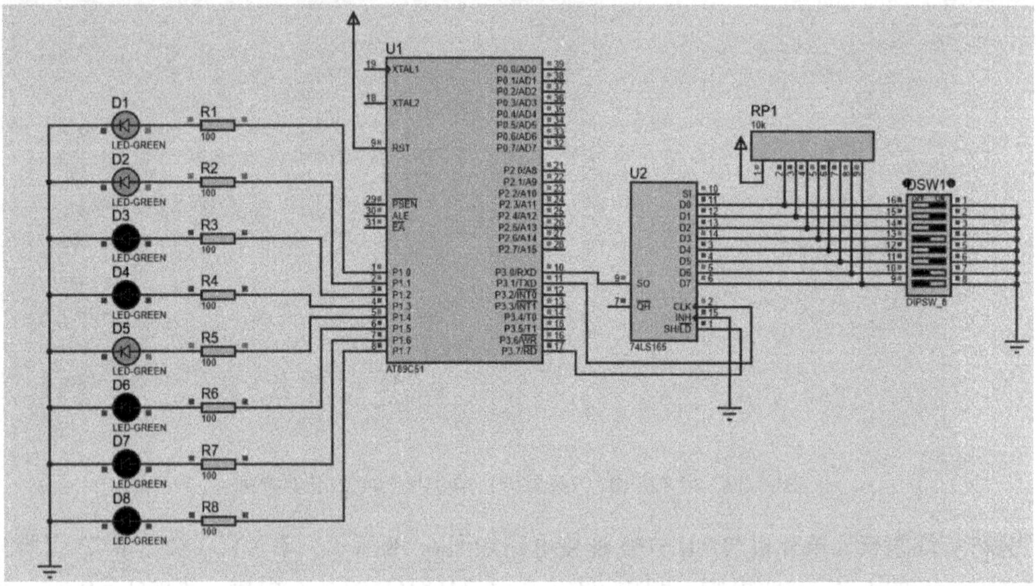

图 6.18　并入串出（单片机与 74LS165）电路连接图

2. 方式 1 应用举例

方式 1 经常被用于双机通信，双机通信时，双方的硬件和软件都必须遵循一定的规则。在硬件上，甲乙双机通信的硬件连接原则如图 6.19 所示：

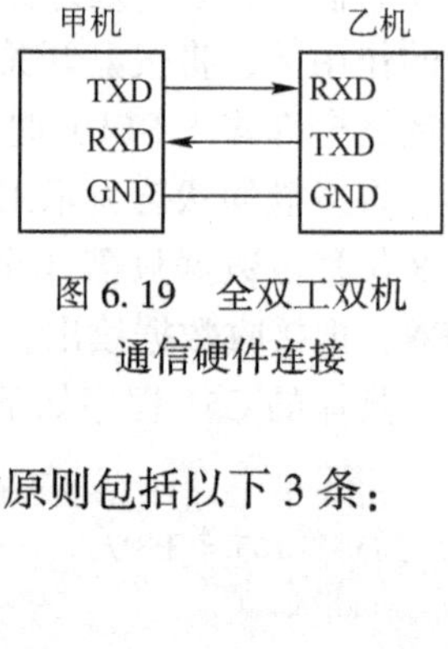

图 6.19　全双工双机通信硬件连接

1）甲机发送引脚 TXD 连乙机接收引脚 RXD。

2）甲机接收引脚 RXD 连乙机发送引脚 TXD。

3）甲乙机共地。

在软件上，甲乙双方（多方通信）必须满足相同的协议，协议的原则包括以下 3 条：

1）双（多）方的数据格式约定必须相同。

2）双（多）方采用的波特率必须相同。

3）双（多）方若有校验方式，也必须相同。

【例 6.4】请编程实现甲乙两机采用方式 1 进行双机通信，要求甲机读取拨盘开关的状态，然后将开关状态发送给乙机，乙机将收到的开关状态输出给 LED，从而实现甲机的 8 个拨盘分别控制乙机的 LED 灯。

分析：依题意，硬件电路如图 6.20 所示，甲机利用 P1 口连接拨盘开关，乙机利用 P1 口驱动 LED 灯，甲机的 TXD 连接乙机的 RXD 引脚，甲乙两机利用串行口传输数据。双机通信时，双方的波特率与数据格式应一致。串行口工作在方式 1 的波特率是可变的，波特率取决于 T1 溢出率（设 SMOD = 0），应先根据要求的波特率计算 T1 定时器初值，然后对串行口进行初始化，最后进行数据的发送或接收（甲机只需将 P1 口状态发送给乙机，乙机接收即可）。发送程序采用查询方式，接收程序采用中断方式。

(1) 波特率 T1 初值计算

甲乙机波特率选择 4800 bit/s，双方单片机的晶振假设均为 6 MHz，SMOD 为 0，则根据波特率公式：

$$\frac{2^{SMOD}}{32}\times\frac{f_{osc}}{(256-X)\times12}=\frac{2^{0}}{32}\times\frac{6\times10^{6}}{(256-X)\times12}=4800\ \text{bit/s}$$

可计算得到：T1 初值=FDH，即 TH1=TL1=FDH。

(2) 甲乙机发送和接收 C51 程序编写

甲机发送 C51 程序如下：

```
#include <REG51. H>
typedef unsigned charuint8;
void main( )
{
SCON = 0x40;                //串行口设置为方式 1,关闭串行口接收
PCON = 0x00;                //波特率不翻倍
TMOD = 0x20;                //T1 设置为方式 2
TH1 = 0xFD;                 //晶振 6 MHz 波特率设置为 4800 bit/s
TL1 = 0xFD;
IE = 0x00;                  //关闭所有中断
TR1 = 1;                    //开启 T1
P1 = 0xff;                  //读取前先拉高
while(1)
{
SBUF = P1;
while(TI == 0);
TI = 0;
}
}
```

乙机接收 C51 程序如下：

```
#include <REG51. H>
typedef unsigned charuint8;
void main( )
{
SCON = 0x50;         //串行口设置为方式 1,开启串行口接收
PCON = 0x00;         //波特率不翻倍
TMOD = 0x20;         //TI 设置为方式 2
TH1 = 0xFD;          //晶振 6 MHz 波特率设置为 4800 bit/s
TL1 = 0xFD;
IE = 0x90;           //开启总中断与串行口中断
TR1 = 1;             //开启 T1
while(1);
}

void Uart_RX_ISF( ) interrupt 4
{
 P1 = SBUF;
```

```
    RI = 0;
}
```

由上可以看出，甲乙两机发送和接收程序对串行口的初始化内容基本一致，唯一区别是接收程序需要使能 SCON 中的 REN 位。

甲乙两机通信的 Proteus 仿真界面如图 6.20 所示。若要采用 Keil 和 Proteus 联调技术，则需将甲乙两机分别调试，例如，将乙机的接收 HEX 文件载入乙机，然后甲机采用 Keil 软件将程序载入进行在线调试。

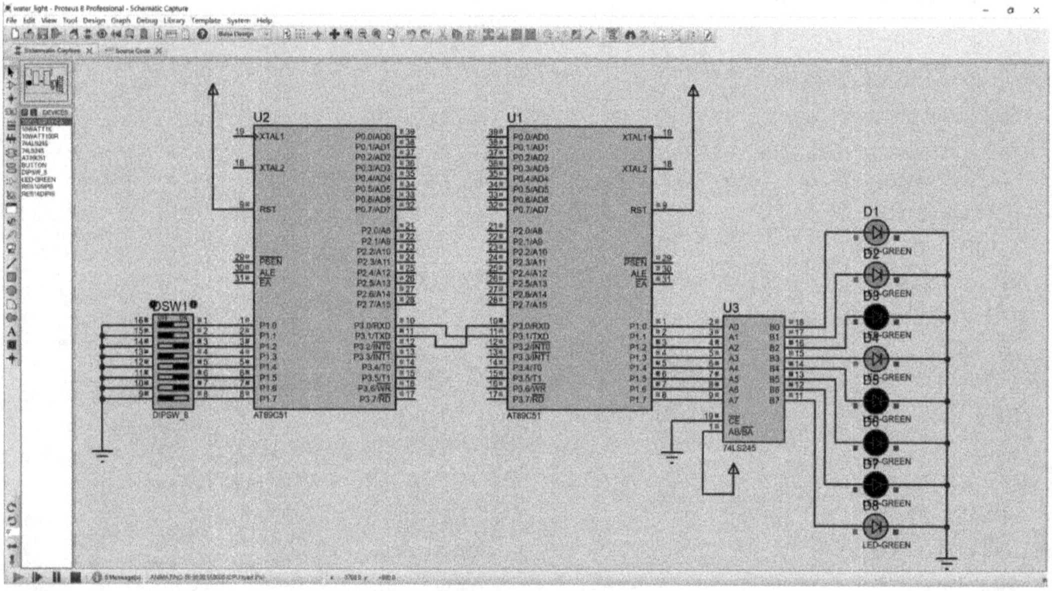

图 6.20　甲乙两机通信 Proteus 仿真电路与界面

【例 6.5】设甲乙机以方式 1 进行数据传送，$f_{osc}=11.0592\,\text{MHz}$，波特率为 1200 bit/s。甲机发送的 16 个数据存在内 RAM 40H～4FH 单元中，乙机接收后存在内 RAM 50H 为首地址的区域中。

分析：双机通信时，双方的波特率与数据格式应一致。串行口工作在方式 1 的波特率是可变的，波特率取决于 T1 溢出率（设 SMOD = 0），应先根据要求的波特率计算 T1 定时器初值，然后对串行口进行初始化，最后进行数据的发送或接收。发送程序采用查询方式，接收程序采用中断方式。

（1）T1 定时器初值计算

根据波特率计算公式：

$$\frac{2^{\text{SMOD}}}{32}\times\frac{f_{osc}}{(256-X)\times 12}=\frac{2^{0}}{32}\times\frac{11.0592\times 10^{6}}{(256-X)\times 12}=1200\,\text{bit/s}$$

可以求解出：T1 初值 = 256 － 20/32×11059200/12/1200 = 232 = E8H。

（2）甲机发送子程序

对应的 C51 程序如下：

```
void transmit( )
{
```

```
unsigned char data  * p;
unsigned char i;
SCON = 0X40;              //串行口工作在方式 1
PCON = 0;                 //SMOD = 0
TMOD = 0X20;              //T 1 设置为工作在方式 2
TH1 = 0XE8;               //晶振 11.0592 MHz 波特率设置为 1200 bit/s
TL1 = 0XE8;
ET1 = 0;                  //关闭 T1 中断
ES = 0;                   //关闭串行口中断
TR1 = 1;                  //开启 T1,启动波特率发生器
p= 0x40;                  //指针指向内 RAM 40H
SBUF = * p;               //将数据送入发送缓冲器 SBUF,启动发送
for(i = 1;i<16;i++)
{
 while(TI == 0);          //等待发送完数据
 TI = 0;                  //发送完,清零 TI
 SBUF = * (p+i);          //发送下一个数据
}
}
```

(3) 乙机接收子程序

对应的 C51 程序如下:

```
unsigned char data  * p;
void receive( )
{
 SCON = 0X40;
 PCON = 0;
 TMOD = 0X20;                 //T1 设置为工作在方式 2
 TH1 = 0XE8;                  //晶振 11.0592 MHz 波特率设置为 1200 bit/s
 TL1 = 0XE8;
 ET1 = 0;                     //关闭 T1 中断
 ES = 1;                      //开串行口中断
 EA = 1;                      //开总中断
 TR1 = 1;                     //开启 T1,启动波特率发生器
 REN = 1;                     //开启接收
 p= 0x50;                     //指针指向内 RAM 50H
 while(1);                    //等待串行口接收中断
 }

 void rxdint( ) interrupt 4   //串行口中断子程序
 {
  * p = SBUF;                 //将接收到的数据存入 50H 为首地址的区域
  RI = 0;                     //清零 RI
  p++;
 }
}
```

3. 方式 2、3 应用举例

方式 2、3 由于含第 9 位数据，既可以进行双机通信，也可以进行多机通信，方式 2、3 在数据传输格式方面没有区别，唯一的区别是方式 2 波特率固定，而方式 3 波特率可变。方式 2、3 在通信中第 9 位数据常被作为奇偶校验位，接下来重点介绍方式 2、3 的应用编程。

【例 6.6】 串行口工作在方式 2，SMOD=1，发送数据#Data，第 9 位作奇偶校验位，请编写发送子程序。

分析： 方式 2 发送数据时，必须先把第 9 位数据送入 TB8，再将要发送的数据#Data 送入发送缓冲器 SBUF，就可启动 9 位数据的发送。由于 51 单片机的 PSW 状态寄存器中 P 位可以指示出累加器 ACC 中 1 的个数的奇偶性，正好可以作为奇偶校验，因此，可将要发送的数据#Data 先送入 ACC，获得数据的奇偶校验值 P，再将 P 送入 TB8，最后，将#Data 送入 SBUF 就可完成发送。方式 2 波特率固定，只需设置 SMOD，不需要设置 T1 定时器。具体发送的 C51 程序如下：

```
void TXDfun( )
{SCON = 0X80;              //设置串行口工作在方式 2
 PCON = 0X80;              //设置 SMOD=1
 ACC = 0xData;             //将数据送入 ACC 获得奇偶校验值
 TB8 = P;                  //将奇偶校验值送入 TB8
 SBUF = ACC;               //将数据送入发送缓冲器 SBUF,启动发送
 while(TI == 0);           //等待发送完
 TI = 0;                   //发送完,清零 TI 标志位
}
```

【例 6.7】 串行口工作在方式 2，SMOD=1，接收数据并作奇偶校验。请编写接收子程序。

分析： 方式 2 接收时，第 9 位数据存放在 RB8 中，奇偶校验可以通过将接收到的数据存入 ACC，判断 P 和 RB8 的值是否一致实现，若校验一致，则执行接收正确子程序（用函数 right( )代替）；若校验不一致，则执行接收错误的子程序（用函数 error( )代替）。具体的 C51 程序如下：

```
void RXDfun( )
{SCON = 0x90;          //设置串行口工作在方式 2,并使能接收 REN
 PCON = 0x80;          //设置 SMOD=1
 while(RI == 0);
 ACC = SBUF;
 RI = 0;
 if(RB8 == P) right( );
 else error( );
}
```

【例 6.8】 请编程实现：当甲机的按键按下时，乙机能显示甲机按键的键号（8 个键的键号分别为 1~8）。双机通信请采用方式 3，波特率为 2400 bit/s，晶振频率为 11.0592 MHz，要采用奇偶校验，若校验值不对，乙机发送 AAH 要求甲机重新发送。

分析： 依题意，甲乙两机为全双工通信，硬件电路如图 6.21 所示，甲机和乙机均含有发送和接收。甲机可以发送键号，乙机收到键号后译成 LED 段码送至 P1 口显示，甲机也可以直接发送键号对应的 LED 段码，乙机收到后直接送至 P1 口显示，这里采用前者。利用方式 3 双机通信和方式 2 类似，唯一的区别是方式 3 需要通过计算 T1 初值来设定波特率。

(1) T1 定时器初值计算

令 SMOD=0，则根据波特率计算公式有：

$$\frac{2^{SMOD}}{32}\times\frac{f_{osc}}{(256-X)\times 12}=\frac{2^{0}}{32}\times\frac{11.0592\times 10^{6}}{(256-X)\times 12}=2400\ \text{bit/s}$$

可计算得 T1 定时器初值为：TH1=TL1=F4H。

(2) 甲乙两机通信程序

甲机发送接收 C51 程序：

```
#include <REG51. H>
typedef unsigned charuint8;
uint8 code table[16] = {0xc0, 0xf9, 0xa4, 0xb0, 0x99, 0x92, 0x82,0xf8, 0x80, 0x90, 0x88, 0x83, 0xc6,
0xa1, 0x86, 0x8e};
uint8 Send_Data=0;
void main()
{
 SCON = 0xD0;                    //串行口配置为工作在方式 3,开启串行口接收
 PCON = 0x00;                    //波特率不加倍
 TMOD = 0x20;                    //T1 配置为工作在方式 2
 TH1 = 0xF4;                     //晶振 11.0592 MHz,波特率为 2400 bit/s
 TL1 = 0xF4;
 IE = 0x90;                      //开总中断和串行口中断
 TR1 = 1;                        //开启 T1
 while(1)
 {
 ACC = ~P1;
 TB8 = P;                        //设置为偶校验
 SBUF = ~P1;                     //发送 P1 口的按键状态
 while(TI == 0);
 TI = 0;
 }
}

void Uart_RX_ISF() interrupt 4   //接收中断子程序
{
 ACC = SBUF;
 if(P == RB8)                    //判断是否为偶校验
 {
 if(SBUF == 0xAA)                //判断是否发送失败
 {
 ES = 0;                         //关串行口中断
 ACC = ~P1;
 TB8 = P;                        //设置为偶校验
 SBUF = ~P1;
 while(TI == 0);
 TI = 0;
 ES = 1;                         //开串行口中断
 }
 }
```

```
 RI = 0;                    //清中断标志位
}
```

乙机发送接收 C51 程序如下：

```
#include <REG51. H>
typedef unsigned charuint8;
uint8 code table [16] = {0xc0, 0xf9, 0xa4, 0xb0, 0x99, 0x92, 0x82,0xf8, 0x80, 0x90, 0x88, 0x83, 0xc6, 
0xa1, 0x86, 0x8e};

void main()
{
 SCON = 0xD0;               //串行口配置为工作在方式 3,开启串行口接收
 PCON = 0x00;               //波特率不加倍
 TMOD = 0x20;               //T1 配置为工作在方式 2
 TH1 = 0xF4;                //晶振 11.0592 MHz,波特率为 2400 bit/s
 TL1 = 0xF4;
 IE = 0x90;                 //开总中断与串行口中断
 TR1 = 1;                   //开启 T1
 while(1);
}

void Uart_RX_ISF() interrupt 4
{
 uint8 Receive_Data = 0;
 Receive_Data = SBUF;
 ACC = Receive_Data;
 if(P == RB8)               //奇偶校验成功
 {
 switch(Receive_Data)       //依据 P1 的值,控制数码管显示相应数字
 {
 case 0x01: P1 = table[1]; break;
 case 0x02: P1 = table[2]; break;
 case 0x04: P1 = table[3]; break;
 case 0x08: P1 = table[4]; break;
 case 0x10: P1 = table[5]; break;
 case 0x20: P1 = table[6]; break;
 case 0x40: P1 = table[7]; break;
 case 0x80: P1 = table[8]; break;
 default: P1 = 0xff; break;
 }
 }
 Else                       //奇偶校验失败
 {
 ES = 0;                    //关串行口中断
 ACC = 0xAA;
 TB8 = P;                   //设置为偶校验
 SBUF = 0xAA;
 while(TI==0);
 TI = 0;
```

```
    ES = 1;                     //开串行口中断
    }
    RI = 0;                     //清中断标志位
}
```

将甲乙机程序载入 Proteus 仿真电路，结果如图 6.21 所示。

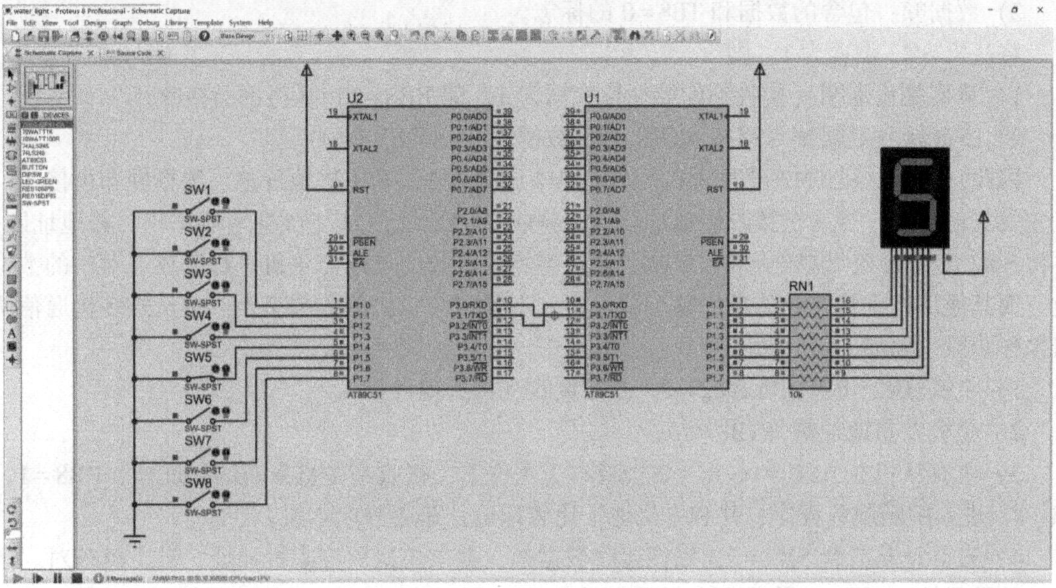

图 6.21　利用方式 3 进行甲乙双机通信的 Proteus 仿真电路

6.5　多机通信

多个 51 单片机可以利用串行口进行多机通信，形成一个通信网络，在工业控制系统中常被使用。在多机通信中，一般采用主从式，即通信系统中只能有 1 台主机，可以有多台从机，主机发布信息从机接收，从机发送数据只能主机接收，从机之间不能直接通信。主从式多机通信结构如图 6.22 所示。

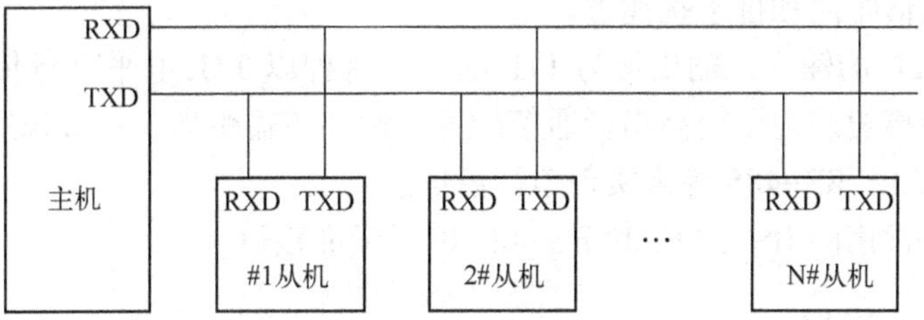

图 6.22　主从式多机通信图

51 单片机多机通信必须在方式 2 或方式 3 下工作，且规定相同的通信波特率。这时主机应设 SM2=0；从机应设 SM2=1（接收数据帧时设 SM2=0）。这里的 SM2 位为多机通信位，其在接收过程中的作用是规定了串行口接收的条件，控制多台 51 单片机能正常通信，具体是当单片机满足以下两个条件：

1）RI=0（只要是接收 RI 必须清零）；

2）SM2=0 或接收到第 9 位数据为 1。

则将数据装入 SBUF 和 RB8，并置 RI=1。否则，放弃数据，RI 也不置位。这种情况下若主机发布以下两类信息帧：

1）地址帧：包含有从机地址和 TB8=1 的标志。

2）数据帧：包含的数据和 TB8=0 的标志。

将从机 SM2 设置为 1，则：

1）只要是地址帧（接收到的第 9 位数据为 1，即 RB8=1）从机都会接收。

2）不能接收数据帧（接收到的第 9 位数据为 0，即 RB8=0）。

因此，若将主机 SM2 设置为 0，从机 SM2 设置为 1，则主机地址帧、数据帧均可接收。主机先发送地址帧，当从机接收到地址帧后，将收到的地址信息与自身地址比较，若地址匹配，再将 SM2 设置为 0，这样从机数据帧、地址帧均可接收，可以与主机进行完成一对一的数据交换，而其他从机则将接收的数据帧全部丢弃，不参与与主机的数据交换。主从式多机通信协议与操作步骤主要如下：

1）主机 SM2=0；从机 SM2=1，以便接收主机的地址帧。

2）主机发布地址帧（TB8=1）。

3）所有从机在 REN=1、RI=0、SM2=1 条件下，接收到主机发布的地址帧，RB8=1，置 RI=1，进入中断服务程序，并和本机地址比较以确认是否呼叫本机。

4）被寻址从机置 SM2=0，以便接收数据帧，并向主机回应本机地址，供主机核对。未被寻址从机保持 SM2=1，并退出中断服务程序。

5）主机发送数据帧（TB8=0），被寻址从机接收数据帧。未被寻址从机由于不满足接收条件，放弃接收到的数据帧。

6）通信完成后，被寻址从机重新置 SM2=1，并退出中断服务程序，等待下次通信。

6.6 串行通信接口标准

在计算机测控系统中，数据通信主要采用异步串行通信方式。在设计通信接口时，必须根据需要选择标准接口，并考虑传输介质、电平转换和通信控制芯片等问题，以保证通信的可靠性、通信速度、通信距离和抗干扰能力。

51 单片机串行口的输入、输出均为 TTL 电平。这种以 TTL 电平串行传输数据的方式，抗干扰性差，传输距离短。为了提高串行通信的可靠性和传输距离，一般采用标准串行接口，如 RS-232C、RS-422A、RS-485 等来实现串行通信。

本节主要讨论常用的 RS-232C 和 RS-485 串行标准接口。

6.6.1 RS-232C 接口

RS-232C 是异步串行通信中应用最广的标准串行接口，它定义了数据终端设备（DTE）和数据通信设备（DCE）之间的串行接口标准，主要包括了有关串行数据传输的电气和机械方面的规定。

1. 机械特性

RS-232C 采用 25 针连接器，连接器的尺寸及每个插针的排列位置都有明确的定义。一般的应用中并不一定用到 RS-232C 定义的全部信号，所以，一般都用 9 针的连接器替代 25 针连接器。图 6.23 所示为 RS-232C 的 9 针连接器的引脚定义。各引脚符号及功能如下：

针脚	定义	符号	方向
1	载波检测	DCD	输入
2	接收数据	RXD	输入
3	发送数据	TXD	输出
4	数据终端准备好	DTR	输出
5	信号地	SG	
6	数据准备好	DSR	输入
7	请求发送	RTS	输出
8	清除发送	CTS	输入
9	振铃提示	RI	输入

2. 电气特性

RS-232C 上传送的数字量采用负逻辑，且与地对称。

- 逻辑 1：-3～-15 V。
- 逻辑 0：+3～+15 V。

-3～+3 V 是未定义的过渡区。RS-232C 标准的信号传输的最大电缆长度为 30 m，最高数据传输速率为 20 kbit/s。

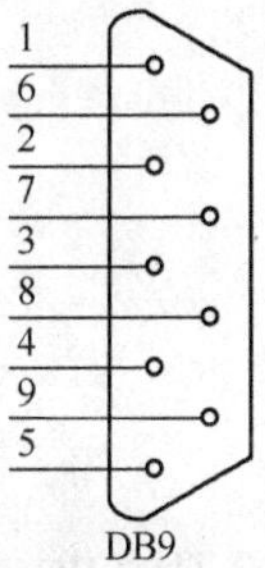

图 6.23 RS-232C 连接器 9 针引脚定义

由于 TTL 电平和 RS-232C 电平互不兼容，所以两者对接时，必须进行电平转换。RS-232C 与 TTL 电平转换最常用的芯片是 MC1488、MC1489 和 MAX232 等，各厂商生产的此类芯片虽然不相同，但原理相似。下面以美国 MAXIM 公司的产品 MAX232 为例，介绍 TTL 与 RS-232C 的电平转换接口电路原理。

3. MAX232 接口电路

MAX232 是 RS-232C 双工发送器/接收器接口电路芯片，由于芯片内部有自升压的电平倍增电路，将+5 V 转换成-10～+10 V，满足 RS-232C 标准对逻辑 1 和逻辑 0 的电平要求。工作时仅需单一的+5 V 电源。其片内有 2 个发送器，2 个接收器，有 TTL 信号输入/RS-232C 输出的功能，也有 RS-232C 输入/TTL 输出的功能。该芯片与 TTL/CMOS 电平兼容，使用比较方便。MAX232 与 AT89C51 的接口电路原理图如图 6.24 所示。

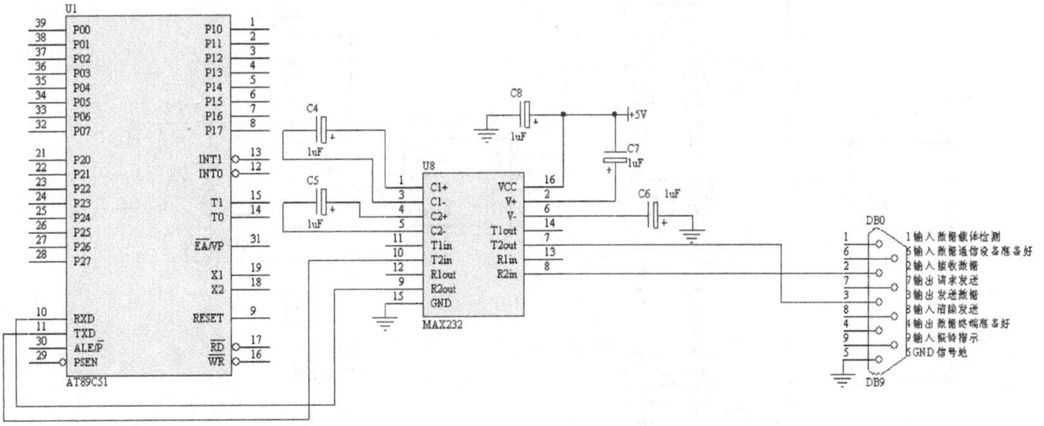

图 6.24 MAX232 与 AT89C51 接口电路原理图

串行口接口第 2 脚为接收数据端，接 MAX232 的第 8 脚（$R2_{IN}$），第 3 脚为发送数据端，接 MAX232 的第 7 脚（$T2_{OUT}$）。MAX232 第 9 脚（$R2_{OUT}$）接 AT89C51 的 RXD 端，MAX232 的第 10 脚（$T2_{IN}$）接 AT89C51 的 TXD 端。电容 C8 为电源退耦电容，起到滤波的作用，得到稳定的+5 V 电压。

6.6.2 RS-485 接口

RS-485 接口是工业中应用非常广泛的一种接口。为半双工通信方式，采用一对平衡差分信号线进行差分传输，所以干扰抑制性好，又因为阻抗低，无接地问题，所以传输距离可达 1200 m，传输速率可达 10 Mbit/s。RS-485 点对点远程通信电路如图 6.25 所示，某一时刻两个站只有一个站可以发送数据，而另一个站只能接收数据，因此，其发送电路必须由使能端加以控制。

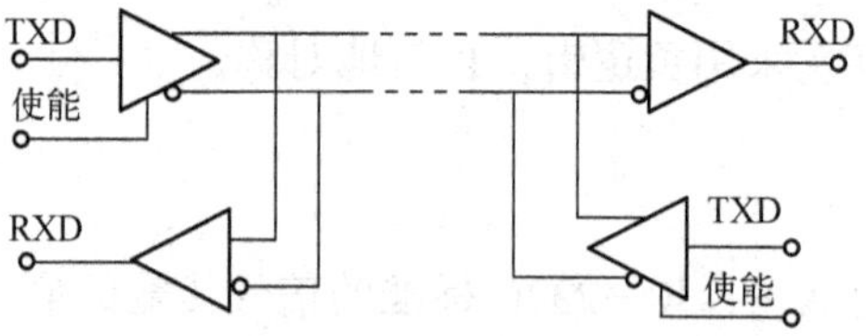

图 6.25　RS-485 点对点远程通信电路

普通的 PC 一般不带 RS-485 接口，因此要使用 RS-232C/RS-485 转换器。对于单片机可以通过芯片 MAX485 或 MAX1487 等来完成 TTL/RS-485 的电平转换。下面给出单片机的 RS-485 接口电路原理，如图 6.26 所示。主模块微控制器 8051 输出的 TTL 逻辑电平通过 TIL117 光电隔离后，由 MAX1487 芯片转换为 RS485 电平，信号从 A、B 端通过屏蔽双绞线远距离传送。在 51 单片机一侧，使用 I/O 端口 P1.0 对 MAX1487 输入使能端$\overline{RE}$、输出使能端 DE 进行控制。当 P1.0 输出低电平时，$\overline{RE}$使能，8051 一侧接收数据；当 P1.0 输出高电平时，DE 使能，51 单片机一侧发送数据。这样，避免了盲目发送造成的数据叠加丢失现象，通信质量高，通信速度也能得到保证。

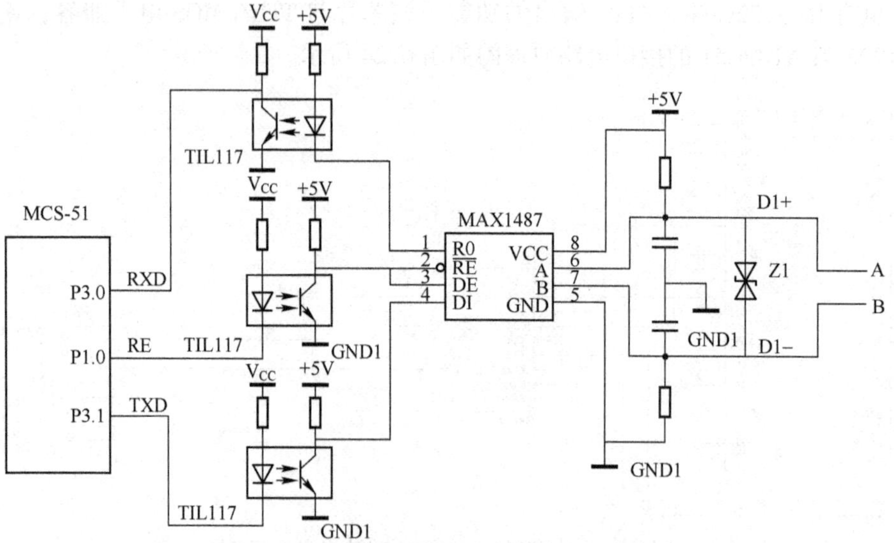

图 6.26　MCS-51 的 RS-485 通信接口电路

本章小结

MCS-51 单片机内部有一个可编程全双工的串行通信接口。该串行口具有 4 种工作方式：方式 0 为同步移位寄存器输入/输出方式；方式 1 为 8 位数据异步接收/发送方式；方式 2 与方式 3 为 9 位数据异步接收/发送方式；方式 3 与方式 2 的不同之处在于方式 3 的波特率是可变的，而方式 2 波特率是固定的。与串行口有关的特殊功能寄存器主要是：SBUF、SCON 和 PCON。

串行口是工业中应用非常广泛的一种接口，单片机常需要与其他设备进行通信，如 PC，但 PC 通常采用 RS-232C 接口，二者的电平标准不同，需要进行 RS-232C 电平与 TTL 电平的转换，常用 MAX232 电平转换电路实现。RS-232C 通信只适用于短距离数据通信，当需要远程数据通信时，可使用 RS-485 通信接口，RS-485 是半双工通信，采用差分方式进行传输。

习题 6

1. 何为并行通信、串行通信？叙述各自优缺点。
2. 在串行通信中的数据传送方式有单工、半双工和全双工之分，请叙述各自功能。
3. 串行通信的两种基本形式是什么？请叙述各自原理。
4. 何为波特率？何为偶校验、奇校验？
5. MCS-51 单片机的串行口有________种工作方式？其中方式 0 是________方式，它的波特率为________，用________引脚传送数据，用________引脚输出同步时钟信号。
6. MCS-51 单片机多机通信原理是什么？
7. 在多机通信中，主机呼叫从机时，发送地址帧其 TB8 = ________，各从机必须将其 SCON 中的________位和________位置 1。
8. 用 T1 定时器方式 2 作波特率发生器，$f_{osc}=6\,\text{MHz}$，求可能产生的最高和最低波特率？
9. 设计一串行通信发送程序，发送内部 50H~5FH 中的数据，串行口工作在方式 2，采用偶校验方式，$f_{osc}=6\,\text{MHz}$。
10. 设计一串行通信接收程序，将接收的 16 个数据存入片内 50H~5FH 中，串行口工作在方式 3，波特率为 1200 bit/s，SMOD = 0，$f_{osc}=6\,\text{MHz}$。
11. 使用 51 单片机的串行口按方式 1 进行串行数据通信，假定波特率是 2400 bit/s，以中断方式传送数据，请编写全双工通信程序。
12. 使用 51 单片机的串行口按方式 3 进行串行数据通信，假定波特率为 1200 bit/s，第 9 位数据作为奇偶校验位，以中断方式传送数据，请编写通信程序。

第7章 MCS-51系统扩展技术

MCS-51单片机的功能较强，在智能仪器、仪表、家用电器等小型监测及控制系统中直接使用其内部资源就可以满足需求。但对于一些较大或较复杂的应用系统来说，系统中配置的外部设备较多，仅靠单片机的内部资源并不能满足要求，必须扩展程序存储器、数据存储器、输入输出接口等，这就是通常所说的单片机系统扩展。系统扩展主要包括两部分内容：外部存储器（程序存储器和数据存储器）的扩展和I/O接口的扩展。系统扩展主要采用两种方式：总线（并行）扩展和串行扩展。本章将主要介绍采用总线方式的系统扩展技术，具体包括系统扩展的结构与原理、编址技术与译码方法，并详细给出外部程序存储器和数据存储器的扩展、I/O接口扩展的原理和应用实例。

【学习目标】

- 了解并熟悉存储器的分类、性能指标及存储器常用芯片的型号和特征。
- 掌握51单片机系统总线及其构造方法。
- 掌握存储器或I/O接口扩展的编址技术。
- 掌握外部程序存储器和数据存储器的扩展方法。
- 掌握TTL芯片等I/O接口的扩展方法。
- 掌握片外数据存储器和I/O端口的访问方法。
- 了解8255A可编程并行I/O接口的扩展方法。

7.1 存储器概述

存储器是计算机中用来存放数据和程序的部件。有了存储器，单片机才具有记忆信息的功能，才能把单片机要执行的程序、所要处理的数据以及处理的结果存储在单片机中，使单片机能自动工作。单片机对存储器的要求是容量大、速度快、成本低，但这三者在同一存储器中不可兼得。为了解决这一矛盾，采用了分级存储器结构。通常将存储系统的层次结构分为高速缓冲存储器、主存储器和外存储器三级。其中，能被CPU直接访问的高速缓冲存储器和主存储器，又统称为内存储器，简称内存。

存储器由于其体积小、速度快、耗电少、价格低等优点而在单片机控制系统中得到广泛的应用。当前市场上的存储器件种类繁多，用途各异，性能差别大，在进行存储器及其接口设计时，必须了解各类存储器件的结构和技术指标。

7.1.1 存储器的分类

存储器通常按照制造工艺和存取方式进行分类。

1. 按制造工艺分类

根据制造工艺的不同，可将存储器分为双极型和MOS型两大类。

1）双极（Bipolar）型，由TTL（Transistor-Transistor Logic）晶体管逻辑电路构成。该类存储器工作速度快，与CPU处在同一量级，但集成度低、功耗大、价格偏高，在单片机中常用作高速缓冲存储器（Cache）。

2）金属氧化物半导体（Metal-Oxide-Semiconductor）型，简称 MOS 型。该类型器件有多种制造工艺，如 NMOS（N 沟道 MOS）、HMOS（高密度 MOS）、CMOS（互补型 MOS）、CHMOS（高速 CMOS）等。它可用来制作多种半导体存储器件，如静态 RAM、动态 RAM、EPROM、E^2PROM、Flash Memory 等。该类存储器的集成度高、功耗低、价格便宜，但速度较双极型器件慢。单片机的内存主要由 MOS 型半导体存储器件构成。

2. 按存取方式分类

根据存取方式的不同，存储器可以分为随机存取存储器（Random Access Memory，RAM）和只读存储器（Read Only Memory，ROM）两大类。

1）随机存取存储器（RAM），也称随机存储器或读写存储器。对这种存储器，信息可以随时写入或读出。一般的 RAM 芯片，关闭电源后所存信息将全部丢失。通常用来暂存运行的程序和数据。

根据存储电路的性质，RAM 又可进一步分为静态 RAM 和动态 RAM 两种类型。静态 RAM 采用双稳电路存储信息，而动态 RAM 是以电容上的电荷存储信息。相比之下，静态 RAM 速度更快，而动态 RAM 的集成度更高、功耗和价格更低，但由于动态 RAM 中的信息会随电容上电荷的泄漏而丢失，所以动态 RAM 必须定时刷新。

2）只读存储器（ROM）。ROM 是一种在工作过程中只能读不能写的非易失性存储器，掉电后所存信息不会丢失。通常用来存放固定不变的程序和数据，如引导程序、基本输入输出系统（BIOS）程序等。

ROM 按其性能的不同又可分为掩膜式 ROM、熔丝式可编程的 PROM、可用紫外线擦除、可编程的 EPROM 和可用电擦除、可编程的 E^2PROM 等。图 7.1 为单片机常用存储器的分类。

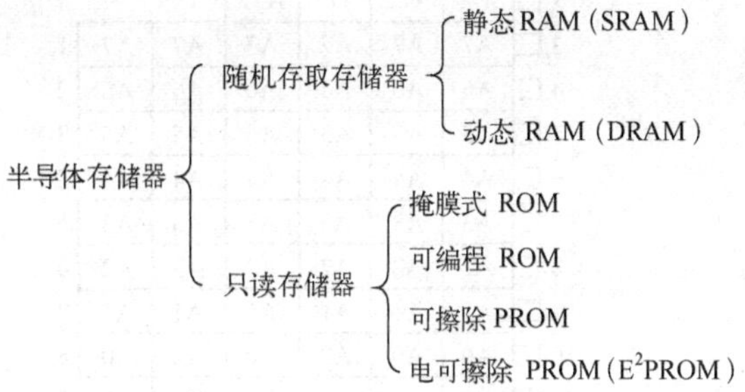

图 7.1　存储器的分类

7.1.2　存储器的主要性能指标

衡量存储器的性能指标有很多，包括存储容量、存取速度、功耗、可靠性、价格、体积、重量、电源种类等。

1. 存储容量

存储容量是指一个存储器芯片所能存储的二进制信息量。

$$存储器芯片容量=存储单元数\times数据线位数$$

2. 存取速度

存取速度是以存储器的存取时间来衡量的。它指从 CPU 给出有效的存储地址到存储器给出有效数据所需的时间，一般为几百纳秒（ns）。存取时间越小，则存取速度越快。存取时间主要是与存储器的制造工艺有关。双极型半导体存储器的速度高于 MOS 型的速度，但随着工艺的提高，MOS 型的速度也在提高。对于高速缓冲存储器（Cache）的存取时间已小于 20 ns。

7.1.3 存储器常用芯片

1. 程序存储器

MCS-51 单片机的外部程序存储器常采用只读存储器（ROM）。目前，经常使用的是 EPROM、E^2PROM 芯片。EPROM 芯片在写入时，须把芯片从电路板上拔下，并在专用的紫外线擦除器中擦除，因此操作较麻烦。一块芯片经多次拔插之后，可能会使外部引脚损坏；另外，EPROM 可被擦除重写的次数也是有限的，一块芯片的使用寿命往往不太长。E^2PROM 芯片是一种不用从电路板上拔下，而可以在线直接用电信号擦除的 ROM 芯片。对其编程也是在线操作，因此它的改写步骤简单，其存储性能与 EPROM 类似。EPROM 芯片的使用方法和 E^2PROM 相同。这些存储器的型号有：

1）EPROM（紫外线擦除的可编程存储器）：2716、2732、2764、27128、27256、27512。型号名称“27”后面的数字表示其位存储容量，如果转换成字节存储容量，将该数字除以 8 即可。

2）E^2PROM（电擦除的可编程存储器）：2864、2817 等。

图 7.2 所示为 27 系列 EPROM 芯片引脚图：

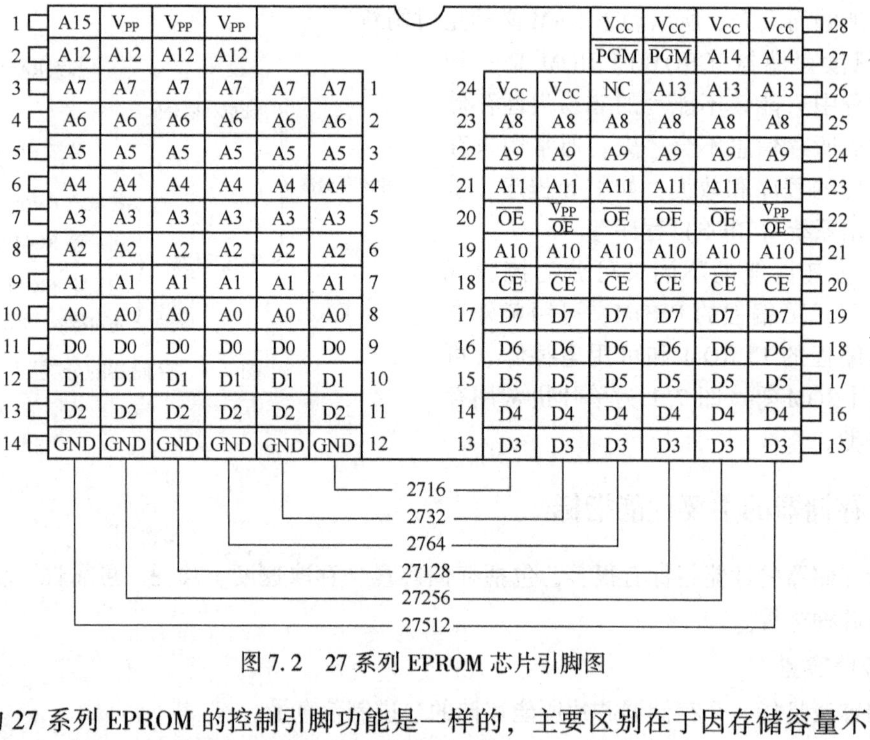

图 7.2 27 系列 EPROM 芯片引脚图

不同的 27 系列 EPROM 的控制引脚功能是一样的，主要区别在于因存储容量不同所导致的地址引脚数目不同。以 2764 为例，芯片的引脚功能如下：

- A0～A12——地址引脚，可寻址 8K 字节。
- D0～D7——数据线引脚。
- $\overline{OE}$——输出允许控制端。
- $\overline{CE}$——片选控制端。
- $\overline{PGM}$——编程脉冲信号。编程时，编程脉冲输入端。
- V_{PP}——编程电压。编程时，编程电压（+12.5 V）输入端。

- V_{CC}——+5 V，芯片的工作电压。

信号线$\overline{CE}$、$\overline{OE}$、V_{PP}的不同组合决定了2764芯片的不同工作方式，表7.1列出了该芯片工作方式的选择。

表7.1　2764 EPROM的5种工作方式

方　式	引　脚			
	$\overline{CE}$	$\overline{OE}$	V_{PP}	D0~D7
读出	0	0	+5 V	程序读出
保持	1	×	+5 V	高阻状态
编程	正脉冲	1	+12.5 V	程序写入
编程校验	0	0	+12.5 V	程序读出
编程禁止	1	×	+12.5 V	高阻状态

1）读出：将芯片内指定单元的内容输出。此时$\overline{CE}$和$\overline{OE}$为低电平，V_{PP}接+5 V，数据线处于输出状态。

2）保持：$\overline{CE}$为高电平，数据线呈现高阻状态，禁止数据传送。

3）编程：将信息写入芯片内。此时，V_{PP}接+12.5 V的编程电压，$\overline{CE}$和$\overline{OE}$端加合适的电平，就能将数据线上的数据写入指定的存储单元。

4）编程校验：在编程过程中，对写入的信息可以进行校验操作。即在一个字节编程完成后，$\overline{CE}$和$\overline{OE}$为低电平，将同一单元的内容由数据线输出，可检验写入的内容是否正确。

5）编程禁止：当CE为高电平时，禁止编程，数据线呈现高阻状态。

2. 数据存储器

在MCS-51单片机系统中，可以用作数据存储器的芯片主要是静态随机读写存储器（SRAM），这种存储器可以现场快速地修改信息。常用芯片有Intel公司的6116（2 KB）、6264（8 KB）、62128（16 KB）、62256（32 KB）、62512（64 KB）等。图7.3所示为RAM引脚图。

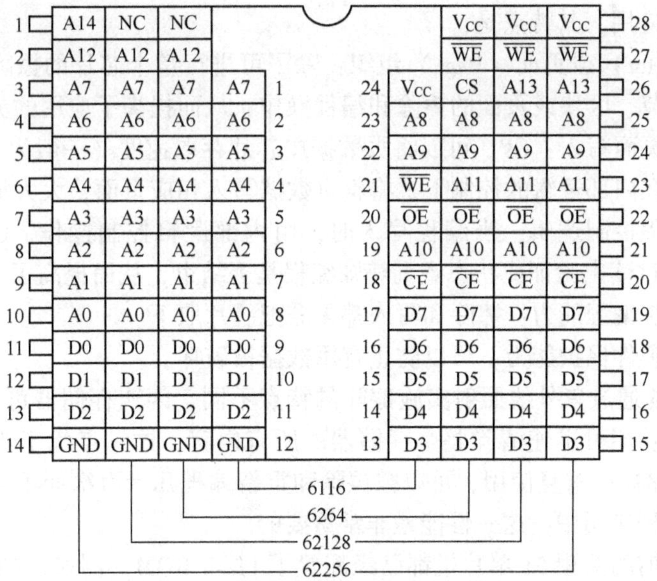

图7.3　RAM引脚图

62 系列 RAM 的控制引脚的功能均相同，主要区别也是地址引脚数目有所不同。以 6264 为例，芯片的引脚功能如下：

- A0 ~ A12——地址线，可寻址 8KB 存储空间。
- D0 ~ D7——双向三态数据线。
- $\overline{OE}$——读出允许信号，低电平有效。
- $\overline{WE}$——写允许信号，低电平有效。
- $\overline{CE}$——片选控制端。当 CS 为高电平且$\overline{CE}$为低电平时选中该片。
- V_{CC}——工作电源，+5 V。
- GND——地线。

RAM 存储器有读出、写入、保持三种工作方式。这些工作方式的选择如表 7.2 所示。

表 7.2　6264 RAM 的 3 种工作方式

方　式	引　脚			
	$\overline{CE}$	$\overline{OE}$	$\overline{WE}$	D0 ~ D7
读出	0	0	1	数据输出
写入	0	1	0	数据写入
保持	1	×	×	高阻

3. Flash 存储器

快擦写存储器 Flash Memory（也称为 Flash ROM，有时简称为 Flash）是在 E^2PROM 的基础上改进而来的，但读写速度比一般 E^2PROM 快得多，因此也将其称为“闪存”。从原理上看，Flash Memory 属于 ROM 型存储器，但是它可以随时改写信息；从功能上看，它又相当于 RAM，所以过去 ROM 与 RAM 的定义和划分已逐渐失去意义。其容量从最初的几十 KB 发展到现在的几 GB。用这种存储器生产的移动存储盘就是我们常说的 U 盘。

由于闪存具有掉电时信息不丢失、快擦除、单一供电、高密度的信息存储等显著特点，得到了越来越广泛的应用。其特点是：

- 按区块（Sector）或页面（Page）组织：除了可进行整个芯片的擦除和编程操作外，还可以进行字节、区块或页面的擦除和编程操作，从而提高了应用的灵活性。
- 可进行快速页面写入：CPU 可以将页数据按芯片存取速度（一般为几十到 200 ns）写入页缓存，再在内部逻辑的控制下，将整页数据写入相应页面，大大加快了编程速度。
- 具有内部编程控制逻辑：当编程写入时，由内部逻辑控制操作，CPU 可做其他工作。CPU 可以通过读出验证或状态查询获知编程是否结束，从而提高了 CPU 的效率。
- 具有在线系统编程能力：擦除和写入都无需把芯片取下。
- 具有软件和硬件保护能力：可以防止有用数据被破坏。

与 EPROM 只能通过紫外线照射实施擦除的特点不同，闪速存储器可实现大规模电擦除。闪速存储器的擦除功能可迅速清除整个存储器的所有内容，这一点优于传统的可修改字节的 E^2PROM。闪速存储器可重复使用，可以被擦除和重新编程几十万次而不会失效。在文件需经常更新的可重复编程应用中，这一性能是非常重要的。

特别强调：目前的新型 51 单片机都已经配置了 Flash ROM，例如，AT89S51/52 都配置了可在线重复编程的 Flash ROM，可循环写入/擦除 10000 次。对 AT89S51/52 片内的 Flash 存储器编程，设计者只需在市场上购买相应的编程器。一种是购买单片机仿真开发系统时就带有编程器，另一种是单独购买编程器。该芯片的程序存储器具有三级加密功能，其程序加密位的状态可以是编程或不编程，用户可按照编程器的说明进行操作。

7.2 系统扩展结构与总线构造

单片机内部资源有 ROM、RAM、I/O 接口、中断、定时器、串行口等，但在构成实际的硬件系统时，如果单片机自身的资源不能满足要求，就要进行系统扩展。本节主要介绍单片机系统扩展的一般结构及系统总线构造方法。

7.2.1 系统扩展结构

单片机本身的资源是有限的，如 MCS-51 系列单片机的片内 RAM 容量一般为 128~256 B，片内程序存储器为 4~8 KB。对复杂系统而言，若单片机本身的资源满足不了实际要求时，就需要进行扩展。

MCS-51 系列单片机具有很强的系统扩展能力，可以扩展 64 KB 的程序存储器和 64 KB 的数据存储器或 I/O 接口，如图 7.4 所示。系统扩展就是将外部存储器或 I/O 接口芯片“挂”在单片机的片外系统总线上，“挂”存储器芯片就是存储器扩展，“挂”I/O 接口芯片就是 I/O 扩展。扩展是重要的接口技术之一。系统扩展主要有以下内容：

- 外部存储器芯片的扩展（又分为外部程序存储器扩展和外部数据存储器扩展）。
- I/O 接口芯片的扩展。

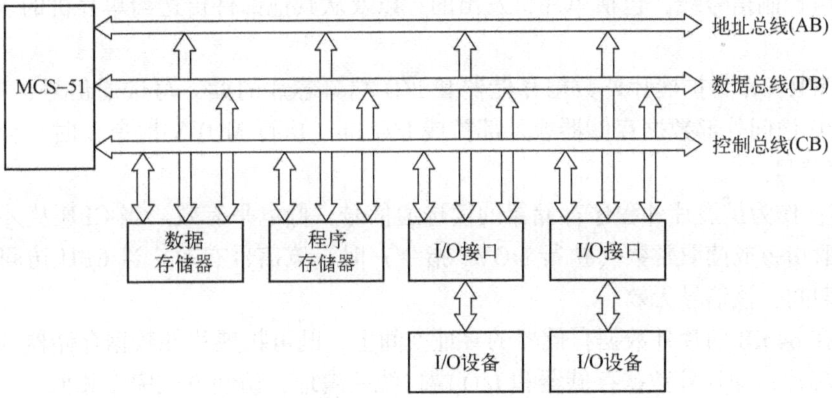

图 7.4 单片机扩展系统框图

片外系统总线按其功能可分为三组：地址总线 AB（Address Bus）、数据总线 DB（Data Bus）和控制总线 CB（Controller Bus）。可见，系统扩展的硬件连接就是讨论如何将外部存储器或 I/O 接口芯片连接到单片机的片外的地址、数据和控制总线上。因此，系统扩展的首要问题就是构造系统总线。

7.2.2 系统总线构造

单片机的系统总线是连接系统中各扩展器件的一组公共信号线。因此，要扩展片外设备，首要问题就是构造系统总线：地址总线、数据总线和控制总线。MCS-51 系列单片机由于受引脚数目的限制，数据线和低 8 位地址线由 P0 口复用，P0 口一般先输出地址后再传送数据。因此，为了将它们分离出来，需要外加地址锁存器，从而构成与一般 CPU 相类似的片外三总线，如图 7.5 所示。

1）地址总线 AB（Address Bus）：16 根，高 8 位由 P2 口组成，低 8 位由 P0 口经地址锁存器分离后构成，用于传送单片机送出的地址信号，以便进行存储单元和 I/O 端口的选择。地址总线是单向的，由单片机向外发送信息。单片机访问外部存储器和扩展 I/O 端口（如执行 MOVC A，@ A+DPTR 或者 MOVX A，@ DPTR 等指令）时，由 P2 口输出高 8 位地址信息，P2 口具有输出锁存功能，在 CPU 访问外部部件期间，P2 口能保持地址信息不变，由 P0 口首先送出低 8 位地址信号，并在 ALE 信号从由高变低时将此地址信号锁存到锁存器中，然后再向 P0 口送出数据或从 P0 口读入数据。

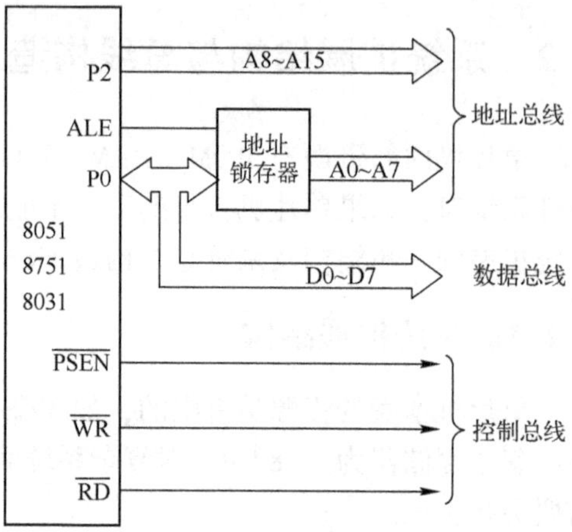

图 7.5　单片机并行总线

2）数据总线 DB（Data Bus）：8 根，由 P0 口构成，用于单片机与存储器之间或单片机与 I/O 端口之间传送数据。单片机数据总线的位数与单片机处理数据的字长一致。数据总线是双向的，可以进行两个方向的数据传送。

3）控制总线 CB（Controller Bus）：由 P3.6（$\overline{WR}$）、P3.7（$\overline{RD}$）和$\overline{PSEN}$组成。控制总线实际上是一组控制信号线，包括单片机发出的，以及从其他部件传送给单片机的。其传送方向是单向的。

- $\overline{RD}$、$\overline{WR}$：作为扩展片外数据存储器和 I/O 端口芯片的读、写选通信号，低电平有效。当 CPU 访问外部数据存储器或外部扩展 I/O 口（执行 MOVX 指令）时，会产生相应的读/写信号。
- $\overline{PSEN}$：作为扩展片外程序存储器的读选通信号，低电平有效。当 CPU 从外部程序存储器读取指令或读取常数（执行 MOVC 指令）时，该信号有效。当 CPU 访问外部数据存储器期间，该信号无效。

注意，在 64 KB 的片外数据存储器的寻址空间上，既可扩展片外数据存储器，也可扩展片外 I/O 端口芯片，即片外数据存储器和 I/O 端口统一编址，访问方式完全相同。

此外，另有 2 根独立控制线 ALE、$\overline{EA}$也与扩展应用相关。

- ALE：作为低 8 位地址锁存的选通信号，高电平有效。当 CPU 访问外部部件时，利用 ALE 信号的正脉冲锁存出现在 P0 口的低 8 位地址。
- $\overline{EA}$信号是内部或外部程序存储器的选择信号，一旦存储器方案确定，$\overline{EA}$引脚上的电平就确定了。

7.2.3　系统扩展常用芯片

下面介绍几种在系统扩展中常用的接口芯片，如锁存器、缓冲/驱动器、译码器等。

1. 锁存器

在地址/数据线复用的单片机中，往往需要用锁存器锁存先出现的地址信号。带三态缓冲输出的 8 位锁存器 74LS373 是最常用的地址锁存器。图 7.6 所示是 74LS373 芯片引脚图及与单片机的常用接法。其中，使能端 G 加入 CP 信号，D0～D7 为数据信号。输出控制信号$\overline{OE}$为 0 时，锁存器的数据通过三态门进行输出。表 7.3 为 74LS373 的真值表。

当 74LS373 用作单片机低 8 位地址锁存器时，将$\overline{OE}$置成低电平，锁存允许信号 G 与单片机的 ALE 相连。这样当 ALE 信号有效使 G 变为高电平时，74LS373 内部寄存器便处于直通状态，当 G 下降为低电平时，锁存器的输出保持为下降沿时的输入，不再随 D0～D7 上数据的变化而变化。

常用的地址锁存器芯片还有 74LS573、74LS273、Intel8282、Intel8283 等。其中，74LS573 与 74LS373 仅仅是引脚排列位置不同，74LS573 的输入引脚和输出引脚分别排列在芯片两边，使用较 74LS373 方便。

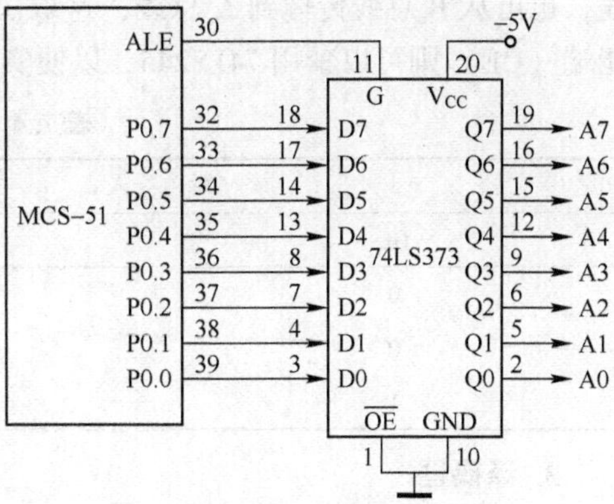

图 7.6　地址锁存器芯片 74LS373 引脚图及与单片机的常用接法

表 7.3　74LS373 的真值表

$\overline{OE}$	G	功能
0	1	直通 Qi=Di
0	0	Qi 不变
1	×	高阻状态

2. 缓冲/驱动器

在设计复杂一些的控制单元时经常会碰到输入输出口不够用的情况，这时可以对单片机进行输入输出扩展，为了正确地进行数据的 I/O 传送，必须解决总线的隔离和驱动问题。

从宏观上看，总线上连接着多个外设向 CPU 输入数据，而 CPU 也从总线向多个外设输出数据，但是在任一时刻，CPU 只能允许正在进行数据传送的外设使用数据总线，此时其他外设在电气性能上必须与总线隔离，使其在需要的时候与总线接通，不需要的时候又能和总线隔离开。

此外，由于单片机功率有限，故每个 I/O 引脚的驱动能力有限。因此，为驱动负载，往往采用缓冲驱动器。74LS245 是常用的数据缓冲驱动器，其输入阻抗高，输出阻抗低，具有三态缓冲功能，图 7.7 为其引脚图，图 7.8 为其常用接法，74LS245 的真值表如表 7.4 所示。

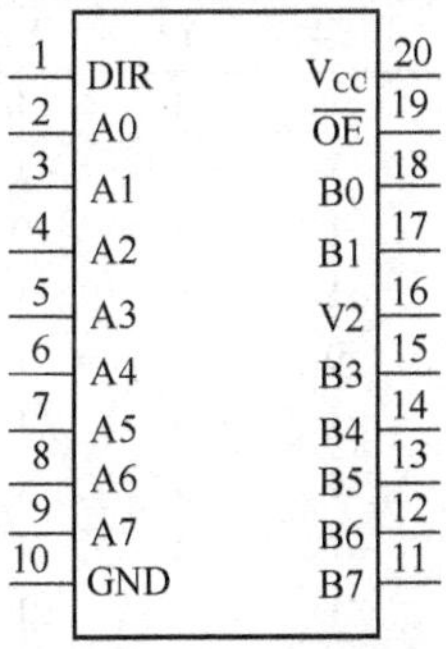

图 7.7　74LS245 引脚图

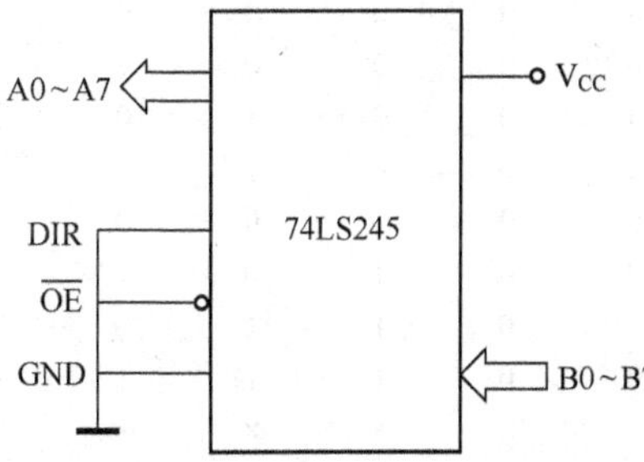

图 7.8　74LS245 常用接法

74LS245 被设计用于数据总线之间的双向通信。74LS245 允许数据从 A 总线传输到 B 总线，也可从 B 总线传输到 A 总线，这取决于方向控制端（DIR）上的逻辑电平。而其输出使能端（$\overline{OE}$）则可以禁用 74LS245，以便实现总线间的隔离。

表 7.4　74LS245 的真值表

输入		输入/输出
$\overline{OE}$	DIR	
0	0	信号由 B 向 A 传输（接收）
0	1	信号由 A 向 B 传输（发送）
1	X	高阻状态

3. 译码器

译码器是典型的组合数字电路，译码器是将一种编码转换为另一种编码的逻辑电路，译码器的种类很多，但它们的工作原理和分析设计方法大同小异。常用的地址译码器 74LS138 是 3-8 译码器，有 3 个地址输入端 A、B、C，3 个使能端$\overline{G1}$、$\overline{G2}$、G3 和 8 个输出端组成。如图 7.9 所示为 74LS138 引脚图，图 7.10 所示为 74LS138 常用接法，其真值表如表 7.5 所示。8 个输出端分别对应 8 种输入状态中的一种，且低电平有效。换句话说，对应每种输入状态，仅允许一个输出端为低电平，其余全为高电平。而 3 个使能端 G3、$\overline{G2}$和$\overline{G1}$必须同时为有效电平时译码器才选通，否则译码器的输出全无效。

74LS138 与 74LS238 逻辑功能一致，只不过 74LS138 为反相输出。

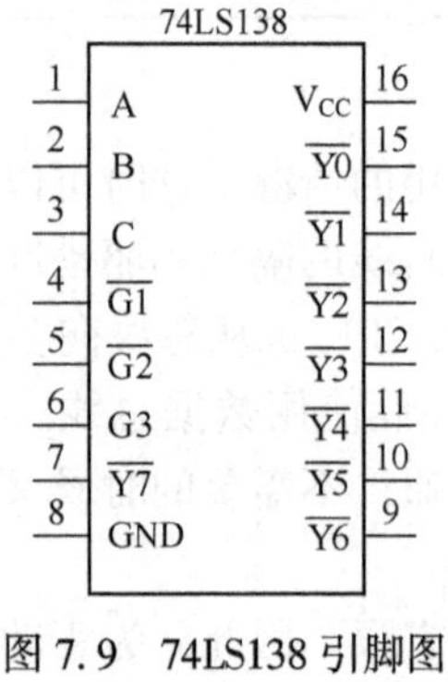

图 7.9　74LS138 引脚图

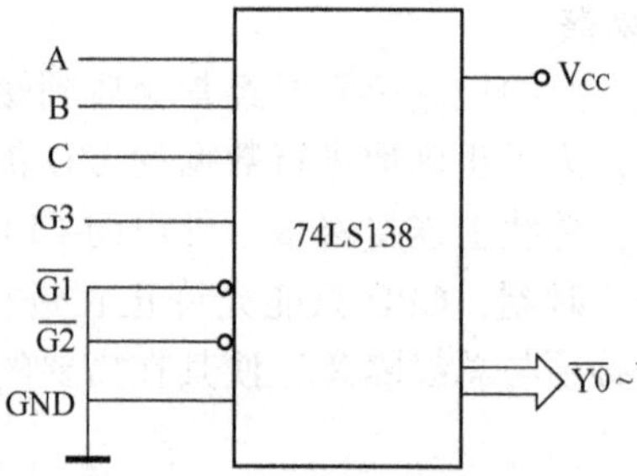

图 7.10　74LS138 常见连接方式

表 7.5　74LS138 真值表

输入						输出							
G3	$\overline{G2}$	$\overline{G1}$	C	B	A	$\overline{Y7}$	$\overline{Y6}$	$\overline{Y5}$	$\overline{Y4}$	$\overline{Y3}$	$\overline{Y2}$	$\overline{Y1}$	$\overline{Y0}$
1	0	0	0	0	0	1	1	1	1	1	1	1	0
1	0	0	0	0	1	1	1	1	1	1	1	0	1
1	0	0	0	1	0	1	1	1	1	1	0	1	1
1	0	0	0	1	1	1	1	1	1	0	1	1	1
1	0	0	1	0	0	1	1	1	0	1	1	1	1
1	0	0	1	0	1	1	1	0	1	1	1	1	1
1	0	0	1	1	0	1	0	1	1	1	1	1	1
1	0	0	1	1	1	0	1	1	1	1	1	1	1
0	×	×	×	×	×	1	1	1	1	1	1	1	1
×	1	×	×	×	×	1	1	1	1	1	1	1	1
×	×	1	×	×	×	1	1	1	1	1	1	1	1

74LS138 的 8 个输出引脚，任何时刻要么全为高电平 1，芯片处于不工作状态；要么只有一个为低电平 0，其余 7 个输出引脚全为高电平 1。如果出现两个输出引脚在同一个时间为 0 的情况，说明该芯片已经损坏。

单片机常见的译码器电路还有 2-4 译码器 74LS139，4-16 译码器 74LS154 等。

7.3 存储器扩展方法

MCS-51 单片机外部存储器的扩展包括外部程序存储器和外部数据存储器两种扩展。片外 ROM 与 RAM 的操作使用不同的指令和控制信号，允许两者的地址重复，所以片外可扩展的 ROM 和 RAM 的最大容量均为 64 KB。

存储器扩展方法就是讨论如何将外部存储器器件“挂”在单片机的片外系统总线上，即如何将存储器芯片的数据、地址和控制引脚连接到系统总线。具体方法如下：

1）数据引脚与数据线直连。即将存储器 8 根数据引脚 D7～D0 分别直接与单片机数据总线 D7～D0 连接。

2）控制引脚与控制线直连。这跟扩展的是程序存储器或数据存储器相关，分别为：

- 扩展数据存储器（RAM）芯片：将 RAM 芯片的读选通引脚（一般标为$\overline{OE}$）与控制总线$\overline{RD}$直连；将 RAM 芯片的写选通引脚（一般标为$\overline{WE}$）与控制总线$\overline{WR}$直连。
- 扩展程序存储器（ROM）芯片：只能读出，故只有读出引脚（一般标为$\overline{OE}$），将该引脚与控制总线$\overline{PSEN}$直连。

3）地址引脚与地址线相连。地址线的连接比较复杂，为了保证每个存储单元的地址不与其他存储单元重复，即保证地址单元访问的唯一性，达到一个地址唯一对应一个外围芯片的一个选中单元的目的，使得单片机的数据总线分时地与不同地址的外围芯片进行数据传送而不发生冲突，地址线的具体连接必须满足以下两点：

- 首先应实现每片存储器的“单元选择”。保证每个单元都能通过地址线访问到。将存储器芯片的所有地址引脚与地址总线的低位地址线直连。
- 其次实现每片存储器的“片选”。保证选中（访问）的是某一片存储器的某一个单元。利用地址总线剩余的高位地址线去连接存储器芯片的片选引脚（一般标为$\overline{CS}$）。

可见，数据线和控制线的硬件连接比较简单，比较复杂是地址线的连接。地址线的连接也称为存储器的编址问题（或称为地址分配问题），它是存储器扩展的关键。单元选择和片选一起决定存储器芯片在整个单片机存储空间所占据的地址范围。存储器扩展按照片选引脚的连接可分为两种方法：线选法和译码法。

7.3.1 线选法

线选法是指直接利用单片机片外总线剩余的高位地址线作为存储器芯片（或 I/O 接口芯片）的片选信号，即将剩余的高位地址线（一根或几根）直连到存储器的片选端$\overline{CS}$。线选法扩展的芯片数目受剩余高位地址线数目的限制（即与剩余地址线数目相同），一般用于扩展少量的片外存储器和 I/O 接口芯片。但线选法电路简单，当一个应用系统需要扩展的芯片数目较少、需要的实际存储空间较小时，常用线选法。

【例 7.1】 请采用线选法扩展 3 片片外数据存储器 6264（共 24 KB），要求画出扩展电路图并写出每片 6264 的地址范围。

分析：1 片 6264 是 8KB，需要 13 根地址线实现单元选择，即需要地址总线的低 13 根 A12～A0 分别连接到 6264 的地址引脚 A12～A0，这样系统地址总线还剩余 3 根高位地址线 A15～A13，刚好作为 3 片 6264 的片选信号。图 7.11 给出了用线选法扩展 3 片 6264 外部数据存储器的具体硬件连接电路。

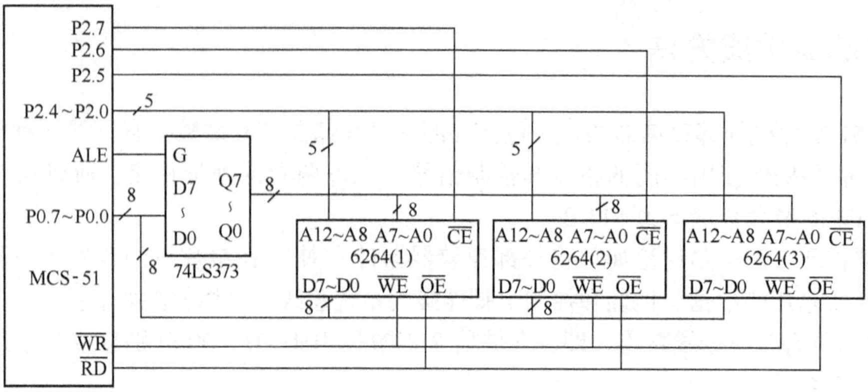

图 7.11　利用线选法扩展 3 片 6264 数据存储器的硬件电路

由图 7.11 可见，扩展时，数据总线 P0.7～P0.0 直接连接至 3 片 6264 的数据引脚 D7～D0；地址总线的低 13 根（P2.4～P2.0 和锁存器 Q7～Q0）连接至 3 片 6264 芯片的地址引脚 A12～A0 实现单元选择；剩余 3 根高位地址线 P2.7～P2.5 分别连接至 3 片 6264 的片选端实现片选，低电平有效，当这 3 根高位地址线中的任一根为“0”时，便可选通扩展其中的一片芯片。注意，片选时 3 根高位地址线有且只有一根为“0”，另两根为“1”，即保证只能选中一片芯片。因只剩余 3 根高位地址线，因此用线选法最多可扩展 3 片 6264。下面分析每一片 6264 的地址范围，以 6264（1）的地址确定为例；选中 6264（1）时，16 根地址线中的片选信号 A15A14A13 必须为“011”，6264（1）的 8K 个单元需采用单元选择地址线 A12～A0 由“0 0000 0000 0000”变化至“1 1111 1111 1111”依次选中，即 6264（1）芯片存储单元的地址范围是“0110 0000 0000 0000B”至“0111 1111 1111 1111B”，地址范围用十六进制表示为 6000H～7FFFH。最终，3 片 6264 对应地址空间范围如表 7.6 所示。

表 7.6　3 片 6264 芯片对应的存储空间地址表

P2.7	P2.6	P2.5	P2.4～P2.0，P0.7～P0.0	地址范围	选中芯片
A15	A14	A13	A12～A0		
1	1	0	0 0000 0000 0000B～1 1111 1111 1111B	6000H～7FFFH	6264（1）
1	0	1	0 0000 0000 0000B～1 1111 1111 1111B	A000H～BFFFH	6264（2）
0	1	1	0 0000 0000 0000B～1 1111 1111 1111B	C000H～DFFFH	6264（3）

【例 7.2】 利用线选法扩展 4 片 6116 数据存储器，请画出电路图，并写出每片 6116 存储器的地址范围。

分析：1 片 6116 是 2KB，需要 11 根地址线实现单元选择，即需要地址总线的低 11 根 A10～A0（P2.2～P2.0 和锁存器 Q7～Q0）分别连接到 6116 的地址引脚 A10～A0，这样系统地址总线还剩余 5 根高位地址线 A15～A11，其中，选择 4 根 A15～A12（P2.7～P2.4）作为 4 片 6116 的片选信号，还剩余一根高位地址线 A11（P2.3）悬空。注意，高位地址线可以任选一根悬空，但一般来说，最好选择最高位或最低位的地址线悬空。图 7. 12 给出了用线选法扩展 4 片 6116 外部数据存储器的具体硬件连接电路。

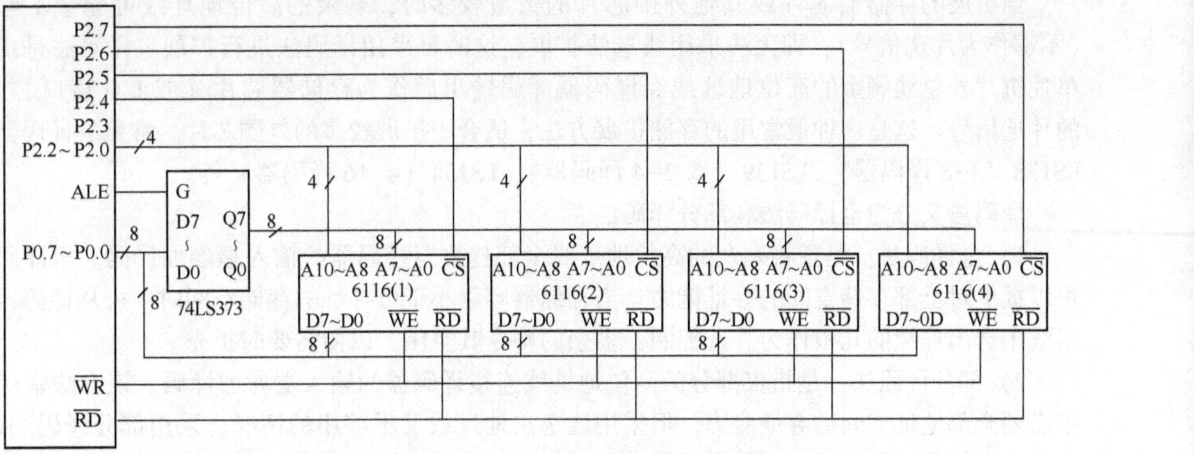

图 7. 12　利用线选法扩展 4 片 6116 数据存储器的硬件电路

由图 7. 12 可见，每片 6116 存储器芯片的地址范围由片选 A15～A12 和单元选择 A10～A0 确定，A11 悬空，状态为“0”或“1”均不影响 6116 存储器单元的选择，因此 A11 的状态可以用“x”表示，x 为任意值。以 6116（1）为例，它的地址范围应为 1110 x000 0000 0000B～1110 x111 1111 1111B，x 为“0”或“1”均可，当 x＝0 时，6116（1）的地址范围为 E000H～E7FFH；当 x＝1 时，它的地址范围为 E800H～EFFFH。可见，E000H～E7FFH 和 E800H～EFFFH 均指向 6116（1）芯片，即存在多个地址（2 个）指向 6116（1）的同一个存储单元，这称为地址空间的重叠现象。只要存在高位地址线悬空将必然存在地址重叠现象。表 7. 7 给出了 4 片 6116 芯片的具体地址范围，每片 6116 均存在地址重叠现象。

表 7. 7　4 片 6116 芯片对应的存储空间地址表

P2. 7	P2. 6	P2. 5	P2. 4	P2. 3	P2. 2～P2. 0，P0. 7～P0. 0	地 址 范 围	选中芯片
A15	A14	A13	A12	A11	A10～A0		
1	1	1	0	x	000H～7FFH	E000H～E7FFH E800H～EFFFH	6116（1）
1	1	0	1	x	000H～7FFH	D000H～D7FFH D800H～DFFFH	6116（2）
1	0	1	1	x	000H～7FFH	B000H～BFFFH B800H～BFFFH	6116（3）
0	1	1	1	x	000H～7FFH	7000H～77FFH 7800H～7FFFH	6116（4）

可见，线选法的优点是只需把用到的地址线与存储器芯片的片选端直接相连即可，因此电路简单，不需要其他外围器件，成本低，体积小。线选法的缺点是可寻址的器件数目是有限的。同时，从表 7. 6 可见，芯片占用的存储空间是断续的，不能充分利用存储空间。从表 7. 7 可见，若存在地址线悬空的情况，每个接口电路的地址空间存在重叠现象，这给程序设计带来了一些不便。所以线选法一般用于不太复杂的系统中，对于复杂系统则一般采用译码法。

7.3.2 译码法

当扩展的存储器芯片或其他外围芯片的数量较多时，剩余的高位地址线可能会不够用（不够作为片选信号），即无法采用线选法扩展，这时可采用译码法进行扩展。译码法是指将单片机片外总线剩余的高位地址线经译码器译码输出后作为存储器芯片（或 I/O 接口芯片）的片选信号。这是一种最常用的存储扩展方法，适合于扩展较多的外围芯片。常见的译码器有 LS138（3-8 译码器）、LS139（双 2-4 译码器）、LS154（4-16 译码器）等。

译码法又分为全译码法和部分译码法。

1）全译码法：是指将剩余的高位地址线全部连接至译码器的输入端参加译码。全译码法可以提供对全部存储空间的寻址能力。当存储器容量小于可寻址的存储空间时，可从译码器输出线中选出连续的几根作为片选控制，多余的则令其空闲，以便需要时扩充。

2）部分译码法：是指仅部分的高位地址线连接译码器的输入端参加译码。该方法常用于不需要全部地址空间的寻址能力，但采用线选法地址线又不够用的情况。采用部分译码法时，由于未参加译码的高位地址与存储器地址无关，即存在高位地址线悬空，因此存在地址重叠问题。当选用不同的高位地址线进行部分译码时，其译码对应的地址空间不同。

下面通过例子说明译码法的具体扩展方法。

【例 7.3】 利用译码法扩展 4 片 27128 程序存储器，请画出电路图，并写出每片 27128 的地址范围。

分析： 1 片 27128 是 16 KB，需要 14 根地址线实现单元选择，即需要地址总线的低 14 根 A13~A0（P2.5~P2.0 和锁存器 Q7~Q0）分别连接到 27128 的地址引脚 A13~A0，这样系统地址总线还剩余 2 根高位地址线 A15 和 A14。但是，要扩展 4 片 27128，采用线选法用剩余的 2 根高位地址线不够实现片选，因此，这时需要采用译码法，选择将剩余 2 根高位地址线连接 2-4 译码器 74LS139 可输出 4 个片选信号分别选中 4 片 27128，74LS139 的真值表如表 7.8 所示，具体的扩展电路如图 7.13 所示。由于全部剩余高位地址全部参加译码，因此该扩展方法为全译码法。此外，由于扩展的是程序存储器，因此选择 51 单片机的程序读选通引脚 $\overline{PSEN}$ 连接 27128 的读选通引脚。

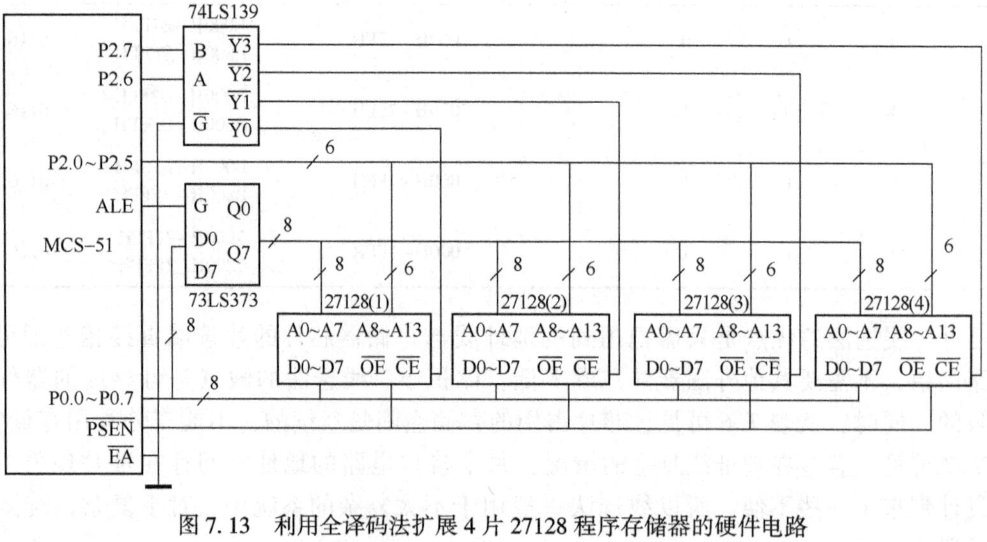

图 7.13　利用全译码法扩展 4 片 27128 程序存储器的硬件电路

表 7.8　74LS139 真值表

输　入		输　出			
B	A	$\overline{Y3}$	$\overline{Y2}$	$\overline{Y1}$	$\overline{Y0}$
0	0	1	1	1	0
0	1	1	1	0	1
1	0	1	0	1	1
1	1	0	1	1	

由图 7.13 可见，每片 27128 存储器芯片的地址范围由片选 A15、A14 和单元选择 A13～A0 确定，每片 27128 是 16 KB，4 片共 64 KB，具体地址范围如表 7.8 所示。全译码使用了所有的 16 位地址线，因此占用了所有的 64 KB 片外程序存储空间。而且，由表 7.9 可见，所有的存储单元地址是连续且唯一的，不存在地址重叠。

表 7.9　4 片 27128 芯片对应的存储空间地址表

P2.7	P2.6	P2.5～P2.0，P0.7～P0.0	地 址 范 围	选中芯片
A15	A14	A13～A0		
0	0	00 0000 00000000B～11 1111 1111 1111B	0000H～3FFFH	27128（1）
0	1	00 0000 0000 0000B～11 1111 1111 1111B	4000H～7FFFH	27128（2）
1	0	00 0000 0000 0000B～11 1111 1111 1111B	8000H～BFFFH	27128（3）
1	1	00 0000 0000 0000B～11 1111 1111 1111B	C000H～FFFFH	27128（4）

【例 7.4】 利用译码法扩展 4 片 6264 数据存储器，请画出电路图，并写出每片 6264 的地址范围。

分析： 1 片 6264 是 8 KB，需要 13 根地址线实现单元选择，即需要地址总线的低 13 根 A12～A0（P2.4～P2.0 和锁存器 Q7～Q0）分别连接到 6264 的地址引脚 A12～A0，这样系统地址总线还剩余 3 根高位地址线 A15、A14 和 A13。但是，要扩展 4 片 6264，采用线选法用剩余的 3 根高位地址线不够实现片选，因此，这时也需要采用译码法，选择将剩余高位地址线中的两根 A15 和 A14（即 P2.7 和 P2.6）连接 2-4 译码器 74LS139 输出 4 个片选信号分别选中 4 片 6264，剩余一根高位地址线 A13（即 P2.5）悬空，具体的扩展电路如图 7.14 所示。由于只有部分剩余高位地址参加译码，因此该扩展方法为部分译码法。此外，由于扩展的是数据存储器，因此分别选择 51 单片机的数据读、写选通引脚 $\overline{RD}$、$\overline{WR}$ 连接 6264 的读、写选通引脚 $\overline{OE}$、$\overline{WE}$。

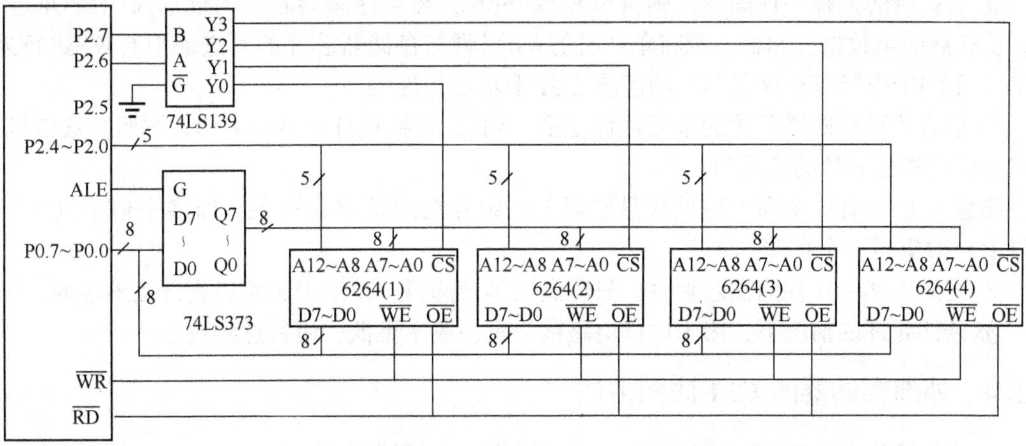

图 7.14　利用部分译码法扩展 4 片 6264 数据存储器的硬件电路

由图 7.14 可见，每片 6264 存储器芯片的地址范围由片选 A15、A14 和单元选择 A12~A0 确定，每片 6264 是 8KB，4 片共 32KB，由于 A13 地址线悬空（为“0”或“1”均可），存储器芯片地址也存在地址重叠现象，从而导致每两片存储器芯片之间的地址不连续，具体地址范围如表 7.10 所示。

表 7.10　4 片 6264 芯片对应的存储空间地址表

P2.7	P2.6	P2.5	P2.4~P2.0，P0.7~P0.0	地址范围	选中芯片
A15	A14	A13	A12~A0		
0	0	x	0 0000 0000 0000B~1 1111 1111 1111B	0000H~1FFFH 2000H~3FFFH	6264（1）
0	1	x	00000 0000 0000B~1 1111 1111 1111B	4000H~5FFFH 6000H~7FFFH	6264（2）
1	0	x	00000 0000 0000B~1 1111 1111 1111B	8000H~9FFFH A000H~BFFFH	6264（3）
1	1	x	00000 0000 0000B~1 1111 1111 1111B	C000H~DFFFH E000H~FFFFH	6264（4）

可见，译码法寻址的优点是可以用少量高位地址线寻址较多的扩展芯片，充分利用了存储空间，适合规模较大的应用系统，其缺点是要增加译码电路，硬件电路相对复杂。全译码时，所有扩展的存储器芯片地址是连续的，且不存在地址重叠现象；部分译码时，由于存在高位地址线悬空，扩展的存储器芯片存在地址重叠现象。

7.3.3　存储器扩展具体步骤

从存储器扩展方法的介绍中可知，存储器扩展时必须遵循以下步骤：

① 构造单片机片外总线。

② 根据存储器容量大小，确定实现“单元选择”单片机需要几根地址线，然后将这些地址线与存储器地址线进行连接。

③ 当剩余高位地址线足够作为片选信号时，可采用线选法直接从剩余高位地址线选出引脚与存储器芯片的片选引脚连接；反之，应采用译码法，从剩余高位地址线选出引脚连接译码器芯片产生片选信号，再将这些片选信号与存储器芯片的片选引脚连接。

④ 将单片机的数据总线（P0 口）与存储器芯片的数据线 D7~D0 进行连接。

⑤ 若扩展的是程序存储器，则将单片机$\overline{PSEN}$引脚与存储器芯片的读选通引脚$\overline{OE}$进行连接；若扩展的是数据存储器，则将单片机的$\overline{WR}$引脚与存储器芯片的写选通引脚$\overline{WE}$进行连接，将单片机的$\overline{RD}$引脚与存储器芯片的读选通引脚$\overline{OE}$进行连接。

⑥ 最后计算存储器芯片的单元地址范围，列出 16 根地址线 A15~A0，按照片选信号和单元选择确定每片芯片的单元地址。

注意：① 当有剩余高位地址线悬空时，一定存在地址重叠现象，即多个地址（2 个或 2 个以上）对应同一个存储单元。

② 当只扩展一片存储器芯片时，只需满足单元选择，片选引脚可以直接接地选通。

③ 条件允许的情况下，因为硬件电路最简单，成本更低，应首选线选法。

7.3.4　外部存储器的 C51 访问方法

51 单片机片内 ROM 与片外 ROM 是映射在同一个程序存储空间，因此，单片机访问片外程序存储器与访问片内程序存储器的方法是完全相同的，主要有两种情况，一种是将片外ROM中的指令读取到CPU中执行；另一种是执行MOVC的指令，这类指令只有“MOVC A, @A+DPTR”和“MOVC A, @A+PC”两条。第一种情况C51编写程序时无需做任何定义，即当程序指令存放在片外ROM中时，单片机会自动寻址片外ROM单元进行取指执行。第二种情况C51编写程序时只需用code关键字定义变量存储类型即可，这时C编译器会将code定义的变量数据存放在程序存储器中，并译成MOVC的指令进行访问。

51单片机片内RAM与片外RAM是映射在两个不同的数据存储空间，单片机访问片内RAM和片外RAM的指令也不同，访问片外RAM只有MOVX类指令，用C51编写程序访问片外RAM时必须用xdata或pdata关键字定义变量存储类型。下面通过例子具体说明对片外RAM存储单元进行读写操作的程序编写。

【例7.5】 请编写程序将片外RAM 2000H单元的数据读到累加器A中。

分析： 对片外绝对地址的访问有两种方法，一种是用“_at_”关键字定义，另一种是用指针定义。该题是对片外RAM进行读操作，具体C51程序如下：

```
方法1:unsigned char xdata x _at_ 0x2000;
      Acc = x;
方法2:unsigned char xdata *p;
      p= 0x2000;
      Acc = *p;
```

【例7.6】 请编写程序将累加器A中的数据送到片外RAM 2000H单元。

分析： 该题是对片外RAM进行写操作，具体C51程序如下：

```
方法1:unsigned char xdata x _at_ 0x2000;
      x = Acc;
方法2:unsigned char xdata *p;
      p = 0x2000;
      *p = Acc;
```

7.4 程序存储器的扩展与应用

当采用片内无程序存储器的单片机或单片机的片内程序存储器不够用时，需要在外部扩展程序存储器，其扩展容量随应用需求而定。随着大规模集成电路的发展，程序存储器的单片容量越来越大，通常扩展一片芯片即可达到要求。

这里需要注意的是，MCS-51系列单片机的引脚$\overline{EA}$和程序存储器的扩展有关。如果$\overline{EA}$接低电平，则不使用片内程序存储器，片外程序存储器的地址范围为0000H~FFFFH；如果$\overline{EA}$接高电平，片内程序存储器和片外程序存储器总容量为64 KB。

进行扩展时，由P2口提供高8位地址，P0口分时提供低8位地址和8位双向数据线。CPU只能对程序存储器进行读操作，所以程序存储器使用的控制信号是$\overline{PSEN}$，程序存储器的访问是单片机在取指令时自动进行的，另外查表指令MOVC也可以从程序存储器中读取数据。

目前，ROM芯片单片容量已经达到或者超过64 KB，外部扩展程序存储器时，单片就可满足要求。当ROM容量小于64 KB时，可扩展多片，以2716为例，给出了扩展4片2 KB程序存储器的示例，按7.3.3节给出的存储器扩展步骤，剩余高位地址线足够作为片选，因此采用线选法扩展程序存储器如图7.15所示。

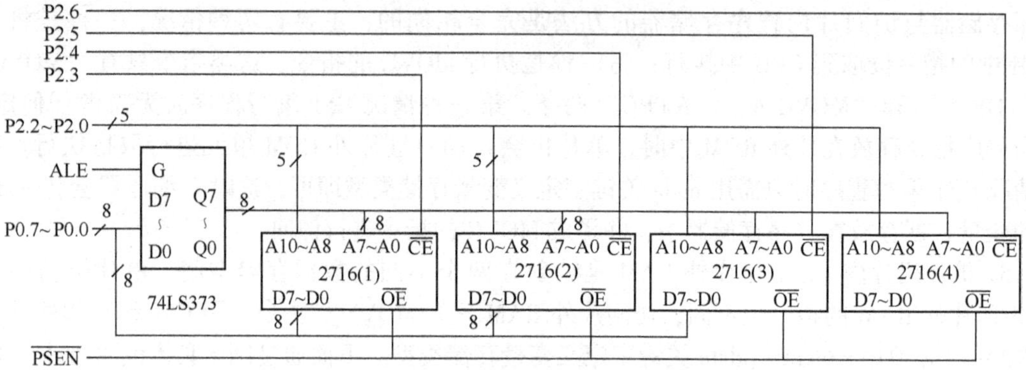

图 7.15　单片机扩展 4 片 2 KB 程序存储器的方法

2716 是 2 KB×8 位 EPROM 器件，有 11 根地址线 A10～A0 输入，它能区分 11 位二进制地址信息。这 11 根地址线分别与 MCS-51 单片机的 P0 口和 P2.2～P2.0 连接。

图中 74LS373 是带三态输出的 8 位锁存器，三态控制接地。G 端与 51 单片机的 ALE 连接，每当 ALE 下跳变时，74LS373 锁存低 8 位地址信号，并输出供系统使用。

程序存储器扩展主要围绕地址线、数据线和控制线的连接展开。

1）地址线：地址线的连接与存储器芯片的容量有直接的关系。2716 的存储容量为 2 KB，需要 11 位地址（A10～A0）进行存储单元的选择。高位地址线 P2.6～P2.3 作为芯片选择信号，分别与 4 片 2716 的 $\overline{CE}$ 端相连，$\overline{CE}$ 为片选信号，低电平有效时，表示选中该 2716 芯片。该片选信号决定了 2716 这块芯片的 2 KB 存储单元在整个 MCS-51 单片机扩展程序存储器 64 KB 空间中的位置。

2）数据线：程序存储器的数据输出引脚 D7～D0 与 P0 口对应连接。

3）控制线：单片机的外部存储器选通信号口 $\overline{PSEN}$ 则与 2716 的 $\overline{OE}$ 端相接，以便进行存储单元的读出选通。当 $\overline{OE}=0$ 且 $\overline{CE}=0$ 时，被寻址的单元才能被读出。

根据图 7.15，程序存储器对应的地址空间如表 7.11 所示。

表 7.11　4 片 2716 芯片对应的存储空间地址表

P2.6	P2.5	P2.4	P2.3	选中芯片	地址范围	存储容量
1	1	1	0	2716（1）	7000H～77FFH 或 F000H～F7FFH	2 KB
1	1	0	1	2716（2）	6800H～6FFFH 或 E800H～EFFFH	2 KB
1	0	1	1	2716（3）	5800H～5FFFH 或 D800H～DFFFH	2 KB
0	1	1	1	2716（4）	3800H～3FFFH 或 B800H～BFFFH	2 KB

由于 P2.7 在扩展过程中没有用到，所以可以为任意状态，即每一位取 0 或 1 都可以。这就使得经过扩展后，2716（1）～(4）都有地址范围重叠现象。这种地址范围重叠是由高位地址线悬空造成的。

7.5　数据存储器的扩展与应用

由于单片机的内部数据存储器容量较小，在需要大量数据缓冲的单片机应用系统中，仅靠片内提供的 RAM 是远远不够的，经常需要在外部扩展数据存储器，其扩展容量随应用需求而定。由于单片机地址总线为 16 条，即 A15~A0，所以最大可寻址空间为 64 KB。

数据存储器扩展同程序存储器扩展一样，均是挂在片外地址总线上，通过控制引脚的不同，其地址分别映射在片外数据存储空间和程序存储空间。程序存储器控制引脚为$\overline{PSEN}$，数据存储器可读可写，读和写分别由 MCS-51 单片机的$\overline{RD}$和$\overline{WR}$信号控制，它们分别是 MCS-51 单片机的 P3.7 和 P3.6 引脚。单片机对于片外数据存储器的访问可通过 MOVX 指令来完成。

同样的，目前 RAM 芯片的单片容量已经达到或者超过 64 KB，外部扩展数据存储器时，单片就可满足要求。当 RAM 容量小于 64 KB 时，可扩展多片，例 7.1、7.2 和 7.4 均给出扩展多片数据存储器的示例。这里仅给出扩展单片 64 KB 的 RAM 芯片 62512 的示例，按 7.3.3 节给出的存储器扩展步骤，因只扩展一片数据存储器，只需实现单元选择（容量为 64 KB，单元选择占用了全部的 16 根地址线），不需要片选信号，所以将 62512 的片选引脚$\overline{CE}$直接接地选通即可，最终的扩展电路如图 7.16 所示，62512 芯片所对应的地址范围为 0000H~FFFFH，共 64 KB。

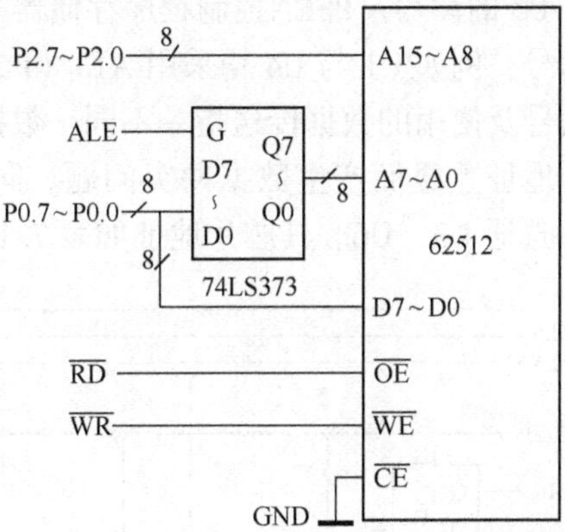

图 7.16　数据存储器 62512 的扩展连接电路

【例 7.7】根据图 7.16，请编写程序将片外数据存储器中 5000H~50FFH 单元全部清零，然后将 6000H~600FH 单元的数据分别存入片内 RAM 的 30H~3FH 中。

```
main()
{unsigned char xdata *p1, *p2;          //将指针 p1 和 p2 定义指向片外 RAM
 unsigned char data *p3;                //将指针 p3 定义指向片内 RAM
 unsigned int k;
 p1 = 0x5000;
 p2 = 0x6000;
 p3 = 0x30;
 for(k = 0;k < 256;k++) *(p1+k) = 0;
 for(k = 0;k < 16;k++) *(p3+k) = *(p2+k);
}
```

7.6　存储器的综合扩展

在实际的应用系统中，不仅需要扩展程序存储器，还需要扩展数据存储器。值得注意的是，单片机访问程序存储器和数据存储器的控制信号是不一样的，当访问程序存储区时，使用的控制信号是$\overline{PSEN}$，而访问数据存储区则使用的是$\overline{RD}$和$\overline{WR}$控制信号。正因为如此，51 单片机的两个存储区的地址是重合的，都是 0000H~FFFFH，但由于控制信号及使用的数据传送指令不同，且执行指令过程中取指和取操作数是在不同的时钟周期完成的（即程序存储器与数据存储器分时操作），程序存储器与数据存储器之间不会因为地址重叠而产生数据冲突问题。

【例 7.8】要求 MCS-51 单片机同时扩展 24 KB 的外部数据存储器 6264 和 24 KB 的外部程

序存储器 2764，请设计扩展电路。

分析：RAM 6264 和 EPROM 2764 均为 8 KB 器件，要同时扩展 24 KB 的外 RAM 和外 ROM，需要 3 片的 6264 和 3 片的 2764。8 KB 器件需要 13 根地址线 A12～A0 实现单元选择，还剩下 3 根高位地址线正好可分别作为 3 片 6264 和 3 片 2764 的片选信号，因此，采用线选法扩展电路如图 7.17 所示。锁存器 74LS373 的 G 端与 51 单片机的 ALE 连接，锁存低 8 位地址信号。U1、U2、U3 为 6264 数据存储器，U4、U5、U6 为 2764 程序存储器。$\overline{RD}$和$\overline{WR}$控制数据存储器 U1、U2、U3 的读写。$\overline{PSEN}$控制程序存储器 U4、U5、U6 的访问。虽然 6264 和 2764 使用相同的片选信号，例如 U1 与 U4 均采用 A13（P2.5 引脚）进行选通，具有相同的地址空间，但由于控制信号及使用的数据传送指令不同，数据存储器 6264（1）与程序存储器 2764（1）之间不会因为地址重叠而产生数据冲突问题。同理，A14（P2.6 引脚）选通 U2、U5，A15（P2.7 引脚）选通 U3、U6。其芯片地址如表 7.12 所示。

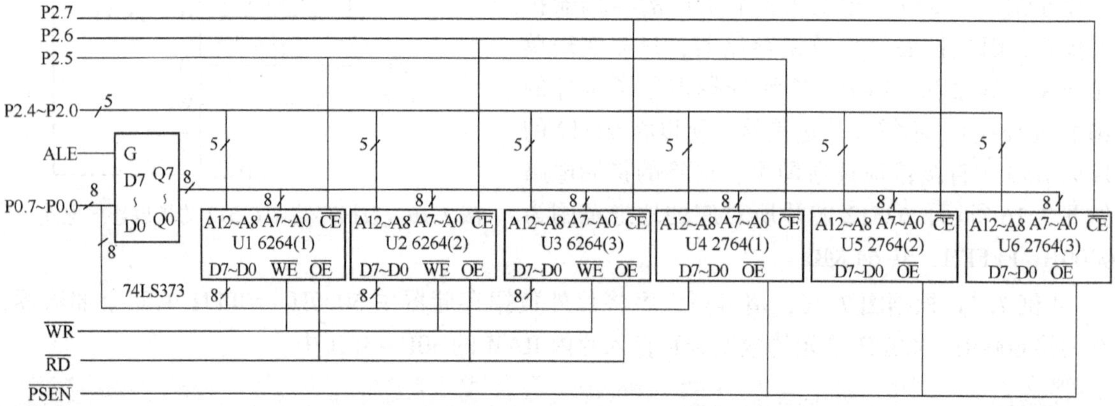

图 7.17　采用线选法进行外部 RAM 和 ROM 综合扩展电路

表 7.12　3 片 6264 和 3 片 2764 芯片对应的存储空间地址表（线选法）

P2.7	P2.6	P2.5	选中芯片	地址范围	存储容量
1	1	0	U1、U4	C000H～DFFFH	8 KB
1	0	1	U2、U5	A000H～BFFFH	8 KB
0	1	1	U3、U6	6000H～7FFFH	8 KB

注意，片外 RAM 和 ROM 的存储单元可具有相同地址的前提是分时访问，若 CPU 同时访问片外 RAM 和 ROM，则由于共用同一条数据总线，访问的数据将在数据总线上产生冲突，所幸 51 单片机在执行指令过程中取指、译码、取操作数和执行 4 个步骤是在不同时钟周期内完成的，因此不存在片外 RAM 和 ROM 的同时访问。若假设片外 RAM 和 ROM 存在同时访问的情况，则片外 RAM 和 ROM 的地址空间不能相同，即必须采用不同的片选信号选通片外 RAM 芯片和 ROM 芯片。例 7.8 中，扩展 3 片 6264 和 3 片 2764 共 6 片，单元选择需要 13 根地址线，剩余高位地址线只有 3 根，不够选通 6 片芯片，必须采用译码法，将全部剩余高位地址线连接 74LS138 译码器产生片选信号，选择其中 Y5～Y0 分别选通 U6～U1 芯片，具体扩展电路如图 7.18 所示。其相应的存储空间地址表如表 7.13 所示。由于采用的是全译码法，所有芯片的地址是连续的，且不存在地址重叠现象。

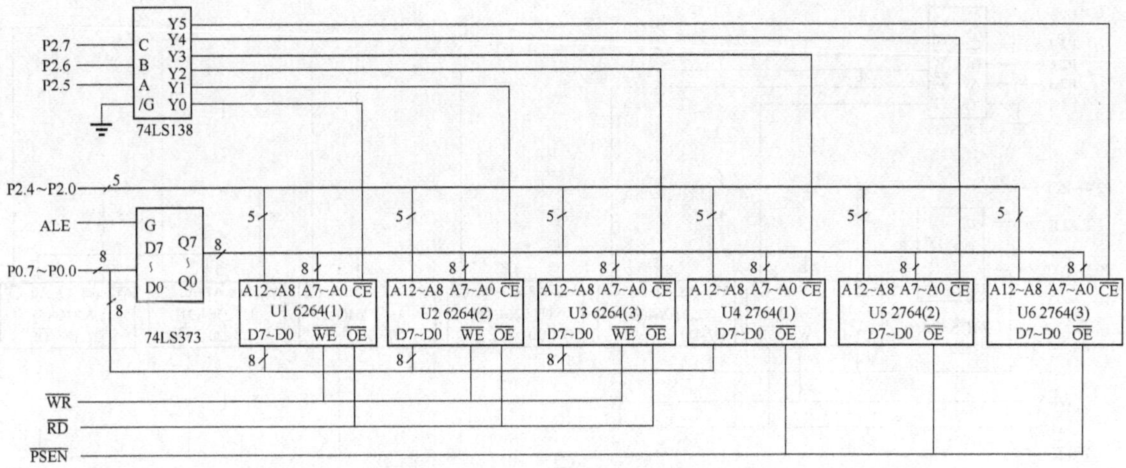

图 7.18　采用译码法进行外部 RAM 和 ROM 综合扩展电路

表 7.13　3 片 6264 和 3 片 2764 芯片对应的存储空间地址表（全译码法）

P2.7	P2.6	P2.5	选通信号	选中芯片	地址范围	存储容量
0	0	0	Y0	U1	0000H～1FFFH	8 KB
0	0	1	Y1	U2	2000H～3FFFH	8 KB
0	1	0	Y2	U3	4000H～5FFFH	8 KB
0	1	1	Y3	U4	6000H～7FFFH	8 KB
1	0	0	Y4	U5	8000H～9FFFH	8 KB
1	0	1	Y5	U6	A000H～BFFFH	8 KB

上面介绍的均是先扩展电路，再根据电路获得每片存储器芯片的地址范围，但有时用户希望先规定要扩展的存储器芯片的地址范围，再根据地址确定扩展电路。

【例 7.9】 要求 MCS-51 单片机同时扩展 3 片数据存储器 6264 和 3 片程序存储器 2764，并要求数据存储器映射在起始地址为 2000H 的连续地址空间，程序存储器映射在起始地址为 A000H 的连续地址空间，请设计相关扩展电路。

分析： 将 3 片 6264 编号分别为 U1、U2、U3，2764 编号分别为 U4、U5、U6，6264 和 2764 均为 8 KB 器件，需要 13 根地址线进行单元选择，由于线选法的地址空间不连续，所以应采用译码法进行扩展，将剩余的 3 根高位地址线 A15～A13（P2.7～P2.5）连接译码器 74LS138 的 C、B、A 端。数据存储器起始地址为 2000H，由此可推出 A15～A13 为 001，这时 Y1 输出 0，则 Y1 应选通数据存储器 U1，Y2 选通 U2，Y3 选通 U3；程序存储器起始地址为 A000H，可推出 A15～A13 为 101，这时 Y5 输出 0，则 Y5 应选通程序存储器 U4，Y6 选通 U5，Y7 选通 U6。最终扩展电路如图 7.19 所示。每片存储器芯片地址范围如表 7.14 所示。

表 7.14　3 片 6264 和 3 片 2764 芯片对应的存储空间地址表

P2.7	P2.6	P2.5	选通信号	选中芯片	地址范围	存储容量
0	0	1	Y1	U1	2000H～3FFFH	8 KB
0	1	0	Y2	U2	4000H～5FFFH	8 KB
0	1	1	Y3	U3	6000H～7FFFH	8 KB
1	0	1	Y5	U4	A000H～BFFFH	8 KB
1	1	0	Y6	U5	C000H～DFFFH	8 KB
1	1	1	Y7	U6	E000H～FFFFH	8 KB

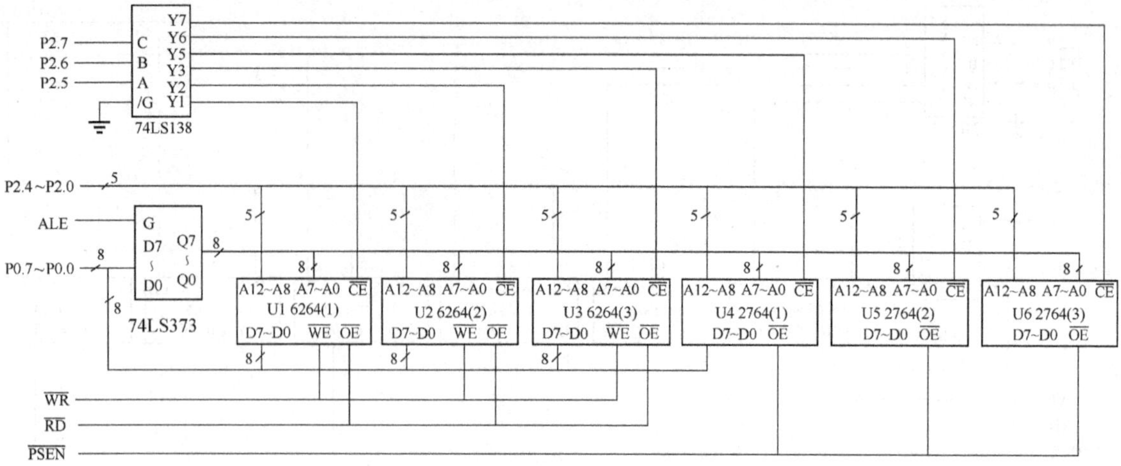

图 7.19　采用译码法扩展 6264 和 2764

7.7　输入/输出（I/O）接口的扩展

同前面的存储器扩展一样，I/O 口扩展也属于系统扩展的一部分。I/O 接口是单片机与外设交换数字信息的桥梁。MCS-51 系列单片机共有 4 个 8 位并行 I/O 口 P0、P1、P2 和 P3，当单片机带有片内程序存储器且不使用外部扩展时，这 4 个 I/O 口可以作为用户 I/O 口使用。但是，单片机通常通过 P0 口和 P2 口构成数据、地址总线，扩展 EPROM、RAM 或其他功能芯片。这样一来，只剩下 P1 口和部分 P3 口可提供给用户用作 I/O 口。另外，51 单片机集成的片内资源较少，例如缺少 A/D、D/A 模块等。因此，为了解决片内通用 I/O 端口和外设资源不够用的问题，在大部分的 MCS-51 单片机应用系统设计中都需要进行 I/O 的扩展。I/O 接口扩展方法和存储器方法类似，也有采用总线方式的并行扩展和利用串行口的串行扩展两种。本章主要介绍并行扩展方式。

7.7.1　I/O 接口扩展概述

1. I/O 接口功能

在单片机应用系统中，I/O 接口电路主要应满足以下要求。

（1）实现 CPU 和不同外设的速度匹配

单片机速度是微秒量级的，而大多数外设的速度很慢。为实现和不同的外设的速度匹配，CPU 只有在确认外设已为数据传送做好准备的前提下才能进行 I/O 操作（异步方式）。也就是说只有外设处于准备好状态，CPU 才开始进行 I/O 操作。这就需要 I/O 接口电路进行外设状态信息的传送。为了实现这一点，I/O 接口电路必须根据不同外设选择恰当的 I/O 数据传送方式。I/O 数据传送的几种方式是：无条件传送、查询式传送、中断传送。

（2）输入数据三态缓冲

输入设备向单片机输入数据时，数据总线上面可能“挂”有多个数据源，为不发生冲突，只允许当前正在进行数据传送的数据源使用数据总线，其余的应处于隔离状态。I/O 电路具有三态缓冲器，可以保证数据源的有效隔离。

（3）输出数据锁存

由于 CPU 工作速度快，数据在数据总线上保留的时间十分短暂，外设接收数据的速度跟不上 CPU 发送数据的速度。前一个数据没来得及接收，后一个数据又送上来了，这样就把前一个数据覆盖了，无法满足慢速外设的数据接收要求。I/O 电路具有数据锁存器，可以保证接收设备接收数据。

（4）数据格式转换

单片机只能输入和输出数字信号，但是有些设备所提供或所需要的并不是数字信号的有效格式。为此，需要使用 I/O 接口电路进行数据信号的转换，也包括数模之间的转换等。

2. I/O 接口扩展方法

51 单片机是将外部数据存储器 RAM 和 I/O 接口统一编址的，用户可以把外部 64 K 字节的数据存储器 RAM 空间的一部分作为扩展 I/O 接口的地址空间，每一个接口芯片中的一个功能寄存器口地址就相当于一个 RAM 存储单元，CPU 可以像访问外部数据存储器 RAM 那样访问外部 I/O 接口芯片，对其功能寄存器进行读、写操作。因此，51 单片机扩展外部 I/O 接口的方法与扩展外部数据存储器的方法完全一致，也是将 I/O 接口芯片挂在单片机的片外总线上。

常用的 I/O 口扩展芯片有 8255A、8155、8253 等，此外，74LS 系列的 TTL 电路也可以作为 MCS-51 系列单片机的扩展 I/O 口，如 373、573、377、245、244、273、367 等。

7.7.2 TTL 芯片扩展

对于一些简单外设的接口，通常只要按照“输入三态，输出锁存”与总线相连的原则，即扩展的输入口面向总线，必须是三态的；扩展的输出口连接外部设备，应具有锁存功能的原则，通过数据锁存器、缓冲器等来扩展简单 I/O 接口。

采用这些简单接口芯片进行系统扩展，接口电路简单、配置灵活、编程方便且价格低廉，是 I/O 端口扩展的首选方案。

【例 7.10】 使用单片机的 P0 口片外扩展一片 74LS373 作并行数据输出口接发光二极管，扩展一片 74LS244 作并行数据输入口接按键，并要求编程实现用 8 个按键分别控制 8 个发光二极管。

图 7.20 所示为采用 74LS244 作扩展输入、74LS373 作扩展输出的简单 I/O 扩展电路。图中，P0 为双向数据线，既从 74LS244（缓冲器）输入数据，又向 74LS373（锁存器）输出数据。74LS244 是典型的 TTL 型三态缓冲门电路。

输入控制信号由 P2.0 和 $\overline{RD}$ 组成，当 P2.0 为低电平，$\overline{RD}$ 为低电平时（通过总线方式读操作时，自动会产生低电平脉冲），选通 74LS244，将外部信息输入到总线。与 74LS244 相连的按键开关 K7～K0 控制输入数值，当某按键断开时，对应位输入为 1，若按下某键，则所在线输入为 0。

输出控制信号由 P2.1 和 $\overline{WR}$ 组成，当 P2.1 为高电平（取非输入到或门时为低电平），$\overline{WR}$ 为低电平时（通过总线方式写操作时，自动会产生低电平脉冲），或门输出 0，选通 74LS373，将 P0 口的数据锁存到 74LS373，其输出控制着发光二极管 LED7～LED0。当某线输出低电平时，对应的 LED 发亮。

当选通 74LS244 时，为了不选通 74LS373，将 P2.1 置为低电平；同理，当选通 74LS373 时，为了不选通 74LS244，将 P2.0 置为高电平。

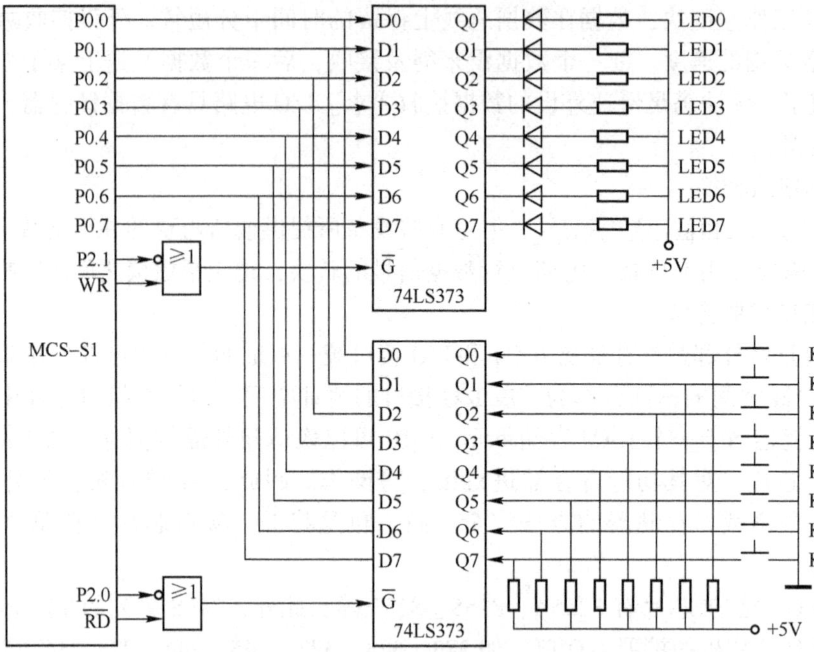

图 7.20　利用 74LS373 和 74LS244 进行 I/O 扩展

通过以上分析，74LS244 的 I/O 地址为 0000H（P2.0 为 0，P2.1 为 0，其他位为任意值，这里取 0），74LS373 的地址为 0300H（P2.1 为 1，P2.0 为 1，其他位为任意值，这里取 0）。

对于图 7.20 所示的电路，可以实现如下功能：按下任意一个按钮，对应的 LED 发亮，例如，按 K0 则 LED0 发亮，按 K1 则 LED1 发亮等。片外 I/O 的访问具体有 3 种编程方法。

方法一：与访问片外 RAM 的方法一致，C51 定义格式为：

```
unsigned char xdata io 名称  _at_  io 地址;
```

如：

```
unsigned char xdata io373  _at_  0x0300;    //定义 74LS373 的 I/O 地址
unsigned char xdata io244  _at_  0x0000;    //定义 74LS244 的 I/O 地址
main()
while(1) {io373=io244;}                     //把按键状态送给 LED 显示
```

方法二：利用宏定义，C51 定义格式为：

```
#define  io 名称  *(unsigned char volatile xdata *)io 地址
```

如：

```
#define  io373 *(unsigned char volatile xdata *)0x0300    //定义 74LS373 的 I/O 地址
#define  io244 *(unsigned char volatile xdata *)0x0000    //定义 74LS244 的 I/O 地址
main()
while(1) {io373=io244;}                                   //把按键状态送给 LED 显示}
```

方法三：利用头文件中的 XBYTE 定义，本质上和方法二的定义是类似的，C51 定义格式为：

```
#define  io 名称 XBYTE[io 地址]
```

如：

```
#include<absacc.h>
#include<reg52.h>
#define io373  XBYTE[0x0300]     //定义 74LS373 的 I/O 地址
#define io244  XBYTE[0x0000]     //定义 74LS244 的 I/O 地址
main()
while(1) {io373=io244;}          //把按键状态送给 LED 显示
```

7.7.3 8255A 可编程并行 I/O 接口

TTL 芯片虽然可以作为 I/O 接口芯片，但不可编程，其功能取决于芯片集成电路，8255A 是 Intel 公司生产的可编程并行 I/O 接口芯片，它具有 3 个 8 位并行 I/O 口，具有 3 个通道 3 种工作方式，可通过编程改变其功能，使用灵活方便，通用性强。其工作方式的确定和改变可由软件方法实现，故称为可编程接口芯片。

1. 8255A 的内部结构

8255A 作为单片机与多种外设连接时的中间接口电路，必须提供与主机相连的 3 个总线接口，即数据线、地址线、控制线接口。同时必须具有与外设相连接的接口 A、B、C 口。由于 8255A 可编程，所以必须具有逻辑控制部分。因此，8255A 必须具有 3 个部分：与 CPU 连接部分、与外设连接部分、控制部分。具体结构如图 7.21 所示。

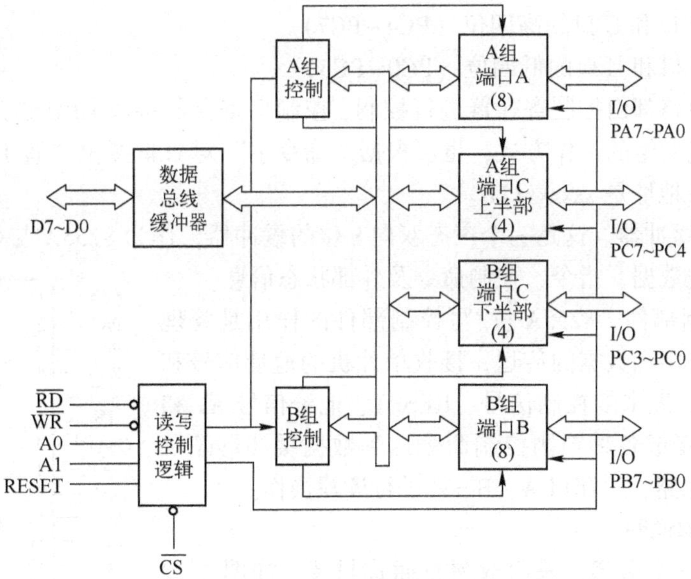

图 7.21　8255 内部逻辑结构图

（1）与 CPU 连接部分

1）数据总线 DB：编号为 D7～D0，用于 8255A 与 CPU 传送 8 位数据。

2）地址总线 AB：编号为 A1、A0，用于选择 A、B、C 口与控制寄存器。

3）控制总线 CB：片选信号$\overline{CS}$、复位信号 RST、写信号$\overline{WR}$、读信号$\overline{RD}$。当 CPU 要对 8255A 进行读、写操作时，必须先向 8255A 发片选信号$\overline{CS}$选中 8255A 芯片，然后发读信号$\overline{RD}$或写信号$\overline{WR}$对 8255A 进行读或写数据的操作。

（2）与外设连接部分

8255A 有三个通道 A、B、C 与外设相连，各通道的结构组成及编号如下：

1）A 口：由一个 8 位数据输出锁存/缓冲器和一个 8 位数据输入锁存/缓冲器组成。编号 PA0~PA7，用于 8255A 向外设输入输出 8 位并行数据。是最灵活的输入输出寄存器，该寄存器的 I/O 地址为 xxxxxx00B。

2）B 口：由一个 8 位数据输出锁存/缓冲器和一个 8 位数据输入缓冲器（输入不锁存，不可工作在方式 2）组成。编号 PB7~PB0，用于 8255A 向外设输入输出 8 位并行数据。该寄存器的 I/O 地址为 xxxxxx01B。

3）C 口：由一个 8 位数据输出锁存/缓冲器和一个 8 位数据输入缓冲器（输入不锁存）组成。编号 PC7~PC0，用于 8255A 向外设输入输出 8 位并行数据。当 8255A 工作于应答 I/O 方式时，C 口用于应答信号的通信。该寄存器的 I/O 地址为 xxxxxx10B。

由此可以看出，三个 I/O 口都可以通过编程选择为输入或输出口。但在结构和功能上有所不同。当数据传送不需要联络信号时，这三个端口都可以用作输入或输出口。当 A 口、B 口需要联络信号时，C 口可以作为 A 口和 B 口的联络信号线。

（3）控制部分

1）A 组和 B 组控制电路。

这是两组根据 CPU 的命令字控制 8255A 工作方式的电路。

A 组：控制 A 口和 C 口的高四位（PC4~PC7）。

B 组：控制 B 口和 C 口的低四位（PC0~PC3）。

两组的控制电路都由控制寄存器进行控制，控制字寄存器接收 CPU 送来的控制字，根据写入的控制字决定两组的工作方式，也可根据“命令字”对 C 口按位“置 1”或“清零”。控制字寄存器的 I/O 地址是 xxxxxx11B。

2）数据总线缓冲器。这是一个三态双向 8 位的缓冲器，作为 8255A 与单片机数据线之间的接口，用来传送数据、指令、控制命令及外部状态信息。

3）读/写控制部件，8255A 读/写控制部件的作用是管理所有控制字、状态字和数据的传送，接收单片机的地址信号和控制信号，如 CPU 发来的控制信号、RESET、地址信号 A1 和 A0 等，并将其转变成各种控制控制命令送到数据缓冲器及 A 组和 B 组的控制电路，对端口 A、B、C 进行读写操作。

2. 8255A 引脚说明

8255A 共有 40 个引脚，采用双列直插式封装，如图 7.22 所示。

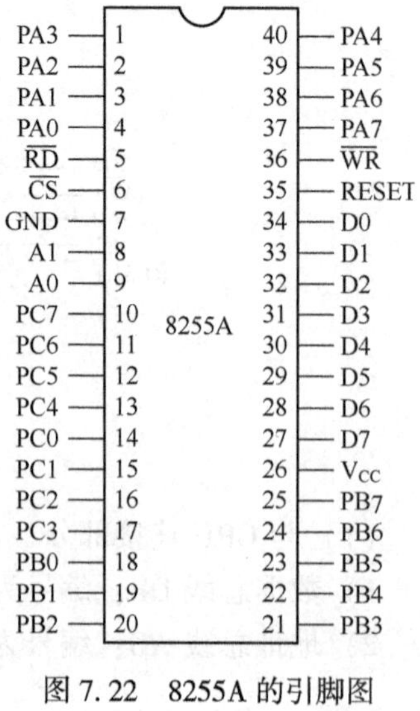

图 7.22　8255A 的引脚图

（1）数据总线 DB 引脚

D7~D0——三态双向数据线，与单片机的数据总线相连，用来传送数据信息。

（2）地址总线 AB 引脚

由于 8255A 具有 3 个通道 A、B、C，所以只要两根地址线就能寻址 A、B、C 口和控制寄存器。

A1、A0——地址线，用来选择 8255A 内部的 4 个端口。通过 A1、A0 的设置，可以选择 A、B、C 口和控制寄存器，具体方法见表 7.15。

表 7.15　8255A 读/写控制表

$\overline{CS}$	A1	A0	$\overline{RD}$	$\overline{WR}$	所选端口	操作
0	0	0	0	1	A 口	读端口 A
0	0	1	0	1	B 口	读端口 B
0	1	0	0	1	C 口	读端口 C
0	0	0	1	0	A 口	写端口 A
0	0	1	1	0	B 口	写端口 B
0	1	0	1	0	C 口	写端口 C
0	1	1	1	0	控制寄存器	写控制器
1	×	×	×	×	/	数据总线缓冲输出高阻抗

（3）控制总线 CB 引脚

$\overline{RD}$——读信号线，低电平有效，用于控制 CPU 从 8255A 端口寄存器读出数据或状态信号。

$\overline{WR}$——写信号线，低电平有效，用于控制 CPU 向 8255A 端口寄存器写入数据或控制字。

RESET——复位信号线，高电平有效。复位后，控制寄存器清零，A、B、C 口被置为输入方式。

V_{CC}——+5 V 电源线。

GND——地信号线。

$\overline{CS}$——片选信号线，低电平有效，用于选中 8255A 芯片。

（4）3 个通道引脚

PA7~PA0——A 口的 8 根输入/输出信号线，用于与外部设备连接。可由软件编程设置为输入还是输出方式，或者输入/输出双向方式。

PB7~PB0——B 口的 8 根输入/输出信号线，用于与外部设备连接。可由软件编程设置为输入还是输出方式。

PC7~PC0——C 口的 8 根输入/输出信号线，用于与外部设备连接。也可作为 A 口和 B 口通信线。若 8255A 处于方式 0，PC7~PC0 为输入输出线；若 8255A 处于方式 1 或方式 2，PC7~PC0 为 A 口和 B 口通信线。

3. 8255A 的控制字

8255A 的三个端口具体工作在什么方式下，是通过 CPU 对控制口的写入控制字来决定的。8255A 有两种控制字：工作方式选择控制字和 C 口置位/复位控制字。用户通过把这两个控制字送到 8255A 的控制寄存器（A1A0=11），这两个控制字以 D7 作为标志，D7=1，表示控制寄存器中存放的是工作方式选择控制字；D7=0 表示控制寄存器中存放的是 C 口置位/复位控制字。

（1）工作方式选择控制字

8255A 工作方式控制字格式和定义如图 7.23 所示。

从方式控制字的格式可知，A 组有 3 种方式（方式 0、方式 1、方式 2），而 B 组只有 2 种工作方式（方式 0、方式 1）。端口 C 分为 2 部分，上半部属 A 组，下半部属 B 组。所有 3 个并行端口，置 1 指定为输入，置 0 指定为输出。利用工作方式命令的不同代码组合，可以分别选择 A 组和 B 组的工作方式和各端口是输入还是输出。

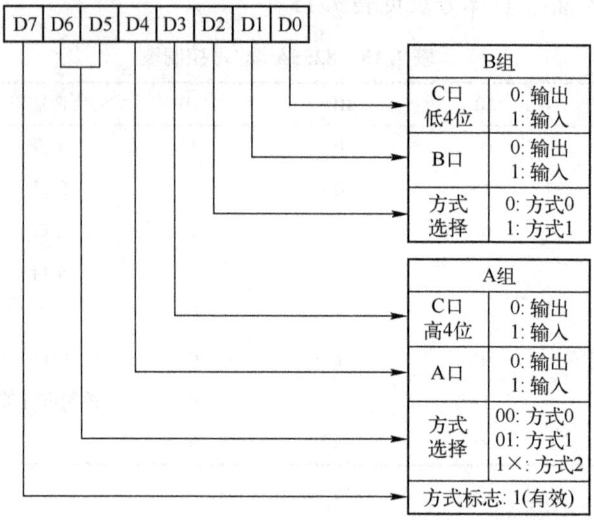

图 7.23　8255A 的方式选择控制字格式

例如，98H 写入工作方式控制字，可将 8255A 编程为：A 口方式 0 输入，B 口方式 0 输出，C 口的高 4 位（PC7~PC4）输入，C 口的低 4 位（PC3~PC0）输出。

(2) C 口置位/复位控制字

C 口置位/复位控制字可对 C 口 8 位中的任一位置“1”或清“0”，用于位控。其格式和定义如图 7.24 所示。

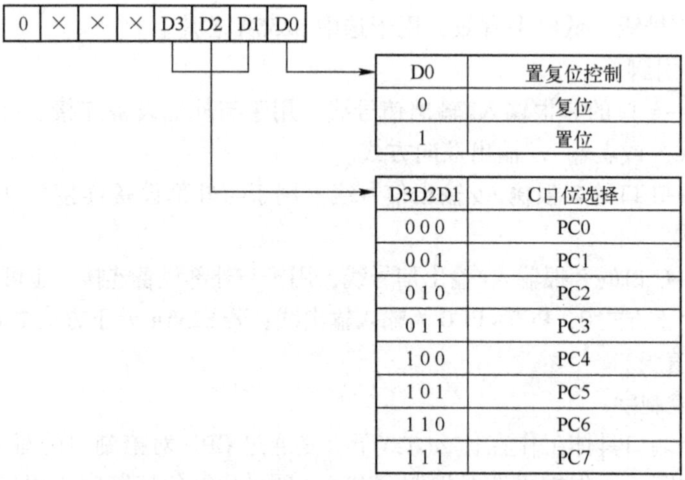

图 7.24　端口 C 置位/复位控制字格式

利用端口 C 置位/复位控制字可以使 C 口的 8 根线中的任意 1 根线置成高电平输出或低电平输出。例如，输入 C 口置位/复位控制字 05H（00000101B），则可将 8255A 的 PC2 置位为 1；输入 C 口置位/复位控制字 06H（00000110B），则 PC3 复位至 0。

4. 8255A 的工作方式

8255A 有三种工作方式，A 口可以选择方式 0、方式 1、方式 2 三种工作方式；B 口可以使用方式0、方式1；C口只能使用方式0。C口在方式1和方式2时，大部分引脚被分配作专用的联络信号，且可以按位控制；在CPU读取8255A状态时，C口又用作方式1、方式2的状态口。三个端口在哪一种方式下工作，由软件编程决定。

（1）方式0

方式0又称为基本输入/输出方式。方式0的基本特点如下：

- A口、C口的高4位、B口以及C口的低4位可分别定义为输入或输出，各端口互相独立，故共有16种不同的组合。例如可定义A口和C口高4位为输入口，B口和C口低4位为输出口。或A口为输入，B口、C口高4位、C口低4位为输出。
- 定义为输出的口均有锁存数据的能力，而定义为输入的口则无锁存数据的能力。
- 在方式0下，C口有按位进行置位和复位的能力。

方式0最适合用于无条件传送方式，由于传送数据的双方互相了解对方，所以既不需要发控制信号给对方，也不需要查询对方状态，故CPU只需直接执行输入输出指令便可将数据读入或写出。

方式0也能用于查询工作方式，由于没有规定固定的应答信号，这时常将C口的高4位（或低4位）定义为输入口，用来接收外设的状态信号。而将C口的另外4位定义为输出口，输出控制信息。此时的A、B口可用来传送数据。

（2）方式1

这是一种选通的输入/输出工作方式。在这种工作方式下，选通信号与输入/输出数据一块传送，由选通信号对数据进行选通，其基本功能如下：

- 三个端口分为两组，即A组和B组。
- A组包括8位数据端口A和PC7~PC3五位控制/状态端口，B组为8位数据端口B和PC2~PC0三位状态控制端口。
- 每一个8位数据端口均可设置为输入/输出方式，且两种工作方式均可锁存。
- 控制/状态口除了指示两组数据口的状态及选通信号外，还可用作I/O口，如PC7和PC6，用位控方式传送。

8255A工作在方式1时，输入输出有着各自规定的联络信号和中断信号，为方便起见，下面分别以A、B口均作为输入或均作为输出来加以说明。

1）方式1下A、B口均为输出。

此时要利用C口的6条线作为选通控制信号线。其定义如图7.25所示。

所用到的C口的信号线是固定不变的，A口使用PC3、PC6和PC7，而B口用PC0、PC1和PC2。C口提供的信号功能如下：

① 输出缓冲器满信号$\overline{OBF}$，低电平有效。该信号通知外设，在规定的端口上已有一个有效数据，外设可以从该端口读走数据。

② 外设响应信号$\overline{ACK}$，低电平有效。有效时表示外设已从该端口取走数据。$\overline{ACK}$信号有效时还使$\overline{OBF}=1$。

③ 中断请求信号INTR，高电平有效。当外设取走一个数据后，其$\overline{ACK}$信号的上升沿产生有效的INTR信号，该信号用于通知CPU可以再输出下一个数据。INTR的有效条件为$\overline{OBF}=1$，$\overline{ACK}=1$，INTE=1。

④ 中断允许状态INTE。8255A内部有一个内部中断触发器，当INTE为高电平，且$\overline{OBF}$也变高时，产生有效的INTR信号。INTE由PC6（端口A）或PC2（端口B）的置位/复位控制。

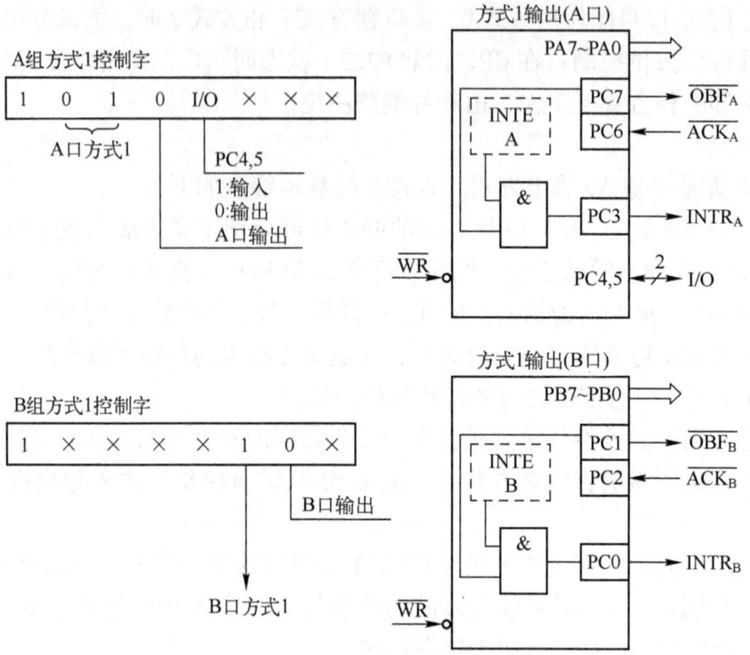

图 7.25 方式 1 下 A、B 口为输出的信号定义

2）方式 1 下 A、B 口均为输入。

与方式 1 下两端口均为输出类似，要实现选通输入，同样要利用 C 口的信号线。其定义如图 7.26 所示。A 口使用了 C 口的 PC3、PC4 和 PC5，B 口同样用了 PC0、PC1 和 PC2。C 口各信号功能如下：

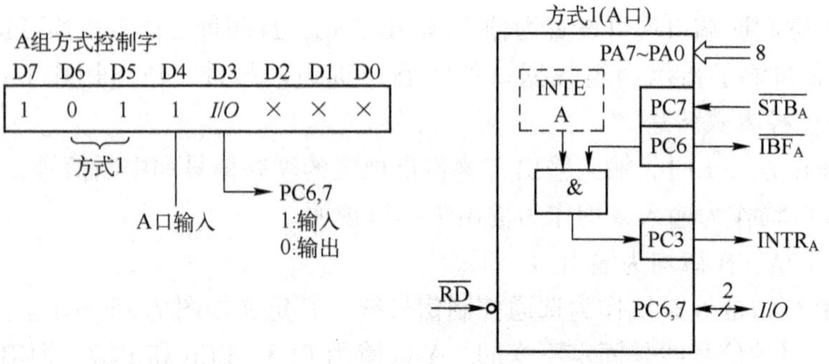

图 7.26 方式 1 下 A、B 口均为输入时的信号定义

① 输入选通信号$\overline{STB}$，低电平有效。它由外部设备提供，外设用$\overline{STB}$信号将数据锁存于8255A的输入数据缓冲器中。

② 输入缓冲器满信号IBF，高电平有效。当IBF有效时，表示8255A的缓冲器中有一个数据尚未被CPU读走。外设可使用此信号来决定是否能送下一个数据。它可以看成是$\overline{STB}$的应答信号。

③ 中断请求信号INTR，高电平有效。当$\overline{STB}=1$时会使内部中断触发器INTE和IBF均为高电平，从而产生有效的INTR信号，向CPU提出中断请求。也就是说，当外设将数据锁存于接口中，且又允许中断请求发生时，就会产生中断请求。

④ 中断允许信号INTE。在方式1下输入数据时，INTR同样受中断允许状态INTE的控制。INTE的状态可利用C口的置位/复位来控制。例如，用位操作方式使PC4=1，则A口的$INTE_A$为1，允许中断；使PC4=0，则禁止中断。B口的$INTE_B$是由PC2控制的。

(3) 方式2

方式2又称为双向传输方式。只有A口才能设定为方式2。图7.27为方式2工作示意图。在方式2下，PA7~PA0为双向I/O总线。其主要功能可概括如下：

- 工作方式2只适用于A口，B口仍按方式0或方式1工作。
- A口可工作于双向方式，C口的PC3~PC7位作为A口的控制/状态信号端口，PC0~PC2用于B组。
- A口的输入/输出均有锁存功能。在方式2工作状态下，A口既可工作于查询方式，又可工作于中断方式。

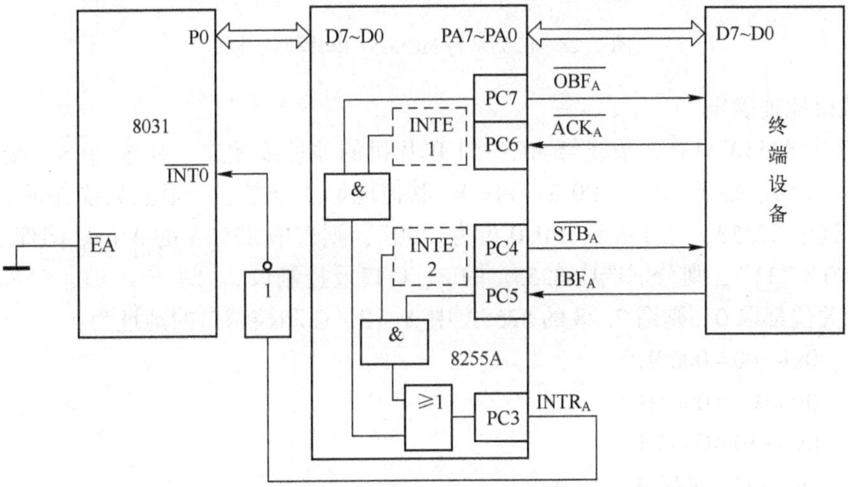

图7.27 方式2工作示意图

当输入时，PA7~PA0受$\overline{STB_A}$和IBF_A控制，其工作过程和方式1输入时相同；当输出时，PA7~PA0受$\overline{OBF_A}$、$\overline{ACK_A}$控制，其工作过程和方式1输出时相同。

方式2下，A口的数据输入或数据输出均可引起中断。同时，输入或输出中断还受到中断允许状态INTE2和INTE1的影响。INTE2是由PC4控制的，而INTE1是由PC6控制的。利用C口的按位操作，使PC4或PC6置位或复位，可以允许或禁止相应的中断请求。

5. 8255A与MCS-51单片机的连接

(1) 硬件接口电路

MCS-51单片机扩展1片8255A的电路如图7.28所示。74LS373是地址锁存器，P0.1、

P0.0 经 74LS373 与 8255A 的地址线 A1、A0 连接；P2.7 与片选端相连，其他地址线悬空。8255A 的读信号$\overline{RD}$与 MCS-51 单片机的$\overline{RD}$相连。8255A 的写信号$\overline{WR}$与 MCS-51 单片机的$\overline{WR}$相连。MCS-51 单片机的 P0.0~ P0.7 与 8255A 的 D0~D7 相连。8255A 的复位信号 RESET 可选择与 MCS-51 单片机的 RST 相连。

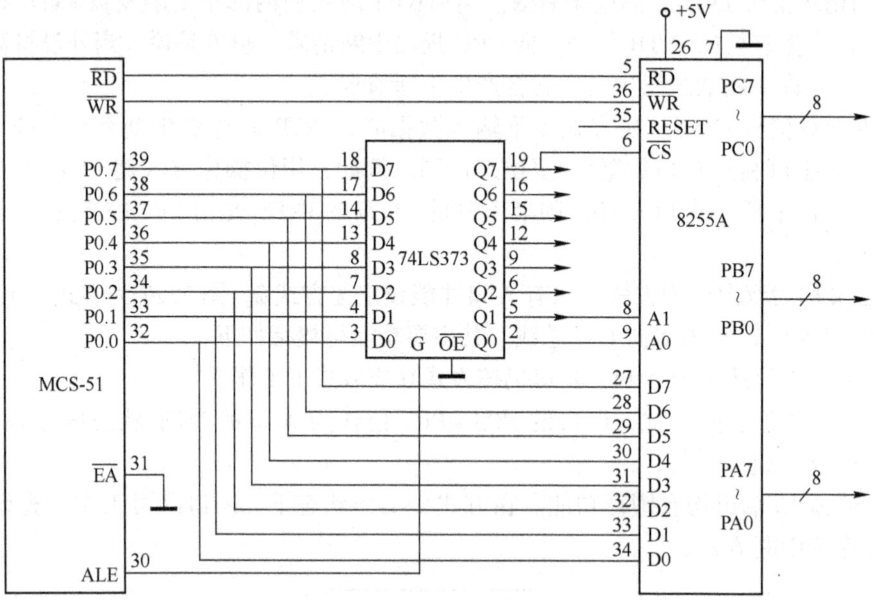

图 7.28　8255A 与 MCS-51 单片机的连接

（2）端口地址确定

图 7.28 中 8255A 只有 3 条线与 MCS-51 单片机的地址线相连，片选端$\overline{CS}$、端口地址选择端 A1、A0，分别连接于 P2.7、P0.1、P0.0，其他地址线全悬空。显然只要保证 P2.7 为低电平时，即可选中 8255A。若 P0.1、P0.0 再为“00”，则选中 8255A 的 A 口。同理 P0.1、P0.0 为“01”“10”“11”，则分别选中 8255A 的 B、C 口及控制口。

假定无关位都取 0，则图 7.28 的 8255A 中 A、B、C 和控制口的地址为：

A 口：　0x~x00=0000H

B 口：　0x~x01=0001H

C 口：　0x~x10=0002H

控制口：0x~x11=0003H

其中，x~x 表示取值可任意，所以，各口地址不唯一。

（3）软件编程

【例 7.11】 要求设置 8255A 工作在方式 0，且 A 口作为输入，B、C 口作为输出。

由题目分析可得：工作方式选择控制字应为 90H。

对应的 C51 程序如下：

```
#include<reg52.h>
#include<absacc.h>
#define  COM  XBYTE[0x0003]          /*定义 8255A 控制寄存器地址*/
#define uchar  unsigned char
void init8255A(void)
```

```
{
    COM=0x90;                    /*工作方式选择控制字送入8255控制寄存器*/
}
void main(void)
{
    ...
}
```

【例 7.12】对端口 C 的 PC4 位进行置位操作。

由题目分析可得：C 口置位/复位控制字为 09H。

对应的 C51 程序如下：

```
#include<reg52.h>
#include<absacc.h>
#define COM   XBYTE[0x0003]         /*定义8255A控制寄存器地址*/
#define uchar   unsigned char
void init8255A(void)
{
    COM=0x09;
}
void main(void)
{
    ...
}
```

【例 7.13】参照图 7.29，有一片 AT89S51，扩展了一片 8255A，若把 8255A 的 B 口作为输入，且每一位接一个拨盘开关，A 口作为输出且每一位接一个发光二极管，要求能通过拨盘开关控制相应的发光二极管的亮灭，当拨盘开关打向高电平时，对应的 LED 灯亮；当拨盘开关打向低电平时，对应的 LED 灯灭，请编写程序。

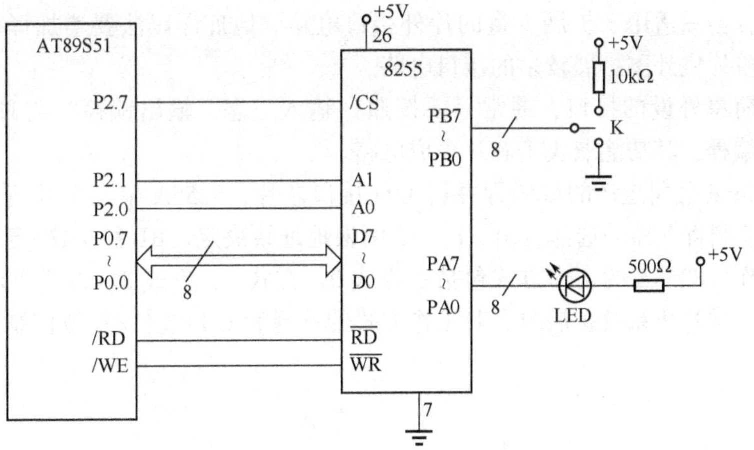

图 7.29　MCS-51 扩展 8255A 作为输入输出口例子

分析：图 7.29 中 8255A 的片选端 $\overline{CS}$、端口地址选择端 A1、A0 分别连接至 51 单片机的 P2.7、P2.1、P2.0，其他地址线全悬空。令悬空地址线为“1”，则 8255A 的相关寄存器地址分别为：

A 口：7CFFH

B 口：7DFFH

C 口：7EFFH

控制字：7FFFH

对应的 C51 程序如下：

```
#define pa  *(unsigned char xdata  *)0x7cff
#define pb  *(unsigned char xdata  *)0x7dff
#define pc  *(unsigned char xdata  *)0x7eff
#define conr  *(unsigned char xdata  *)0x7fff
void main()
{conr=0x82;
while(1)
  {pa=~pb;
  }
}
```

本章小结

单片机在构成实际的硬件系统时，如果自身的资源不足以满足要求，就要进行系统扩展。单片机应用系统的存储器扩展中，程序存储器扩展常用的有 EPROM、E^2PROM 等芯片；数据存储器的扩展常用的有 SRAM 芯片等。单片机的地址线为 16 位，所以，外扩片外存储器的最大容量为 64 KB。

单片机是通过三总线扩展外部接口电路的。这时，P0、P2 口用作外部扩展总线，无法再作通用 I/O 口。为了避免出现数据总线资源竞争的现象，外部扩展的接口电路的地址空间不能重叠，这一点通过地址译码来保证。地址译码有两种方法：线选法和地址译码法。线选法不增加额外的电路，但只适用于扩展少量的片外接口电路。地址译码法要增加译码器实现地址译码，适用于在单片机外围扩展较多的接口电路。

对于一些简单外设的接口，通常只要按照“输入三态，输出锁存”与总线相连的原则，这种方式不可编程，其功能取决于芯片集成电路。

8255A 是 Intel 公司生产的可编程并行 I/O 接口芯片，8255A 中三个并行 I/O 口 A 口、B 口、C 口以及控制寄存器的选择，由 A1、A0 两根地址线决定。$\overline{RD}$和$\overline{WR}$决定了对端口进行读操作还是写操作。8255A 的工作方式包括：方式 0、方式 1、方式 2。方式不同，A、B、C 口的作用也不同。单片机系统扩展时，其工作方式的选择和 C 口置位/复位控制字的确定都由控制寄存器决定。

习题 7

1. 单片机存储器的编址方式有几种?

2. 使用一片 3-8 译码器最多可以扩展多少片 6264，试画出其逻辑扩展图，并写出每一片的地址范围。

3. 画出 MCS-51 单片机扩展一片 2764ROM 作为程序存储器的逻辑扩展图，并写出其地址范围。

4. 现有 MCS-51 单片机、74LS373 锁存器、74LS138，试用两片 RAM 芯片 6264 组成外扩的存储器系统，两片 6264 的起始地址分别是 2000H、A000H，要求采用全地址法，不允许出现地址重叠现象：1）写出两片 6264 的地址范围；2）画出电路硬件连接图。

5. 在 MCS-51 扩展系统中，程序存储器与数据存储器共用 16 位地址线和 8 位数据线，为什么两个存储空间不会冲突？

6. 可编程并行接口芯片 8255A 的 3 个端口在使用时有什么差别？

7. 当从 8255A 端口 C 向数据总线上传输数据时，8255A 的控制信号 CS、A1、A0、$\overline{RD}$和$\overline{WR}$分别是什么状态？

8. 试分别说明可编程并行接口芯片 8255A 的方式控制字和置位/复位字的作用及其格式中每位的含义是什么。

9. 8255A 有哪几种基本工作方式？各自的特点是什么？

10. 8255A 的方式 0 通常在什么场合使用？如何使用应答信号进行联络？

11. 8255A 方式 1 在什么场合使用？方式 2 在什么场合使用？

12. 8031 扩展 8255A，将 A 口设置成输入方式，B 口设置成输出方式，C 口设置成输出方式，给出初始化程序。

13. 已知 P2.7 片选 8255A，要求利用 8255A 的 A 口方式 1，每中断一次输入一个数据，共 18 个数据，存入以 40H 为首地址的内部 RAM 中。

14. 现有 4 种简单的外设：①一组 8 位开关；②一组 8 位 LED 指示灯；③一个按钮开关；④一个蜂鸣片。要求：

1）用 8255A 作为接口芯片，将这些外设构成一个简单的微机应用系统，画出接口连接图。

2）编制 3 种驱动程序，每个程序必须包括至少有两种外设共同作用的操作（例如，根据 8 位开关“ON”和“OFF”的状态来决定 8 个 LED 指示灯“亮”和“灭”。又如，当按下按钮开关时，才使蜂鸣片发声等）。

第8章　MCS-51单片机接口技术

单片机在工业测量、自动化控制、仪器仪表等领域有着广泛的应用。作为一个单片机应用系统，无论是用于测量领域还是控制领域，都存在一个与人进行信息交互的问题，即人机接口。如单片机应用系统在工作过程中，往往要将测量到的值或工作状态通过A/D转换器（D/A转换器）转换后并实时显示，而对系统工作参数的设置、工作状态的更改往往需通过键盘输入来实现，其中，键盘与显示器就是人机接口设备。因此，本章将先讨论单片机应用系统中的键盘、LED显示器和LCD显示器的工作原理和接口技术，然后讨论工业测量控制中几种典型ADC、DAC集成电路芯片的工作原理和接口的软硬件设计。

【重要知识点】

- 掌握单片机键盘接口技术的工作原理及应用。
- 掌握单片机LED显示接口技术的工作原理及应用。
- 掌握单片机LCD显示接口技术的工作原理及应用。
- 掌握单片机的A/D转换和D/A转换接口技术。

8.1　键盘接口技术

键盘是单片机不可缺少的输入设备，是实现人机对话的纽带。键盘按结构形式可分为非编码键盘和编码键盘，前者是用软件方法产生键码，而后者则用硬件方法来产生键码。在单片机中使用的都是非编码键盘，因为非编码键盘结构简单、成本低廉。非编码键盘的类型很多，常用的有独立键盘、矩阵式键盘等。

8.1.1　键盘工作原理及消抖

键盘实际上是一组按键开关的集合，平时按键开关总是处于断开状态，当按下键时它才闭合。它的结构和产生的波形如图8.1所示。

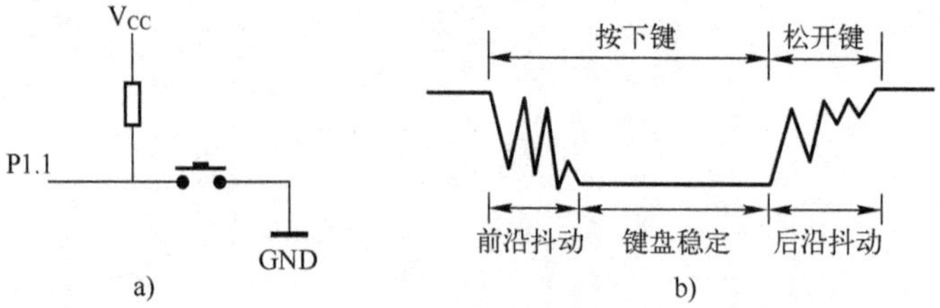

图8.1　键盘及波形

在图8.1a中，当按键开关未按下时，开关处于断开状态，P1.1引脚为高电平；当按键开关按下时，开关处于闭合状态，P1.1引脚为低电平。通常按键开关为机械开关，由于机械触点的弹性作用，按键开关在闭合时不会马上稳定地接通，断开时也不会马上弹开，因而在闭合和断开的瞬间都会伴随一串的抖动，如图8.1b所示。抖动时间的长短由按键开关的机械特性决定，一般为5~10ms，这种抖动对于人来说是感觉不到的，但对单片机来说，则是完全可以感应到的。

键盘的处理主要涉及 3 个方面的内容。

1. 按键的识别

由于键位未按下，引脚为高电平；键位按下，引脚为低电平。因此可以通过检测引脚线上电平的高/低来判断键位有无按下。如果检测到为高电平，说明没有按下；如果检测到为低电平，则说明该线路上对应的键位已按下。

2. 抖动的消除

按键时，无论按下键位还是放开键位都会产生抖动，按下键位时产生的抖动称为前沿抖动，松开键位时产生的抖动称为后沿抖动。如果对抖动不作处理，必然会出现按一次键输入多次，使 CPU 对一次键操作进行多次处理，从而可能产生错误，为确保按一次键只确认一次，必须消除按键抖动。消除按键抖动通常有两种方法：硬件消抖和软件消抖。

1）硬件消抖是通过在按键输出电路上加一定的硬件线路来消除抖动，一般采用 R-S 触发器或单稳态电路，如图 8.2 所示。经过图中的 R-S 触发器消抖后，输出端的信号就为标准的矩形波。

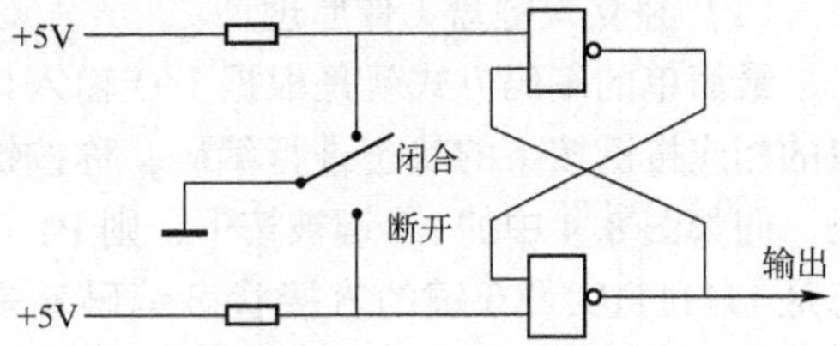

图 8.2　硬件消抖电路

2）软件消抖是利用延时来跳过抖动过程，当判断有键按下后，先执行一段大于 10ms 的延时程序后再去判断按下的键位是哪一个，从而消除抖动的影响。对于后沿抖动，只需在接收一个键位后，经过一定时间再去检测是否有键按下，这样就自然跳过后沿抖动时间而消除后沿抖动了，键盘处理过程往往是采用这样的方式。

3. 键位的编码

通常在一个单片机系统中用到的键盘都包含多个键位，这些键都通过 I/O 线来进行连接，按下一个键后，通过键盘接口电路就得到该键位的编码，一个键盘的键位怎样编码，是键盘工作过程中一个很重要的问题。通常有两种方法编码。

1）用连接键盘的 I/O 线的二进制组合进行编码。如图 8.3a 所示，用 4 行、4 列线构成的 16 个键的键盘，可使用一个 8 位 I/O 线的二进制的组合表示 16 个键的编码，各键的编码分别是：88H、84H、82H、81H、48H、44H、42H、41H、28H、24H、22H、21H、17H、14H、12H、11H。这种编码简单，但不连续，处理起来不方便。

2）顺序排列编码。如图 8.3b 所示，这种编码获得编码值是根据行线和列线进行了相应的处理。处理方法如下：编码值=行首编码值 X+列号 Y。如果一行有 K 个键，则行首编码值为 n×K，n 为行号，从 0 开始取。列号 Y 从 0 开始取。

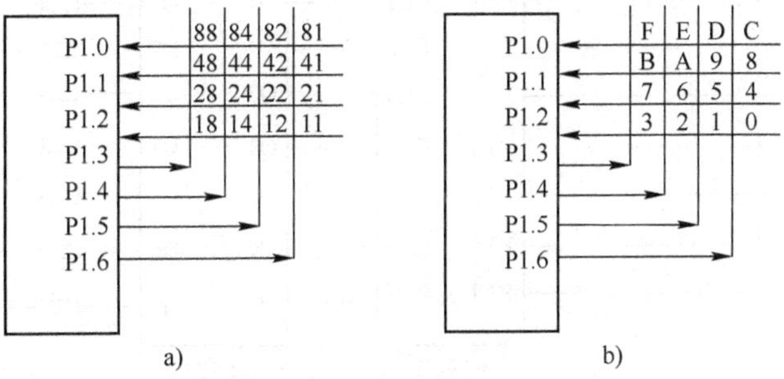

图 8.3　键位的编码

8.1.2 键盘接口的工作原理

常用键盘接口分为独立式键盘接口和矩阵式键盘接口。

1. 独立式键盘接口

独立式键盘是指将每个按键以一对一地方式直接连接到I/O输入线上所构成的键盘，如图8.4所示。

在图8.4中，键盘接口中使用多少根I/O线，键盘中就有多少个按键。键盘接口使用了8根I/O口线，该键盘就有8个按键。这种类型的键盘按键比较少，且键盘中各个按键的工作互不干扰。因此，用户可以根据实际需要对键盘中的按键灵活地编码。

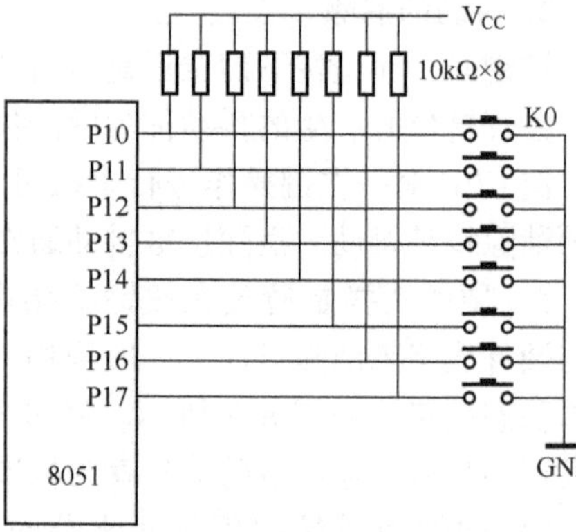

图8.4 独立式键盘

(1) 独立式键盘工作原理

最简单的编码方式就是根据I/O输入口所直接反映的相应按键按下的状态进行编码，称按键直接状态码。假如图8.4中的K0键被按下，则P1口的输入状态是11111110，K0键的直接状态编码就是FEH。对于这样编码的独立式键盘，CPU可以通过直接读取I/O的状态来获取按键的直接状态编码值，再根据这个值直接进行按键识别。这种形式的键盘结构简单，按键的识别容易。

独立式键盘的缺点就是需要占用较多的I/O口线。当单片机应用系统键盘中需要的按键比较少或I/O口比较富余时，可以采用这种类型键盘。

(2) 独立式键盘输入应用编程

【例8.1】 如图8.5所示，P3口作输入，Pl口作输出。要求编程实现：P3口的P3.2输入低电平后，P1口的P1.2输出低电平，点亮1位发光管；P3口的P3.3输入低电平后，P1口的P1.0~P1.3输出低电平，点亮4位发光管；P3口的P3.4输入低电平后，P1口的P1.0~P1.5输出低电平，点亮6位发光管；P3口的P3.5输入低电平后，P1口的P1.0~P1.7输出低电平，点亮8位发光管。

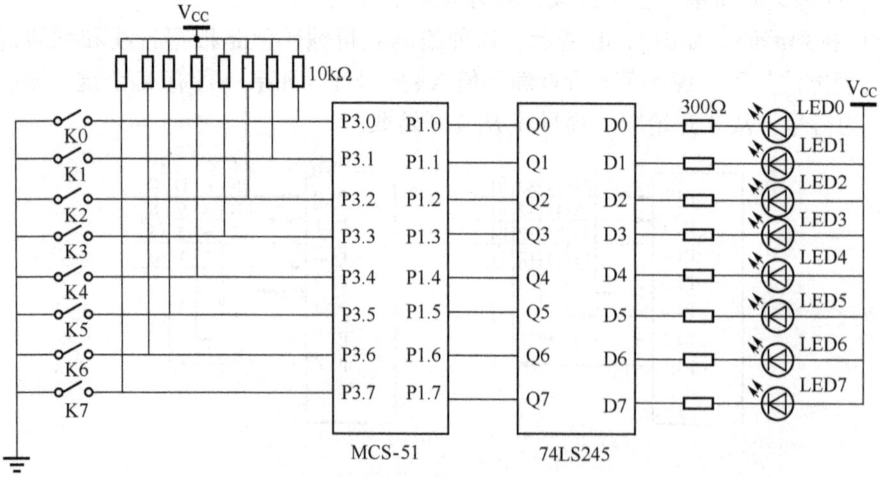

图8.5 独立式键盘应用电路

分析：由图 8.5 电路原理可知，当按键未按下时，P3 口输入为高电平“1”，按下时，P3 口输入为低电平“0”；当 P1 口输出高电平“1”时，LED 灯灭，当 P1 口输出低电平“0”时，LED 灯亮。因此，K0 单独按下时，P3 口对应的键码为 FEH，K1 单独按下时，键码为 FDH，以此类推可获得 8 个按键单独按下时对应的键码。注意，这里的按键未采用硬件去抖动，而采用软件去抖动，最终，C51 程序如下：

```
#include<reg51.h>
#define uint unsigned int
#define uchar unsigned char
uchar flag;
void delay(uint k)                  // 时间为 1ms 的延时子程序
{
 uint data i,j;
 for(i=0;i<k;i++)
   {for(j=0;j<121;j++)
      {;}
   }
 }
uchar scan_key(void)                //按键子函数
{
 uchar temp;
 temp=P3;
 return temp;
 }
void main(void)                     //主函数
{
  while(1)
  {
   P3=0xff;                         //把 P3 口置为 0XFF,准备读取输入值
   if(P3!=0xff)                     //如果 P3 口不等于 0XFF,说明有键按下
    {delay(20);                     //延时 20ms 再判断,以避开干扰
     P3=0xff;                       //把 P3 口置为 0XFF,准备再次读取输入值
     if(P3!=0xff)flag=scan_key();   //如果 P3 口还是不等于 0XFF,说明确实有键按下,调用 scan_key
                                    //按键子函数
    }
    else flag=0;
    switch(flag)
    {
     case 0xfb:P1=0xfb;break;
     case 0xf7:P1=0xf0;break;
     case 0xef:P1=0xc0;break;
     case 0xdf:P1=0x00;break;
     default:P1=0xff;break;   //都不符合说明无键按下,熄灭全部 LED
    }
  }
 }
```

2. 矩阵式键盘接口

矩阵式键盘又称行列式键盘，是用 n 条 I/O 线作为行线，m 条 I/O 线作为列线，在行线和

列线的每一个交叉点，设置一个按键。这样键盘中按键的个数是 m×n 个。这种形式的键盘结构，能够有效地提高单片机系统中 I/O 口的利用率，适合于按键输入多的场合。矩阵式键盘的连接方法有多种，可直接连接于单片机的 I/O 线；可利用扩展的并行 I/O 接口进行连接；也可利用可编程的键盘、显示接口芯片（如 8279）进行连接等。图 8.6 是常见的矩阵式键盘输入硬件电路图，列线接 P1.0~P1.3，行线接 P1.4~P1.7。

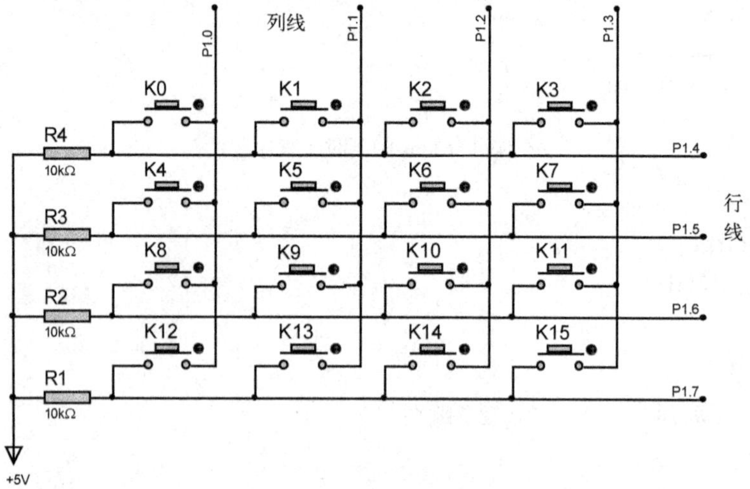

图 8.6　行列式键盘

（1）矩阵式键盘工作原理

按键设在行、列线交点上。行线通过上拉电阻接到+5 V 上。无按键按下时，处于高电平状态。当有按键按下时，列线的电平如果为低，则行线电平也为低；列线的电平如果为高，则行线电平也为高，这一点是识别行列式键盘按键是否按下的关键所在。由于行列式键盘中行、列线为多键共用，各按键均影响该键所在行与列的电平，因此各按键彼此相互发生影响，所以必须将行、列线信号配合起来并做适当的处理，才能确定闭合键的位置。

（2）按键的识别方法

① 扫描法

识别按键有无被按下，可分两步进行：第一步，识别按键有无键按下；第二步，如有键被按下，识别出具体的按键位。下面以图 8.6 中键 6 被按下为例，说明扫描法识别此键的过程。

第一步，首先要识别键盘有无被按下。首先把所有的列线均置为 0 电平，所有的行线均置为高电平，然后检查各行线电平是否都为高电平，如果不全为高电平，则说明有键被按下，否则说明无键被按下。当键 6 按下时，第二行线电平为低电平，但还不能确定是键 6 被按下，因为如果同一行的键 4、5 或 7 之一被按下，行线也为低电平。所以，只要得出第二行有键被按下的结论。

第二步，识别出哪个按键被按下。采用扫描法，在某一时刻只让一条列线处于低电平，其余所有列线处于高电平。当第一列为低电平，其余各列为高电平时，因为是键 6 被按下，所以第一行的行线仍处于高电平状态；而当第二列为低电平，同样也会发现第二行的行线处于高电平的状态；直到让第三列为低电平，其余各列为高电平时，此时第二行的行线电平变为低电平，则可确定此行此列交叉点处的按键被按下。

② 线反转法

扫描法要逐列扫描查询，当被按下的键处于最后一列时，则要经过多次扫描才能最后获得此按键所处的行列值。而线反转法则很简练，无论被按键是处于第一列或是最后一列，均能只经过两步便获得此按键所在的行列值，线反转法的连接原理如图 8.7 所示。

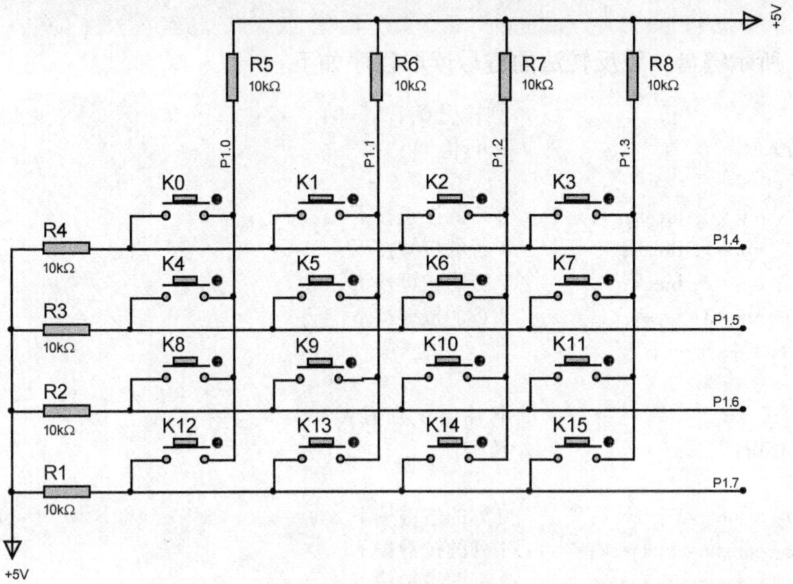

图 8.7 线反转法原理

下面介绍线反转法的两个具体操作步骤。

第一步：行线为输入线，列线为输出线，并使列线输出为全低电平，则行线中电平由高变低的所在行为按键所在行。

第二步：行线为输出线，列线为输入线，并使行线输出为全低电平，则列线中电平由高变低所在列为按键所在列。

结合上述两步的结果，可确定按键所在行和列，从而识别出所按的键。线反转法通过两次输出和两次读入可完成键的识别，比扫描法要简单，并且不论键盘有多少行和多少列，只需经过两步即可获得键的位置。但线反转法的硬件电路设计相对复杂一些，需要两组上拉电阻。

不管是扫描法还是线反转法，只要找出被按下键的行号和列号，键的键号（键值）均可表示为：键号=行号＊列的数目+列号（键号先按列再按行增长），或者，键号=列号＊行的数目+行号（键号先按行再按列增长）。

按图 8.6 所示键盘，扫描法的键号读取程序如下：

```
P1=0xfe;                        //扫描第 0 列,行写入 1
for(i=0;i<4;i++)
{column=i;                      //列号=i
key=P1&0xf0;                    //读入行值
switch(key)
{case 0xe0: row=0; break;       //0 行的按键按下
 case 0xd0: row=1; break;       //1 行的按键按下
 case 0xb0: row=2; break;       //2 行的按键按下
 case 0x70: row=3; break;       //3 行的按键按下
```

```
  default: row=4; break;
  }
  Key_value=row * 4+column;        //键号
  if(key_value<16) break;          //若键号小于16,则正确读到键号,跳出循环
  P1=P1<<1;                        //若键号大于16,说明没有读到键号,左移一位,继续扫描下一列
}
```

按图 8.7 所示键盘，线反转法的键号读取程序如下：

```
P1=0Xf0;                              //列输出0,行写入1
KEY=P1&0xf0;                          //读行值
Switch(KEY)
{case 0xe0: row=0; break;             //0行的按键按下
 case 0xd0: row=1; break;             //1行的按键按下
 case 0xb0: row=2; break;             //2行的按键按下
 case 0x70: row=3; break;             //3行的按键按下
 default: row=4; break;
}
P1=0X0f;                              //行输出0,列写入1
KEY=P1&0x0f;                          //读列值
Switch(KEY)
{case 0x0e: column=0; break;          //0列的按键按下
 case 0x0d: column=1; break;          //1列的按键按下
 case 0x0b: column=2; break;          //2列的按键按下
 case 0x07: column=3; break;          //3列的按键按下
 default: column=4; break;
}
Key_value=row * 4+column;             //键号
```

矩阵键盘的工作方法包括程序扫描方式、定时扫描方式和中断扫描方式。

1）程序扫描方式是指在特定的程序位置段上安排键盘扫描程序，通过反复扫描键盘来读取键盘状态。

2）定时扫描方式是指利用单片机内部或扩展的定时器产生定时中断，在中断中进行键盘扫描的工作方式。

3）中断扫描方式是指当无键按下时，CPU 处理其他工作而不必进行键的扫描，而当有键被按下时，通过硬件电路向 CPU 申请键盘中断，在键盘中断服务程序中完成键盘处理。该方法实时性最好，CPU 的工作效率也最高。

以上无论哪一种扫描方式，键盘程序都应当完成以下功能：键是否被按下判断、按键消抖处理、确定按键位置和执行键处理程序等。

这里，结合图 8.7 所示键盘接口电路，设置行线为输入线，列线为输出线，开始执行按键扫描程序，扫描方式采用程序扫描方式，当确定了按键的具体位置后，等待按键释放，返回按键值，流程图如图 8.8 所示。

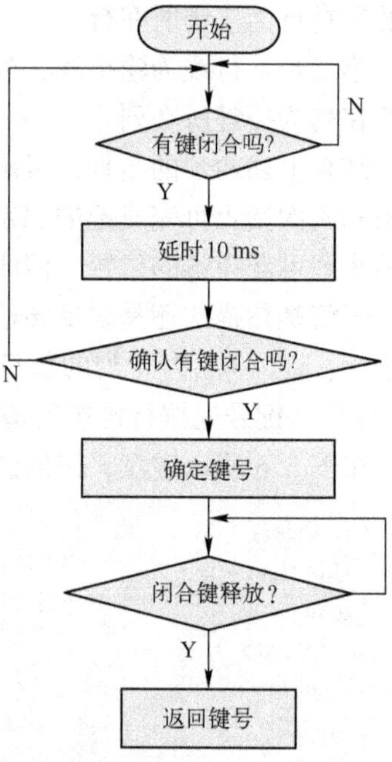

图 8.8　矩阵键盘扫描程序流程图

扫描法程序代码如下：

```
uchar KeyScan();                    //按键扫描子程序
void  delay10ms();                  //延时程序
uchar key_free();                   //等待按键释放程序
void  key_deal();                   //键处理程序
void main()
{
   while(1)
   {
       KeyScan();
       key_free();
       key_deal();
   }
}
uchar KeyScan()                     //按键扫描子程序
{
   unsigned char key,temp;
   P1=0xF0;                         //置列线全为低电平,对行线写1
   if(P1&0xF0!=0xF0)                //如果有键按下
   {
       delay10ms();                 //延时去抖动
       if(P1&0xF0!=0xF0)
       {
       P1=0xFE;                     //扫描第一列
       temp=P1;
       temp=temp&0xF0;
       if(temp!=0xF0)               //如果本列有键按下
       {
          switch(temp)
          {
              case 0xE0:            //如果第一行有键按下
              key=0;break;
              case 0xD0:            //第二行有键按下
              key=4;break;
              case 0xB0:            //第三行有键按下
              key=8;break;
              case 0x70:            //第四行有键按下
              key=12;break;
          }
       }
       P1=0xFD;                     //扫描第二列
       temp=P1;
       temp&=0xF0;
       if(temp!=0xF0)
       {
          switch(temp)
          {
```

```
                case 0xE0:          //如果第一行有键按下
                key = 1;break;
                case 0xD0:          //第二行有键按下
                key = 5;break;
                case 0xB0:          //第三行有键按下
                key = 9;break;
                case 0x70:          //第四行有键按下
                key = 13;break;
            }
        }
        P1 = 0xFb;                  //扫描第三列
        temp = P1;
        temp& = 0xF0;
        if( temp! = 0xF0)
        {
            switch( temp)
            {
                case 0xE0:          //如果第一行有键按下
                key = 2;break;
                case 0xD0:          //第二行有键按下
                key = 6;break;
                case 0xB0:          //第三行有键按下
                key = 10;break;
                case 0x70:          //第四行有键按下
                key = 14;break;
            }
        }
        P1 = 0xF7;                  //扫描第四列
        temp = P1;
        temp& = 0xF0;
        if( temp! = 0xF0)
        {
            switch( temp)
            {
                case 0xE0:          //如果第一行有键按下
                key = 3;break;
                case 0xD0:          //第二行有键按下
                key = 7;break;
                case 0xB0:          //第三行有键按下
                key = 11;break;
                case 0x70:          //第四行有键按下
                key = 15;break;
            }
        }
    }
    return( key);
```

```
}
void delay10ms()                    //延时程序

{
    unsigned char i,j;
    for(i=0;i<10;b++)
    for(j=0;j<120;j++)              //延时 1 ms
    {
    }
    }
uchar key_free()                    //等待按键释放程序

{
    key=key_scan();                 //取扫描到的键值
    P1=0xF0;                        //置行线全为高电平,列线全为低电平
    while(P1&0xF0!=0xF0)            //如果仍有键按下
    {
    }
    return(key);                    //返回键值
}
```

3. 键盘的工作过程

无论是独立式键盘或矩阵式键盘，都要按照一定的步骤进行工作，以保证不会出现差错，其具体过程如下。

- 首先判断整个键盘上有无键按下。
- 用软件延时 10 ms 来消除按键抖动的影响。如确实有键按下，进行下一步。
- 如有键按下，判断按键的具体位置，获得按键所在的行和列的编码。
- 等待按键释放后，在按键的过程中可能会出现两个或两个以上按键同时被按下的情况，这时可以后采用两种方法进行处理，第一种是只识别闭合的第一个按键，对其余键均不识别，当键释放后，才读下一个键值；第二种方法是依次识别按键，当前面所识别的按键释放后，再对其他闭合的按键识别，本章主要采用第一种方法，通过编程来实现。
- 执行按键处理程序，每一个按键都有各自的功能意义，识别按键后就要执行按键所要实现的功能。

4. 常用的专用键盘芯片

不管是采用 CPU 的 I/O 接口扩展键盘，还是采用扩展 I/O 芯片扩展键盘，由于均是用普通 I/O 接口扩展，所以要在单片机的程序中设计专用的键盘程序，特别是行列式键盘，其程序相对要复杂一些。因而在较复杂一些的单片机系统中可选用专用的键盘芯片设计键盘。现常用的键盘扩展芯片有 Intel8279、CH451、ICM7218、PCD8574 等。

8.1.3 矩阵键盘设计实例

【例 8.2】 用 MCS-51 的并行口 P1 接 4×4 矩阵键盘，以 P1.0~P1.3 作为列线，以 P1.4~P1.7 作为行线，P0 口接数码管显示。电路原理图如图 8.9 所示，其中，16 个按键的键号为 0~F。要求编程实现当某个按键按下时，在数码管上显示被按下按键的键号。

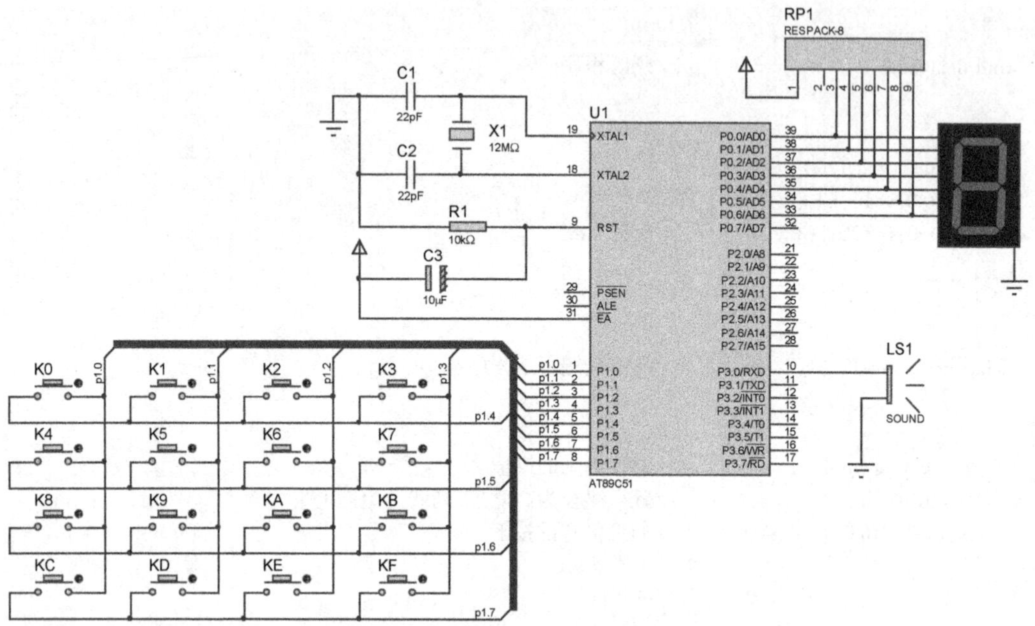

图 8.9　矩阵键盘硬件电路原理图

分析：行列式键盘可以按照前面介绍的扫描法或线反转法读取键号，此处用线反转法识别按键，读取后转换成 LED 编码送至 P0 口显示，其中，数码管是采用共阴极 LED 正序连接，字符 0~F 按共阴正序连接进行编码。程序流程如图 8.10 所示。

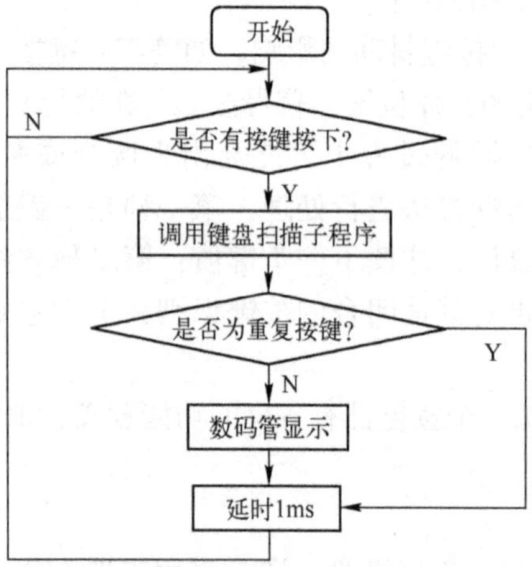

图 8.10　程序流程图

对应的 C51 程序如下：

```
#include<reg51.h>
#define uint unsigned int
#define uchar unsigned char
uchar Pre_KeyNo = 16,KeyNo = 16;  //上次按键和当前按键序号,该矩阵中序号范围为 0~15,16 表示无按键
uchar smgcode[ ] = {0x3F,0x06,0x5B,0x4F,0x66,0x6D,0x7D,0x07,0x7F,0x6F,0x77,
0x7C,0x39,0x5E,0x79,0x71,0x00};   //0~9,A~F 的数码管段码,最后一个是黑屏
void delay(uint ms)                //延时 10ms 子程序
```

```
{
 uchar t;
 while(ms--)
  for(t=0;t<120;t++);
}
void keyscan()                          //矩阵键盘扫描程序
{
  uchar Tmp;
  P1=0X0F;                              //行置 0,列置 1,保证行输入读值正确
  delay(1);
  Tmp=P1^0x0F;                          //判断按键发生于 0~3 列中的哪一列
//按键后 00001111 将变成 0000××××,×中有 1 个为 0,
//3 个仍为 1,异或操作会把 3 个 1 变成 0,把唯一的 0 变成 1
  switch(Tmp)
  {
   case 1:KeyNo=0;break;                //0 列按键按下
   case 2:KeyNo=1;break;                //1 列按键按下
   case 4:KeyNo=2;break;                //2 列按键按下
   case 8:KeyNo=3;break;                //3 列按键按下
   default:KeyNo=16;
  }
  P1=0xF0;                              //列置 0,列置 1,保证行输入读值正确
  delay(1);
  Tmp=P1>>4^0x0F;                       //对 0~3 行分别附加起值 0,4,8,12
  switch(Tmp)
  {
   case 1:KeyNo+=0;break;               //0 行按键按下
   case 2:KeyNo+=4;break;               //1 行按键按下
   case 4:KeyNo+=8;break;               //2 行按键按下
   case 8:KeyNo+=12;break;              //3 行按键按下
  }
 }
main( )                                 //主程序
{
 P0=0x00;                               //数码管灭
 while(1)
  {
    P1=0xF0;
    if(P1!=0xF0)keyscan() ;             //有按键按下,调用键盘子程序获取按键序号 KeyNo
    if(Pre_KeyNo!=KeyNo)                //是否重复按键
     {
      P0=smgcode[KeyNo];                //不是重复按键,把新的键号输出到 LED
      Pre_KeyNo=KeyNo;
}
    delay(100);                         //延时 1 s
  }
}
```

最终在 Proteus 硬件仿真结果如图 8.11 所示。

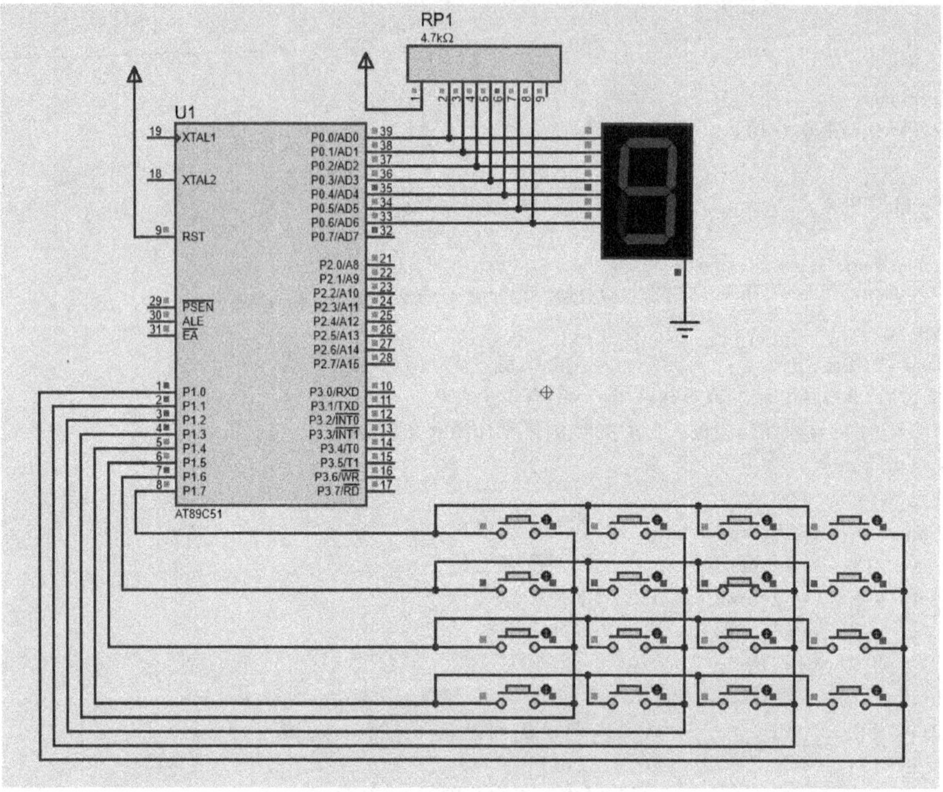

图 8.11　Proteus 硬件仿真结果图

8.2　LED 数码显示器

LED（Light Emitting Diode）是发光二极管的缩写。在单片机系统中，经常用 LED 数码显示器来显示单片机系统的工作状态、运算结果等各种信息，LED 数码显示器（俗称 LED 数码管）是单片机与人对话的一种重要输出设备。

8.2.1　LED 显示器的结构与原理

LED 数码显示器是由发光二极管按一定结构组合起来的显示器件，在单片机系统中经常使用的是 8 段式 LED 数码管显示器，它有共阴极和共阳极两种，如图 8.12 所示。

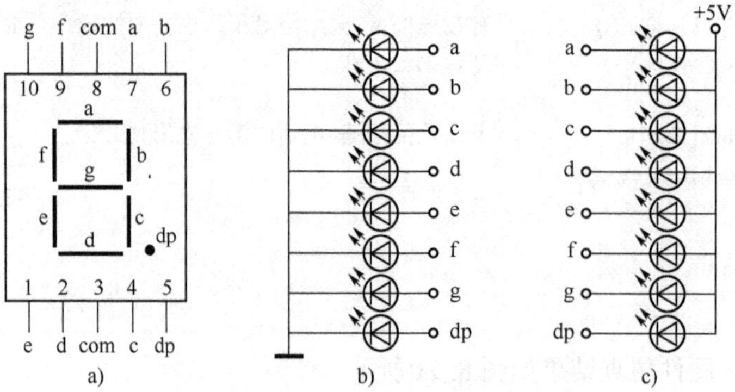

图 8.12　8 段式 LED 数码管结构图

其中：图 8.12a 为 LED 外形和引脚图，从 a~g 引脚输入不同的 8 位二进制编码，可显示不同的数字和字符。图 8.12b 为共阴极结构，8 段发光二极管的阴极端连接在一起，阳极端分开控制，使用时公共端接地，要使哪根发光二极管亮，则对应的阳极端接高电平。图 8.12c 为共阳极结构，8 段发光二极管的阳极端连接在一起，阴极端分开控制，使用时公共端接电源，要使哪根发光二极管亮，则对应的阴极端接低电平。7 段发光二极管，再加上一个小数点位，共计 8 段。因此提供给 LED 显示器的段码（或字型码）正好是一个字节。在使用中，LED 数码管的连接分为正序连接和逆序连接两种。正序连接是指“a”段对应码的最低位 D0；逆序连接正好相反，是指“a”段对应码的最高位 D7。各段与字节中各位的对应关系如表 8.1 所示。

表 8.1　段码与字节中各位对应关系

代码位	D7	D6	D5	D4	D3	D2	D1	D0
正序连接	dp	g	f	e	d	c	b	a
逆序连接	a	b	c	d	e	f	g	dp

不同数字或字符其字段码不一样，对于同一个数字或字符，共阴极连接和共阳极连接的字段码也不一样，共阴极和共阳极的字段码互为反码。因此，LED 数码管的段码与连接方式（正序或逆序）和共极方式（共阴或共阳）有关，常见的 LED 字段码见表 8.2。

表 8.2　常见 LED 字段码

显示数字	共阴顺序小数点暗		共阴逆序小数点暗		共阳顺序小数点亮	共阳顺序小数点暗
	dp g f e d c b a	十六进制	a b c d e f g Dp	十六进制		
0	0 0 1 1 1 1 1 1	3FH	1 1 1 1 1 1 0 0	FCH	40H	C0H
1	0 0 0 0 0 1 1 0	06H	0 1 1 0 0 0 0 0	60H	79H	F9H
2	0 1 0 1 1 0 1 1	5BH	1 1 0 1 1 0 1 0	DAH	24H	A4H
3	0 1 0 0 1 1 1 1	4FH	1 1 1 1 0 0 1 0	F2H	30H	B0H
4	0 1 1 0 0 1 1 0	66H	0 1 1 0 0 1 1 0	66H	19H	99H
5	0 1 1 0 1 1 0 1	6DH	1 0 1 1 0 1 1 0	B6H	12H	92H
6	0 1 1 1 1 1 0 1	7DH	1 0 1 1 1 1 1 0	BEH	02H	82H
7	0 0 0 0 0 1 1 1	07H	1 1 1 0 0 0 0 0	E0H	78H	F8H
8	0 1 1 1 1 1 1 1	7FH	1 1 1 1 1 1 1 0	FEH	00H	80H
9	0 1 1 0 1 1 1 1	6FH	1 1 1 1 0 1 1 0	F6H	10H	90H

8.2.2　LED 显示方式

LED 数码管在显示时，通常有两种显示方式：静态显示和动态显示。

1. LED 静态显示

LED 静态显示时，其公共端直接接地（共阴极）或接电源（共阳极），各段选线分别与 I/O 接口线相连，直接在 I/O 线发送相应的字段码，如图 8.13 所示。

图中，三个数码管的共阴极端直接接地，如果要在第一个数码管上显示数字 1，只要在 I/O（1）发送 1 的共阴极字段码；如果要在第二个数码管上显示 2，只要在 I/O（2）发送 2 的字段码。

静态显示结构简单，显示方便，且编程简单，要显示某个字符，直接在 I/O 线上发送相应的字段码，但一个数码管需要 8 根 I/O 线，如果数码管个数少，则用起来方便，但如果数码管数目较多，就要占用很多根I/O线，一般适用于显示位数较少的场合。当数码管数目较多时，往往采用动态显示方式。

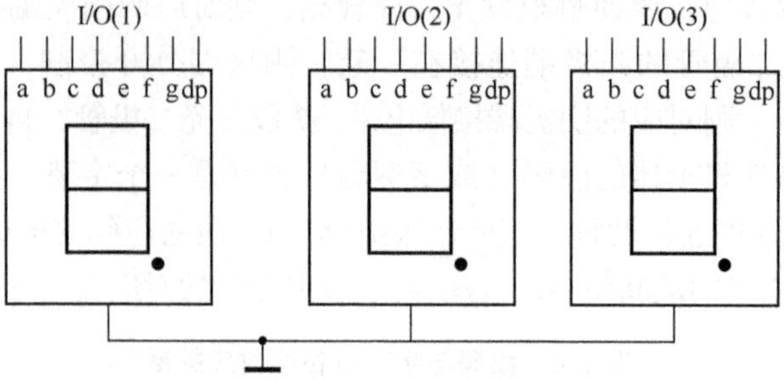

图 8.13　三位数码管静态显示图

2. LED 动态显示

LED 动态显示是将所有的数码管的段选线并接在一起，用一个 I/O 口控制，公共端不是直接接地（共阴极）或电源（共阳极），而是每一片 LED 通过一根 I/O 口线控制单独控制实现片选，这样，在某一瞬时只显示一位，依次循环扫描选通 LED，可轮流显示，由于人的视觉滞留效应，看到的是多位同时稳定显示。

图 8.14 是 4 位 LED 数码管动态显示。4 个数码管的段选线并接在一起通过 I/O（1）（段码线）控制，它们的公共端不直接接地（共阴极）或电源（共阳极），每个数码管的公共端与一根 I/O 线相连，通过 I/O（2）（片选线）控制。设数码管为共阳极，它的工作过程为：第一步使右边第一个数码管的公共端 D0 为 1，其余的数码管的公共端为 0，同时在 I/O（1）上发送右边第一个数码管的字段码，这时，只有右边第一个数码管显示，其余不显示；第二步使右边第二个数码管的公共端 D1 为 1，其余的数码管的公共端为 0，同时在 I/O（1）上发送右边第二个数码管的字段码，这时，只有右边第二个数码管显示，其余不显示，依此类推，直到最后一个，这样 4 个数码管显示相应的信息，一次循环完毕后，下一次循环又这样轮流显示，从计算机的角度看是一个一个地显示，但由于人的视觉暂留效应，只要循环的周期足够快，看起来所有的数码管都是一起显示的，这就是动态显示的原理。而这个循环周期对于计算机来说很容易实现，所以单片机中经常用到动态显示。

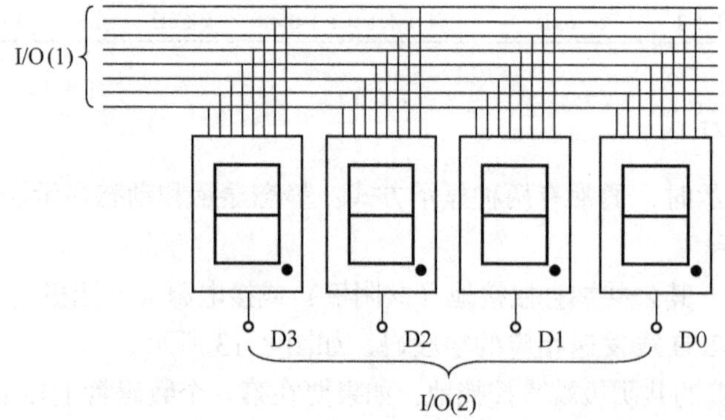

图 8.14　4 位 LED 动态显示图

动态显示所用的 I/O 接口信号线少，线路简单，但软件开销大，需要 CPU 周期性地对它刷新，因此会占用 CPU 大量时间。一般适用于显示位数较多的场合。

8.2.3 LED 与单片机的接口与应用

【例 8.3】 图 8.15 是一个 8 位 LED 动态显示的接口电路图，数码管为共阴极，且为正序连接。要求在 LED 上显示“01234567”，请编程实现。

分析： 图 8.15 是用 8255A 扩展并行 I/O 接口接数码管，数码管采用动态显示方式，8 位数码管的段选线并联，与 8255A 的 A 口通过 74LS373 相连，8 位数码管的公共端通过 74LS373 分别与 8255A 的 B 口相连，即 8255A 的 B 口输出位选码选择要显示的数码管，8255A 的 A 口输出字段码使数码管显示相应的字符，8255A 的 A 口和 B 口都工作于方式 0 输出。由于 8051 通过地址锁存器 74LS373 的低 2 位地址线 A1、A0 与 8255A 的 A1、A0 连接，所以，A、B、C 口和控制口的地址分别为 7F00H、7F01H、7F02H 和 7F03H。

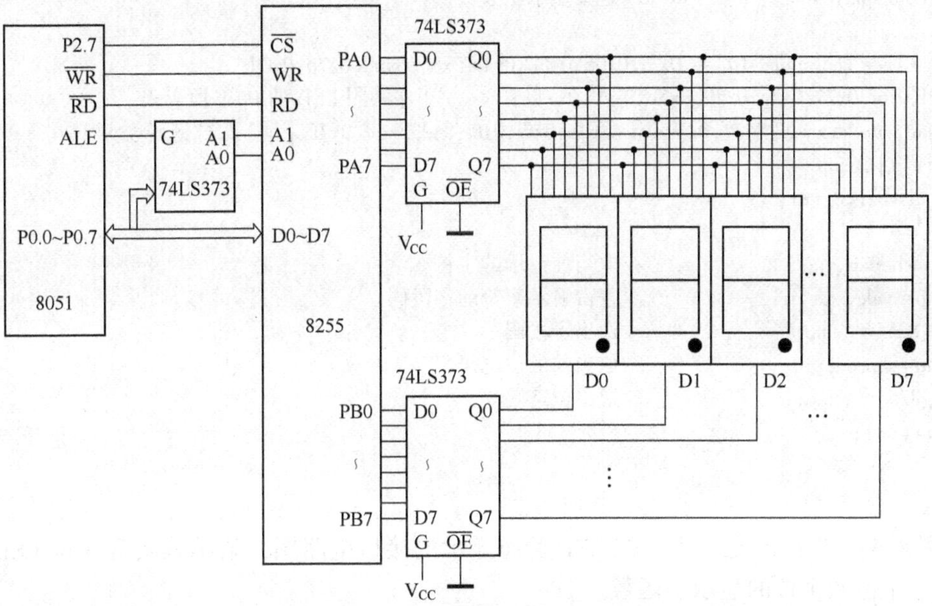

图 8.15　8 位 LED 动态显示电路图

对应的 C51 程序如下：

```
#include   <reg51.h>
#include   <absacc.h>                        //定义绝对地址访问
#define uchar   unsigned   char
#define uint   unsigned   int
#define PA_8255 XBYTE[0x7F00]                //定义 A 口地址
#define PB_8255 XBYTE[0x7F01]                //定义 B 口地址
#define PC_8255 XBYTE[0x7F02]                //定义 C 口地址
#define CON_8255 XBYTE[0x7F03]               //定义控制口地址
void   delay(uint);                          //声明延时函数
void   display(void);                        //声明显示函数
uchar   disbuffer[8] = {0,1,2,3,4,5,6,7};    //定义显示缓冲区
void   main(void)
{
CON_8255 = 0x80;                             //8255A 初始化
```

```
while(1)
{
display();
}                               //设显示函数
}
//************ 延时函数 ************
void  delay(uint  i)            //延时函数
{
uint  j;
for  (j=0;j<i;j++){}
}
//*********** 显示函数 ***********
void  display(void)             //定义显示函数
{
uchar code codevalue[16]={0x3f,0x06,0x5b,0x4f,0x66,0x6d,0x7d,0x07,
0x7f,0x6f,0x77,0x7c,0x39,0x5e,0x79,0x71};      //正序共阴 LED 的 0~F 段码表
uchar code chocode[8]={0xfe,0xfd,0xfb,0xf7,0xef,0xdf,0xbf,0x7f};      //位选码表
uchar i,p,temp;
for (i=0;i<8;i++)
{
p=disbuffer[i];                 //取当前显示的字符
temp=codevalue[p];              //查得显示字符的字段码
PA_8255= temp;                  //送出字段码
temp=chocode[i];                //取当前的位选码
PB_8255= temp;                  //送出位选码
delay(20);                      //延时 1 ms
}
}
```

【例 8.4】 图 8.16 是一个 3 位 LED 静态显示的接口电路图，请编程实现 3 位 LED 分别显示百位、十位和个位的显示子函数。

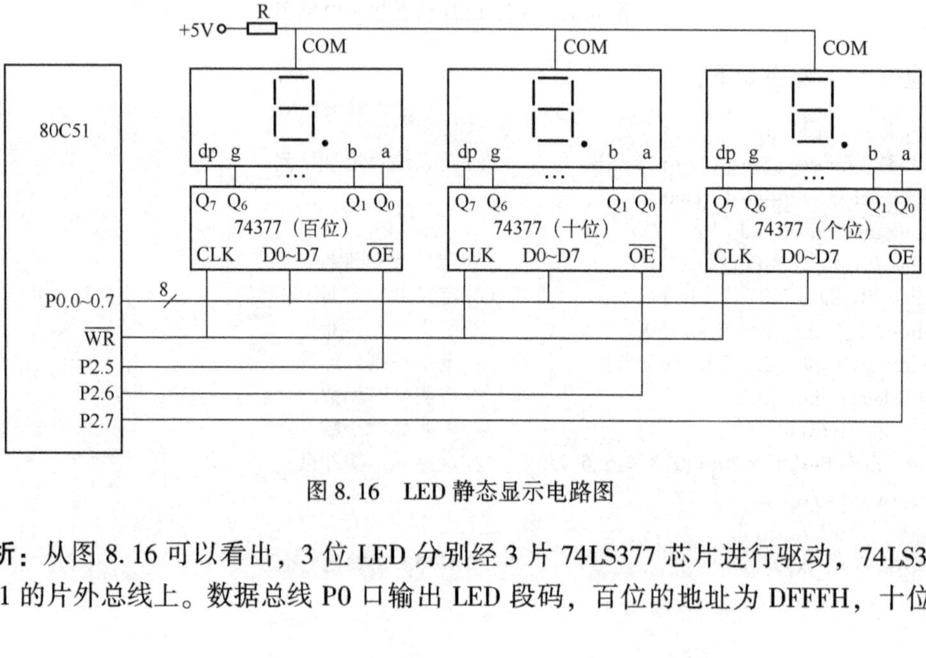

图 8.16　LED 静态显示电路图

分析： 从图 8.16 可以看出，3 位 LED 分别经 3 片 74LS377 芯片进行驱动，74LS377 连接至 80C51 的片外总线上。数据总线 P0 口输出 LED 段码，百位的地址为 DFFFH，十位的地址

为 BFFFH，个位的地址为 7FFFH。LED 是将公共极接电源，所以是共阳极 LED，且 LED 的段是按正序连接至单片机的 P0 口，即 LED 的段码应为共阳正序编码。

对应的 C51 程序如下：

```
#include  <reg51.h>
#define uchar unsigned char
#define uint unsigned int
uchar xdata add_bai _at_ 0xdffff;
uchar xdata add_shi _at_ 0xbffff;
uchar xdata add_ge _at_ 0x7ffff;
uchar code TAB[10] = {0x40,0x79,0x24,0x30,0x19,0x12,0x02,0x78,0x00,0x10} ; //正序共阳 LED 的 0~9 段码表
//*********** 显示子函数 ***********
void  display(uchar bai, uchar shi, uchar ge)            //定义显示函数
{
add_bai = bai ;
add_shi = shi ;
add_ge = ge ;
}
```

可见，静态显示的程序要比动态显示简单很多。例如，若要让 3 位 LED 显示数字“207”，则只需在主程序里调用显示子函数即可，如 display(2,0,7)。

8.3 LCD 液晶显示器

液晶显示器简称 LCD 显示器，它是利用液晶经过处理后改变光线的传输方向的特性来实现显示信息的。液晶显示器具有体积小、重量轻、功耗极低、显示内容丰富等特点，在单片机应用系统中得到了日益广泛的应用。液晶显示器按其功能可分为三类：笔段式液晶显示器、字符点阵式液晶显示器和图形点阵式液晶显示器。前两种可显示数字、字符和符号等，而图形点阵式液晶显示器还可以显示汉字和任意图形，达到图文并茂的效果。本节讨论其与 MCS-51 单片机的硬件接口电路及接口软件编程方法。

8.3.1 字符型液晶显示模块的组成和基本特点

字符型液晶显示模块是一类专门用于显示字母、数字、符号等的点阵型液晶显示模块。在显示器件的电极图形设计上，它是由若干个 5×7 或 5×10 的点阵字符位组成。每一个点阵字符都可以显示一个字符。点阵字符位之间空有一点距离的间隔起到了字符间距和行距作用。市场上有各种不同品牌的字符显示类型的 LCD，但大部分的控制器都是使用同一块芯片来控制的，编号为 HD44780，或兼容的控制芯片。目前常用的有 16 字×1 行、16 字×2 行、20 字×2 行和 40 字×2 行等的字符模组。这些 LCD 显示字数各不相同，但是都具有相同的输入界面。

16×2 点阵字符液晶模块是由点阵字符液晶显示器件和专用的行、列驱动器，控制器及必要的连接件，结构件装配而成，可以显示数字和英文字符。这种点阵模块本身带有字符发生器，显示容量大，功能丰富。

液晶点阵字符模块的点阵排列由 5×7、5×8 或 5×11 的一组组像素点阵排列组成的。每组为 1 位，每位间有一点的间隔，每行间也有一行的间隔，所以不能显示图形。

一般在模块控制、驱动器内具有固化好的 192 个字符字模的字符库 CGROM，还具有让用户定义建立专用字符的随机存储器 CGRAM，允许用户建立 8 个 5×7 点阵的字符。点阵字符模块具有丰富的显示功能，其控制器主要为日立公司的 HD44780 及其替代集成电路，驱动器为 HD44100 及其替代的兼容集成电路。

8.3.2 LCD1602 模块接口引脚功能

LCD1602 字符型液晶模块是 2 行 16 个字的 5×7 点阵图形来显示字符的液晶显示器，它的外观形状如图 8.17 所示。

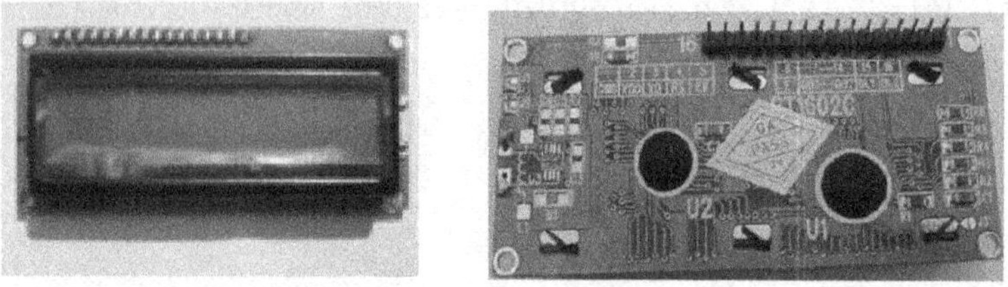

图 8.17 LCD1602 外观

LCD1602 采用标准的 16 脚接口，各引脚情况如下：

第 1 脚：V_{SS}，电源地。

第 2 脚：V_{DD}，+5 V 电源。

第 3 脚：VL，液晶显示偏压信号。

第 4 脚：RS，数据/命令选择端，高电平时选择数据寄存器、低电平时选择指令寄存器。

第 5 脚：$R/\overline{W}$，读/写选择端，高电平时进行读操作，低电平时进行写操作。当 RS 和 $R/\overline{W}$ 共同为低电平时可以写入指令或者显示地址，当 RS 为低电平且 $R/\overline{W}$ 为高电平时可以读忙信号，当 RS 为高电平且 $R/\overline{W}$ 为低电平时可以写入数据。

第 6 脚：E 端为使能端，当 E 端由高电平跳变成低电平时，液晶模块执行命令。

第 7~14 脚：D0~D7，为 8 位双向数据线。

第 15 脚：BLA，背光源正极。

第 16 脚：BLK，背光源负极。

8.3.3 LCD1602 内部结构

液晶显示模块 LCD1602 的内部结构可以分成三部分：一为 LCD 控制器，二为 LCD 驱动器，三为 LCD 显示装置，如图 8.18 所示。

控制器采用 HD44780，驱动器采用 HD44100。HD44780 是集控制器、驱动器于一体，专用于字符显示控制驱动集成电路。HD44100 是作扩展显示字符位的。HD44780 是字符型液晶显示控制器的代表电路。

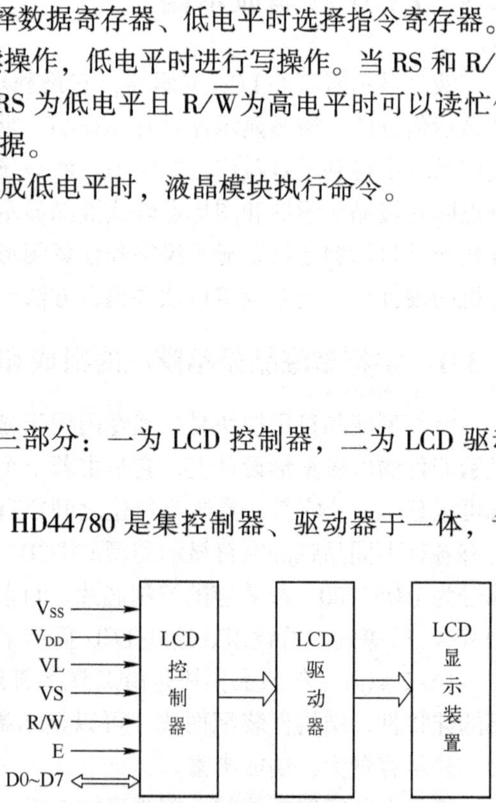

图 8.18 LCD1602 的内部结构

HD44780 集成电路的特点：

1）可选择 5×7 或 5×10 点字符。

2）HD44780 不仅作为控制器，而且还具有驱动 40×16 点阵液晶像素的能力，并且 HD44780 的驱动能力可通过外接驱动扩展 360 列驱动。

HD44780 可控制的字符高达每行 80 个字，也就是 5×80＝400 点，HD44780 内藏 16 路行驱动器和 40 路列驱动器，所以 HD44780 本身就具有驱动 16×40 点阵 LCD 的能力（即单行 16 个字符或两行 8 个字符）。如果在外部加一 HD44100 外扩展多 40 路/列驱动，则可驱动 16×2LCD。

3）HD44780 的显示缓冲区 DDRAM、字符发生存储器（ROM）及用户自定义的字符发生器 CGRAM 全部内藏在芯片内。

HD44780 有 80 个字节的显示缓冲区，分两行，地址分别为 00H～27H，40H～67H，它们实际显示位置的排列顺序跟 LCD 的型号有关，液晶显示模块 1602A 的显示地址与实际显示位置的关系如图 8.19 所示。

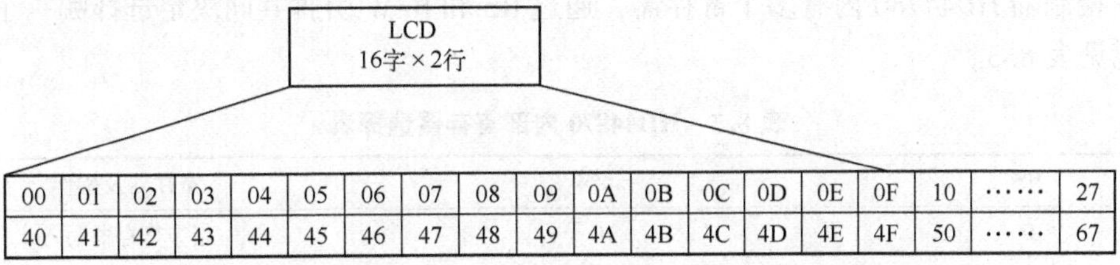

图 8.19　LCD1602 的显示地址与实际显示位置的关系图

HD44780 内藏的字符发生存储器（ROM）已经存储了 160 个不同的点阵字符图形，如图 8.20 所示。

图 8.20　字符点阵图

这些字符有：阿拉伯数字、英文字母的大小写、常用的符号和日文假名等，每一个字符都有一个固定的代码。比如数字“1”的代码是00110001B（31H），又如大写的英文字母“A”的代码是01000001B（41H），可以看出英文字母的代码与ASCII编码相同。要显示“1”时，我们只需将ASCII码31H存入DDRAM指定位置，显示模块将在相应的位置把数字“1”的点阵字符图形显示出来，就能看到数字“1”了。

4）HD44780具有8位数据和4位数据传输两种方式，可与4/8位CPU相连。

5）HD44780具有简单而功能较强的指令集，可实现字符移动、闪烁等显示功能。

8.3.4 LCD1602模块的操作命令

LCD控制器HD44780内有多个寄存器，通过RS和R/W引脚共同决定选择哪一个寄存器，选择情况见表8.3。

表8.3 HD44870内部寄存器选择表

RS	R/W	寄存器及操作
0	0	指令寄存器写入
0	1	忙标志和地址计数器读出
1	0	数据寄存器写入
1	1	数据寄存器读出

总共有11条指令，它们的格式和功能分制如下。

1. 清屏命令

格式：

RS	$R/\overline{W}$	D7	D6	D5	D4	D3	D2	D1	D0
0	0	0	0	0	0	0	0	0	1

功能：清除屏幕，将显示缓冲区DDRAM的内容全部写入空格（ASCII20H）。

光标复位，回到显示器的左上角。

地址计数器AC清零。

2. 光标复位命令

格式：

RS	$R/\overline{W}$	D7	D6	D5	D4	D3	D2	D1	D0
0	0	0	0	0	0	0	0	1	0

功能：光标复位，回到显示器的左上角。

地址计数器AC清零。

显示缓冲区DDRAM的内容不变。

3. 输入方式设置命令

格式：

RS	$R/\overline{W}$	D7	D6	D5	D4	D3	D2	D1	D0
0	0	0	0	0	0	0	1	I/D	S

功能：设定当写入一个字节后，光标的移动方向以及后面的内容是否移动。

当 I/D=1 时，光标从左向右移动；I/D=0 时，光标从右向左移动。

当 S=1 时，内容移动；S=0 时，内容不移动。

4. 显示开关控制命令

格式：

RS	R/$\overline{W}$	D7	D6	D5	D4	D3	D2	D1	D0
0	0	0	0	0	0	1	D	C	B

功能：控制显示的开关，当 D=1 时显示，D=0 时不显示。

控制光标开关，当 C=1 时光标显示，C=0 时光标不显示。

控制字符是否闪烁，当 B=1 时字符闪烁，B=0 时字符不闪烁。

5. 光标移位置命令

格式：

RS	R/$\overline{W}$	D7	D6	D5	D4	D3	D2	D1	D0
0	0	0	0	0	1	S/C	R/L	*	*

功能：移动光标或整个显示字幕移位。

当 S/C=1 时整个显示字幕移位，当 S/C=0 时只有光标移位。

当 R/L=1 时光标右移，R/L=0 时光标左移。

6. 功能设置命令

格式：

RS	R/$\overline{W}$	D7	D6	D5	D4	D3	D2	D1	D0
0	0	0	0	1	DL	N	F	*	*

功能：设置数据位数，当 DL=1 时数据位为 8 位，DL=0 时数据位为 4 位。

设置显示行数，当 N=1 时双行显示，N=0 时单行显示。

设置字形大小，当 F=1 时为 5×10 点阵，F=0 时为 5×7 点阵。

7. 设置字库 CGRAM 地址命令

格式：

RS	R/$\overline{W}$	D7	D6	D5	D4	D3	D2	D1	D0
0	0	0	1	CGRAM 地址					

功能：设置用户自定义 CGRAM 的地址，对用户自定义 CGRAM 访问时，要先设定 CGRAM 的地址，地址范畴为 0~63。

8. 显示缓冲区 DDRAM 地址设置命令

格式：

RS	R/$\overline{W}$	D7	D6	D5	D4	D3	D2	D1	D0
0	0	1	DDRAM 地址						

功能：设置当前显示缓冲区 DDRAM 的地址，对 DDRAM 访问时，要先设定 DDRAM 的地址，地址范畴为 0~127。

9. 读忙标志及地址计数器 AC 命令

格式：

RS	R/$\overline{W}$	D7	D6	D5	D4	D3	D2	D1	D0
0	1	BF	AC 值						

功能：读忙标志及地址计数器 AC。

当 BF=1 时表示忙，这时不能接收命令和数据；BF=0 时表示不忙。

低 7 位为读出的 AC 的地址，值为 0~127。

10. 写 DDRAM 或 CGRAM 命令

格式：

RS	R/$\overline{W}$	D7	D6	D5	D4	D3	D2	D1	D0
1	0	写入的数据							

功能：向 DDRAM 或 CGRAM 当前位置中写入数据。对 DDRAM 或 CGRAM 写入数据之前须设定 DDRAM 或 CGRAM 的地址。

11. 读 DDRAM 或 CGRAM 命令

格式：

RS	R/$\overline{W}$	D7	D6	D5	D4	D3	D2	D1	D0
1	1	读出的数据							

功能：从 DDRAM 或 CGRAM 当前位置中读出数据。当 DDRAM 或 CGRAM 读出数据时，先须设定 DDRAM 或 CGRAM 的地址。

8.3.5 LCD1602 与单片机接口及编程

LCD1602 与 MCS-51 单片机的接口连接主要有并行连接和串行连接，其中，并行连接是最常用的接口方式，如图 8.21 所示。图中 LCD1602 的数据线与 MCS-51 的 P1 口相连，RS 与 MCS-51 的 P2.0 相连，R/$\overline{W}$与 MCS-51 的 P2.1 相连，E 端与 MCS-51 的 P2.7 相连。

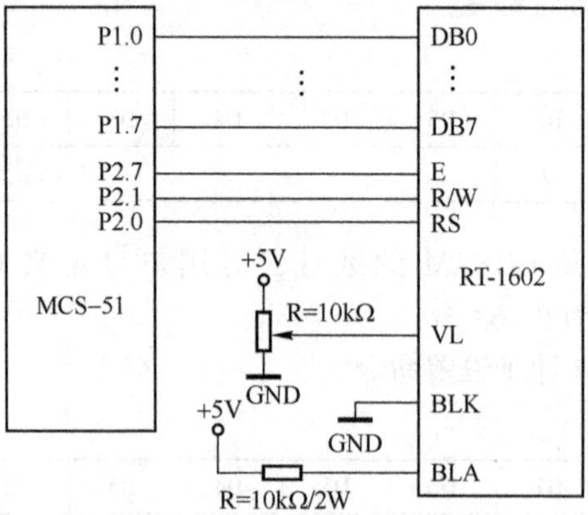

图 8.21　LCD 与单片机的接口

图 8.22a、b 分别是 LCD1602 的读、写时序图。对 LCD1602 的写命令、写数据和读数据都必须按照时序图严格进行，下面以图 8.21 所示接口连接方式给出 LCD1602 的写命令或数据以

及读状态或数据子函数。

```
#define LCD_data P1                        //定义数据接口
sbit  RS=P2^0;                             //定义 RS 连接引脚
sbit  RW=P2^1;                             //定义 RW 连接引脚
sbit  E=P2^7;                              //定义 E 连接引脚
void lcd_busy( )                           //LCD 读忙状态子函数
{
 bit busy_flag;
 RW=1;                                     //读操作
 RS=0;                                     //读状态
 while (1)
 {E=1;
 _nop_();                                  //执行空操作达到延时一小段时间
 _nop_();
 _nop_();
 _nop_();
 E=0;
 busy_flag =LCD_data& 0x80;                //读忙标志
 if(busy_flag ==0)   break;                //不忙,跳出循环;忙,继续检查
}
void lcd_com (unsigned char temp)          //LCD 写命令子函数
{
 lcd_busy( );                              //检查 LCD 是否忙
 RS=0;
 RW=0;
 E=1;
 LCD_data=temp;
 _nop_();
 _nop_();
 _nop_();
 _nop_();
 E=0;
 delay();
}
void lcd_data(unsigned char temp)          //LCD 写数据子函数
{
 lcd_busy();
 RS=1;
 RW=0;
 E=1;
 LCD_data=temp;
 _nop_();
 _nop_();
 _nop_();
 _nop_();
 E=0;
 delay();
}
```

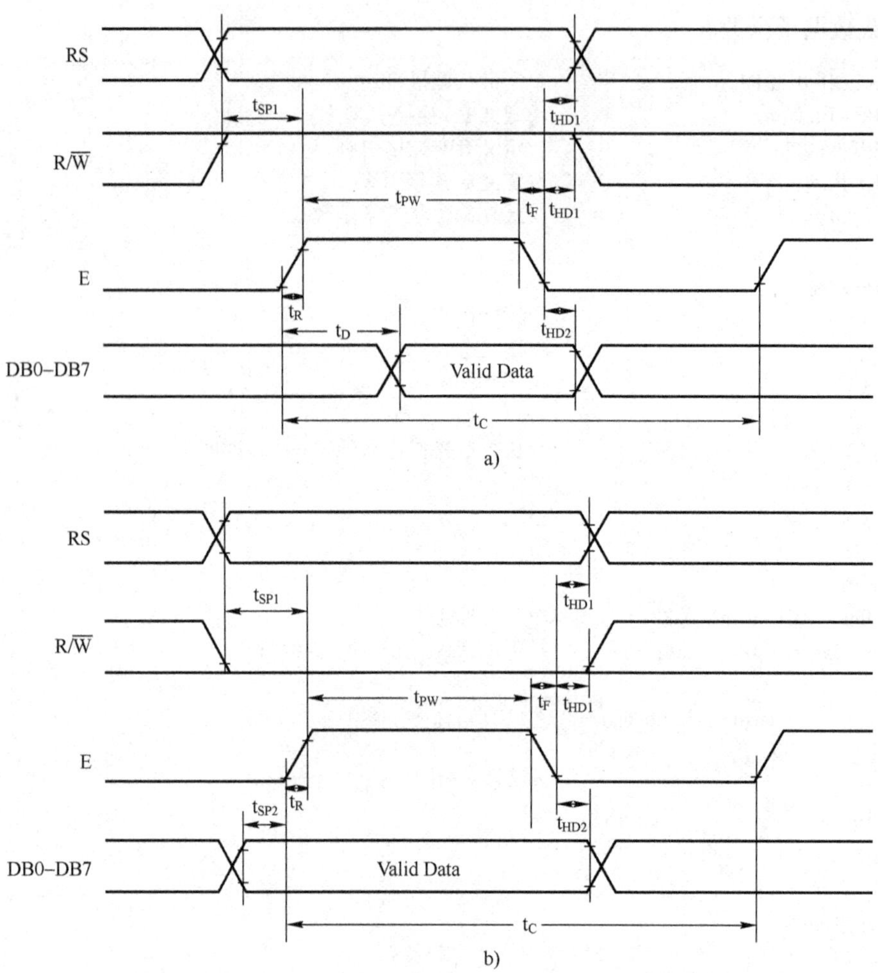

图 8.22　LCD 读写时序图

a）读时序　b）写时序

【**例 8.5**】LCD1602 与 MCS-51 单片机的接口连接如图 8.21 所示，请编程在 LCD 显示器的第 1 行、第 1 列开始显示“GOOD”，第 2 行、第 6 列开始显示“BYE”。

分析：要让 LCD1602 正常显示，需要先对 LCD1602 进行初始化，初始化包括开显示、设置显示模式、设置光标、清屏等，然后对 LCD1602 设置显示地址并写入要显示字符的编码，就可让 LCD1602 显示了。LCD1602 的写命令或数据以及读状态子函数请见前面内容，这里就不再列出，直接调用。最后，对应的 C51 程序如下：

```
#include  <reg51.h>
#define uchar  unsigned char
sbit  RS=P2^0;
sbit  RW=P2^1;
sbit  E=P2^7;
void  delay();
void  lcd_init();
void  lcd_busy();
void  lcd_com (unsigned char temp);
void  lcd_data(unsigned char temp);
void  main()              //主函数
```

```
}
init_lcd();
lcd_com(0x80);              //写入显示缓冲区起始地址为第 1 行第 1 列
lcd_data(0x44);             //或写成 lcd_data('G');第 1 行第 1 列显示字母"G"
lcd_data (0x4f);            //或写成 lcd_data('O');第 1 行第 2 列显示字母"O"
lcd_data (0x4f);            //第 1 行第 3 列显示字母"O"
lcd_data (0x47);            //第 1 行第 4 列显示字母"D"
lcd_com (0xc5);             //写入显示缓冲区起始地址为第 2 行第 6 列
lcd_data (0x42);            //第 2 行第 6 列显示字母"B"
lcd_data (0x59);            //第 2 行第 7 列显示字母"Y"
lcd_data (0x45);            //第 2 行第 8 列显示字母"E"
while(1);
}
void  init_lcd()            //LCD1602 初始化函数
{
lcd_com (0x01);             //清屏
lcd_com (0x38);             //使用 8 位数据,显示两行,使用 5*7 的字型
lcd_com (0x0e);             //显示器开,光标开,字符不闪烁
lcd_com (0x06);             //字符不动,光标自动右移一格
}
void  delay()               //延时函数
{
uchar  y;
for (y=0;y<0xff;y++){;}
}
```

8.4 A/D、D/A 转换器的接口及应用

当单片机用于实时控制和智能仪表等应用系统中时，经常会遇到连续变化的模拟量，如温度、压力、速度等物理量，这些模拟量必须先转换成数字量才能送给单片机处理，当单片机处理后，也常常需要把数字量转换成模拟量后再送给外部设备。若输入的是非电信号，还需要经过传感器转换成模拟信号。实现模拟量转换成数字量的器件称为模数转换器（ADC），实现数字量转换成模拟量的器件称为数模转换器（DAC）。本节将介绍 A/D 转换器和 D/A 转换器与 MCS-51 单片机的接口。

8.4.1 A/D 转换器概述

1. A/D 转换器的类型及原理

A/D 转换器（ADC）的作用是把模拟量转换成数字量，以便于计算机进行处理。

随着超大规模集成电路技术的飞速发展，现在有很多类型的 A/D 转换器芯片，不同的芯片，它们的内部结构不一样，转换原理也不同，各种 A/D 转换芯片根据转换原理可分为计数型 A/D 转换器，逐次比较式、双重积分型和并行式 A/D 转换器等；按转换方法可分为直接 A/D 转换器和间接 A/D 转换器；按其分辨率可分为 4~16 位的 A/D 转换器芯片。

（1）计数型 A/D 转换器

计数型 A/D 转换器由 D/A 转换器、计数器和比较器组成，工作时，计数器由零开始计

数，每计一次数后，计数值送往 D/A 转换器进行转换，并将生成的模拟信号与输入的模拟信号在比较器内进行比较，若前者小于后者，则计数值加 1，重复 D/A 转换及比较过程，依此类推，直到当 D/A 转换后的模拟信号与输入的模拟信号相同，则停止计数，这时，计数器中的当前值就为输入模拟量对应的数字量。这种 A/D 转换器结构简单、原理清楚，但它的转换速度与精度之间存在矛盾，当提高精度时，转换的速度就慢；当提高速度时，转换的精度就低，所以在实际中很少使用。

（2）逐次逼近型 A/D 转换器

逐次逼近型 A/D 转换器是由一个比较器、D/A 转换器、寄存器及控制电路组成部分。与计数型相同，也要进行比较以得到转换的数字量，但逐次逼近型是用一个寄存器从高位到低位依次开始逐位试探比较。转换过程如下：开始时寄存器各位清零，转换时，先将最高位置 1，送 D/A 转换器转换，转换结果与输入的模拟量比较，如果转换的模拟量比输入的模拟量小，则 1 保留；如果转换的模拟量比输入的模拟量大，则 1 不保留，然后从第二位依次重复上述过程直至最低位，最后寄存器中的内容就是输入模拟量对应的数字量。一个 n 位的逐次逼近型 A/D 转换器的转换只需要比较 n 次，转换时间只取决于位数和时钟周期。逐次逼近型 A/D 转换器转换速度快，在实际中广泛使用。

（3）双重积分型 A/D 转换器

双重积分型 A/D 转换器将输入电压先变换成与其平均值成正比的时间间隔，然后再把此时间间隔转换成数字量，它属于间接型转换器。它的转换过程分为采样和比较两个过程。采样即用积分器对输入模拟电压进行固定时间的积分，输入模拟电压值越大，采样值越大，比较就是用基准电压对积分器进行反向积分，直至积分器的值为 0，由于基准电压值固定，所以采样值越大，反向积分时的积分时间越长，积分时间与输入电压值成正比，最后把积分时间转换成数字量，则该数字量就为输入模拟量对应的数字量。由于在转换过程中进行了两次积分，因此称为双重积分型。双重积分型 A/D 转换器的转换精度高，稳定性好，测量的是输入电压在一段时间的平均值，而不是输入电压的瞬间值，因此它的抗干扰能力强，但是转换速度慢，双重积分型 A/D 转换器在工业上应用也比较广泛。

2. A/D 转换器的主要性能指标

（1）分辨率

分辨率是指 A/D 转换器能分辨的最小输入模拟量。通常用转换的数字量的位数来表示，如 8 位、10 位、12 位、16 位等。位数越高，分辨率越高。分辨率计算公式一般表示为：

$$分辨率=\frac{V_{ref+}-V_{ref-}}{2^n}\quad（n 为 A/D 的位数）$$

例如，当$V_{ref+}=5\,V$，V_{ref-}接地，A/D 转换器为 8 位，则该 A/D 转换器的分辨率为：

$$分辨率=\frac{5-0}{2^8}\approx 0.01953(V)$$

即 A/D 转换器的数字量增加 1，对应于模拟量增加了约 0.01953 V。

（2）转换时间

转换时间是指完成一次 A/D 转换所需要的时间，指从启动 A/D 转换器开始到转换结束并得到稳定的数字输出量为止的时间。一般来说，转换时间越短，转换速度越快。

（3）量程

量程是指所能转换的输入电压范畴。

（4）转换精度

分为绝对精度和相对精度。绝对精度是指实际需要的模拟量与理论上要求的模拟量之差。相对精度是指当满刻度值校准后，任意数字量对应的实际模拟量（中间值）与理论值（中间值）之差。

8.4.2 ADC0809 与 MCS-51 的接口

1. ADC0809 芯片

ADC0809 是 CMOS 单片型逐次逼近型 A/D 转换器，具有 8 路模拟量输入通道，有转换起停控制，模拟输入电压范围为 0~+5 V，转换时间为 100 μs，它的内部结构如图 8.23 所示。

2. ADC0809 的引脚

ADC0809 芯片有 28 个引脚，采用双列直插式封装，如图 8.24 所示。其中：

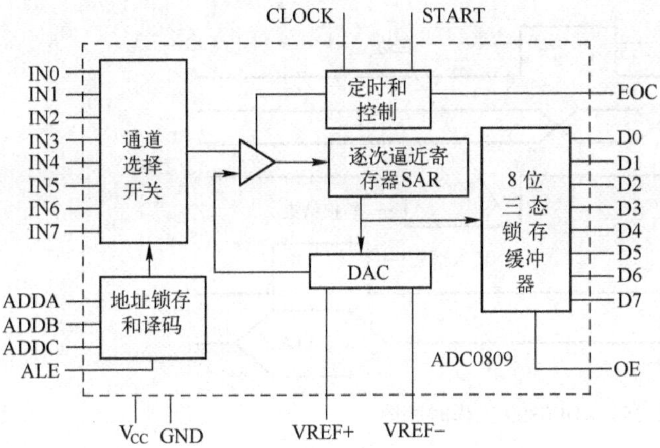

图 8.23 ADC0809 的内部结构图

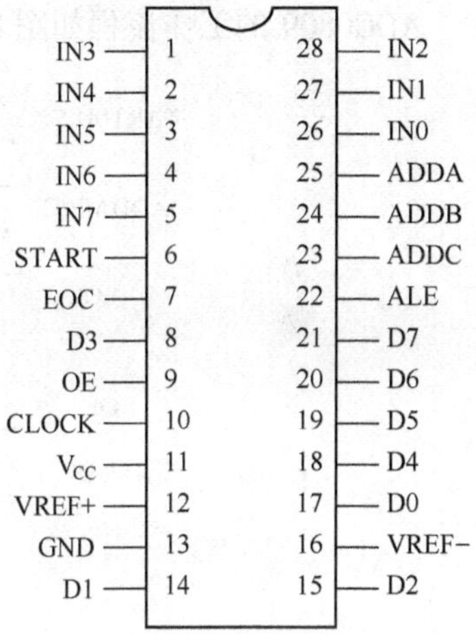

图 8.24 ADC0809 引脚图

- IN0~IN7：8 路模拟量输入端。
- D0~D7：8 位数字量输出端。
- ADDA、ADDB、ADDC：3 位地址输入线，用于选择 8 路模拟通道中的一路，选择情况见表 8.4。
- ALE：地址锁存允许信号，输入，由低电平变高电平锁存。
- START：A/D 转换启动信号，输入，由高电平变低电平启动。
- EOC：A/D 转换结束信号，输出。当启动转换时，该引脚为低电平，当 A/D 转换结束时，该线脚输出高电平。
- OE：数据输出允许信号，输入，高电平有效。当转换结束后，如果从该引脚输入高电平，则打开输出三态门，输出锁存器的数据从 D0~D7 送出。
- CLK：时钟脉冲输入端。要求时钟频率不高于 640 kHz。
- REF+、REF-：基准电压输入端。
- V_{CC}：电源，接+5 V 电源。
- GND：地。

表 8.4　ADC0809 通道选择表

ADDC	ADDB	ADDA	选择通道
0	0	0	IN0
0	0	1	IN1
0	1	0	IN2
0	1	1	IN3
1	0	0	IN4
1	0	1	IN5
1	1	0	IN6
1	1	1	IN7

3. ADC0809 的工作流程

ADC0809 的工作流程如图 8.25 所示。

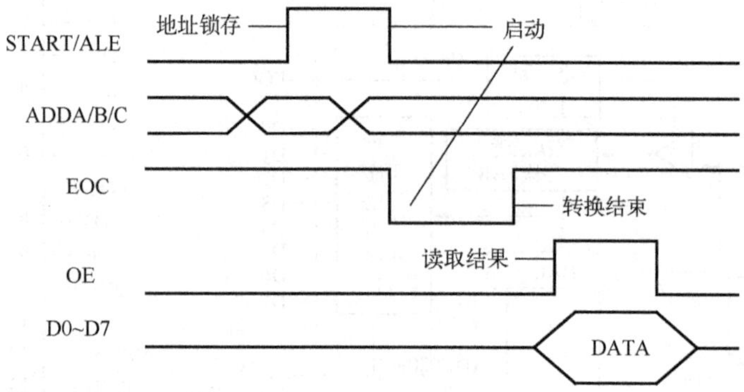

图 8.25　ADC0809 工作时序图

1）输入 3 位地址，并使 ALE=1，将地址存入地址锁存器中，经地址译码器译码从 8 路模拟通道中选通一路模拟量送到比较器。

2）送 START 一高脉冲，START 的上升沿使逐次逼近寄存器复位，下降沿启动 A/D 转换，并使 EOC 信号为低电平。

3）当转换结束时，转换的结果送入到输出三态锁存器，并使 EOC 信号回到高电平，通知 CPU 已转换结束。

4）当 CPU 执行一读数据指令，使 OE 为高电平，则从输出端 D0~D7 读出数据。

4. ADC0809 与 MCS-51 单片机的接口电路

图 8.26 是一个 ADC0809 与 8051 的典型接口电路图。51 单片机 P0 口连接至 ADC0809 的数据引脚 D7~D0，并将 P0.2~P0.0 连接至 ADC0809 的通道地址引脚 C、B、A；ALE 经分频器连接至 ADC0809 的 ALE 引脚提供时钟信号；P2.7 与 $\overline{WR}$ 引脚通过或门后再经非门连接至 ADC0809 的 ALE 和 START，用于锁存地址信号和启动 ADC0809 转换，P2.7 与 $\overline{RD}$ 引脚也是通过或门后再经非门连接至 ADC0809 的读数据选通引脚 OE；中断引脚 $\overline{INT0}$ 连接至 ADC0809 的 EOC 引脚，当 A/D 转换结束时，EOC 引脚将产生一个低电平（下降沿）向 51 单片机申请中断。

5. ADC0809 应用编程举例

【**例 8.6**】将图 8.26 接口电路用于一个 8 路模拟量输入的巡回检测系统，使用中断方式采样数据，把采样转换所得的数字量按顺序存于片内 RAM 的 30H~37H 单元中。采样完一遍后停止采集。

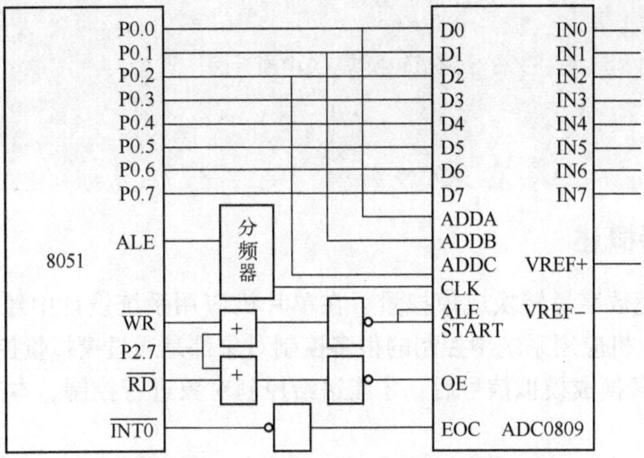

图 8.26　ADC0809 与 8051 接口电路图

分析：图 8.26 中，51 单片机是通过总线方式访问 ADC0809 的，ADC0809 的地址与 P2.7 及 P0.2~P0.0 有关，P2.7 需输出为 0，P0.2~P0.0 与通道有关，例如，要访问 0 通道，则 ADC0809 的地址为 0xxx xxxx xxxx x000B，x 为 0 或 1 均可，这里，x 取 1，则 ADC0809 的 0 通道地址为 7FF8H，1 通道为 7FF9H，2 通道为 7FFAH，以此类推，8 个通道地址均可获得。编程时，51 单片机先输出地址选择通道并启动转换，然后等待$\overline{INT0}$中断（转换结束），在中断服务程序中读取转换结果并送至要求的 RAM 区域。

对应的 C51 程序如下：

```
#include  <reg51.h>
#define uchar  unsigned  char
uchar  data  * res;                    //定义存放 AD 结果地址指针
uchar  xdata  * ad_adr;                //定义指向 AD 通道地址指针
uchar  i=0;
void  main(void)
{
 IT0=1;                                //外部中断 0 的初始化
 EX0=1;
 EA=1;
 i=0;
 res=0x30;                             //转换结果存储指向内 RAM 的 30H
 ad_adr=0x7ff8;                        //指针指向通道 0
  * ad_adr=i;                          //启动通道 0 转换
 while(1);                             //等待中断
}
void  int_adc(void)  interrupt  0      //中断函数
{
 * (res+i)= * (ad_adr+i);              //读取当前通道转换结果
 i++;
 if (i<8)
 {
```

```
        *(ad_adr+i)=i;              //8 个通道未转换完,启动下一个通道返回
        }
        else
        {
        EA=0;                       //8 个通道转换完,关中断返回
        EX0=0;
        }
    }
```

8.4.3 D/A 转换器概述

D/A 转换器实现把数字量转换成模拟量，在单片机应用系统设计中经常用到它，单片机处理是数字量，而单片机应用系统中控制的很多控制对象都是通过模拟量控制，单片机输出的数字信号必须经 D/A 转换成模拟信号后，才能送给控制对象进行控制。本节介绍 D/A 转换器与单片机的接口问题。

1. D/A 转换器的性能指标

在设计 D/A 转换器与单片机接口之前，一般要根据 D/A 转换器的技术指标选择 D/A 转换器芯片。因此，这里先介绍 D/A 转换器的主要性能指标。

（1）分辨率

分辨率是指 D/A 转换器所能产生的最小模拟量，是数字量最低有效位（LSB）所对应的模拟值。这个参数反映 D/A 转换器的分辨能力。分辨率的表示方法有多种，一般用最小模拟量值变化量与满量程信号值之比来表示。例如，8 位的 D/A 转换器的分辨率为满量程信号值的 1/256，12 位的 D/A 转换器的分辨率为满量程信号值的 1/4096。

（2）精度

精度用于衡量 D/A 转换器在将数字量转换成模拟量时，所得模拟量的精确程度。它表明了模拟输出实际值与理论值之间的偏差。精度可分为绝对精度和相对精度。绝对精度指在输入端加入给定数字量时，在输出端实测的模拟量与理论值之间的偏差。相对精度指当满量程信号校准后，任何输入数字量的模拟输出值与理论值的误差，实际上是 D/A 转换器的线性度。

（3）线性度

线性度指 D/A 转换器的实际的转换特性与理想的转换特性之间的误差。一般来说 D/A 转换器的线性误差就小于±1/2LSB。

（4）温度灵敏度

这个参数表明 D/A 转换器具有受温度变化影响的特性。

（5）建立时间

建立时间指从数字量输入端发生变化开始，到模拟输出稳定在额定值的±1/2LSB 时所需要的时间。它是描述 D/A 转换器转换速率快慢的一个参数。

2. D/A 转换的分类

D/A 转换器的品种繁多、性能各异。按输入数字量的位数分：8 位、10 位、12 位和 16 位等；按输入的数码分：二进制方式和 BCD 码方式；按传送数字量的方式分：并行方式和串行方式；按输出形式分：电流输出型和电压输出型，电压输出型又有单极性和双极性；按与单片机的接口分：带输入锁存的和不带输入锁存的。

3. D/A 转换器与单处机的连接

（1）数据线的连接

D/A 转换器与单片机的数据线的连接主要考虑两个问题：一是位数，当高于 8 位的 D/A 转换器与 8 位数据总线的 MCS-51 单片机接口时，MCS-51 单片机的数据必须分时输出，这时必须考虑数据分时传送的格式和输出电压的“毛刺”问题；二是 D/A 转换器有无输入锁存器的问题，当 D/A 转换器内部没有输入锁存器时，必须在单片机与 D/A 转换器之间增设锁存器或 I/O 接口。

（2）地址线的连接

一般的 D/A 转换器只有片选信号，而没有地址线。这时单片机的地址线采用全译码或部分译码，经译码器输出来控制 D/A 转换器的片选信号，也可由某一位 I/O 线来控制 D/A 转换器的片选信号。

（3）控制线的连接

D/A 转换器主要有片选信号、写信号及启动转换信号等，一般由单片机的有关引脚或译码器提供。

8.4.4 MCS-51 与 8 位 DAC0832 的接口

1. DAC0832 芯片

DAC0832 是一种电流型 D/A 转换器，数字输入端具有双重缓冲功能，可以双缓冲、单缓冲或直通方式输入，它的内部结构如图 8.27 所示。

2. DAC0832 的引脚

DAC0832 有 20 个引脚，采用双列直插式封装，如图 8.28 所示。

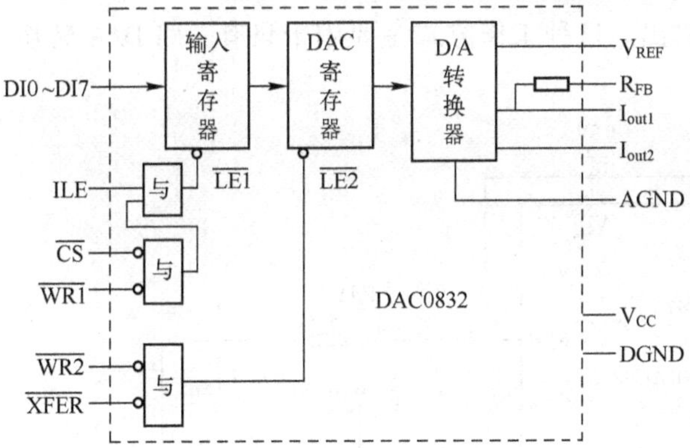

图 8.27　DAC0832 内容结构图

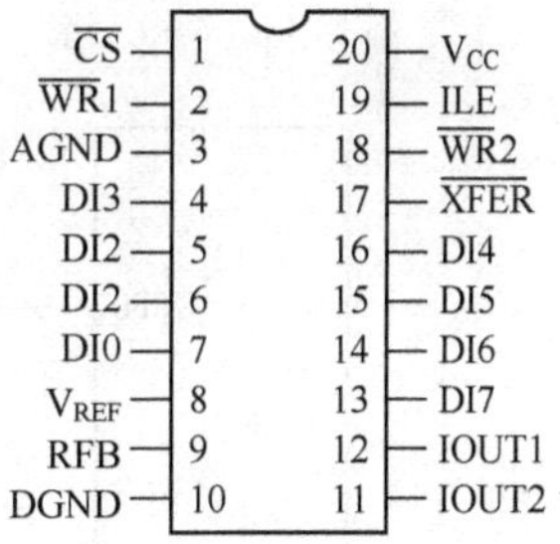

图 8.28　DAC0832 的引脚图

其中：

- DI0~DI7（DI0 为最低位）：8 位数字量输入端。
- ILE：数据允许控制输入线，高电平有效。
- $\overline{CS}$：片选信号。
- $\overline{WR1}$：写信号线 1。
- $\overline{WR2}$：写信号线 2。
- $\overline{XFER}$：数据传送控制信号输入线，低电平有效。

- IOUT1：模拟电流输出线 1。它是数字量输入为“1”的模拟电流输出端。
- IOUT2：模拟电流输出线 2，它是数字量输入为“0”的模拟电流输出端，采用单极性输出时，IOUT2 常常接地。
- Rfb：片内反馈电阻引出线，反馈电阻制作在芯片内部，用作外接的运算放大器的反馈电阻。
- V_{REF}：基准电压输入线。电压范围为-10～+10 V。
- V_{CC}：工作电源输入端，可接+5～+15 V 电源。
- AGND：模拟地。
- DGND：数字地。

3. DAC0832 的工作方式

从图 8.27 可以看出，在 0832 内部有两个寄存器，输入信号要经过这两个寄存器，才能进入 D/A 转换器进行 D/A 转换。而控制这两个寄存器的控制信号有 5 个：输入寄存器由 ILE、$\overline{CS}$、$\overline{WR1}$控制；DAC 寄存器由$\overline{WR2}$、$\overline{XFER}$控制。因此，用软件指令控制这 5 个控制端，DAC0832 有 3 种方式：直通方式、单缓冲方式和双缓冲方式。

（1）直通方式

当引脚$\overline{WR1}$、$\overline{WR2}$、$\overline{CS}$和$\overline{XFER}$直接接地，ILE 接高电平，DAC0832 工作于直通方式，此时，8 位输入寄存器和 8 位 DAC 寄存器都直接处于导通状态，8 位数字量到达 DI0～DI7，就立即进行 D/A 转换，从输出端得到转换的模拟量。这种方式主要用于不带微型计算机的电路中。

（2）单缓冲方式

当连接引脚 ILE、$\overline{WR1}$、$\overline{WR2}$、$\overline{CS}$和使得两个锁存器的一个处于直通状态，另一个处于受控制状态，或者两个被控制同时导通，DAC0832 就工作于单缓冲方式，例如图 8.29 就是一种单缓冲方式的连接。对于图 8.29 的单缓冲连接，只要数据 DAC0832 写入 8 位输入锁存器，就立即开始转换，转换结果通过输出端输出。这种工作方式主要用于只有一路 D/A 转换，或虽有多路，但不要求同步输出的场合。

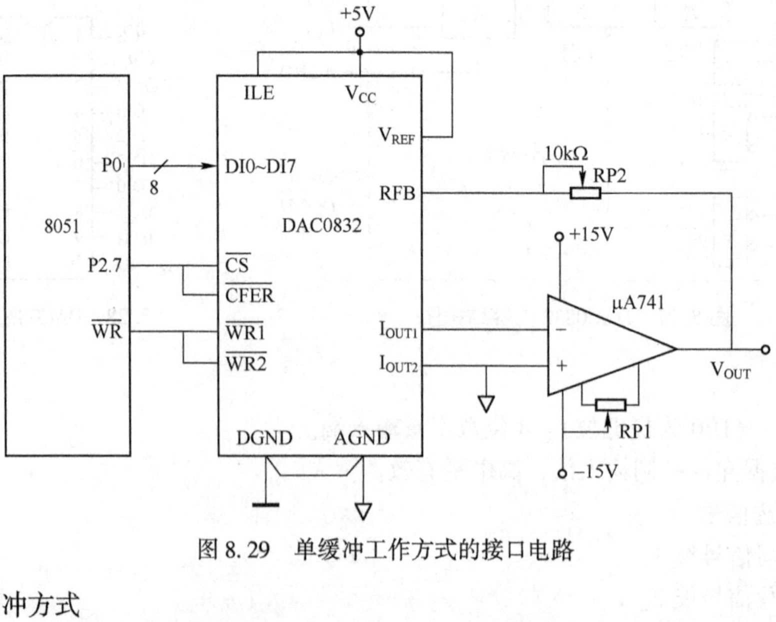

图 8.29　单缓冲工作方式的接口电路

（3）双缓冲方式

当 8 位输入锁存器和 8 位 DAC 寄存器分开控制导通时，DAC0832 工作于双缓冲方式，双缓冲方式时单片机对 DAC0832 的操作分两步，第一步，使 8 位输入锁存器导通，将 8 位数字量写入 8 位输入锁存器中；第二步，使 8 位 DAC 寄存器导通，8 位数字量从 8 位输入锁存器送入 8 位 DAC 寄存器。第二步只使 DAC 寄存器导通，在数据输入端写入的数据无意义。图 8. 30 就是一种双缓冲方式的连接。双缓冲方式主要用于多路 D/A 转换的场合。

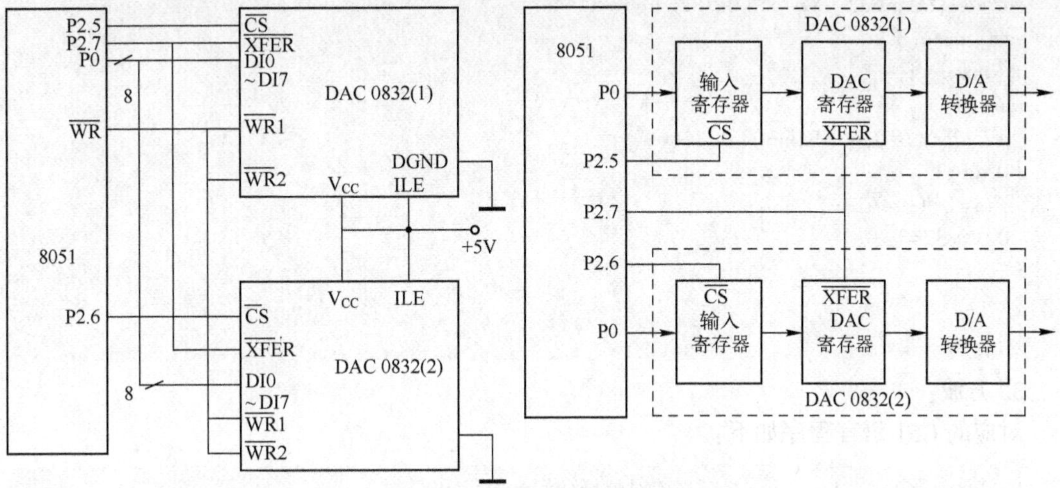

图 8. 30　双缓冲工作方式的接口电路

综上所述，三种工作方式的区别是：直通方式不选通，直接 D/A 转换；单缓冲方式，一次选通；双缓冲方式，二次选通。至于 5 个控制引脚如何应用，可灵活掌握。

4. DAC0832 的应用

D/A 转换器在实际中经常作为波形发生器使用，通过它可以产生各种各样的波形。它的基本原理如下：利用 D/A 转换器输出模拟量与输入数字量成正比这一特点，通过程序控制 CPU 向 D/A 转换器送出随时间呈一定规律变化的数字，则 D/A 转换器输出端就可以输出随时间按一定规律变化的波形。

【例 8.7】 根据图 8. 29 编程实现从 DAC0832 输出端分别产生锯齿波、三角波和方波。根据单缓冲方式图的连接，DAC0832 的口地址为 7FFFH。

1. 锯齿波

对应的 C51 语言程序如下：

```
#include  <absacc. h>      //定义绝对地址访问
#define uchar   unsigned   char
#define   DAC0832   XBYTE[0x7FFF]
void   main()
{ uchar   i;
  while(1)
  {
  for (i=0;i<0xff;i++)
  {
  DAC0832=i;
  }
  }
}
```

2. 三角波：

对应的 C51 语言程序如下：

```
#include  <absacc. h>          //定义绝对地址访问
#define uchar   unsigned   char
#define   DAC0832   XBYTE[0x7FFF]
void   main()
{   uchar   i;
while(1)
      { for (i=0;i<0xff;i++)
{DAC0832=i;}
for (i=0xff;i>0;i--)
{DAC0832=i;
}
}
}
```

3. 方波：

对应的 C51 语言程序如下：

```
#include   <absacc. h>          //定义绝对地址访问
#define uchar   unsigned   char
#define   DAC0832   XBYTE[0x7FFF]
void   delay(void);
void   main()
{      uchar   i;
while(1)
{
DAC0832=0;                    //输出低电平
delay();                      //延时
DAC0832=0xff;                 //输出高电平
delay();                      //延时
}
}
void   delay()                //延时函数
{
uchar   i;
for (i=0;i<0xff;i++)
{;}
}
```

本章小结

本章介绍单片机与常用的输入外设和输出外设的接口设计及软件编程。首先介绍了键盘的工作原理、LED 显示器。键盘分为独立式键盘和矩形键盘。独立式键盘使用于键盘数目较少的场合，而矩阵式键盘适用于键盘数目较多的场合。LED 显示器有两种工作方式，一种是静态显示方式，另一种是动态扫描方式。动态扫描方式比静态显示方式占用的 I/O 口线少，但是要用软件控制显示扫描；而静态显示的亮度比动态扫描高，但占用的 I/O 口线要比动态扫描方式多。本章还介绍了另一种目前广泛使用的LCD显示器，目前LCD显示器多以成品模块形式在市场出售，用户只需购买现成的模块即可，工作原理大同小异，本章介绍的LCD显示器具有典型性，最后介绍了常用的A/D转换器和D/A转换器的工作原理以及它与单片机的接口。

习题8

1. 简述单片机如何进行键盘的键输入以及怎样实现键功能处理？

2. 何谓键抖动？键抖动对单片机系统有何影响？如何消除抖动？

3. 什么是键值？它和键编码有何关系？单片机对键盘上有无按键的识别方法有哪几种？

4. 简述单片机对行列式键盘的扫描过程或画出流程图。

5. 试编制4×4键盘的扫描程序。

6. 共阳极与共阴极LED数码管显示器的接法有何不同？

7. 试根据LED数码管显示段码的编码规律写出“S”的显示段码。

8. 何谓静态显示？何谓动态显示？两种显示方式各有何优缺点？

9. 编制静态显示程序，要求开始时在数码显示器的最右边一位显示一个“8”字，以后每隔0.2s从右到左依次增加一个“8”字，直到出现6个“8”字为止。

10. 编制动态显示程序实现以下功能：已知累加器A与寄存器B中的内容均为十进制数，要求A与B相加并将结果在4位数码管显示器的最右边两位上显示出来（不考虑进位）。

11. 利用本书中的LCD显示子程序编程，在LCD1602的第一行显示“2012年12月21日星期五”，第二行显示“13：30：30”。

12. ADC0809的8路输入通道是如何选择的？试举例说明。

13. 设有一个8路模拟量输入的巡回检测系统，使用中断方式采样数据，并依次存放在片内RAM区从30H开始的8个单元中。试编写采集一遍数据的主程序和中断服务程序。

14. DAC0832有几种工作方式？各用于什么场合？如何应用？

15. 利用DAC0832芯片，采用单缓冲方式，端口地址为F8FFH，编制产生梯形波的程序。设梯形波的上下沿为满值与0，宽度自定。

第 9 章　MCS-51 单片机总线技术

现代单片机应用系统广泛采用串行扩展技术。串行扩展接线灵活，占用单片机资源少，系统结构简单，极易形成用户的模块化结构，还具有工作电压宽、抗干扰能力强、功耗低、数据不易丢失等特点。目前，单片机系统中广泛使用的串行总线主要有 SPI（Serial Periperal Interface）串行总线、I^2C（Inter Interface Circuit）总线、单总线（1-wire Bus）、CAN（Controller Area Network）总线等。本章对常见的几种串行总线的工作原理及特点进行介绍；重点介绍 MCS-51 单片机模拟 I^2C 串行接口、单总线原理和应用。

【重要知识点】

- 掌握 SPI 串行外设接口的基本概念和应用。
- 掌握 I^2C 总线的功能和设置方法。
- 理解和掌握单总线的原理和应用。

9.1　SPI 总线接口技术

SPI 是 Motorola 公司推出的一种同步串行外设接口，是微控制器和外围 IC（如传感器、ADC、DAC、移位寄存器、SRAM 等）之间使用最广泛的接口之一。它允许单片机与多个厂家生产的标准外围设备直接连接，以串行方式交换信息。

9.1.1　SPI 总线接口工作原理

SPI 是一种同步、全双工、主从式接口。来自主机或从机的数据在时钟上升沿或下降沿同步。主机和从机可以同时传输数据。SPI 接口可以是三线式或四线式。

四线 SPI 接口包括：串行时钟 SCK、主器件输入/从器件输出数据线 MISO（简称 SO）、主器件输出/从器件输入数据线 MOSI（简称 SI）和从器件选择线 $\overline{CS}$。

产生时钟信号的器件称为主机。主机和从机之间传输的数据与主机产生的时钟同步。同 I^2C 接口相比，SPI 器件支持更高的时钟频率。用户应查阅产品数据手册以了解 SPI 接口的时钟频率规格。SPI 接口只能有一个主机，但可以有一个或多个从机。图 9.1 显示了主机和从机之间的 SPI 连接。来自主机的片选信号 $\overline{CS}$ 用于选择从机，当使用多个从机时，主机需要为每个从机提供单独的片选信号，这通常是一个低电平有效信号，拉高时从机与 SPI 总线断开连接。MOSI 和 MISO 是数据线，MOSI 将数据从主机发送到从机，MISO 将数据从从机发送到主机。

在 SPI 串行扩展系统中，如果某一从器件只作输入（如键盘）或只作输出（如显示器）时，可省去一条数据输出（MISO）或一条数据输入（MOSI），这时构成三线 SPI 系统（SCK、SI/SO 和 $\overline{CS}$）。三线 SPI 为半双工工作方式，而四线 SPI 则可支持全双工工作方式。

要开始 SPI 通信，主机必须发送时钟信号，并通过使能 $\overline{CS}$ 信号选择从机。片选通常是低电平有效信号，因此，主机必须在该信号上发送逻辑 0 以选择从机。SPI 是全双工接口，主机和从机可以分别通过 MOSI 和 MISO 线路同时发送数据。在 SPI 通信期间，数据的发送（串行移出到 MOSI 总线上）和接收（采样或读入总线 MISO 上的数据）同时进行。主从机的数据传输

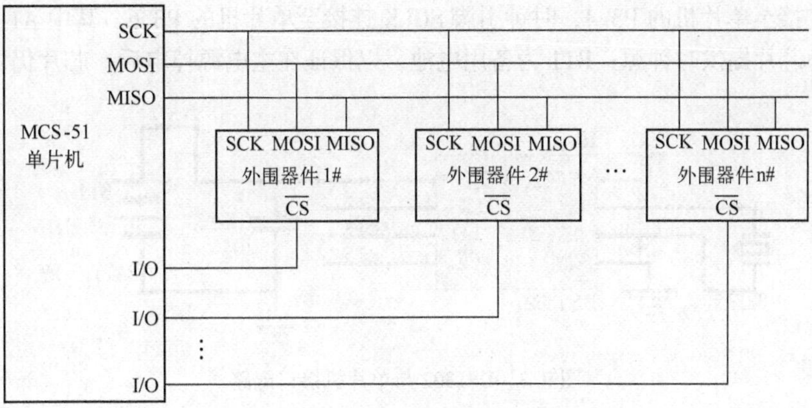

图 9.1 SPI 外围串行扩展结构图

靠串行时钟进行同步，即在串行时钟的作用下，实现数据的移位和采样，SPI 接口允许用户灵活选择时钟的上升沿或下降沿来采样和/或移位数据。SPI 接口传输的数据位数根据器件也有所不同，最常见的为 8 位或 16 位，请参阅相应器件数据手册。图 9.2 是一个典型的 SPI 数据传输协议的时序图。传输的数据位数为 8 位，数据的传送格式是高位（MSB）在前，低位（LSB）在后，作为主器件的单片机在启动一次传送时，便产生 8 个时钟，传送给接口芯片作为同步时钟，控制数据的输入和输出。数据线上输出数据的变化以及输入数据时的采样，都取决于时钟信号 SCK。

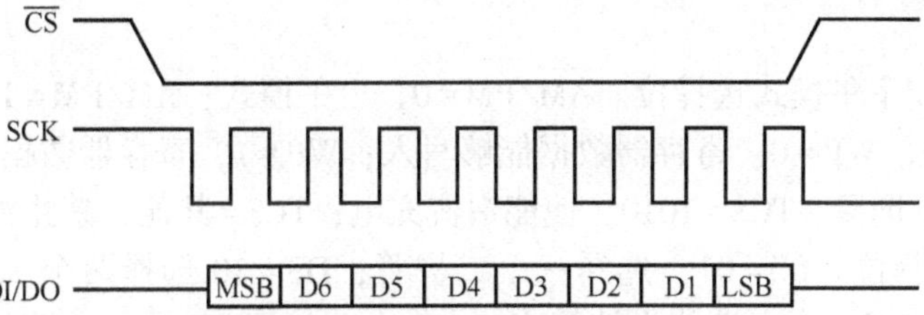

图 9.2 SPI 数据传送时序

SPI 有较高的数据传输速度，最高可达 1.05 Mbit/s。

Motorola（Freescale）公司为广大用户提供了一系列具有 SPI 接口的单片机和外围接口芯片，如存储器 MC2814、显示驱动器 MC14499 和 MC14489 等芯片。

SPI 外围串行扩展系统的主器件是单片机，也可以不带 SPI 接口，但是从器件要具有 SPI 接口。

9.1.2 SPI 接口应用举例

DS1302 是常用的三线 SPI 接口器件之一，它是 DALLAS 公司推出的涓流充电时钟芯片，内含有一个实时时钟/日历和 31 字节静态 RAM，实时时钟/日历电路提供秒、分、时、日、周、月、年的信息，每月的天数和闰年的天数可自动调整，时钟操作可通过 AM/PM 指示决定采用 24 或 12 小时格式。DS1302 与单片机之间能简单地采用 SPI 同步串行方式进行通信，仅需用到三个口线 CS（片选）、I/O（数据线）、SCLK（串行时钟）。时钟/RAM 的读/写数据以一个字节或多达 31 个字节的字符组方式通信。DS1302 工作时功耗很低，保持数据和时钟信息时功率小于 1 mW。

1. 硬件连接电路

DS1302 与 51 单片机的具体接口电路如图 9.3 所示。片选端 CE 连接单片机的 P3.5，数据传输引脚 I/O 连接至单片机的 P3.4，时钟引脚 SCLK 连接至单片机的 P3.6。其中 A1 为 32.768 kHz 外部晶振，为芯片提供时钟源；BT1 为备用电池，以保证在主电源掉电后，芯片仍可继续运行。

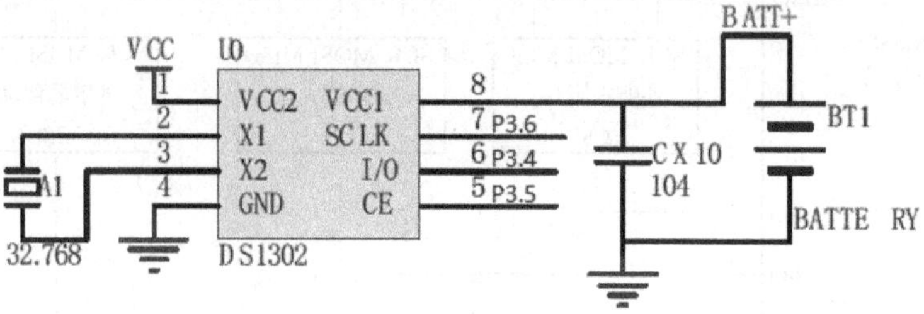

图 9.3　DS1302 与单片机接口电路

2. 软件设计

表 9.1 为 DS1302 芯片的控制和时钟数据读写寄存器地址，也就是说要实现对芯片控制，就是往这些地址上写入或读出数据。其中：

读地址为 0x81（秒），0x83（分），0x85（时），0x87（日），0x89（月），0x8b（星期），0x8d（年）；

写地址为 0x80（秒），0x82（分），0x84（时），0x86（日），0x88（月），0x8a（星期），0x8c（年）。

CH：时钟停止位。CH=0，振荡器允许工作；CH=1，振荡器停止工作。

12/$\overline{24}$：12/24 小时标志位。该位等于 0 时，为 24 小时模式；该位等于 1 时，为 12 小时模式。

$\overline{AM}$/PM：上午/下午模式选择位。$\overline{AM}$/PM=0，上午模式；$\overline{AM}$/PM=1，下午模式。

WP：写保护位。WP=0，寄存器数据能够写入；WP=1，寄存器数据不能写入。

TCS：涓流充电选择。TCS=1010，使能涓流充电；TCS=其他，禁止涓流充电。

DS：二极管选择位。DS=01，选择一个二极管，DS=10 选择两个二极管。当 DS=00 或 11 时，即使 TCS=1010，充电功能也被禁止。

RS：充电电阻选择位。RS=00，没有电阻；RS=01，选择电阻 R1=2 kΩ；RS=10，选择电阻 R2=4 kΩ；RS=11，选择电阻 R3=8 kΩ。

表 9.1　DS1302 控制和数据寄存器

READ	WRITE	BIT7	BIT6	BIT5	BIT4	BIT3	BIT2	BIT1	BIT0	RANGE
81h	80h	CH	10 Seconds			Seconds				00-59
83h	82h		10 Minutes			Minutes				00-59
85h	84h	12/$\overline{24}$	0	10 $\overline{AM}$/PM	Hour	Hour				1-12/0-23
87h	86h	0	0	10 Date		Date				1-31
89h	88h	0	0	0	10 Month	Month				1-12
88h	8Ah	0	0	0	0	0	Day			1-7
8Dh	8Ch	10 Year				Year				00-99
8Fh	8Eh	WP	0	0	0	0	0	0	0	—
91h	90h	TCS	TCS	TCS	TCS	DS	DS	RS	RS	—

DS1302 软件设计最基本的操作为写函数和读函数，其次就是实现初始化函数。读写必须遵循 DS1302 的读写时序，图 9.4 和图 9.5 分别是 DS1302 的读时序图和写时序图。

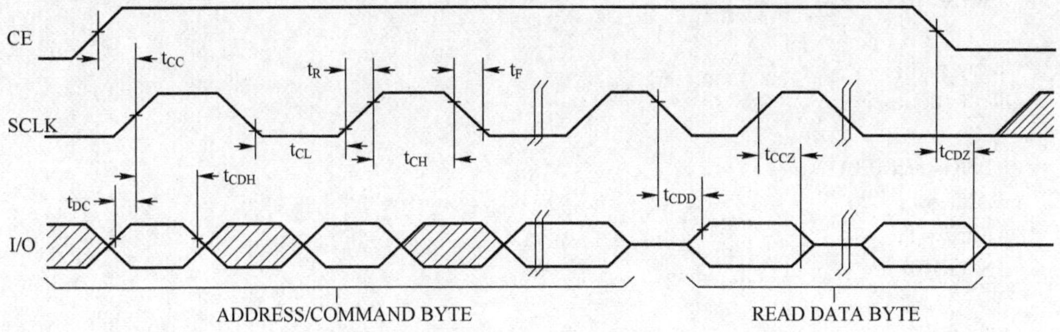

图 9.4　DS1302 读时序

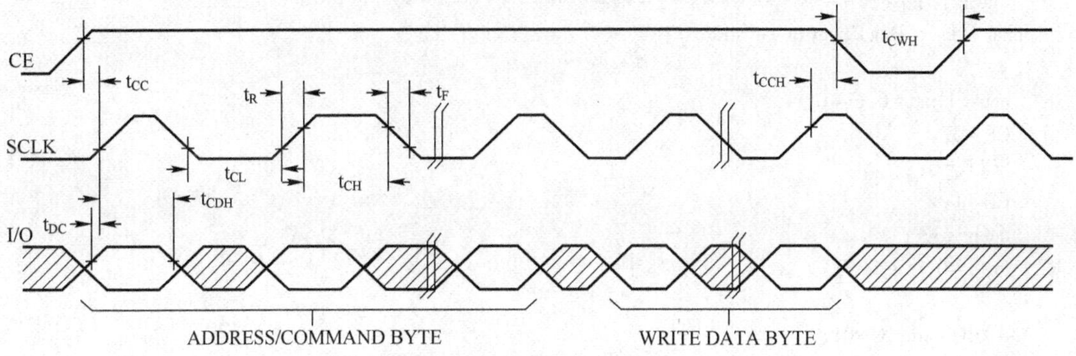

图 9.5　DS1302 写时序

根据图 9.3 硬件电路接口，下面给出 DS1302 读字节、写字节、初始化和读取实时时间子函数的 C51 程序：

```
/*定义 DS1302 相关引脚和变量*******************************/
sbit SCLK=P3^6;
sbit CE=P3^5;
sbit DSIO=P3^4;
uchar delay_p;        //用于短暂的延时
uchar code read_regist[]={0x81,0x83,0x85,0x87,0x89,0x8b,0x8d,0x8f};  //读寄存器命令
uchar code write_regist[]={0x80,0x82,0x84,0x86,0x88,0x8a,0x8c,0x8e};  //写寄存器命令
uchar data GET_time[]={0x00,0x00,0x00,0x16,0x01,0x06,0x21};          //秒分时日周月年
/*写字节子函数******************************/
void DS1302_WriteByte(uchar addr,uchar dat)
{
  uchar i;
  CE=0;
  SCLK=0;
  CE=1;
  delay_p++;
  for(i=0;i<8;i++)
  {
   DSIO=addr&0x01;
```

```
    SCLK=1;
    addr>>=1;
    SCLK=0;
   }
  delay_p++;
  for(i=0;i<8;i++)
   {
    DSIO=dat&0x01;
    SCLK=1;
    dat>>=1;
    SCLK=0;
   }
  CE=0;
}
/*读字节子函数*******************************/
uchar DS302_ReadByte(uchar addr)
{
  uchar i,dat=0,bi=0;
  CE=0;
  SCLK=0;
  CE=1;
  delay_p++;
  for(i=0;i<8;i++)
   {
    DSIO=addr&0x01;
    SCLK=1;
    addr>>=1;
    SCLK=0;
   }
  delay_p++;
  for(i=0;i<8;i++)
   {
    bi=DSIO;
    dat=(dat>>1)|(bi<<7);                          //从最低位开始读取
    SCLK=1;
    SCLK=0;
   }
  CE=0;                                            //以下为 DS1302 复位的稳定时间
  delay_p++;
  SCLK=1;
  delay_p++;
  DSIO=0;
  delay_p++;
  DSIO=1;
  delay_p++;
  return dat;
}
/* 初始化子函数*******************************/
void DS1302_Initialize(void)
```

```
{
uchar i;
DS1302_WriteByte(write_regist[7],0x00);            //关闭写保护
for(i=0;i<7;i++)
DS1302_WriteByte(write_regist[i],GET_time[i]);}    //写入初始化时间
}
/* 读取时间子函数 ******************************/
void DS1302_Readtime(void)
{
  uchar i;
  for(i=0;i<7;i++)
  {
   GET_time[i]=DS302_ReadByte(read_regist[i]);    //读出实时时间
  }
}
```

9.2 I^2C 总线接口技术

I^2C 总线（全称为芯片间总线）是一种由 PHILIPS 公司开发的两线式串行总线，用于连接微控制器及其外围设备。I^2C 总线产生于在 20 世纪 80 年代，最初为音频和视频设备开发，如今主要在服务器管理中使用，其中包括单个组件状态的通信。它可以直接连接具有 I^2C 总线接口的单片机，如 8XC522 和 8XC652 等，也可挂接各种类型的外围器件，如存储器、A/D 转换器、D/A 转换器、键盘、显示器等。

9.2.1 I^2C 总线工作原理

I^2C 总线由一条数据线 SDA 和一条串行时钟线 SCL 构成，I^2C 总线是同步传输总线，数据线上信号完全与时钟同步。

I^2C 总线的器件分为主器件和从器件，主器件的功能是启动在总线上传送数据，并产生时钟脉冲，以允许与被寻址的器件进行数据传送；被寻址的器件称为从器件，一般来说，任何器件都能作为从器件，但只有微控制器才能成为主器件。

每个连接到总线的器件都可以通过唯一的地址和一直存在的简单的主机/从机关系软件设定地址，主机可以作为主机发送器或主机接收器；它是一个真正的多主机总线，如果两个或更多个主机同时初始化，数据传输可以通过冲突检测和仲裁防止数据被破坏。在标准 I^2C 普通模式下，数据的传输率为 100 kbit/s，高速模式下可达 400 kbit/s，而且连接到相同总线的 IC 数量受到总线的最大电容 400 pF 限制。

SDA/SCL 总线上挂接的单片机（主控器）或外围器件（被控器），其接口电路都应具有 I^2C 总线接口，所有器件都通过总线寻址，所有 SDA/SCL 同名端相连，如图 9.6 所示，连接到相同总线的 IC 数量只受到总线的最大电容 400 pF 限制。

作为被控器的外围器件，必选用带有 I^2C 总线接口，作为主控器的单片机，在使用不具有 I^2C 总线接口的单片机时，可通过软件模拟 I^2C 总线的接口功能。

I^2C 串行总线的 SDA 和 SCL 是双向的，带有 I^2C 总线接口的器件的输出端为漏级开路，故必须通过上拉电阻接正电源（见图 9.6 中的两个电阻）。

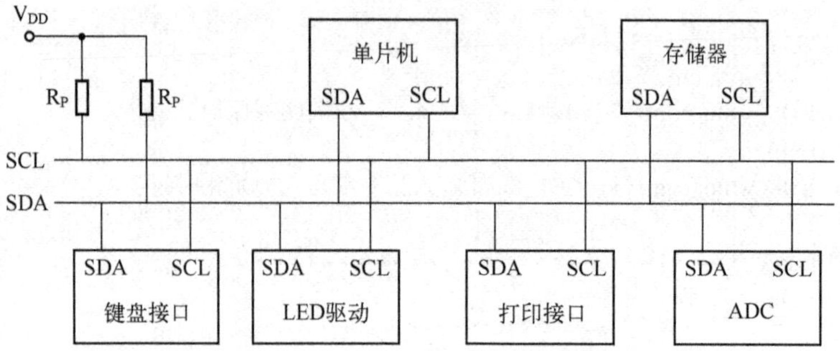

图 9.6 I^2C 总线系统的基本结构

当总线空闲时，两条线均为高电平。由于连接到总线上的器件（相当于节点）的输出级必须是漏级或集电极开路，只要有一个器件任意期间输出低电平，都将使总线上的信号变低，即各器件的 SDA 及 SCL 都是“线与”的关系。SCL 线上的时钟信号对 SDA 线上的各器件间的数据传输起同步控制作用。SDA 线上的数据起始、终止及数据的有效性均要根据 SDA 线上的时钟信号来判断。

9.2.2 I^2C 总线的数据传输

1. 数据位的有效性规定

I^2C 总线上每传送一位数据都有一个时钟脉冲相对应。SDA 线上的数据必须在时钟的高电平周期保持稳定，高电平为数据 1，低电平为数据 0。数据线的高电平或低电平状态只有在 SCL 线的时钟信号是低电平时才能改变，如图 9.7 所示。

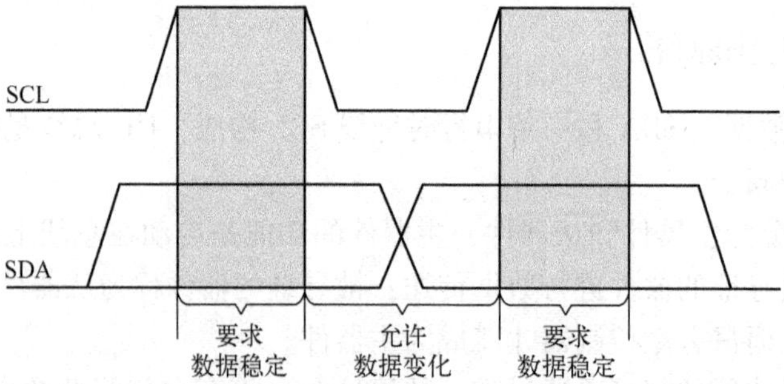

图 9.7 数据位的有效性规定

根据 I^2C 总线协议的规定，总线上数据传送的信号由起始信号（S）、终止信号（P）、应答信号（A）、非应答信号（$\overline{A}$）以及总线数据位组成。

1）起始信号（S）。在时钟线 SCL 为高电平时，数据线 SDA 出现由高到低的下降沿时，被认为是起始信号。只有出现起始信号后，其他命令才有效。

2）终止信号（P）。在时钟线 SCL 为高电平时，数据线 SDA 出现由低到高的上升沿时，被认为是终止信号。随着终止信号的出现，所有外部操作都结束。

起始和停止信号如图 9.8 所示。这两个信号一般由主器件产生，总线上带有 I^2C 总线硬件接口的器件很容易检测到这些信号。但对于不具备 I^2C 总线硬件接口的一些单片机（如 89C51）来说，为了准确地检测这些信号，必须保证在总线的一个时钟周期内对数据线至少进行两次采样。

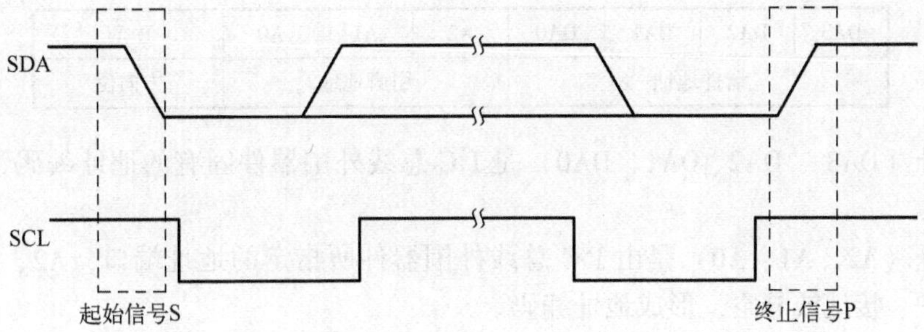

图 9.8　起始和终止信号

3）应答信号（A）。I^2C 总线传送数据时，每传送一帧数据后都必须有应答信号，与应答信号对应的时钟由主器件产生。发送位必须在这一时钟位上释放数据总线，使其处于高电平状态，以便接收方在这一位上送出应答信号。应答信号在第 9 个时钟位上出现，接收方输出低电平为应答信号，如图 9.9 所示。

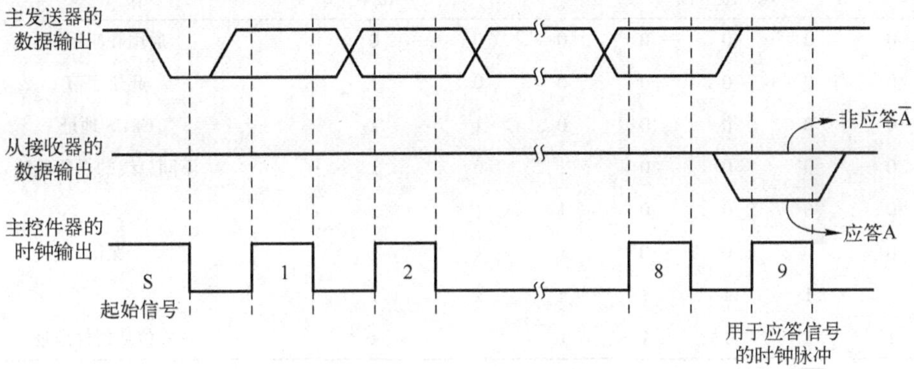

图 9.9　I^2C 总线上的应答信号

4）非应答信号（$\overline{A}$）。每传送完一字节数据后，在第 9 个时钟位上接收方输出高电平为非应答信号（$\overline{A}$）。由于某种原因而使接收方不产生应答时（如接收方正在进行其他处理而无法接收总线上的数据），则必须释放总线，将数据线置高电平，然后主控器可通过产生一个停止信号来终止总线数据传输。

当主器件接收来自从器件的数据时，接收到最后一个字节数据后，必须给从器件发送一个非应答信号（$\overline{A}$），使从器件释放 SDA 线，以便主器件发送停止信号，从而终止信号数据传送。

2. I^2C 总线上的数据传送过程

（1）I^2C 总线的寻址

① 寻址字节

I^2C 总线上传送的数据信号是广义的，既包括地址信号，又包括真正的数据信号。

I^2C 总线所有扩展器件都有规范的器件地址。器件地址由 7 位组成，第 8 位是数据的传送方向位（$R/\overline{W}$），用“0”表示主器件发送数据（$\overline{W}$），“1”表示主器件接收数据（R）。这 8 位共同构成了 I^2C 总线器件的寻址字节。寻址字节的格式如下：

DA3	DA2	DA1	DA0	A2	A1	A0	R/$\overline{W}$
器件地址				引脚地址			方向位

器件地址（DA3 、DA2、DA1、DA0）是 I^2C 总线外围器件固有的地址编码，期间出厂时就已经给定。

引脚地址（A2、A1、A0）是由 I^2C 总线外围器件所指定的地址端口，A2、A1、A0 在电路中接高电平、接地或悬空，形成地址编码。

数据方向位（R/$\overline{W}$）规定了总线上的单片机（主器件）与外围器件（从器件）的数据传送方向。R/$\overline{W}$=1，表示接收（读）；RW=0，表示发送（写）。

② 寻址字节中的特殊地址

I^2C 总线规定了一些特殊地址。其中两组固定地址编号 0000 和 1111 已被保留作为特殊用途，如表 9.2 所示。

表 9.2　I^2C 总线特殊地址表

地址位							R/$\overline{W}$	意义
0	0	0	0	0	0	0	0	通用呼叫地址
0	0	0	0	0	0	0	1	起始字节
0	0	0	0	0	0	1	x	CBUS 地址
0	0	0	0	0	1	0	x	不同总线的保留地址
0	0	0	0	0	1	1	x	
0	0	0	0	0	x	x	x	保留
1	1	1	1	1	x	x	x	
1	1	1	1	1	x	x	x	10 位从器件地址

起始信号后的第一字节的 8 位为“0000 0000”，称为通用呼叫地址，即用于寻访接到 I^2C 总线上所有器件的地址。不需要从通用呼叫地址命令获取数据的器件可以不响应通用呼叫地址。否则，接收到这个地址后应做出应答，并把自己置为从器件接收方式，以接收随后的各字节数据。另外，当遇到不能处理的数据字节时，不作应答，否则接收到每个字节后都应作应答。通用呼叫地址的含义在第二字节中加以说明。格式如下：

第一字节（通用呼叫地址）　　　　　　第二字节　　　　LSB

S	0000 0000	A	主器件地址	1	A	数据	A	数据	A	P

第二字节为 06H 时，所有能响应通用呼叫地址的从器件复位，并由硬件装入从器件地址的可编程部分。能响应命令的从器件复位时不拉低 SDA 和 SCL 线，以免堵塞总线。

第二字节为 04H 时，所有能响应通用呼叫地址并通过硬件来定义其可编程地址的从器件将锁定地址中的可编程位，但不进行复位。

如果第二字节的方向位 B 为“1”，则这两个字节命令称为硬件通用呼叫命令。也就是说，这是由“硬件主器件”发出的。所谓硬件主器件，就是不能发送所要寻访从件地址的发送器，如键盘扫描器等。这种器件在制造时无法知道信息应向哪儿传送，所以它发出硬件呼叫命令时，在第二字节的高 7 位说明自己的地址。接在总线上的智能器件，如单片机或其他微处理器能识别这个地址，并与之传送数据。硬件主器件作为从器件使用时，也用这个地址作为从器件地址。格式如下：

S	0000 0000	A	主器件地址	1	A	数据	A	数据	A	P

在系统中另一种选择可能是系统复位时硬件主器件工作在从器件接收方式，这时由系统中的主器件先告诉硬件主器件数据应送往的从器件的地址。当硬件主器件要发送数据时，就可以直接向指定从器件发送数据了。

（2）数据传送格式

在 I^2C 总线启动后或应答信号后的第 1~8 个时钟脉冲对应一个字节的 8 位数据传送。在数据传送期间，只要时钟线为高电平，数据线上必须保持稳定的逻辑电平状态，否则数据线上的任何变化都会被当作起始或停止信号。

I^2C 总线数据传送是必须遵循规定的数据传送格式。图 9.10 所示为一次完整的数据传送应答时序。

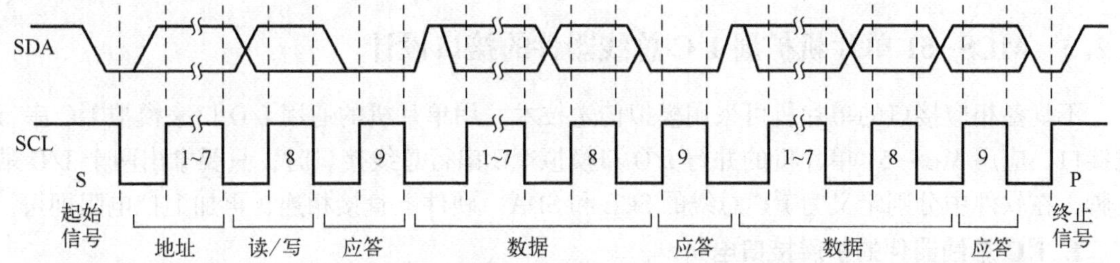

图 9.10 I^2C 总线一次完整的数据传送应答时序

根据 I^2C 总线规范，起始信号表明一次数据传送的开始，其后为寻址字节。在寻址字节后是按指定读、写的数据字节与应答位。在数据传送完成后，主器件必须发送停止信号。在起始与停止信号之间传输的数据字节数由单片机决定。

I^2C 总线上的数据传送有许多种读/写组合方式，下面介绍三种数据传送格式。

① 主器件的写操作。主器件向从器件发送 n 字节数据，数据传送方向在整个传送过程中不变，数据传送格式如下：

S	SLA W	A	Data1	A	Data2	A	…	Data n	A	P

其中，SLA W 为寻址字节（写），Data1~Data n 为写入从器件的 n 个数据字节。

② 主器件的读操作。主器件读从器件发来的 n 个数据字节，整个传送过程中除寻址字节外，都有从器件发送、主器件接收的过程。数据传送格式如下：

S	SLA R	A	Data1	A	Data2	A	…	Data n	$\overline{A}$	P

其中，SLA R 为寻址字节（读），Data1~Data n 为从器件被读出来的 n 个数据字节。主器件发送停止信号前应发送非应答信号 $\overline{A}$，向从器件表明读操作要结束。

③主器件的读/写操作。在一次数据传送过程中需要改变传送方向的操作，此时起始位和寻址字节都会重复一次，但两次读/写方向正好相反，数据传送格式如下：

S	SLA W/R	A	Data1	A	Data2	A	…	Data n	A/$\overline{A}$	Sr	SLAR/W	A

Data1	A	Data2	A	Data3	A	…	Data(n−1)	A	Data n	A/$\overline{A}$	P

其中，Sr 为重复起始信号，寻址字节的方向位决定了数据字节的传送方向；SLA W/R 和 SLA R/W 分别表示写/读寻址字节或读/写寻址字节。

从上述数据传送格式可以看出：

- 无论何种方式起始、停止，寻址字节都由主器件发出，数据字节的传送方向则遵循寻址字节中的方向位的规定。
- 寻址字节只表明了从器件的地址及传送方向。从器件内部的 n 个数据地址，由器件设计者在该器件的 I^2C 总线数据操作格式中，指定第一个数据字节作为器件内的单元地址（SUBADR）指针，并且设置地址自动加减功能，以减少地址的寻址操作。
- 每个字节传送都必须有应答信号（$A/\overline{A}$）相随。
- I^2C 总线从器件在接收到起始信号后，必须释放数据总线，使其处于高电平，以便对将要开始的从器件地址的传送进行预处理。

9.2.3 MCS-51 单片机扩展 I^2C 总线器件的接口设计

不具备相应接口的单片机可采用模拟传送技术，用单片机的通用 I/O 口来模拟 I^2C 串行总线接口。应用 MCS-51 单片机的并行 I/O 口模拟 I^2C 串行总线接口时，只要拿出两个 I/O 端口引脚，在软件中分别定义为 I^2C 总线的 SCL 和 SDA，硬件上直接相连，再加上拉电阻即可。

1. I^2C 总线器件的扩展接口电路

MCS-51 单片机的 I^2C 总线扩展的硬件接口设计比较简单。图 9.11 所示为一个 89C51 单片机与具有 I^2C 总线接口器件的扩展电路。AT24C02 为 E^2PROM 芯片，PCF8570 为静态 256×8 RAM，PCF8574 为 8 位 I/O 口，SAA1064 为 4 位 LED 驱动器。虽然各种器件的原理和功能有很大的差异，但它们与 89C51 的连接是相同的。有关各种器件的具体工作原理和用法可参见有关资料。

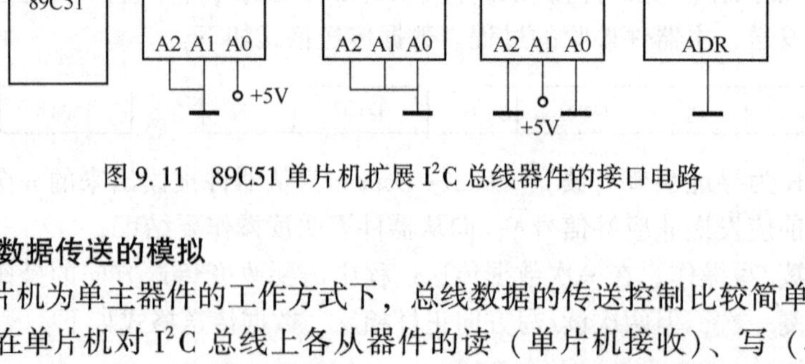

图 9.11　89C51 单片机扩展 I^2C 总线器件的接口电路

2. I^2C 总线数据传送的模拟

MCS-51 单片机为单主器件的工作方式下，总线数据的传送控制比较简单，没有总线的竞争与同步，只存在单片机对 I^2C 总线上各从器件的读（单片机接收）、写（单片机发送）操作。通常可利用软件实现 I^2C 总线的数据传送，即软件与硬件结合的信号模拟。

（1）典型信号模拟

为了保证数据传送的可靠性，标准 I^2C 总线的数据传送有严格的时序要求。I^2C 总线的起始信号、终止信号、发送“0”及发送“1”的模拟时序如图 9.12 所示。

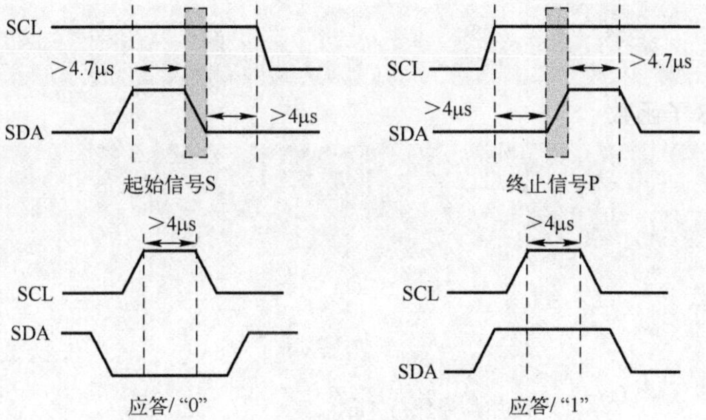

图 9.12　典型信号的模拟时序

表 9.3 所示为 I^2C 总线的时序特性。由表可知，除 SDA、SCL 线的信号下降时间最大值外，其他参数只有最小值。这表明在 I^2C 总线的数据传送中，可以利用时钟同步机制展宽低电平周期，迫使主器件处于等待状态，使传送速率降低。

表 9.3　I^2C 总线的时序特性表

参数说明	符号	最小值	最大值	单位
新起始信号前总线必须的空闲时间	T_{BUF}	4.7	—	μs
起始信号保持时间	T_{HDSTA}	4.0	—	μs
时钟的低电平时间	T_{LOW}	4.7	—	μs
时钟的高电平时间	T_{HIGH}	4.0	—	μs
起始信号建立时间（仅对重复起始信号）	$T_{SU:STA}$	4.0	—	μs
数据建立时间	$T_{SU:DAT}$	250	—	μs
SDA、SCL 线的信号下降时间	T_F	—	300	μs
终止信号建立时间	$T_{SU:STO}$	4.7	—	μs

表 9.3 中的数据还为程序模拟总线信号提供了基础。假设 89C51 的晶振频率为 6 MHz，则可以用两个单机器周期（2 μs）指令“NOP”模拟 SCL 时钟高电平的宽度。

对于一个新的起始信号，要求起始前总线的空闲时间 T_{BUF} 大于 4.7 μs，而对于一个重复的起始信号，要求建立时间 $T_{SU:STA}$ 也须大于 4.7 μs。所以，图 9.12 中起始信号适用于数据模拟传送中任何情况下的起始操作。起始信号到第一个时钟脉冲的时间间隔应大于 4.0 μs。

对于终止信号，要保证有大于 4.7 μs 的信号建立时间 $T_{SU:STO}$。终止信号结束时，要释放总线，使 SDA、SCL 维持在高电平上，在大于 4.7 μs 后才可以进行第一次起始操作。在单主器件系统中，为防止非正常传送，终止信号后 SCL 可以设置在低电平。对于发送应答位、非应答位来说，与发送数据“0”和“1”的信号定时要求完全相同，只要满足在时钟高电平大于 4.0 μs 期间，SDA 线上有确定的电平状态即可。

（2）典型信号模拟子程序

设主器件采用 89C51 单片机，晶振频率为 6 MHz（即机器周期为 2 μs），图 9.12 中的几个典型信号的模拟子程序如下：

```
sbit SDA=P1^7;
sbit SCL=P1^6;
```

① 起始信号 S 子函数

```
void start()
{
 SDA=1;
 SCL=1;
 _nop_();
 _nop_();
 SDA=0;
 _nop_();                         //起始信号保持 4ms
 _nop_();
 SCL=0;
}
```

② 终止信号 P 子函数

```
void stop()
{
 SDA=0;
 SCL=1;
  _nop_();
  _nop_();                        //终止信号建立时间
  SDA=1;
  _nop_();
  _nop_();
  SCL=0;
  SDA=0;
}
```

③ 发送应答位/“0”子函数

```
void ask()
{
  SDA=0;
  SCL=1;
  _nop_();
  _nop_();
  SCL=0;
  SDA=1;
}
```

④ 发送应答位/“1”子函数

```
void nask()
{
  SDA=1;
  SCL=1;
  _nop_();
  _nop_();
  SCL=0;
```

```
  SDA=0;
}
```

3. I^2C 总线模拟通用子程序

I^2C 总线操作中除了基本的起始信号、终止信号、发送应答位和发送非应答位外，还有应答位检查、发送 1 字节、接收 1 字节、发送 n 字节和读入 n 字节子程序。

① 应答位检查子程序

在应答位检查子程序 CACK 中，设置了标志位 F0，当检查到正常的应答位时，F0=0；否则 F0=1。参考子程序如下：

```
bit cack( )
{
  SDA=1;                    // SDA 为输入线
  SCL=1;                    // SCL=1,使 SDA 引脚上的数据有效
  F0=0;                     //预设 F0=0
  C=SDA;                    //读入 SDA 线的状态
  If(C==0) F0=1;            //应答不正常,F0=1
  SCL=0;                    //应答正常
  return F0;
}
```

② 发送 1 字节数据子程序

模拟 I^2C 的数据线 SDA 发送 1 字节数据的子程序，发送的数据存入形参变量 senddata 里，其参考 C51 子程序如下：

```
void sendbyte( unsinged char senddata)
{unsigned char i;
 for(i=0;i<8;i++)
 {if( senddata&0x80==0) SDA=0;              //取发送数据的最高位 bit7,送给 SDA
  else SDA=1;
  SCL=1;                                    // SCL=1,使 SDA 引脚上的数据有效
  _nop_( ) ;
  _nop_( ) ;
  SCL=0;
  senddata<<1;                              //发送数据左移一位
 }
}
```

③ 接收 1 字节数据子程序

模拟从 I^2C 数据线 SDA 读取 1 字节数据，并存入 readdata 变量中，调用该子程序时将返回接收的数据，其参考 C51 子程序如下：

```
unsigned char readbyte( )
{unsigned char i, readdata;
 for(i=0;i<8;i++)
 {SDA=1;                                    //置 SDA 数据线为输入方式
  SCL=1;                                    // SCL=1,使 SDA 数据线上的数据有效
  if(SDA==1) readdata=readdata|0x80;        //读取 SDA 发送的数据送入接收字节的最高位 bit7
  else readdata=readdata&0x7f;
```

```
    readdata>>1;                    //接收数据右移一位
    SCL=0;                          //继续接收数据
  }
  return readdata;
}
```

④ 发送 n 字节数据子程序

本子程序用来模拟主器件向 I^2C 数据线 SDA 连续发送 n 字节数据，从器件接收。子程序的编写必须遵照 I^2C 总线规定的读写格式进行，连续发送 n 字节数据的格式如下：

S	SLAW	A	Data1	A	Data2	A	…	Data n	A	P

其中，SLAW 为外围器件寻址字节（写）。

本子程序定义了 3 个形参，slaw 存放从器件地址，＊p 指针指向要发送数据的单元地址，n 为要发送的字节数。具体参考 C51 子程序如下：

```
void send_nbyte(unsigned char slaw, unsigned char *p, unsigned char n)
{
  unsigned char i;
  start();                                              //调用起始信号模拟子程序
  sendbyte(slaw);                                       //发送 SLAW 寻址字节
  while(cack()==1) {start(); sendbyte(slaw);}           //检查应答位,为非应答位则重发
  for(i=0;i<n;i++)
  {sendbyte(*p);                                        //主器件发送数据
   while(cack()==1) sendbyte(*p);                       //为非应答位则重发
   p++;                                                 //修改地址指针,指向下一个数据
  }
  stop();                                               //发送结束,调用终止子程序
}
```

⑤ 读入 n 字节数据子程序

本子程序用来模拟主器件向 I^2C 数据线 SDA 读入 n 字节数据，从器件发送。主器件读入 n 字节数据的格式如下：

S	SLAR	A	Data1	A	Data2	A	…	Data n	$\overline{A}$	P

其中，SLAR 为外围器件寻址字节（读）。A 为非应答位。

本子程序也定义了 3 个形参，slaw 存放从器件地址，＊p 指针指向接收数据的存放单元地址，n 为要接收的字节数。具体参考 C51 子程序如下：

```
void read_nbyte(unsigned char slaw, unsigned char *p, unsigned char n)
{
  unsigned char i;
  start();                                              //调用起始信号模拟子程序
  sendbyte(slaw);                                       //发送 SLAW 寻址字节
  while(cack()==1) {start(); sendbyte(slaw);}           //检查应答位,为非应答位则重新开始接收
  for(i=0;i<n;i++)
  {*p=readbyte();                                       //接收数据送到 p 指针指向的缓冲区
   ask();                                               //发送一个应答位到外围器件
```

```
        p++;                          //指针加 1,准备接收下一个字节
        }
    nask();                           //n 个字节接收完毕,发送一个非应答位
    stop();                           //接收结束,调用终止子程序
}
```

9.3 单总线接口技术

单总线（1-Wire Bus）是美国达拉斯半导体公司（DALLAS SEMICONDUCTOR）推出的一项其专有的总线技术，与上述 SPI、I^2C 等总线不同，它采用单根信号线，既传输时钟，又传输数据，而且数据传输是双向的，其具有线路简单、减少硬件开销、成本低廉、便于总线的扩展和维护等优点。

9.3.1 单总线简介

顾名思义，单总线只有一根数据线，系统中的数据交换、控制都在这根线上完成。设备（主机或从机）通过一个漏极开路或三态端口连接至该数据线，这样允许设备不发送数据时释放总线，以便其他设备使用总线，其内部等效电路如图 9.13 所示。单总线要求外接一个约为 4.7 kΩ 的上拉电阻，这样，当总线闲置时，状态为高电平。单总线适用于单个主机系统，能够控制一个或多个从机设备。主机可以是微控制器，从机可以是单总线器件，如图 9.14 所示，它们之间的数据交换只通过一条信号线。当只有一个从机设备时，系统可按单节点系统操作；当有多个从机设备时，则系统按多节点系统操作。

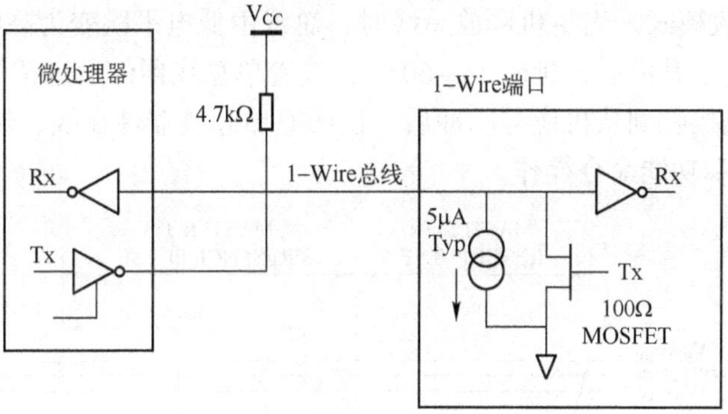

图 9.13　单总线内部等效电路图

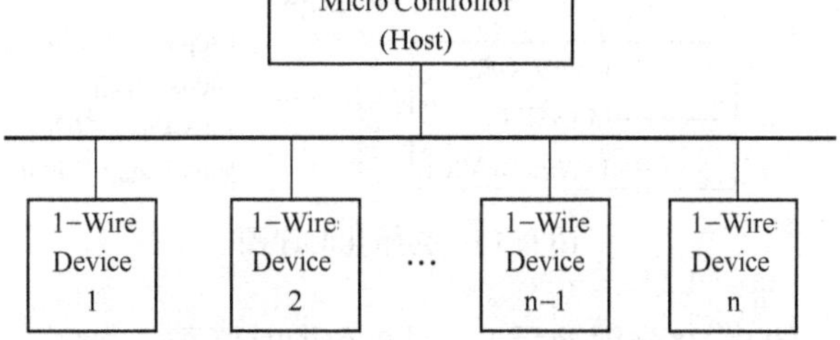

图 9.14　单总线主从式系统

9.3.2　单总线协议

主机和从机之间的通信通过以下 3 个步骤完成：初始化 1-Wire 器件，识别 1-Wire 器件，交换数据。由于二者是主从结构，只有主机呼叫从机时，从机才能应答，因此主机访问 1-Wire 器件都必须严格遵循单总线命令序列：初始化；ROM 命令；功能命令。如果出现序列混乱，1-Wire 器件不会响应主机（搜索 ROM 命令，报警搜索命令除外）。其中 ROM 命令具体见表 9.4，功能命令可参考具体的 1-Wire 器件所支持的功能命令。

表 9.4　ROM 命令说明

ROM 命令	说　明
搜索 ROM（F0h）	识别单总线上所有的 1-Wire 器件的 ROM 编码
读 ROM（33h）（仅适合单节点）	直接读 1-Wire 器件的序列号
匹配 ROM（55h）	寻找与指定序列号相匹配的 1-Wire 器件
跳跃 ROM（CCh）（仅适合单节点）	使用该命令可直接访问总线上的从机设备
报警搜索 ROM（Ech）（仅少数器件支持）	搜索有报警的从机设备

所有的单总线器件要求遵循严格的通信协议，以保证数据的完整性。1-Wire 协议定义了几种信号类型：复位脉冲、应答脉冲、写 0、写 1、读 0 和读 1 时序。所有的单总线命令序列（初始化，ROM 命令，功能命令）都是由这些基本的信号类型组成的。这些信号，除了应答脉冲外，都是由主机发出同步信号，并且发送的所有命令和数据都是字节的低位在前。下面给出这些信号的时序图。图 9.15 所示是初始化时序图，初始化时序包括主机发出的复位脉冲和从机发出的应答脉冲。主机通过拉低单总线至少 480 μs，以产生 T_X复位脉冲；然后主机释放总线，并进入 R_X接收模式。当主机释放总线时，总线由低电平跳变为高电平时产生一上升沿，单总线器件检测到这上升沿后，延时 15~60 μs，接着单总线器件通过拉低总线 60~240 μs，以产生应答脉冲。主机接收到从机应答脉冲后，说明有单总线器件在线，然后主机就可以开始对从机进行 ROM 命令和功能命令操作。

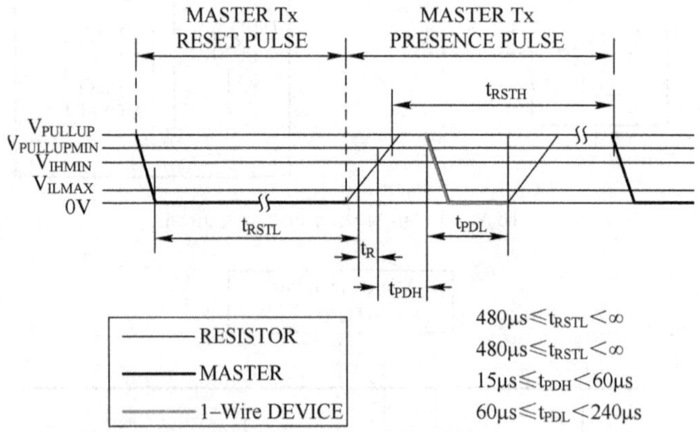

图 9.15　初始化时序图

图 9.16、图 9.17、图 9.18 分别是写 1、写 0 和读时序图。在每一个时序中，总线只能传输一位数据。所有的读、写时序至少需要 60 μs，且每两个独立的时序之间至少需要 1 μs 的恢复时间。如图所示，读、写时序均起始于主机拉低总线。在写时序中，主机拉低总线后，在

15 μs 之内释放总线，向单总线器件写 1；若主机拉低总线后，保持至少 60 μs 的低电平，则向单总线器件写 0。单总线器件仅在主机发出读时序时才向主机传输数据，所以，当主机向单总线器件发出读数据命令后，必须马上产生读时序，以便单总线器件能传输数据。在主机发出读时序之后，单总线器件才开始在总线上发送 0 或 1，若单总线器件发送 1，则保持总线高电平，若发送 0，则拉低总线。单总线器件发送数据之后，保持有效时间 15 μs，因而，主机在读时序期间必须释放总线，并且必须在 15 μs 期间采样总线状态，从而接收到从机发送的数据。

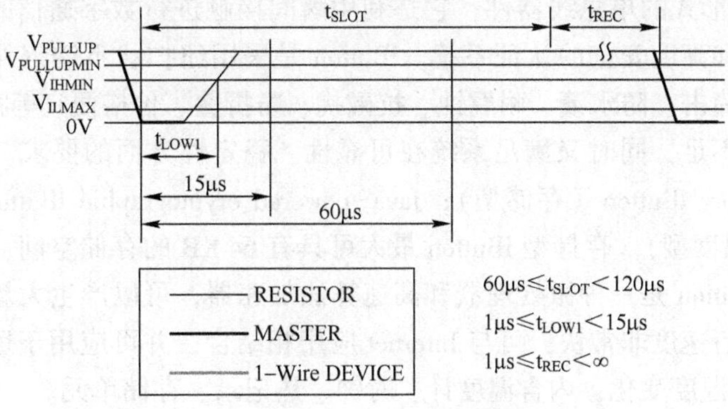

图 9.16　写“1”时序图

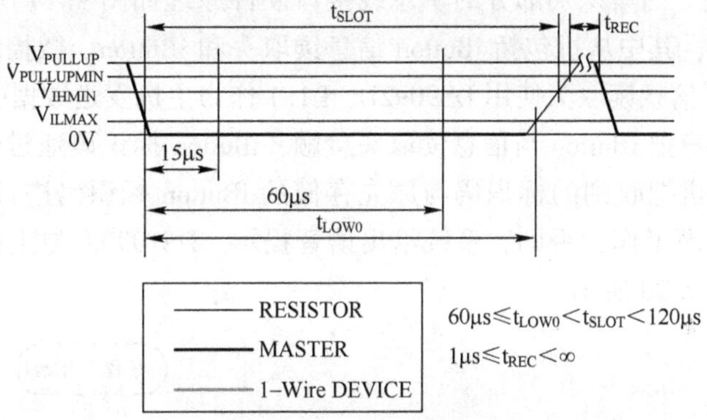

图 9.17　写“0”时序图

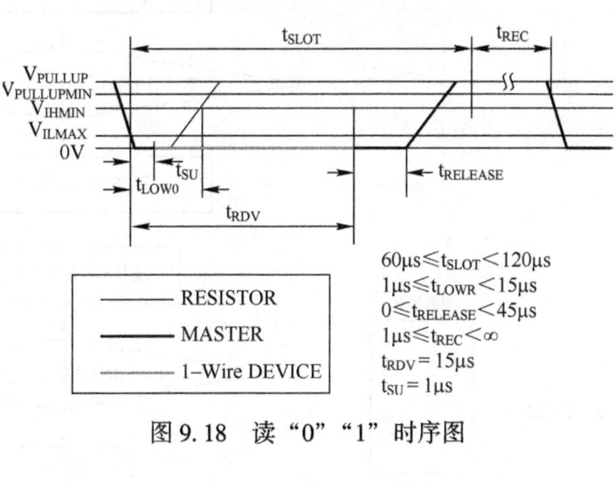

图 9.18　读“0”“1”时序图

9.3.3 单总线应用案例

一般把挂在单总线上的器件称为单总线器件，其器件内具有控制、收/发、存储等电路。为了区分不同的单总线器件，厂家生产单总线器件时要刻录一个 64 位的二进制 ROM 代码，标志着单总线器件的 ID 号。目前，单总线器件主要有数字温度传感器（如 DS18B20）；A/D 转换器（如 DS2450）；门禁、身份识别器（如 DS1990A）；单总线控制器（如 DS1WM）等。这里介绍一种 iButton 形式的单总线器件，它是利用瞬间接触进行数字通信的，这些器件应用已经渗透到货币交易和高度安全的认证系统。iButton 是采用纽扣状不锈钢外壳封装的微型计算机晶片，它具有抗撞击、防水渍、耐腐蚀、抗磁扰、防折叠、价格便宜等特点，能较好地解决传统识别器存在的不足，同时又满足系统在可靠性、稳定性方面的要求。iButton 主要有三种类型，分别是 Memory iButton（存储型）；Java-powered cryptographic iButton（加密型）；Thermochron iButton（温度型）。存储型 iButton 最大可具有 64 KB 的存储空间，可以储存文本或数字相片。加密型 iButton 是一种微处理器和高速算法加速器，可以产生大量需要加密和解密信息的数据，它的运行速度非常快，可与 Internet 应用相结合，并可应用于远程鉴定识别。温度型 iButton 可以测量温度变化，内含温度计、时钟、热记录、存储单元。

本节介绍的单总线应用例子是 iButton 技术在安防系统上的应用，该安防系统就是利用 iButton 来进行门禁识别。门禁识别部分的单总线接口硬件原理如图 9.19 所示，由两部分组成：主机微控制器和从机，其中从机包括 iButton 信息读取头和 iButton。微控制器采用 89C51；iButton 采用 DS1990A，信息读取头使用 DS9092L。P1.1 作为主机发送数据引脚，P1.0 作为主机接收数据引脚。当用户把 iButton 与信息读取头接触，iButton 标识码通过信息读取头被读取到主机微控制器，由主机把收到的标识码与原先存储的 iButton 标识码进行比较判断，若吻合，则系统按设定要求程序工作，否则，系统给出语音提示。DS1990A 与主机微控制器之间的通信软件设计流程如图 9.20 所示。

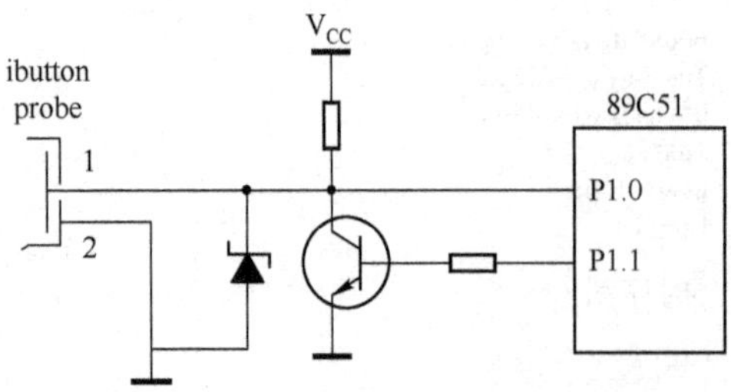

图 9.19　DS1990A 与 89C51 的单总线接口电路

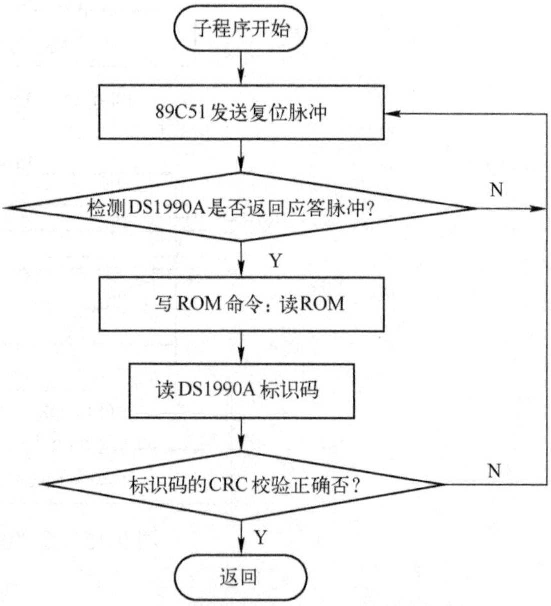

图 9.20　iButton 与 89C51 通信流程图

单片机 89C51 与单总线器件通信都是通过初始化、写 0、写 1、读 0、读 1 时序达到的，下面给出用 C51 语言编写的这些时序子程序，虽然是针对 iButton 所写的，但适用于所有的单总线器件，其简单易懂，以供大家参考。其中，延时子函数默认已申明。

```
/*定义引脚*/
sbit RXD=P1^0;                    //接收引脚
sbit TXD=P1^1;                    //发送引脚
```

① 初始化子程序

```
void init_ds1990a()
{
 while(1)
   {
 TXD=1;                           //主机拉低总线
 delay500us();                    //延时 500 μs,即给 500 μs 的复位脉冲
 TXD=0;                           //主机释放总线
 delay200us();                    //延时 200 μs 后检测应答脉冲
 if(RXD==0) break;                //检测 iButton 返回应答脉冲否？是,返回;否,再给复位脉冲
 }
 delay500us();
}
```

② 写 0 时序子程序

```
void write_0()
{
 TXD=1;                    //主机拉低总线
 delay10us();              //主机拉低总线 10 μs
 delay60us();              //主机写入“0”60 μs
 TXD=0;                    //主机释放总线
 delay10us();
 }
```

③ 写 1 时序子程序

```
void write_1()
{
 TXD=1;                      //主机拉低总线
 delay10us();                //主机拉低总线 10 μs
 TXD=0;                      //主机写入“1”60 μs
 delay60us();
}
```

④ 读数据时序子程序

```
bit read()
{
 TXD=1;                     //主机拉低总线
 _nop_();
 _nop_();
 _nop_();
 TXD=0;                     //主机释放总线 10 μs
```

```
    delay10us();
    C=RXD;                              //读取 DS1990A 输出的数据
    return C;                           //返回读到的数据
}
```

本章小结

本章对目前单片机应用系统中使用的串行扩展方式，以及 SPI、I^2C 总线和单总线进行了重点介绍。在实际应用中，多数单片机系统仍采用单主结构的形式，在主节点上可以采用不带总线接口的单片机，如 80C51、89C51 等。在单主机应用系统中可以通过软件模拟 SPI、I^2C 总线和单总线的工作时序，只需正确调用总线时序软件包，就可很方便地完成主机对总线上的从器件的读写操作。

习题 9

1. 什么是四线 SPI 接口和三线 SPI 接口?
2. I^2C 总线的优点是什么?
3. I^2C 总线的起始信号和终止信号是如何定义的?
4. I^2C 总线的数据传输方式如何控制?
5. 单片机如何对 I^2C 总线中的器件进行寻址?
6. I^2C 总线在数据传输时，应答是如何进行的?
7. 什么是单总线?
8. 请用 C51 写出单总线中的复位脉冲时序。
9. 什么是主从式通信结构?

第 10 章　Keil C51 和 Proteus 仿真软件及联合调试技术

大多数单片机系统本身不具备自主开发能力，这一点与计算机系统（PC）是不同的。PC 的软、硬件配备非常完备，操作系统对这些软、硬件可以进行高效管理，开发者只要专心于应用软件的设计，而无须特别关心硬件组织。而单片机系统往往是用于嵌入式系统中的，按照使用的要求设计硬件和软件，所有软件都属于应用软件，所以单片机系统需借助于外部的软、硬件环境进行产品的研制和开发。本章将着重介绍 Keil C51 的集成开发环境 μVision4 IDE 和支持微处理芯片仿真的 Proteus VSM 软件。μVision4 IDE 和 Proteus VSM 联合调试实现了“零”成本的桌面单片机数字实验室。

【学习目标】

- 了解单片机系统的典型组成，以及在设计开发过程中应当注意的事项。
- 了解单片机系统设计中常用的几种软硬件抗干扰技术。
- 掌握单片机系统的集成开发环境 Keil μVision4 IDE 和支持微处理芯片仿真的 Proteus VSM 软件的应用。

10.1　Keil C51 高级语言集成开发环境——μVision4 IDE

Keil C51μVision4 是美国 Keil Software 公司出品的 51 系列兼容单芯片 C 语言整合发展环境（Integrated Development Environment，IDE），与汇编语言相比，C 语言在功能、架构性、可读性、可维护性上有明显的优势，因而易学易用，而且大大地提高了工作效率和项目开发周期，还能在关键的位置嵌入汇编，使程序达到接近于汇编的工作效率。用过汇编语言后再使用 C 语言来开发，会更加体会深刻。

Keil C51 软件提供丰富的函数库和功能强大的调试工具，以及全窗口界面。另外重要的一点，只要看一下编译后生成的汇编语言代码，就能体会到 Keil C51 生成的目标代码效率非常高，绝大部分语句生成的汇编语言代码很紧凑，容易理解。在开发大型软件时更能体现高级语言的便利与优势。

10.1.1　μVision4 IDE 主要特性

μVision4 IDE 集成开发环境（IDE），用来在微控制器和智能卡设备上创建、仿真和调试嵌入式应用。μVision4 IDE 是为增强开发人员的工作效率设计的，有了它可以更快速、更高效地开发和检验程序。通过 μVision4 IDE 中引入的灵活的窗口管理系统，开发人员可以使用多台监视器，在可视界面任何地方全面控制窗口放置。新用户界面可以更好地利用屏幕空间，更有效地组织多个窗口，为开发应用提供整齐高效的环境。

μVision4 在 μVision3 的成功经验的基础上增加了以下功能：

1）系统查看程序（System Viewer）窗口，提供了设备外围寄存器信息，这些信息可以在 System Viewer 窗口内部直接更改。

2）调试恢复视图（Debug Restore Views）允许保存多个窗口布局，为程序分析迅速选择最适合的调试视图。

3）多项目工作空间（Multi-Project Workspace）为处理多个并存的项目提供了简化的方法，如引导加载程序和应用程序。

4）为基于 ARM4 ® Cortex™ 处理器的 MCU 提供了数据和指令追踪（Data and instruction trace）功能。

5）扩展了设备仿真（Device Simulation）功能以支持许多新设备，如 Luminary、NXP 和东芝生产的基于 ARM Cortex-M3 处理器的 MCU；Atmel SAM7/9；以及新的 8051 衍生品，如 Infineon XC88x 和 SiLABS 8051Fxx。

6）支持许多调试适配器接口（Debug Adapter Interfaces），包括 ADI miDAS Link、Atmel SAM-ICE、Infineon DAS 和 ST-Link。

μVision4 IDE 使用简单、功能强大，是保证设计者完成设计任务的重要保证，还提供了大量的例程及相关信息，有助于开发人员快速开发嵌入式应用程序。

10.1.2 μVision4 IDE 集成开发环境

μVision4 通过菜单栏实现命令入口，还提供了一个可以快速选择命令按钮的工具栏以及源文件窗口、对话框、信息显示窗口等。μVision4 可以同时打开并查看多个源文件。

μVision 4 有两种操作模式：

1）编译模式：它可以编译所有的应用文件并生成可执行的程序，编译模式的特性将在创建应用时介绍。

2）调试模式：它为应用程序提供了一个强大的调试器，调试模式将在调试程序时介绍。

在两种操作模式下都可以使用 μVision4 的编辑器来修改源代码。调试模式提供了额外的窗口，并拥有其自身的窗口布局。如图 10.1 所示是 μVision4 调试模式的一种典型的窗口布局。

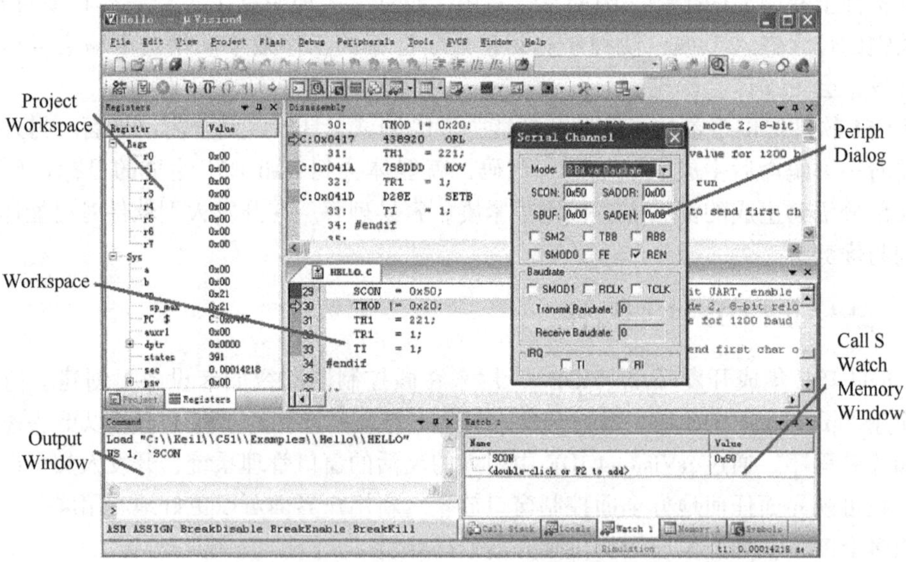

图 10.1　μVision4 调试模式界面

- Project Workspace（工程工作空间）中含有如下标签：工程的 Files（文件）和 Groups（文件组）；调试时的 CPU Registers（寄存器）。

- Workspace（工作区）用于文件编辑、反汇编输出和一些调试信息显示。
- Output Window（输出窗口）中有如下标签：Build（编译）用于显示编译信息；Command（命令）用于输入输出控制；Find in Files 用于文件中快速查找和定位。
- Call Stack Watch Memory Window（调用栈、观测及内存窗口）用于观察和修改程序中的变量、当前的函数调用关系及显示内存中的内容。
- Peripheral Dialogs（外设对话框）帮助设计者观察片内外围接口的工作状态。
- 菜单命令、工具栏、快捷键。菜单栏提供如下菜单功能：编辑、工程维护、开发工具配置、程序调试、外部工具控制、窗口选择及操作及在线帮助等。工具栏按钮可以快速执行 μVision4 的命令。状态栏 Status Bar 显示了编辑和调试信息。在 View Menu 中可以控制工具栏和状态栏是否显示。通过键盘快捷键可以快速执行 μVision4 的命令，快捷键可以通过菜单命令 Edit-Configuration - Shortcut Key 来进行配置。

表 10.1~表 10.5 列出了 μVision4 的主要命令，它们可以通过菜单命令、工具栏按钮和快捷键来执行。详细请参阅 HELP 或相关资料。

表 10.1 File 菜单和 File 命令

File 菜单	工　具　条	功 能 描 述
New		创建新的源文件或文本文件
Open		打开已存在的文件
Close		关闭当前文件
Save		保存当前文件
Save as…		保存并重命名当前文件
Save All		保存所有已打开的源文件及文本文件，包括工程和当前文件
Device Database		μVision4 设备库的维护
License Management		维护及查看已安装软件的组成
Print Setup…		启动打印机
Print		打印当前文件
Print Preview		打印预览
1-9		打开最近使用的源文件或文本文件
Exit		退出 μVision4

表 10.2 Edit 菜单和 Edit 命令

Edit 菜单	工　具　条	功 能 描 述
Undo		撤销键入
Redo		恢复键入

（续）

Edit 菜单	工 具 条	功 能 描 述
Cut		剪切
Copy		复制
Paste		粘贴
Navigate Backwards		向后定位
Navigate Forwards		向前定位
Insert/Remove Bookmark		在当前行设置标签
Go to Next Bookmark		将光标移到下一个标签
Go to Previous Bookmark		将光标移到前一个标签
Clear All Bookmarks		消除所有的标签
Find		查找
Replace		替换
Find in Files…		在几个文件内查找
Incremental Find		增量查找
Outlining		有关源代码的命令
Advanced		编辑器命令
Configuration		改变着色、字体、快捷键

表 10.3　View 菜单和 View 命令

View 菜单	工 具 条	功 能 描 述
Status Bar		显示或隐藏状态条（Status Bar）
Toolbars-> File Toolbar		显示或隐藏文件工具条
Toolbars-> Build Toolbar		显示或隐藏编译工具条
Project Window		显示或隐藏工程空间
Books Window		显示或隐藏书籍窗口
Functions Window		显示或隐藏函数窗口
Templates Window		显示或隐藏模板窗口
Source Browser Window		显示或隐藏源代码显示窗口
Build Output Window		显示或隐藏创建输出窗口
Find In Files Window		显示或隐藏在文件中寻找窗口
Full Screen		显示或退出全屏

表 10.4 Project 菜单和 Project 命令

Project 菜单	工 具 条	功 能 描 述
New μVision Project...		创建一个新工程
New Multi-Project Workspace...		创建一个新的多工程工作空间
Open Project...		打开一个工程
Close Project		关闭当前工程
Export->Save Project to μVision3 format		转换当前项目到 μVision3 格式
Export->Save Multi-Project to μVision3 format		转换当前多项目到 μVision3 格式
Manage-> Components, Environment, Books...		维护工程组件、配置工具环境及管理书
Manage-> Multi-Project Workspace...		添加已存在的独立的项目到多工程工作空间
Select Device for Target '...'		从设备库中选择 CPU
Remove Item		从工程中移出组或文件
Options for Target '...'		改变目标、组、文件的工具选项
Clean Target		删除项目编译产生的中间文件
Build target		翻译已修改的文件及编译应用
Rebuild all target files		重新翻译所有的源文件并编译应用
Batch Build		成批编译
Translate...		翻译当前文件
Stop Build		停止编译当前程序
1-10		打开最近使用的工程文件

表 10.5 Debug 菜单和 Debug 命令

Debug 菜单	工 具 条	功 能 描 述
Start/Stop Debug Session		启动或停止 μVision4 调试模式
Reset CPU		重启 CPU
Run		运行到下一个活动断点
Stop		停止运行
Step		单步运行进入一个函数
Step Over		单步运行跳过一个函数
Step Out		从当前函数跳出
Run to Cursor Line		运行到当前行
Show Next Statement		显示下一条要执行的指令
Insert/Remove Breakpoint		在当前行设置断点
Enable/Disable Breakpoint		Enable/disable 当前行的断点

（续）

Debug 菜单	工 具 条	功 能 描 述
Disable All Breakpoints		使程序中的所有断点无效
Kill All Breakpoints		去除程序中的所有断点
Os Support		打开实时执行程序（RTX）核心对话窗
Execution Profiling		记录、显示程序执行时间，包括每条指令的执行周期
Memory Map…		打开存储器映射对话框
Inline Assembly…		打开在线汇编对话框
Function Editor （Open Ini File）…		编辑调试函数及调试初始化文件
Debug Setting…		调试选项，包括硬件及仿真（仅适用于 ARM 调试设置）

- 状态栏。状态栏位于窗口的底部（ View Menu 被激活），它显示了当前 μVision 的命令及其他一些状态信息，如图 10.2 所示。

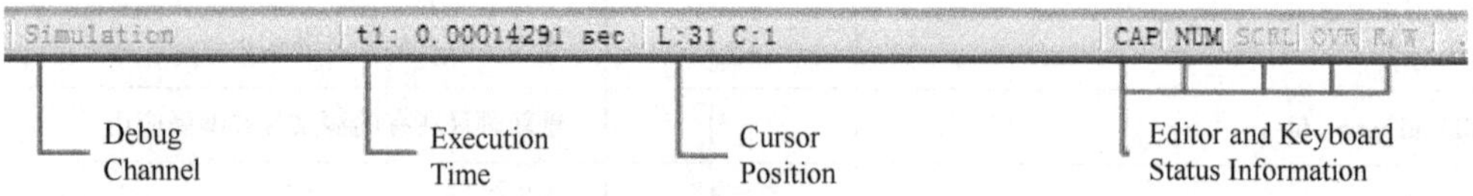

图 10.2　状态栏

Debug Channel：显示了当前的调试工具。

Execution Time：显示了执行时间。

Cursor Position：显示光标位置。

Editor and Keyboard Status Information 显示：

- CAP：Caps 键有效。
- NUM：Num 键有效。
- SCRL：Scroll 键有效。
- OVR：Insert 键有效。
- R/W or R/O：显示了当前编辑的文件的属性。R/W 表示可读写、R/O 表示只读。

10.1.3　μVision4 IDE 的使用

介绍 μVision4 的使用，分为以下几个部分。

（1）创建一个工程

创建一个简单的应用程序以及生成 HEX 输出，方法如下。

创建工程文件夹和指定工程名称。单击 Project-New μVision Project 菜单项，μVision4 将打开一个标准对话框，输入希望新建工程的名称即可创建一个新的工程，建议对每个新建工程使用独立的文件夹。在标准对话框中单击 Create New Folder 图标以创建一个新的空文件夹。

选择新创建的文件夹，输入要创建的工程名，然后单击“保存”按钮。这时将弹出选择微控制器对话框。在创建一个新的工程时 μVision4 会提示为目标工程选择一款 CPU。在 Select Device 对话框显示了 μVision4 的设备数据库，选择具体的 CPU 生产厂家及芯片型号，在本章示例中选择 ATMEL 89S52 控制器。

然后单击“确定”。之后将弹出复制启动代码到工程的对话框。工程中需要使用这些启动代码，当然选择“是（Y）”，如果不使用 Keil 编写启动代码可以选择“否（N）”。

（2）工程目标和文件组

创建各种不同的应用程序，并组织工程里的文件。

现在需要添加用户程序文件，然后在程序文件中编写用户程序代码。添加用户程序文件通常有两种方式：一个是新创建的文件，另一个是添加已创建的文件。

（3）新创建的文件

单击 File→New 选项或快捷键，将弹出一个空白的页面。再单击 File→Save 选项或快捷键保存文件，这时将弹出保存文件的对话框。在对话框中输入需要创建的工程文件名称和扩展名，如 demo.c，然后单击“保存（S）”，这时新的文件已成功创建。创建文件后还需要将文件添加到当前工程，见添加已创建的文件。

（4）添加已创建的文件

移动鼠标选择“Source Group 1”然后单击鼠标右键，将弹出一个下拉窗口，然后再单击“Add Files to Group ‘Source Group 1’”，将弹出选择需要添加的文件对话框。在对话框中选择需要添加到工程的文件，然后单击“Add”。这时文件已被添加到工程，再单击“Close”关闭该对话框即可。文件被添加到工程后即可开始编写程序代码了。

（5）编译链接工程

程序代码编写完成后需要编译链接生成目标代码，然后进行硬件调试或模拟仿真。

编译目标代码可以单击 Project→Build target 或按键盘的快捷键〈F7〉。

如果源程序中存在语法错误，μVision4 则会在 Build Output 窗口中显示出错误和警告信息。双击提示信息所在行，就会在 μVision4 编辑窗口里打开并显示相应的出错源文件，光标会定位在该文件的出错行上，以方便用户快速定位出错位置。

10.2 基于 Proteus 的单片机系统仿真

Proteus 是 Labcenter 公司出品的电路分析、实物仿真系统，而 Keil 是目前最流行的 51 单片机汇编和 C 语言的集成开发环境之一，支持汇编与 C 的混合编程，同时具备强大的软件仿真和硬件仿真（用 mon51 协议，需要硬件支持）功能。Proteus 能够很方便地和 Keil 等编译模拟软件结合。

10.2.1 Proteus 8 Professional 界面介绍

安装完 Proteus 后，运行 ISIS 8 Professional，会出现以下窗口界面（见图 10.3）。

为了方便介绍，分别对窗口内各部分进行中文说明。

（1）原理图编辑窗口（The Editing Window）

原理图编辑窗口是用来绘制原理图的。蓝色方框内为可编辑区，元件要放到它里面。注意，这个窗口是没有滚动条的，可用预览窗口来改变原理图的可视范围。

（2）预览窗口（The Overview Window）

预览窗口可显示两个内容，一个是，当你在元件列表中选择一个元件时，它会显示该元件的预览图；另一个是，当你的鼠标焦点落在原理图编辑窗口时（即放置元件到原理图编辑窗

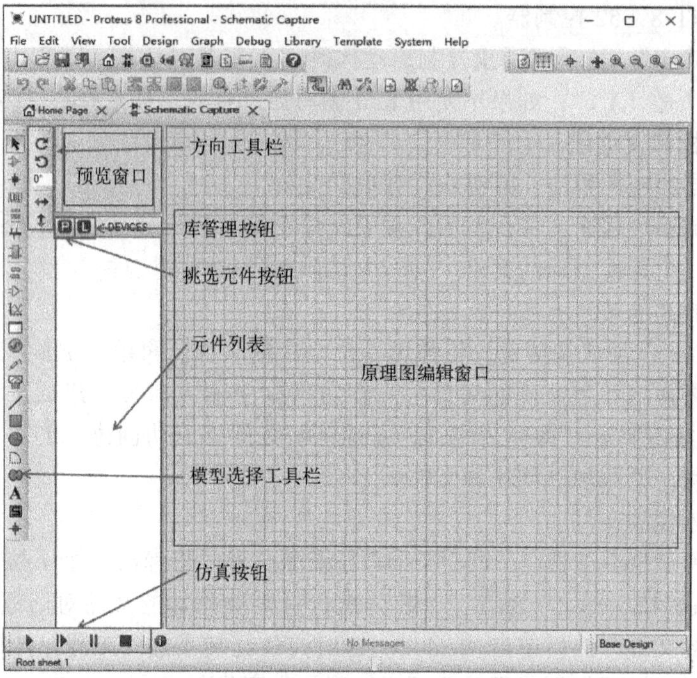

图 10.3　ISIS 8 Professional 窗口界面

口后或在原理图编辑窗口中单击鼠标后），它会显示整张原理图的缩略图，并会显示一个绿色的方框，绿色的方框里面的内容就是当前原理图窗口中显示的内容，因此，可用鼠标在它上面单击来改变绿色的方框的位置，从而改变原理图的可视范围。如图 10.4 所示。

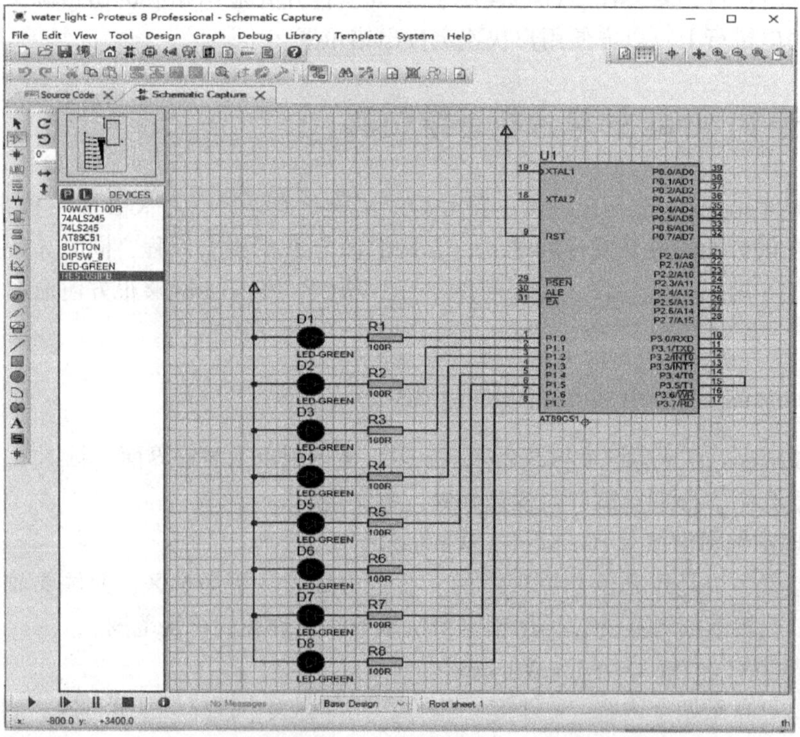

图 10.4　预览窗口

(3) 模型选择工具栏 (Mode Selector Toolbar)

主要模型 (Main Modes):

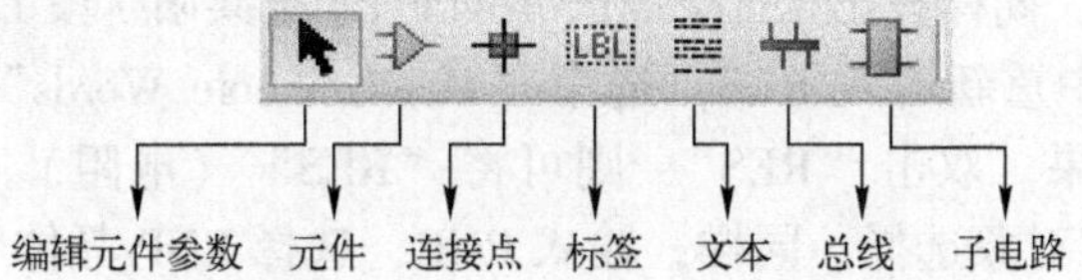

配件 (Gadgets):

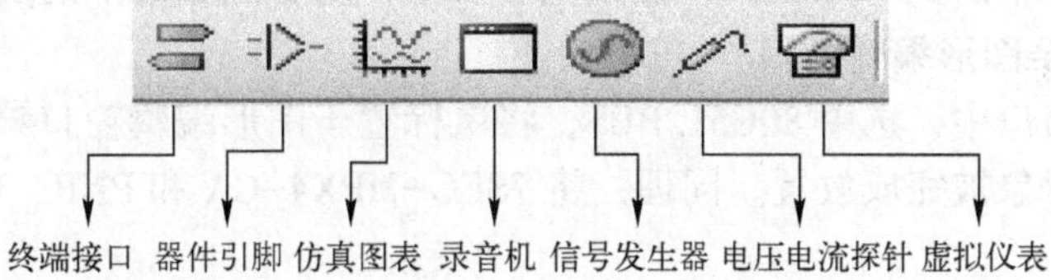

2D 图形 (2D Graphics):

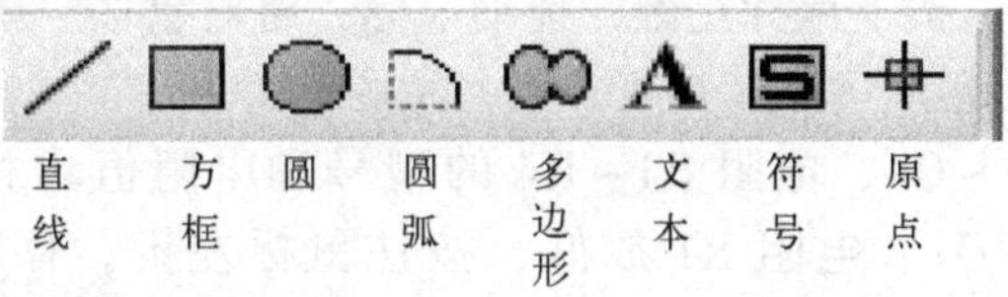

(4) 元件列表 (The Object Selector)

元件列表用于挑选元件 (Components)、终端接口 (Terminals)、信号发生器 (Generators)、仿真图表 (graph) 等。例如，当你选择“元件 (Components)”，单击“P”按钮会打开挑选元件对话框，选择了一个元件后 (单击了“OK”后)，该元件会在元件列表中显示，以后要用到该元件时，只需在元件列表中选择即可。

(5) 方向工具栏 (Orientation Toolbar)

旋转：旋转角度只能是 90 度的整数倍。

翻转：完成水平翻转和垂直翻转。

使用方法：先右键单击元件，再单击 (左击) 相应的旋转图标。

(6) 仿真工具栏

仿真控制按钮

运行 单步运行 暂停 停止

10.2.2 绘制电路原理图

绘制原理图要在原理图编辑窗口中的蓝色方框内完成。原理图编辑窗口的操作是不同于常用的 Windows 应用程序的，正确的操作是：用左键放置元件；右键选择元件；双击右键删除元件；右键拖选多个元件；先右键后左键编辑元件属性；先右键后左键拖动元件；连线用左键，删除用右键；改连接线：先右击连线，再左键拖动；中键放缩原理图。具体操作见下面例子。

本例是实现 80C51 驱动 4 位 LED。

开始前先要准备好仿真文件，就是用编译器编译连接产生的调试或下载文件，本例用的是：led_C. hex。运行 Proteus 8 Professional (ISIS 8 Professional)，出现如图 10. 21 所示的窗口。

1. 添加元件到元件列表中

本例要用到的元件有：80C51. BUS、7SEG-MPX4-CA。

单击“P”按钮，出现挑选元件对话框在对话框的 Keywords 中输入 80C51，在 Results 栏中会罗列出一系列相关结果，选中 80C51. BUS，单击 OK，关闭对话框，这时元件列表中列出 80C51. BUS，同样找出 7SEG-MPX4-CA（4 位共阳 7 段 LED 显示器）。

在“Keywords”栏中重新输入 RES，选中“Match Whole Words”，在 Results 栏中获得与 RES 完全匹配的搜索结果。双击“RES”，则可将“RES”（电阻）添加至对象选择器窗口。单击“OK”按钮，结束对象选择。同样，输入 PNP，选择 PNP 晶体管。

经过以上操作，在对象选择器窗口中，已有了 7SEG-MPX4-CA、80C51. BUS、PNP、RES 四个元器件对象，若单击 80C51. BUS，在预览窗口中，将看到 80C51 的实物图。

2. 放置元器件至图形编辑窗口

在对象选择器窗口中，选中 80C51. BUS，将鼠标置于图形编辑窗口该对象的欲放置位置，单击鼠标左键，该对象被完成放置。同理，将 7SEG-MPX4-CA 和 PNP、RES 放置到图形编辑窗口中。

若对象位置需要移动，将鼠标移到该对象上，单击鼠标右键，此时，该对象的颜色变至红色，表明该对象已被选中，按下鼠标左键，拖动鼠标，将对象移至新位置后，松开鼠标，完成移动操作。

由于 PNP 晶体管 Q1 ~ Q4、电阻 R1 ~ R4 的型号和电阻值均相同，因此可利用复制功能作图。把 PNP 晶体管 Q1、电阻 R1 放好，按住鼠标左键，移动鼠标选中 Q1、R1，松开鼠标左键，在标准工具栏中，单击复制按钮，拖动鼠标到相应位置，用鼠标左键单击标准工具栏中的粘贴按钮，将对象复制到新位置，如此反复，并修改 PNP 晶体管、电阻名的标识。

3. 放置总线至图形编辑窗口

单击绘图工具栏中的总线按钮，使之处于选中状态。将鼠标置于图形编辑窗口，单击鼠标左键，确定总线的起始位置；移动鼠标，屏幕出现粉红色细直线，找到总线的终了位置，单击鼠标左键，再单击鼠标右键，以表示确认并结束画总线操作。此后，粉红色细直线被蓝色的粗直线所替代。在 Proteus 中，可以使用总线，但总线并没有任何的电气连接关系，只是一个易读的线条连接，而电气连接则通过左侧第一个叫 Component 的按钮自动连接产生线条以及通过 Label 标号进行逻辑连接。

4. 元器件之间的连线

Proteus 的智能化可以在你想要画线的时候进行自动检测。下面将电阻 R1 的上端连接到 Q1 的基极。当鼠标的指针靠近 R1 上端的连接点时，跟着鼠标的指针就会出现一个“×”号，表明找到了 R1 的连接点，单击鼠标左键，移动鼠标（不用拖动鼠标），将鼠标的指针靠近 Q1 的基极连接点时，跟着鼠标的指针就会出现一个“×”号，表明找到了 Q1 的基极连接点，同时屏幕上出现了粉红色的连接，单击鼠标左键，粉红色的连接线变成了深绿色。

5. 给与总线连接的导线贴标签

单击绘图工具栏中的导线标签按钮，使之处于选中状态。将鼠标置于图形编辑窗口的欲标标签的导线上，跟着鼠标的指针就会出现一个“×”号，表明找到了可以标注的导线，单击鼠标左键，弹出编辑导线标签窗口，在“string”栏中，输入标签名称（如 AD0），单击“OK”按钮，结束对该导线的标签标定。同理，可以标注其他导线的标签。注意，在标定导线标签的过程中，相互接通的导线必须标注相同的标签名。

6. 电源和地

1）在 Proteus 画图过程中有正电源（V_{DD}/V_{CC}）、负电源（V_{EE}）、地（V_{SS}）引脚的元器件

（元器件的这些引脚隐藏了，没有在图中显示），软件会自动把其电源地脚定义为相应的电压，所以在这些元器件上的电源地脚上不接电源和地也是正确的（单片机也不用接晶振，在设置选项中输入晶振的频率即可）。

2）如果要用到确定的直流电压，可以用工具栏中的 POWER 和 GROUND 放置电源和地。电源的默认是+5 V，地默认为 0 V。如果需要 10 V 的电压，则可在电源的设置选项卡的 string 里输入+10 V 就可以了，不过要注意：前面的“+”号一定要加上，否则不能防真。电压默认的单位为 V，就是说输入+10 电压就是+10 V。虽然地的默认值是 0 V，但如果像设置 POWER 一样在其 string 选项里写入电压值，其电压就是你设置的大小，而不是 0 V 了，也就是说，地也可以用作电源。

7. 电压探针（probe）、电流探针的使用

首先，在实际生活中测电压电流，电压电流表都有两个端子，而在探针中，只有一个端子，电压表是并入的，电压探针一端接入要测的那点（可以引出线，同一条线上电压相同）。电压探针默认另一个端子是接地的，也就是说测的是对地的电压。测一条线上的电流时，电流表要串联进去，只有一个端子怎么串联？不要在那条线上引出线接到电流探针上，那样就成了测引出线上的电流了，而引出的线上一般是没有电流的。正确的测法是，把电流探针直接放在要测的线上的一点就可以了。另外电流探针有个箭头，放的时候调整电流表的角度，使箭头指向电流的方向，否则结果是错误的。而在示波器那个工具按钮里还有电流表和电压表，这和实际中的一样。测出的精确度只有小数后两位，但是它的单位是可以调的。如果把它的单位调整成毫伏（毫安）或微伏（微安），精度就会大幅提高。

最终结果如图 10.5 所示。

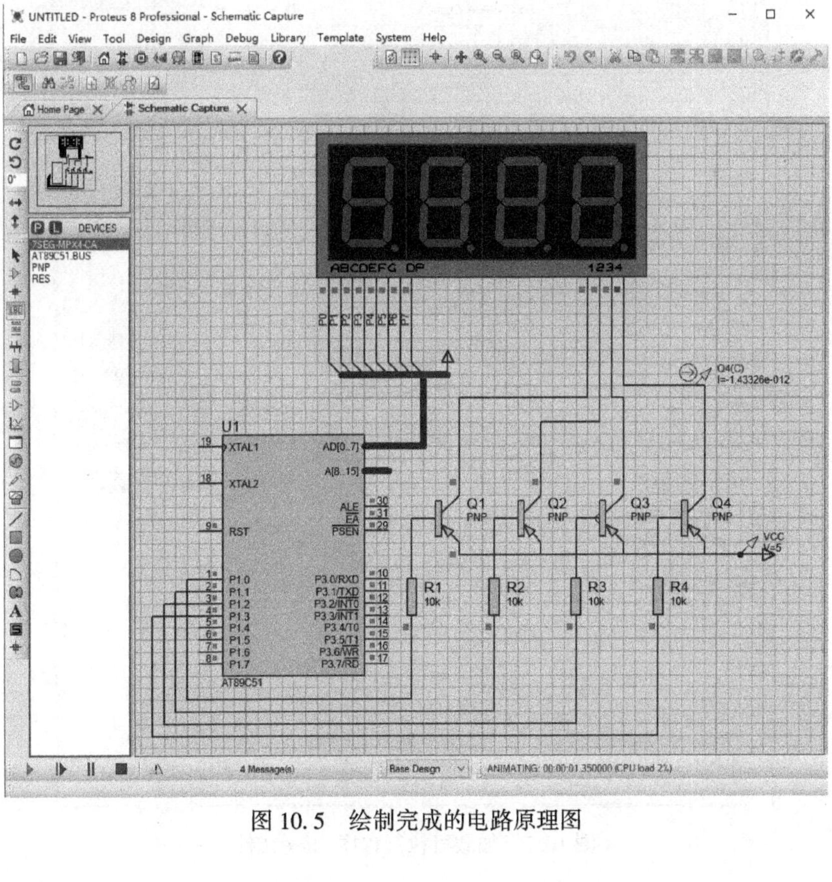

图 10.5　绘制完成的电路原理图

10.2.3 ProteusVSM 仿真调试

原理图绘制完成后，选中原理图中的 8051 单片机器件，单击右键选择“属性”，弹出“属性”选项卡后，加载要执行的 .hex 文件，最后单击左下方的仿真运行按钮就可以看到硬件仿真结果。如图 10.6、图 10.7、图 10.8 所示。

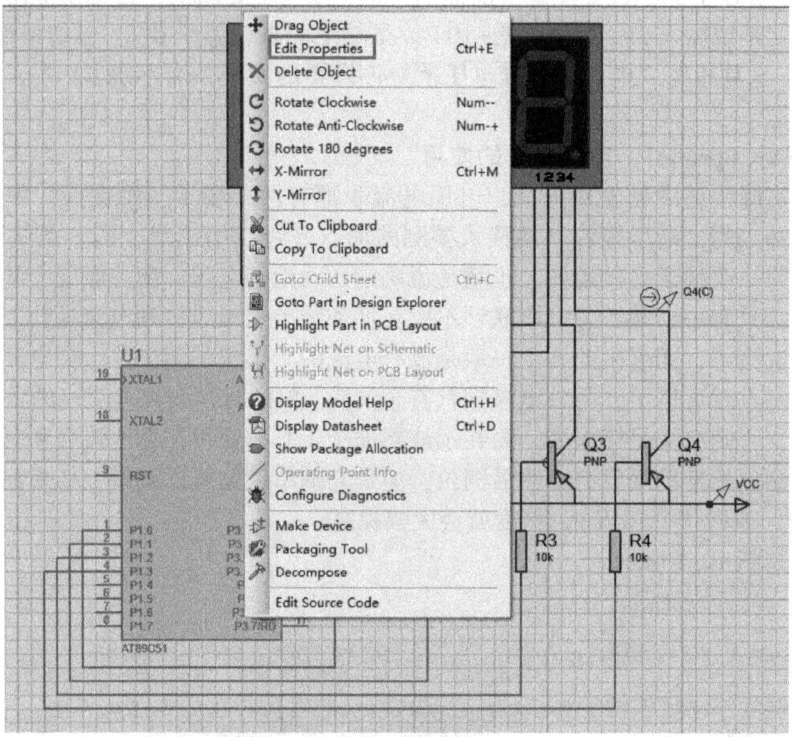

图 10.6　打开单片机属性

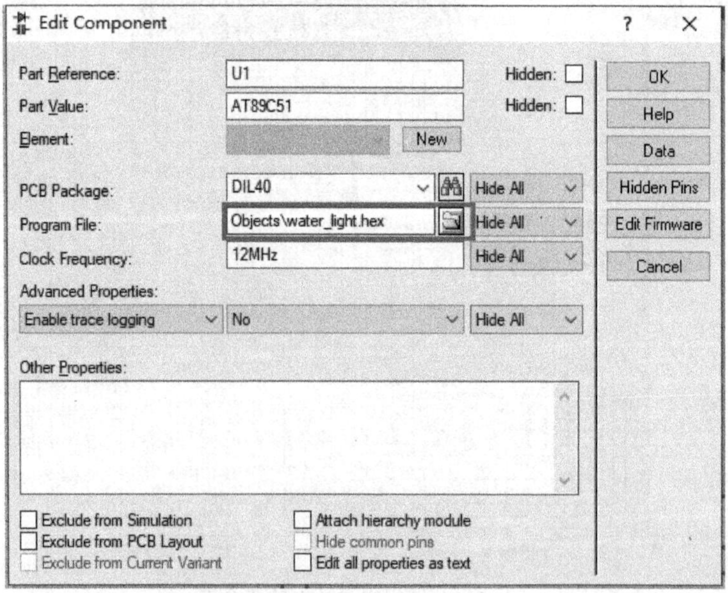

图 10.7　加载可执行程序 .hex 文件

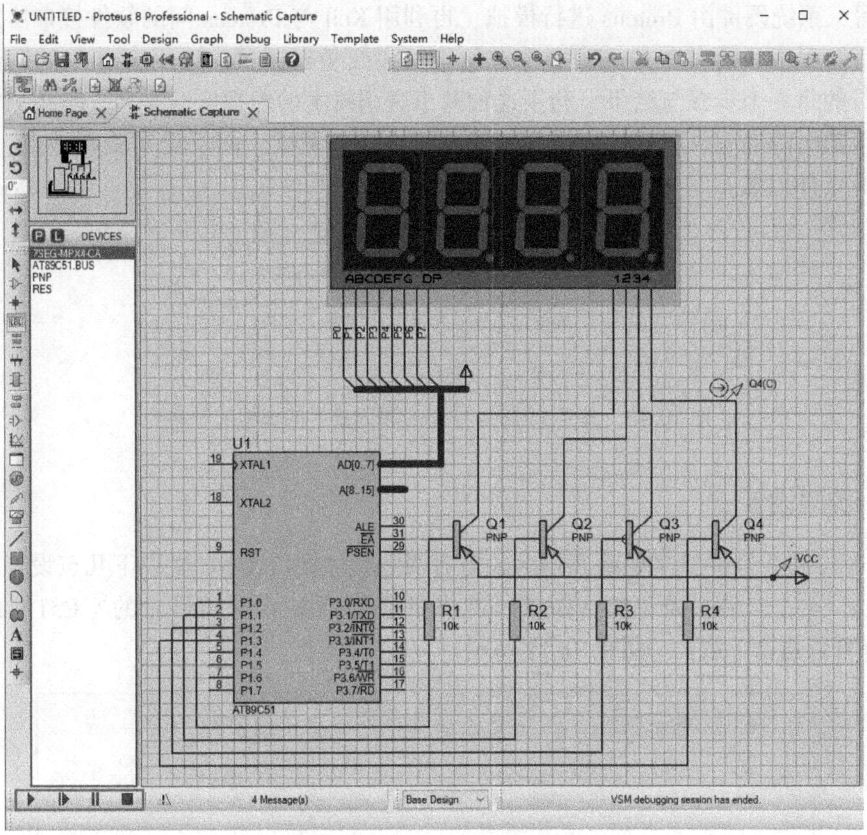

图 10.8　单击运行按钮

10.3　Keil 与 Proteus 联调技术

10.3.1　基于 Proteus 与 Keil 联调技术的单片机虚拟实验平台

在传统的单片机实践中，普遍采用“先在 Keil 软件中编写源程序，然后编译形成代码，再通过在线烧写器（下载器）载入到单片机教学实验箱（板）中运行查看结果”的模式，如图 10.9 所示。这种实验方法无法实现程序单步运行、设置断点等实时在线仿真调试功能，存在难以查错与修正等缺点，容易造成学生程序调试能力缺失。

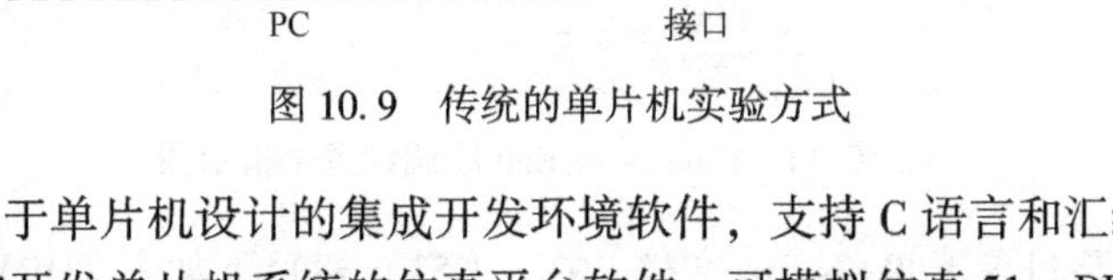

图 10.9　传统的单片机实验方式

Keil 是一款常用于单片机设计的集成开发环境软件，支持 C 语言和汇编程序设计。Proteus 是一款可用于设计和开发单片机系统的仿真平台软件，可模拟仿真 51、PIC、AVR 系列等常用的 MCU 及其外围电路，支持大量的外围芯片和存储器，并支持与 Keil 软件的联合仿真调试。由此，利用 Keil 与 Proteus 软件可建立虚拟单片机实验平台，如图 10.10 所示，应用程序在

Keil 中编写，系统硬件由 Proteus 进行模拟，再利用 Keil 与 Proteus 间的软件接口协议可实现将 Keil 中编写的程序下载到 Proteus 硬件中进行实时在线仿真调试，运用 Keil 中的调试工具可观察程序运行的每一个步骤与结果。利用这种基于联调技术的虚拟实验平台，学生只需在一台计算机上就可随时随地完成单片机应用系统软硬件设计与调试，而不受实验室地点、开放时间、实验器材等条件约束。

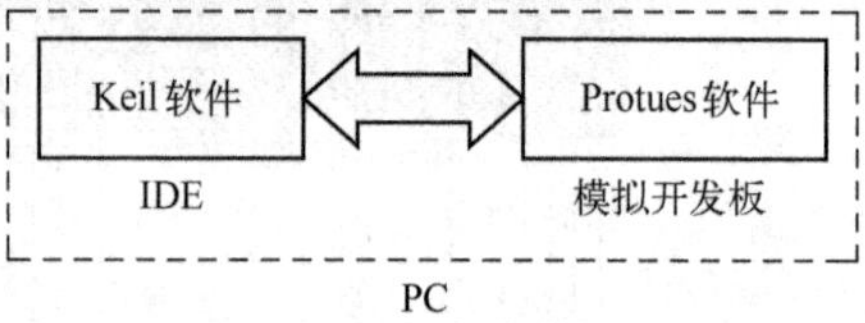

图 10.10　基于 Proteus 与 Keil 联调技术的虚拟实验平台

10.3.2　联调设置

Proteus 与 Keil 软件要实现联调技术，需对两种软件接口及 PC 做以下几点设置。

1）在 Proteus 安装目录下将 VDM51.dll 文件复制到 Keil 安装目录的 \ C51 \ BIN 目录中（如果没有可以自己下载），如图 10.11 所示。

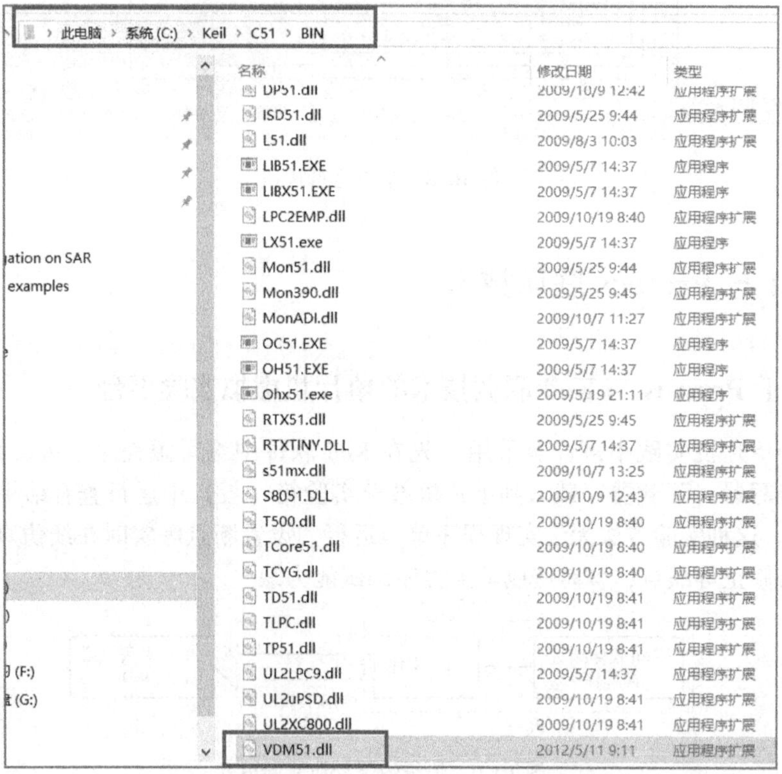

图 10.11　Proteus 与 Keil 联调设置 1 指示图

2）修改 Keil 安装目录下 Tools.ini 文件，在［C51］栏目下加入 TDRV9 = BIN \ VDM51.DLL ("Proteus VSM Simulator")，其中“TDRV9”中的“9”要根据实际情况改写，不要和已有的重复，如图 10.12 所示。注意输入时要用半角。

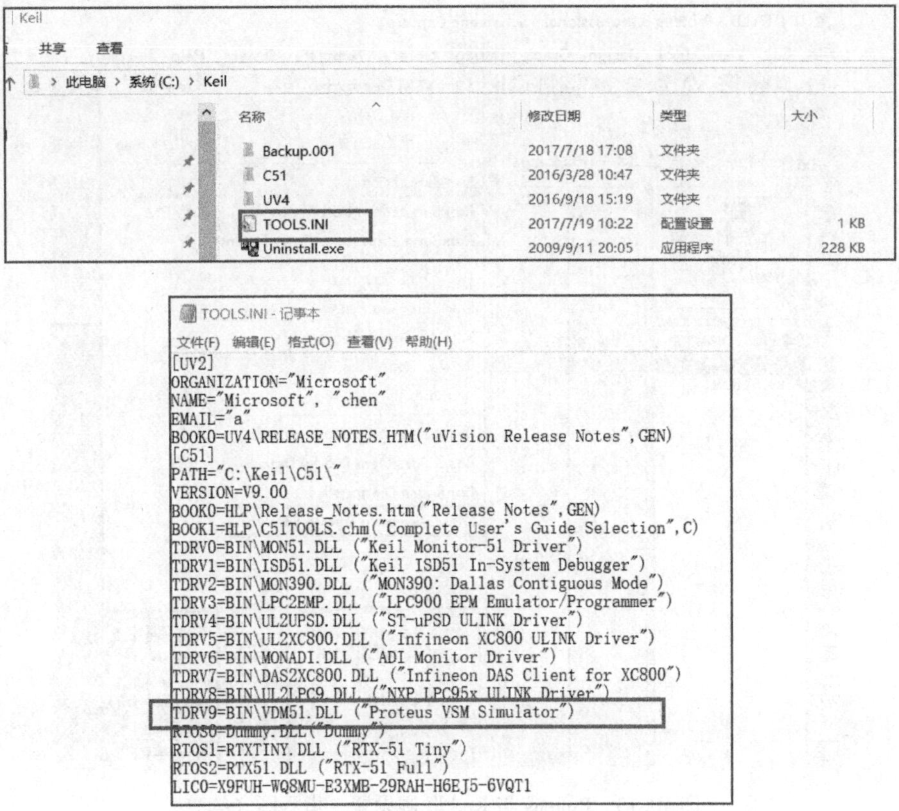

图 10.12　Proteus 与 Keil 联调设置 2 指示图

3）打开 Proteus，加载相应的电路和 hex 文件，在 Debug 菜单中选中 Use Remote Debug Monitor，如图 10.13 所示。

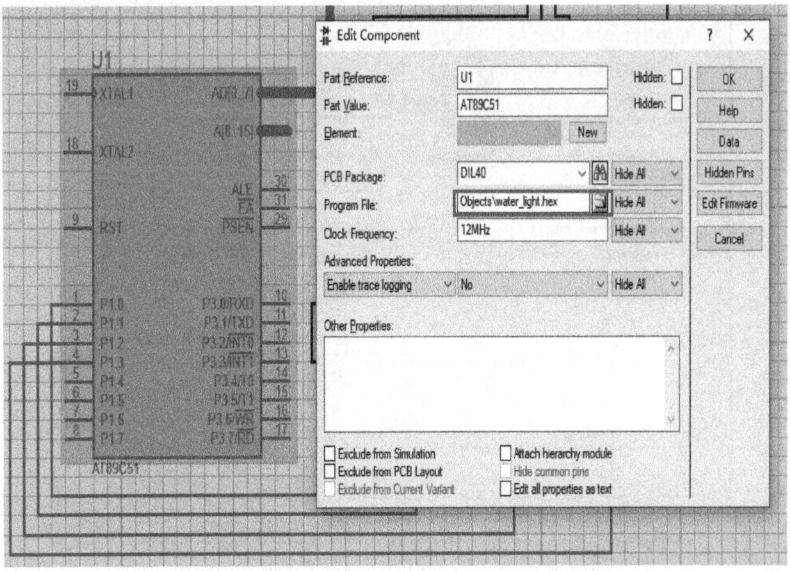

图 10.13　Proteus 与 Keil 联调设置 3 指示图

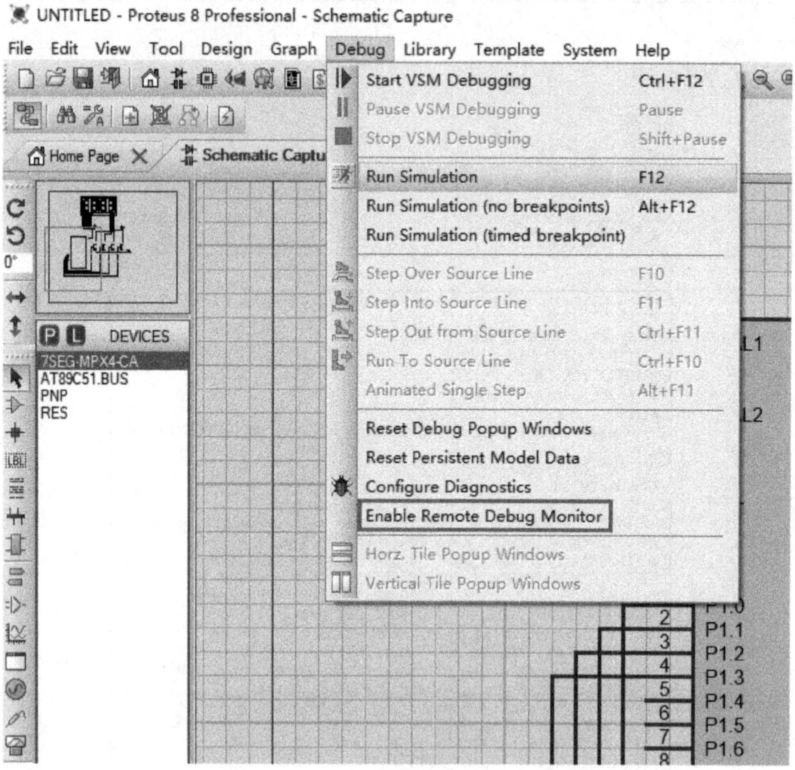

图 10.13　Proteus 与 Keil 联调设置 3 指示图（续）

4）打开 Keil，载入 MCU 的程序（即打开要调试的项目文件），选择菜单 Project →Option for targer“工程名”，在 Debug 选项中右栏上部的下拉菜单选中 Proteus VSM Simulatior，如图 10.14 所示，再进入 Setting，如果是同一台机器则 IP 名为 127.0.0.1，如果不是同一台机器则填另一台机器的 IP 地址，端口号一定为 8000。

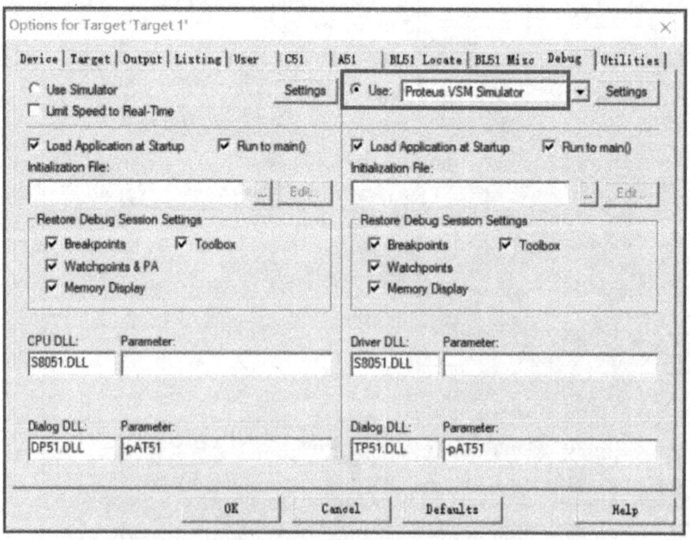

图 10.14　Proteus 与 Keil 联调设置 4 指示图

5）注意，一定要把 Keil 的工程文件和 Proteus 的文件放在同一个目录下。

完成上述 5 个步骤，就可以开始调试了，Keil 每调试一次，Proteus 就会做出相应的动作。最后，调试界面如图 10.15 所示。

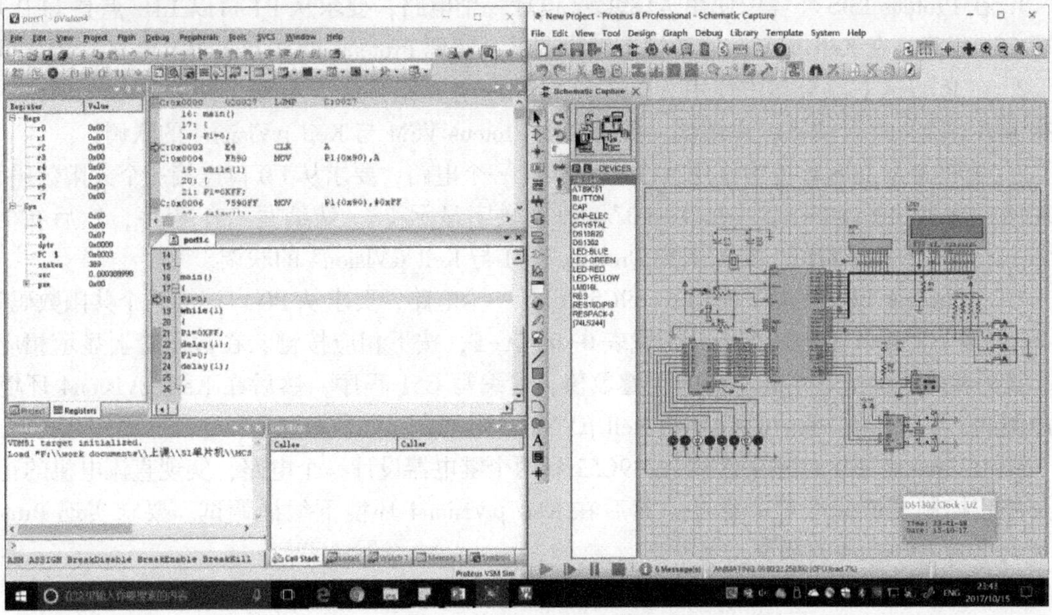

图 10.15　Proteus 与 Keil 联调界面

本章小结

单片机开发中除必要的硬件外，同样离不开软件。单片机的开发软件也在不断发展，这从近年来各仿真机厂商纷纷宣布全面支持 Keil 即可看出，Keil 软件是目前最流行的开发单片机的软件。Keil 提供了包括 C 编译器、宏汇编、连接器、库管理和一个功能强大的仿真调试器等在内的完整开发方案，通过一个集成开发环境（μVision）将这些部分组合在一起。

Proteus 与其他单片机仿真软件不同的是，它不仅能仿真单片机 CPU 的工作情况，也能仿真单片机外围电路或没有单片机参与的其他电路的工作情况。因此在仿真和程序调试时，关心的不再是某些语句执行时单片机寄存器和存储器内容的改变，而是从工程的角度直接观察程序运行和电路工作的过程和结果。对于这样的仿真实验，从某种意义上讲，是弥补了实验和工程应用间脱节的矛盾和现象。Proteus 是目前最好的模拟单片机及外围器件的工具，可以仿真 51 系列、AVR，PIC、ARM 等常用的 MCU 及其外围电路（如 LCD、RAM、ROM、键盘、马达、LED、AD/DA、部分 SPI 器件、部分 IIC 器件等）。

因此使用 Keil C51 + Proteus 可以像使用仿真器一样调试程序，常见的单片机实验都可以做得到，该方案在没有硬件的情况下能像 Pspice 仿真模拟/数字电路那样仿真 MCU 及外围电路。另外，即使有硬件，在程序编写早期用软件仿真一下也是不错的，这对单片机初学者想自己动手做一些小实验，是非常好用的。

习题 10

1. 在 Proteus ISIS 环境中使用 AT89C52 设计一个电路，要求从 P1 口以 1 Hz 点亮 LED 灯，编写 C51 程序，在 Keil μVision4 环境下编译调试，实现 Proteus VSM 与 Keil μVision4 的联调。

2. 在 Proteus ISIS 环境中使用 AT89C52 设计一个“跑马灯”电路，并编写 C51 程序，然后在 Keil μVision4 环境下编译调试。要求实现 Proteus VSM 与 Keil μVision4 的联调。

3. 在 Proteus ISIS 环境中使用 AT89C52 设计一个电路，要求从 P0 口连接一个共阳数码管，实现循环显示“0->1->2…->9->0”，每个数字显示 1 s。请编写 C51 程序，然后在 Keil μVision4 环境下编译调试。要求实现 Proteus VSM 与 Keil μVision4 的联调。

4. 在 Proteus ISIS 环境中使用 AT89C52 设计一个电路，要求从 P0 口连接一个共阳数码管，在 P1 口接一个 4×4 矩阵键盘，分别代表 0-9，A-F，按下相应按键，在数码管上显示相应数值，直到新的按键按下才显示新的按键数值。请编写 C51 程序，然后在 Keil μVision4 环境下编译调试。要求实现 Proteus VSM 与 Keil μVision4 的联调。

5. 在 Proteus ISIS 环境中使用 AT89C52 和两个继电器设计一个电路，实现直流电机的正反转及停止控制。请编写 C51 程序，然后在 Keil μVision4 环境下编译调试。要求实现 Proteus VSM 与 Keil μVision4 的联调。

第11章　单片机应用系统设计实例

本章通过3个实例，从基础知识、电路与软件设计、运行与思考等环节来介绍单片机系统设计的过程，培养学生设计的基本技能，提高分析问题、解决问题的能力。

【学习目标】

- 了解数字温度传感器DS18B20的应用和程序设计。
- 了解单片机控制步进电机的工作过程及程序设计。
- 了解A/D转换器的应用及程序设计。
- 了解单片机应用系统设计开发过程中应当注意的事项。

11.1　单片机应用系统的研制流程

单片机的应用随其用途不同，硬件和软件均不相同。单片机最初的选型很重要，原则上是选择高性价比的单片机，还应尽量减少外围硬件扩展成本，尽量选择包含相应功能的单片机，这样可以大大提高系统的可靠性。

虽然单片机的硬件选型不尽相同，软件编写也千差万别，但系统的研制步骤和方法是基本一致的，一般分为以下几个阶段。

1）需求分析、方案论证和总体设计阶段。

2）器件选择、电路原理图设计及印制电路板的设计与制作、数据处理、软件的编制阶段。

3）系统调试与性能测试阶段。

4）文件编制阶段。

单片机应用系统的研制流程如图11.1所示。其中，系统的总体设计应重点考虑以下几个内容。

1. 全面分析对应用系统的要求

不管是工程控制系统还是智能仪器仪表，都必须首先分析和了解项目的总体要求、输入信号类型和数量、输出控制对象及数量、辅助外设种类及要求、使用环境及工作电源要求、产品成本、可靠性要求和可维护性、经济效益等因素，必要时可参考同类产品的技术资料，制定出可行的性能指标。

2. 单片机的选型

现在的单片机品种繁多，包括各种专用功能的单片机，给用户带来了许多好处，可以节约很多外接扩展器件。单片机的选型很重要，选择时需考虑其功能是否全部满足规定的要求。例如控制速度、精度、控制端口的数量、LED显示器，尽量选用多端口的单片机直接驱动。如果要求驱动显示LCD，也可选用具有直接驱动LCD的单片机，也可使用加外接驱动芯片的办法，这就要求在应用时具体问题具体分析。

此外，选择某种单片机还需考虑货源是否充足，是否全球性生产，在考虑性价比的同时，需研究易于实现产品技术指标的因素。

3. 划分硬件和软件任务，画出系统结构框图

单片机应用软件的设计与硬件的设计一样重要，没有控制软件的单片机是毫无用处的，它

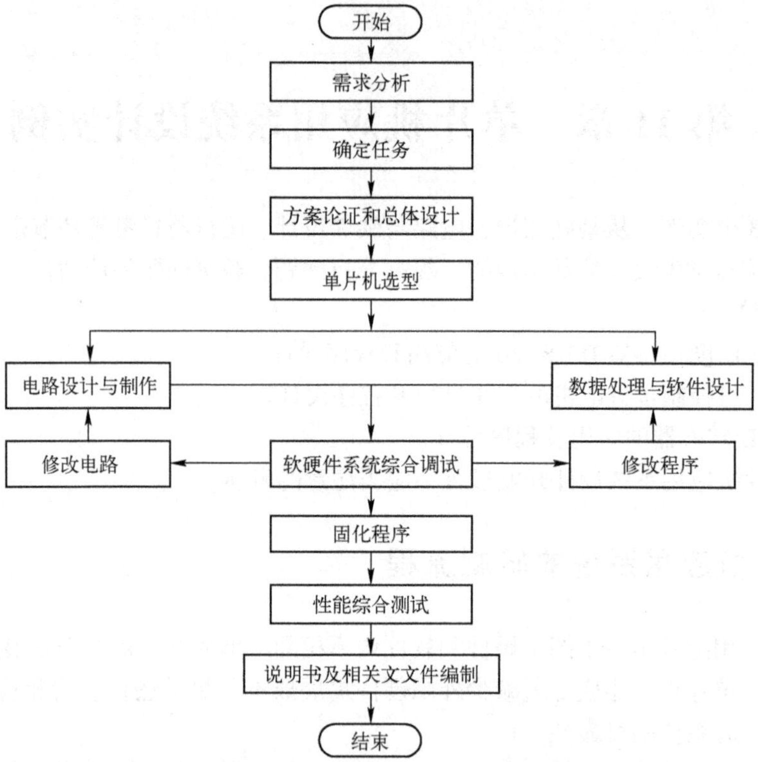

图 11.1　单片机应用系统的研制流程

们紧密联系，相辅相成，并且硬件和软件具有一定的互换性，在应用系统中，软件功能既可以用硬件实现，也可以用软件完成。若多利用硬件，可以提高运行速度、减少编写软件的工作量、争取时间、争取商机，但这样会增加产品的单位成本，对于以价格为竞争手段的产品不宜采用。相反，以软件代替硬件完成一些功能，最直观的优点是可以降低成本、提高灵活性、增加技术难度而给仿制者增加仿制难度；缺点是增加了软件系统的复杂性、软件的编写工作量大、研制周期可能会加长，同时系统运行的速度可能也会降低等。因此在总体考虑时，必须综合分析以上因素，合理地制定某些功能硬件和软件的比例。

系统总体设计确定后，就可进行具体的硬件电路设计、软件设计及系统调试，完成应用系统功能和目标。

11.2 “多功能数字电子钟”设计实例

11.2.1 基础知识

多功能数字电子钟是日常生活最常用的电子产品之一，它具有显示日期、时间、闹钟、定时、秒表和温度测量等功能，本节将介绍如何利用 MCS51 系列单片机、Keil 开发环境、Proteus 仿真软件开发多功能数字电子钟系统。其包括以下几个部分：

1）核心处理器：ATMEL 公司的 AT89C51。

2）温度传感器：美国 DALLAS 半导体公司生产的单总线温湿度传感器 DS18B20。

3）显示设备：选用 LCD1602 的点阵型液晶，能很好地显示出系统的各种信息。

4）时钟芯片：选用 DS1302。

5）键盘输入：4 个独立式键盘。

多功能数字电子钟系统要求实现的功能具体为：

1）系统能实现时间的正确走时，并在 LCD 上正确显示日期、时间。

2）系统能实现对周围环境的温度测量，并在 LCD 上正确显示温度值。

3）系统能通过按键对日期、时间进行设置调整。

4）系统具有闹钟、秒表、星期显示、指示灯等附加功能。

11.2.2 系统硬件设计

根据多功能数字电子钟的功能要求，系统硬件可分为 5 大模块：单片机（选择 51 单片机 AT89C51）、LCD1602 显示模块、DS18B20 温度测量模块（选择）、DS1302 时钟模块（时钟模块也可采用单片机的定时器实现）、键盘与 LED 指示灯模块。系统整体结构如图 11.2 所示。

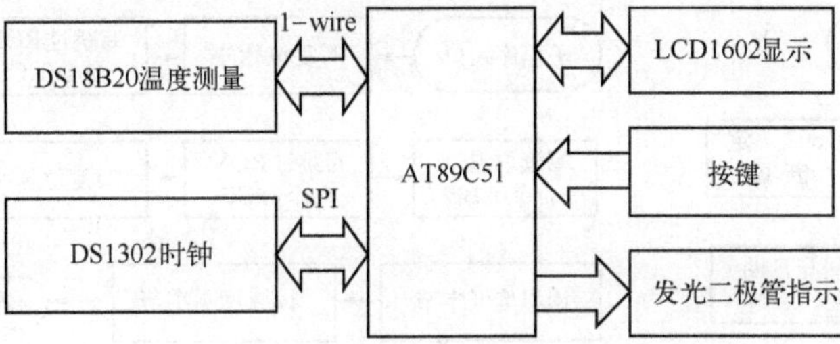

图 11.2　多功能数字电子钟系统原理框图

打开 Proteus 的 ISIS 软件，进行原理图绘制，添加 51 单片机及外围电路元件并连接，电路如图 11.3 所示。LCD1602 与单片机采用并行接口，将 51 单片机的 P0 口引脚 P0.7–P0.0 连接

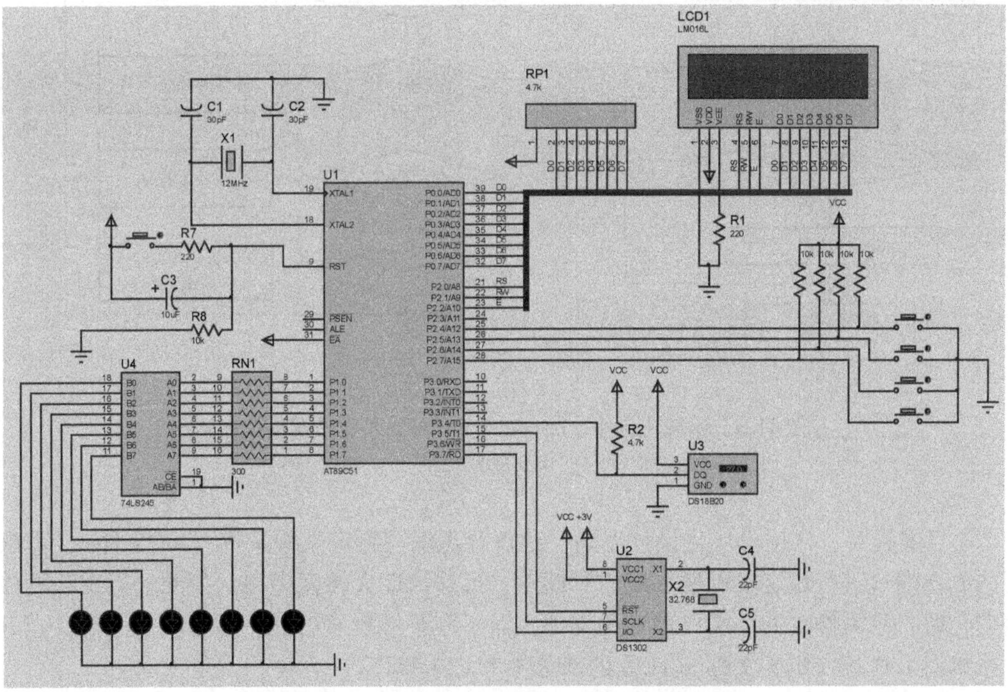

图 11.3　多功能数字电子钟硬件电路原理图

到 LCD1602 的数据引脚 D7-D0，将 P2 口的 P2.2、P2.1、P2.0 分别连接到 LCD1602 的控制引脚 E、RW、RS。DS18B20 与单片机采用单总线接口，将 51 单片机的 P3.4 引脚连接至 DS18B20 的数据引脚 DQ。DS1302 与单片机采用 SPI 接口，将 51 单片机的 P3.7、P3.6、P3.5 引脚分别连接至 DS1302 的数据引脚 I/O、时钟引脚 SCLK 及复位引脚 RST。51 单片机 P2 口的高 4 位分别连接 4 个独立式按键，P1 口分别经驱动芯片 74LS245 连接 8 个发光二极管。

11.2.3 系统软件设计

系统软件采用模块化思路设计，分别包括：LCD1602 显示子程序、DS18B20 温度测量子程序、DS1302 时间读取子程序、按键子程序及系统主程序。设计时，将各个模块子程序单独编程、调试，每个模块调试成功正确无误后，最后编写系统主程序，进行各个模块的综合与联调，实现系统所有功能的正确运行。系统软件均在 Keil C 环境下编写、编译及调试。系统主程序、DS18B20 子程序、按键子程序流程如图 11.4 所示。

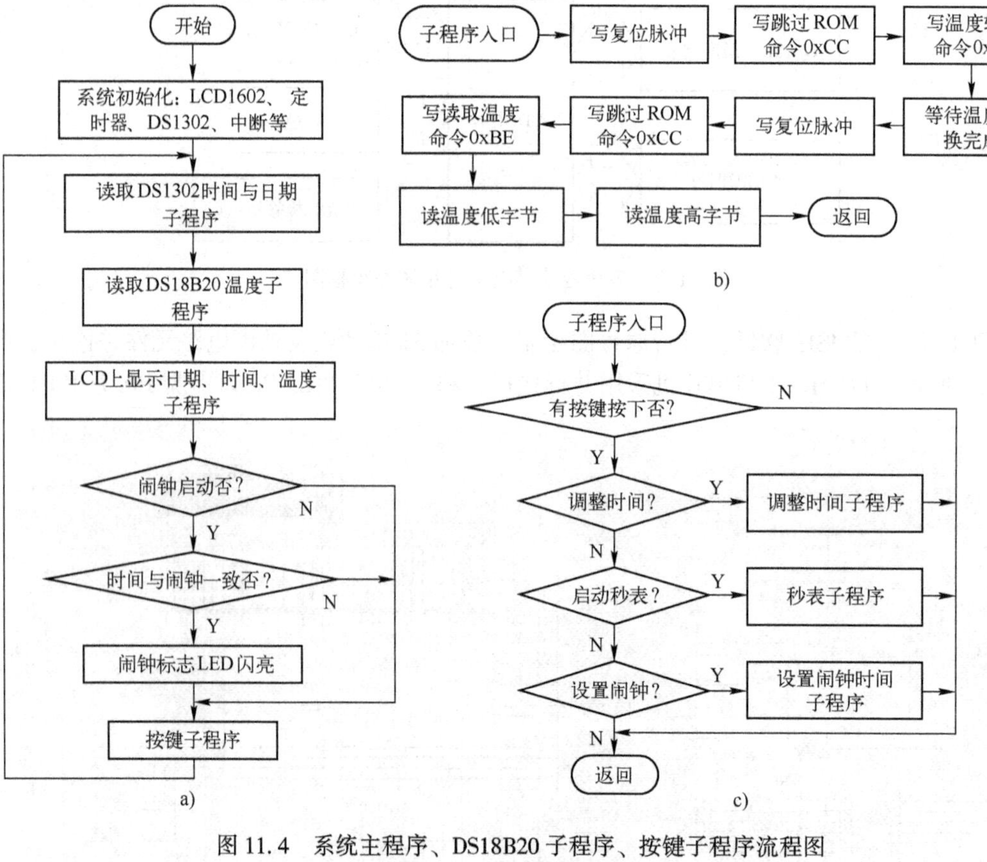

图 11.4 系统主程序、DS18B20 子程序、按键子程序流程图
a）系统主程序 b）DS18B20 子程序 c）按键子程序

C 语言编程时，根据模块化设计思路，建议合理编写自定义头文件（.h 文件），对系统使用到的 I/O 端口进行预定义可使系统的可读性、可移植性大幅度提高，如此，当系统硬件端口发生变化时，只需修改 I/O 端口预定义文件，而不需要修改通篇程序里所涉及的端口。下面给出本系统对 I/O 端口定义文件 ioset.h 的部分参考 C51 程序：

```
//LCD1602 端口定义
sbit RW=P2^1;
sbit RS=P2^0;
sbit E=P2^2;
#define LCD_data P0
//DS18B20 端口定义
sbit DQ=P3^4;
//DS1302 端口定义
sbit 1302_RST=P3^5;
sbit 1302_SCLK=P3^6;
sbit 1302_IO=P3^7;
```

下面也给出温度传感器 DS18B20 的部分参考 C51 程序：

```
#include <reg51.h>
#include <intrins.h>
#include <ioset.h>
#define DQ_HIGH() DQ=1
#define DQ_LOW() DQ=0
#define uint unsigned int
#define uchar unsigned char
uint temper;
uchar a1,a2,a3,a4;
void delayus(uint,uchar);
void write_byte(uchar date);
uchar read_byte();
void get_tem();
void delayus(uint x,uchar y)
{
uint i;
uchar j;
for(i=x;i>0;i--);
for(j=y;j>0;j--);
}
void reset()                    //复位子函数
{
uchar st=1;                     //延时等待 DS18B20 有没有返回"0"
DQ_HIGH();
_nop_();_nop_();
while(st)
{
DQ_LOW();
delayus(45,30);                 //750 μs
DQ_HIGH();
delayus(4,2);                   //70 μs
if(DQ==1) st=1;
else st=0;
```

```
delayus(35,15);    //500 μs
}
}
void write_byte(uchar date)
{
uchar i;
for(i=8;i>0;i--)
{
DQ_LOW();
delayus(0,0);                                   //15 μs
DQ=date&0x01;                                   //发数据
delayus(2,1);                                   //45 μs
DQ_HIGH();
date=date>>1;                                   //00101010
}
}
uchar read_byte()                               //读字节子函数
{
uchar i,date;
for(i=8;i>0;i--)
{
date=date>>1;
DQ_HIGH();
_nop_();_nop_();
DQ_LOW();
_nop_();_nop_();_nop_();_nop_();_nop_();_nop_();
DQ_HIGH();
_nop_();_nop_();_nop_();_nop_();
if(DQ)
date=date|0x80;    //1000 0000
delayus(1,1);      //30μs
}
return (date);
}

void get_tem()                                  //读取温度子函数
{
uchar tem1,tem2,num;
reset();                                        //复位
write_byte(0xCC);                               //跳过 ROM
write_byte(0x44);                               //温度转换
for(num=100;num>0;num--);                       //750 μs 的转换等待时间
reset();
write_byte(0xCC);
write_byte(0xBE);                               //读 RAM 温度寄存器
tem1=read_byte();                               //读低字节
tem2=read_byte();                               //读高字节
```

```
temper=(tem2*256+tem1)*0.0625*100;          //把小数位的两位转换成十进制数
a1=temper/1000;
a2=temper%1000/100;
a3=temper%100/10;
a4=temper%10;
}
```

11.2.4 Keil 与 Proteus 联合调试

将设计的项目程序在 Keil μVision4 集成开发环境上编译调试，生成相应的 HEX 文件，并按照上面“联调设置”步骤设置后，就可以开始系统实时在线仿真调试了，联调界面如图 11.5 所示。联调支持所有的单步运行、断点设置等调试工具，Keil 里每执行一步都可在 Proteus 里看到相应的单片机引脚高低电平变化、LCD 显示等现象，与此同时，用户也可在 Proteus 中模拟硬件变化，如采用鼠标单击按键元件模拟按键按下，单击 DS18B20 元件的“-”和“+”使温度减小与增加。

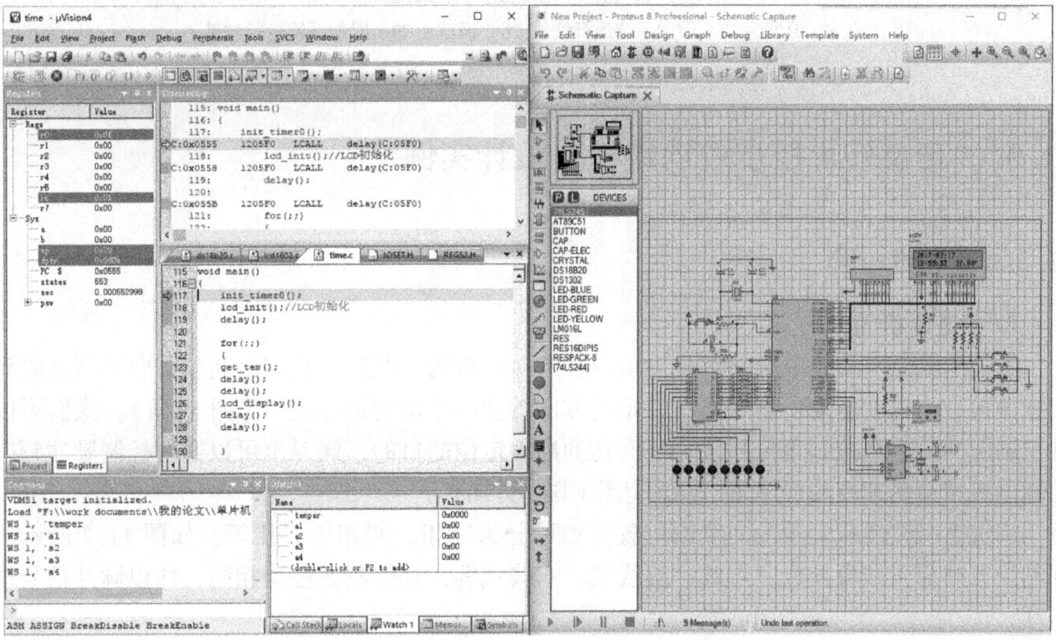

图 11.5　Keil 与 Proteus 联调界面

11.2.5 系统运行结果

系统采用 Keil 与 Proteus 联合仿真调试后，系统能正确可靠运行，走时准确，对系统按键、温度等进行模拟按下或改变时，系统均能做出相应变化，LCD 上均能正确显示日期、时间、温度等信息，其运行结果如图 11.6 所示，当改变 DS18B20 的温度值时，图 11.6a、b 分别正确显示了改变的温度值。

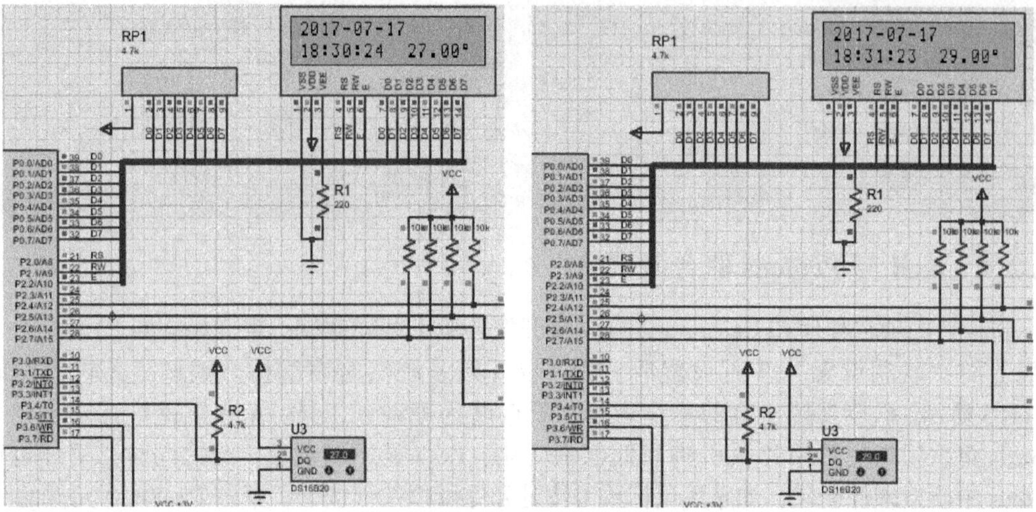

a) b)

图 11.6 系统运行结果图

a）温度为 27℃时的系统运行结果 b）温度为 29℃时的系统运行结果

11.3 “正反转可控步进电动机”设计实例

11.3.1 基础知识

1. 步进电机简介

步进电机是一种将电脉冲转化为角位移的执行机构。通俗一点讲，当步进驱动器接收到一个脉冲信号，它就驱动步进电机按设定的方向转动一个固定的角度（即步进角）。我们可以通过控制脉冲个数来控制角位移量，从而达到准确定位的目的；同时也可以通过控制脉冲频率来控制电机转动的速度和加速度，从而达到调速的目的。

步进电机按绕在定子上的线圈配置分类可分为二相、四相、五相等，如图 11.7 所示。步进电机按外部引线可分为三线式、五线式、六线式等，其控制方法均相同，均以脉冲信号进行驱动。

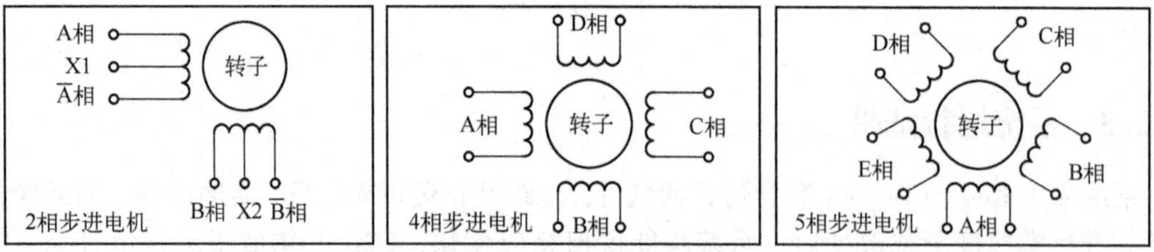

图 11.7 步进电机的种类

2. 步进电机的工作原理

步进电机每走一步，就要加一个脉冲信号，也称激磁信号。无脉冲信号输入时，转子保持一定的位置，维持静止状态。若加入适当的脉冲信号，转子则会以一定的步数转动。如果加入连续的脉冲信号，步进电机就连续地转动，转动的角度与脉冲信号频率成正比，正反转可由脉冲的顺序来控制。

该步进电机为一四相步进电机，采用单极性直流电源供电。只要对步进电机的各相绕组按合适的时序通电，就能使步进电机步进转动。图 11.8 是该四相反应式步进电机工作原理示意图。

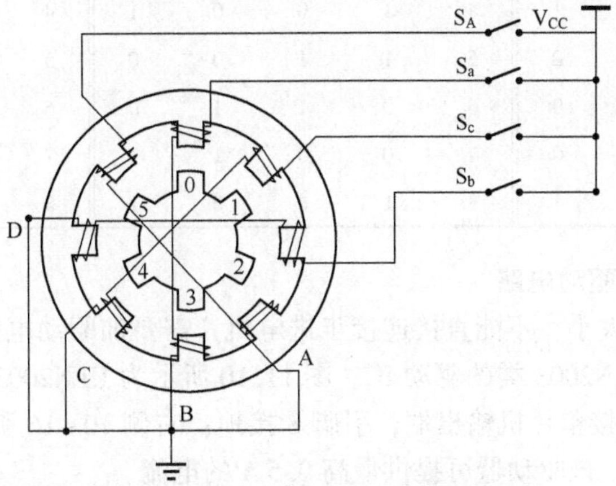

图 11.8　四相步进电机工作原理示意图

开始时，开关 S_B 接通电源，S_A、S_C、S_D 断开，B 相磁极和转子 0、3 号齿对齐，同时，转子的 1、4 号齿就和 C、D 相绕组磁极产生错齿，2、5 号齿就和 D、A 相绕组磁极产生错齿。当开关 S_C 接通电源，S_B、S_A、S_D 断开时，由于 C 相绕组的磁力线和 1、4 号齿之间磁力线的作用，使转子转动，1、4 号齿和 C 相绕组的磁极对齐。而 0、3 号齿和 A、B 相绕组产生错齿，2、5 号齿就和 A、D 相绕组磁极产生错齿。依次类推，A、B、C、D 四相绕组轮流供电，则转子会沿着 A、B、C、D 方向转动。

四相步进电机按照通电顺序的不同，可分为单四拍、双四拍、八拍三种工作方式。单四拍与双四拍的步距角相等，但单四拍的转动力矩小。八拍工作方式的步距角是单四拍与双四拍的一半，因此，八拍工作方式既可以保持较高的转动力矩，又可以提高控制精度。

单四拍、双四拍与八拍工作方式的电源通电时序与波形分别如图 11.9a、b、c 所示：

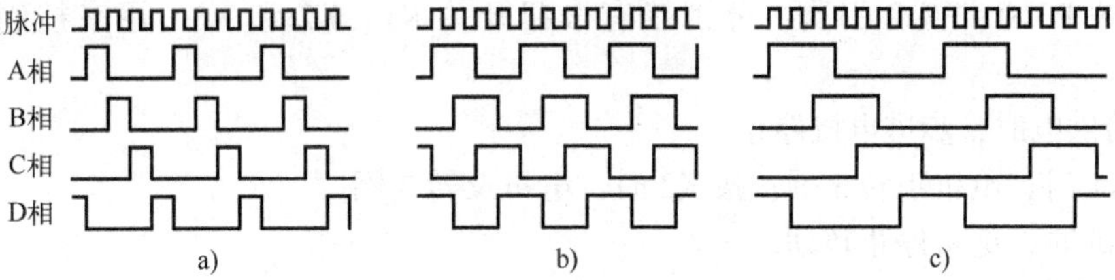

图 11.9　步进电机工作时序波形图

a）单四拍　b）双四拍　c）八拍

表 11.1 给出了四相步进电机的三种激磁方式，本例四相步进电动机工作于八拍方式。

表 11.1　四相步进电机的三种激磁方式

单四拍					双四拍					八拍				
SETP	A	B	C	D	SETP	A	B	C	D	SETP	A	B	C	D
1	1	0	0	0	1	1	1	0	0	1	1	0	0	0
2	0	1	0	0	2	0	1	1	0	2	1	1	0	0
3	0	0	1	0	3	0	0	1	1	3	0	1	0	0
4	0	0	0	1	4	1	0	0	1	4	0	1	1	0
5	1	0	0	0	5	1	1	0	0	5	0	0	1	0
6	0	1	0	0	6	0	1	1	0	6	0	0	1	1
7	0	0	1	0	7	0	0	1	1	7	0	0	0	1
8	0	0	0	1	8	1	0	0	1	8	1	0	0	1

3. 小型步进电机的驱动电路

单片机的输入电流太小，不能直接连接步进电机，需要加驱动电路。对于电流小于 0.5 A 的步进电机，可采用 ULN2003 类的驱动 IC。图 11.10 所示为 ULN2003 驱动器的引脚图，图左边 1~7 引脚为输入端，接单片机输出端，引脚 8 接地；右侧 10~16 引脚为输出端，接步进电机，引脚 9 接电源+5 V，该驱动器可提供最高 0.5 A 的电流。

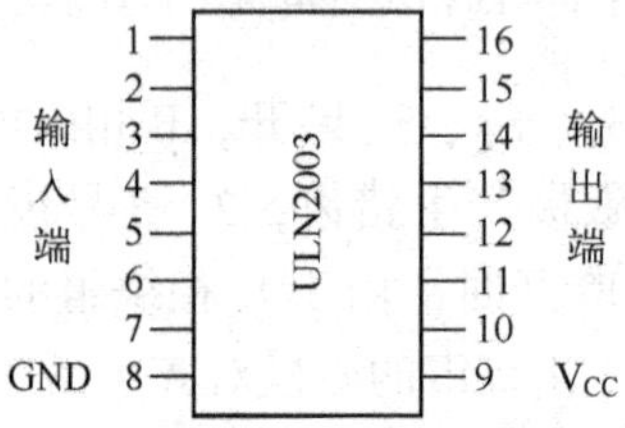

图 11.10　ULN2003 引脚图

11.3.2　电路与软件设计

本节通过单片机控制步进电机正、反转来了解单片机驱动步进电机的方法。

1. 功能说明

单片机的 P3.0~P3.2 引脚，分别接有按钮开关 K1、K2 和 K3，用来控制步进电机的转向。

1）开始供电时，步进电机停止。

2）按 K1 时，电机正转 3 圈；按 K2 时，电机反转 3 圈。

3）按 K3 时，电机停止转动。

2. 硬件设计

硬件电路原理图如图 11.11 所示。K1、K2 和 K3 按钮开关分别接在单片机的 P3.0~P3.2 引脚上，作为信号的输入端，输出端直接采用 ULN2003 驱动电路控制步进电机的转向。

3. 程序设计

程序设计流程图如图 11.12 所示，C51 程序设计清单如下：

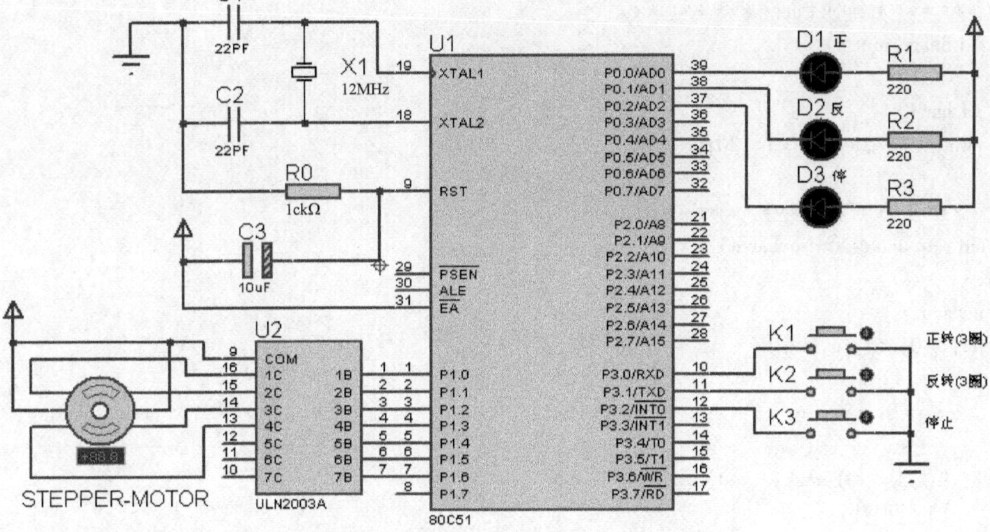

图 11.11　步进电机正、反转硬件电路原理图

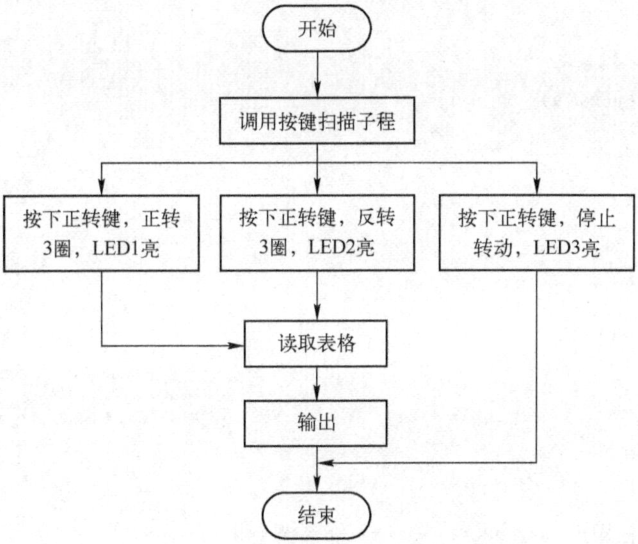

图 11.12　步进电机正反转流程图

```
#include <reg51.h>
#define uchar unsigned char
#define uint unsigned int
//本例四相步进电动机工作于八拍方式
//正转激磁序列为 A→AB→B→BC→C→CD→D→DA
uchar code FFW[]={0x01,0x03,0x02,0x06,0x04,0x0c,0x08,0x09};
//反转激磁序列为 AD→D→CD→C→BC→B→AB→A
uchar code REV[]={0x09,0x08,0x0c,0x04,0x06,0x02,0x03,0x01};
sbit K1=P3^0;
sbit K2=P3^1;
sbit K3=P3^2;
```

```
/******* 延时 1 ms *********/
void delay(uint x)
{
  uchar i;
  while(x--)for(i=0;i<120;i++);
}
/******* 正转 ***********/
void setp_motor_ffw(uchar n)
{
 uchar i,j;
 for(i=0;i<5*n;i++)
  {
   for(j=0;j<8;j++)
    {
     if(K3==0)break;
     P1=FFW[j];
     delay(25);
    }
   }
}
/***** 反转 *******/
void setp_motor_rev(uchar n)
{
 uchar i,j;
 for(i=0;i<5*n;i++)
  {
   for(j=0;j<8;j++)
    {
     if(K3==0)break;
     P1=REV[j];
     delay(25);
    }
   }
}
/********** 主程序 **********************/
 void main()
 {
  uchar N=3;                    //运转圈数
  while(1)
  {
   if(K1==0)
    {
     P0=0xfe;                   //LED1 点亮
     setp_motor_ffw(N);         //电机正转
     if(K3==0)break;
     }
   else if (K2==0)
    {
     P0=0xfd;                   //LED2 点亮
```

```
        setp_motor_rev(N);                              //电机反转
        if(K3==0)break;
      }
        else
        {
        P0=0xfb;                                        //LED3 点亮
        P1=0x03;
        }
    }
}
```

读懂上述程序，应用 Keil 建立 setp.c 源程序文件，编辑并汇编产生目标代码文件 setp.hex。

11.3.3 运行与思考

在 Proteus ISIS 中设计如图 11.11 所示的步进电机电路，所用元件在对象选择器中列出。将生成的目标代码文件 setp.hex 加载到单片机的"Program File"属性栏中，并设置时钟频率为 12MHz。单击"仿真"按钮，启动仿真。通过按不同的按键可以看到步进电机按不同的方式转动。

读者在完成本次仿真后可思考：如何实现步进电机的转速控制，以及单片机如何检测电机的转速，以此来实现更加复杂的控制。

11.4 "基于 ADC0809 的简易数字直流电压表"设计实例

11.4.1 基础知识

数字电压表是常用的对电子电路进行检测的精密仪器之一。传统的指针式刻度电压表功能比较单一，精度较低，容易引起视差和视觉疲劳，不能满足数字化时代的需要。数字电压表是将连续的模拟量如直流电压转换成不连续的离散的数字形式并加以显示，精度高、抗干扰能力强，可扩展性强、集成方便，还可与 PC 实时通信。数字电压表是诸多数字化仪表的核心与基础。以数字电压表为核心，可以扩展成各种通用数字仪表、专用数字仪表及各种非电量的数字化仪表。因此，很有必要对单片机和 A/D 转换器构成的数字电压表作比较全面深入的了解。

本节将介绍如何利用 MCS51 系列单片机、Keil 开发环境、Proteus 仿真软件开发一个简易数字直流电压表系统。其包括以下几个部分：

1）核心处理器：AT89C51。

2）A/D 转换器：ADC0809。

3）显示设备：LCD1602。

4）键盘输入：4 个独立式键盘。

其功能具体为：

1）该电压表可以测量 0~30 V 范围内的直流电压值。

2）在 LCD1602 上显示测量结果。

3）该电压表分为 2 档：0~5 V 与 0~30 V。

4）测量误差为5%。

11.4.2 系统硬件设计

根据简易数字直流电压表的功能要求，系统硬件可分为5大模块：电源模块、单片机（选择51单片机AT89C51）、LCD1602显示模块、A/D转换器ADC0809、键盘模块。系统整体结构如图11.13所示。

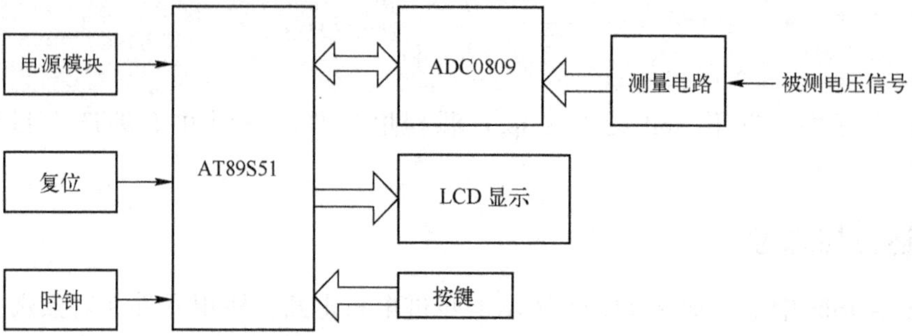

图11.13 简易数字直流电压表硬件原理框图

打开Proteus的ISIS软件，进行原理图绘制，添加51单片机及外围电路元件并连接，电路如图11.14所示。LCD1602与单片机采用并行接口，将51单片机的P0口引脚P0.7~P0.0连接到LCD1602的数据引脚D7~D0，将P2口的P2.2、P2.1、P2.0分别连接到LCD1602的控制引脚E、RW、RS。ADC0809挂在单片机的片外总线上，ADC0809的C、B、A分别连接至51单片机P2.6、P2.5、P2.4。51单片机的ALE经分频器后连接至ADC0809的CLOCK引脚上提供时钟信号。P2.7和WR、RD结合，通过或非门分别连接至ADC0809的START和OE

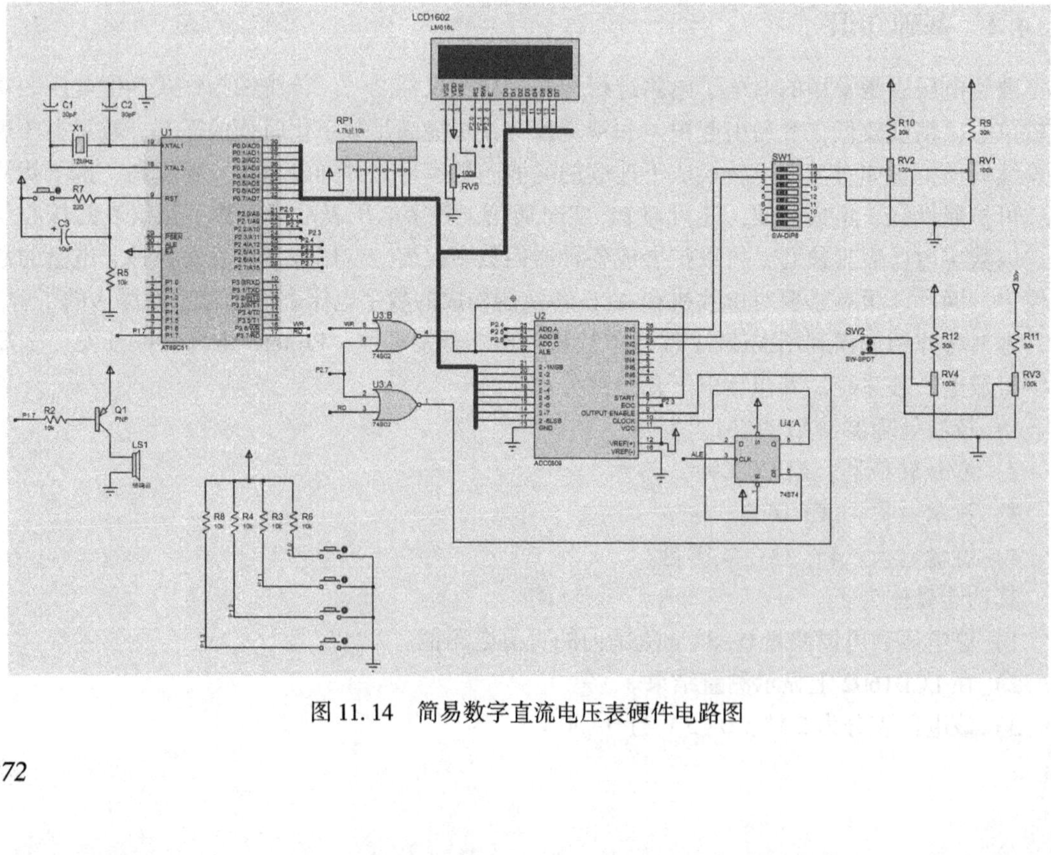

图11.14 简易数字直流电压表硬件电路图

引脚，控制 A/D 转换的启动和关闭。P2.3 连接至 ADC0809 的 EOC 端判断 A/D 转换是否结束。51 单片机 P1 口的低 4 位分别连接 4 个独立式按键。可以实现多路电压检测，通道 0 和 1 分别连接至 2 路 0~5 V 被测电压，通道 2 通过选择按键连接至 0~5 V 和 0~30 V 被测电压，其中，由于 0~20 V 超出了 ADC0809 的电压范围，因此，0~20 V 被测电压需经过电阻分压降为 0~5 V 后连接至 ADC0809 的 A/D 转换通道。根据连接电路，通道 0 的地址是 0000H，通道 1 的地址是 1000H，通道 2 的地址是 2000H。

11.4.3　系统软件设计

系统软件采用模块化思路设计，分别包括：LCD1602 显示子程序、ADC0809 电压转换子程序、按键子程序及系统主程序。设计时，将各个模块子程序单独编程、调试，每个模块调试成功正确无误后，最后编写系统主程序，进行各个模块的综合与联调，实现系统所有功能的正确运行。系统软件均在 Keil C 环境下编写、编译及调试。系统主程序、A/D 转换子程序流程如图 11.15、图 11.16 所示。

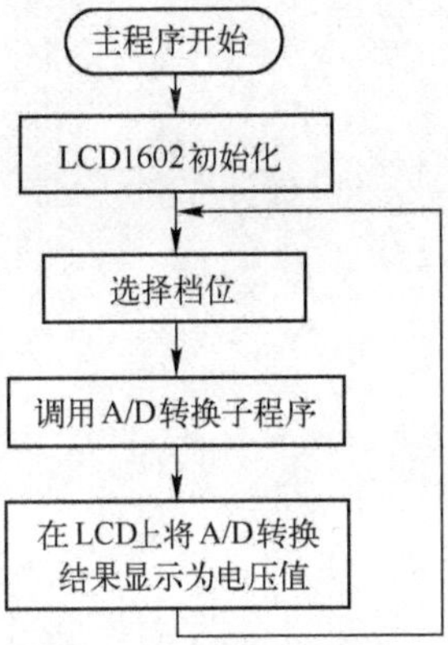

图 11.15　主程序流程

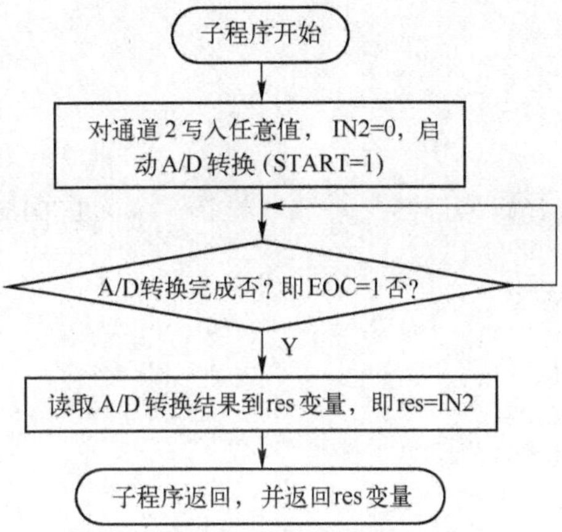

图 11.16　ADC0809A/D 转换子程序

这里主要采用通道 2 实现两档位的电压测量，其相应的 C51 程序如下：

```
#include <reg51.h>
#define uchar unsigned char
#define uint unsigned int
uchar getdata1,getdata2,mode=0;
uint temp1,temp2;
uint t;
void init1();
void wc51r(unsigned char j);
void wc51ddr(unsigned char j);
void display1();
void display2();
void mode_change();
void show();
void delayms(uint ms);
uchar AD_read();
uchar xdata IN2 _at_ 0x2000;            //通道 2 的地址
```

```
sbit RS=P2^0;                          //I/O 口的定义
sbit RW=P2^1;
sbit E=P2^2;
sbit EOC=P2^3;
sbit ADD_A=P2^4;
sbit ADD_B=P2^5;
sbit ADD_C=P2^6;
sbit P1_7=P1^7;
sbit P2_7=P2^7;
sbit P3_6=P3^6;
sbit P3_7=P3^7;
sbit K1=P1^0;
void main()
{
init1();
while(1)
{
show();
}
}

void init1()                           //LCD1602 初始化
{
P0=0XFF;
wc51r(0x01);
wc51r(0x38);
wc51r(0x0e);
wc51r(0x06);
}

void fbusy()                           //LCD1602 查询忙子函数
{
RS=0;
RW=1;
E=1;
delayms(1);
}

void wc51r(unsigned char j)            //LCD1602 写命令子函数
{
fbusy();
E=0;
RS=0;
RW=0;
E=1;
P0=j;
E=0;
delayms(1);
}
```

```
void wc51ddr(unsigned char j)                //LCD1602 写数据子函数
{
fbusy();
E=0;
RS=1;
RW=0;
E=1;
P0=j;
E=0;
delayms(1);
}

void display1()                               //5 V 档电压测量及显示子程序
{
getdata1= AD_read();                          //调用 A/D 转换子程序
temp1=(getdata1 * 5/256.0 * 100) * 6;         //将 A/D 转换数字量转换成电压值
wc51r(0x80);                                  //显示测量的电压值
wc51ddr('0');
wc51ddr('-');
wc51ddr('5');
wc51ddr('V');
wc51r(0xC0);
wc51ddr(0x30+temp1/1000);
wc51ddr(0x30+temp1/100%10);
wc51ddr('.');
wc51ddr(0x30+temp1/10%10);
wc51ddr(0x30+temp1%10);
wc51ddr('V');
}

void display2()                               //30 V 档电压测量及显示子程序
{
getdata2= AD_read();
temp2=getdata2 * 5/256.0 * 100 * 6;
wc51r(0x80);
wc51ddr('0');
wc51ddr('-');
wc51ddr('3');
wc51ddr('0');
wc51ddr('V');
wc51r(0xC0);
wc51ddr(0x30+temp2/1000);
wc51ddr(0x30+temp2/100%10);
wc51ddr('.');
wc51ddr(0x30+temp2/10%10);
wc51ddr(0x30+temp2%10);
wc51ddr('V');
}
```

```
void mode_change()                        //档位选择子程序
{
if(K1==0)
{
delayms(50);                              //延时消抖
if(K1==0)
{
mode++;
wc51r(0x01);                              //如果第一次按下 K1,切换到 0~30 V 档位
}
}
while(K1==0);
if(mode==2)mode=0;                        //再次按下 K1,回到 0~5 V 档位
}

void show()
{
mode_change();
switch(mode)
{case 0:display1();break;                 //调用 0~5 V 档位电压测量及显示子程序
case 1:display2();break;                  //调用 0~30 V 档位电压测量及显示子程序
}
}

void delayms(uint ms)                     //延时函数
{
uchar i;
while(ms--)
for(i=0;i<120;i++);
}

uchar AD_read()                           //A/D 转换子程序
{
uchar res;
IN2 = 0;                                  //启动通道 2 的 A/D 转换
while(!EOC);                              //等待转换结束
res=IN2;                                  //读取转换结果到变量 res
return res;                               //返回 A/D 转换结果
}
```

11.4.4 调试与运行结果

设计的项目程序在 Keil 和 Proteus 实时在线联调界面如图 11.17 所示。系统能正确可靠运行，并按档位要求在 LCD 上均正确显示被测电压值。

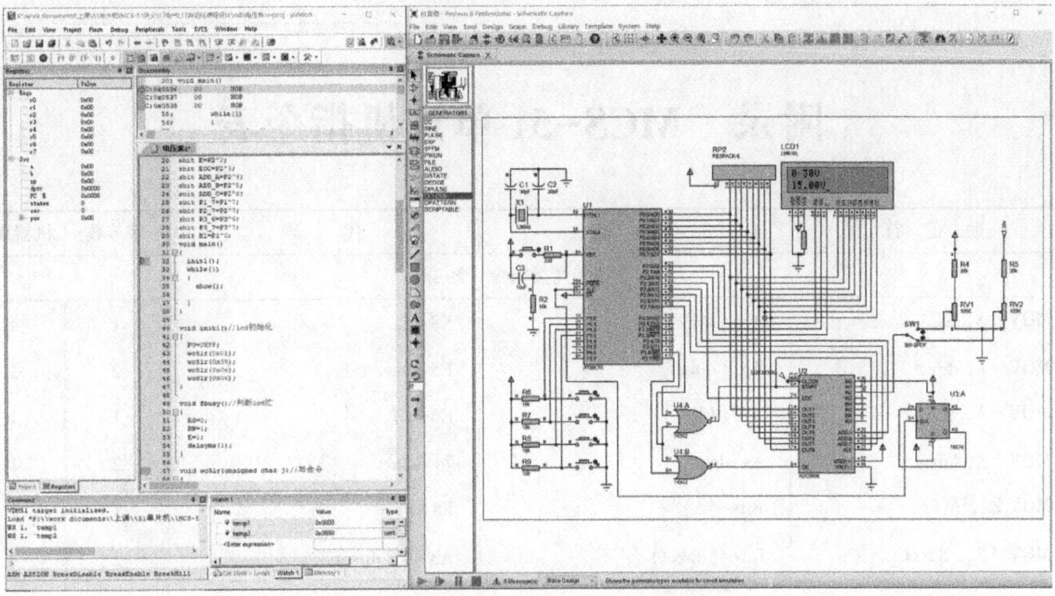

图 11.17　电压表 Keil 和 Proteus 联调界面

本章小结

本章通过介绍多功能数字电子钟、正反转可控步进电机、基于 ADC0809 的简易数字电压表三个单片机应用系统的设计思想和实现，力图帮助读者了解单片机应用系统开发过程，开拓视野、加速系统开发的经验积累，对以后从事单片机应用系统开发具有启发和借鉴意义。

附录　MCS-51单片机指令表

助 记 符	功　　能	代　　码	字节数	机器周期
数据传送类指令（29条）				
MOV　A, R_n	A←(Rn)	E8~EF	1	1
MOV　A, direct	A←(direct)	E5 direct	2	1
MOV　A, @R_i	A←((Ri))	E6~E7	1	1
MOV　A, #data	A←data	74 data	2	1
MOV R_n, A	Rn←(A)	F8~FF	1	1
MOV　R_n, direct	Rn←(direct)	A3~AF direct	2	2
MOV　R_n, #data	Rn←data	78~7F data	2	1
MOV　direct, A	direct←(A)	F5 direct	2	1
MOV　direct, R_n	direct←(Rn)	88~8F direct	2	2
MOV　direct1, direct2	direct1←(direct2)	85 direct2 direct1	3	2
MOV　direct, @R_i	direct←((Ri))	86~87 direct	2	2
MOV　direct, #data	direct←data	75 direct data	3	2
MOV　@R_i, A	(Ri)←(A)	F6~F7	1	1
MOV　@R_i, direct	(Ri)←(direct)	A6~A7 direct	2	2
MOV　@R_i, #data	(Ri)←data	76~77 data	2	1
MOV　DPTR, #data16	DPTR←data16	90 $data_{15\sim8}$ $data_{7\sim0}$	3	2
MOVC　A, @A+DPTR	A←((A)+(DPTR))	93	1	2
MOVC　A, @A+PC	A←((A)+(PC))	83	1	2
MOVX　A, @R_i	A←((Ri))	E2~E3	1	2
MOVX　A, @DPTR	A←((DPTR))	E0	1	2
MOVX　@R_i, A	(Ri)←(A)	F2~F3	1	2
MOVX　@DPTR, A	(DPTR)←(A)	F0	1	2
PUSH　direct	SP←(SP)+1,(SP)←(direct)	C0 direct	2	2
POP　direct	direct←(SP),SP←(SP)-1	D0 direct	2	2
XCH　A, R_n	(A)←→(Rn)	C8~CF	1	1
XCH　A, direct	(A)←→(direct)	C5 direct	2	1
XCH　A, @R_i	(A)←→((Ri))	C6~C7	1	1
XCHD　A, @R_i	$(A)_{3\sim0}$←→$((Ri))_{3\sim0}$	D6~D7	1	1
SWAP　A	$(A)_{7\sim4}$←→$(A)_{3\sim0}$	C4	1	1

（续）

助记符	功能	代码	字节数	机器周期
算术运算类指令（24 条）				
ADD A, R_n	A←(A)+(Rn)	28~2F	1	1
ADD A, direct	A←(A)+(direct)	25 direct	2	1
ADD A, @R_i	A←(A)+((Ri))	26~27	1	1
ADD A, #data	A←(A)+data	24 data	2	1
ADDC A, R_n	A←(A)+(Rn)+Cy	38~3F	1	1
ADDC A, direct	A←(A)+(direct)+Cy	35 direct	2	1
ADDC A, @R_i	A←(A)+((Ri))+Cy	36~37	1	1
ADDC A, #data	A←(A)+data+Cy	34 data	2	1
SUBB A, R_n	A←(A)-(Rn)-Cy	98~9F	1	1
SUBB A, direct	A←(A)-(direct)-Cy	95 direct	2	1
SUBB A, @R_i	A←(A)-((Ri))-Cy	96~97	1	1
SUBB A, #data	A←(A)-data-Cy	94 data	2	1
INC A	A←(A)+1	04	1	1
INC R_n	Rn←(Rn)+1	08~0F	1	1
INC direct	direct←(direct)+1	05 direct	2	1
INC @R_i	(Ri)←((Ri))+1	06~07	1	1
INC DPTR	DPTR←(DPTR)+1	A3	1	2
DEC A	A←(A)-1	14	1	1
DEC R_n	Rn←(Rn)-1	18~1F	1	1
DEC direct	direct←(direct)-1	15 direct	2	1
DEC @R_i	(Ri)←((Ri))-1	16~17	1	1
MUL AB	BA←(A)×(B)	A4	1	4
DIV AB	A←(A)/(B)(商),B←	84	1	4
DA A	(A)/(B)(余数) 十进制调整	D4	1	1
逻辑运算类指令（24 条）				
ANL A, R_n	A←(A)∩(Rn)	58~5F	1	1
ANL A, direct	A←(A)∩(direct)	55 direct	2	1
ANL A, @R_i	A←(A)∩((Ri))	56~57	1	1
ANL A, #data	A←(A)∩data	54 data	2	1
ANL direct, A	direct←(direct)∩(A)	52 direct	2	1
ANL direct, #data	direct←(direct)∩data	53 direct data	3	2
ORL A, R_n	A←(A)∪(Rn)	48~4F	1	1
ORL A, direct	A←(A)∪(direct)	45 direct	2	1

（续）

助 记 符	功 能	代 码	字节数	机器周期
		逻辑运算类指令（24 条）		
ORL A, @R_i	A←(A)∪((Ri))	46~47	1	1
ORL A, #data	A←(A)∪data	44 data	2	1
ORL direct, A	direct←(direct)∪(A)	42 direct	2	1
ORL direct, #data	direct←(direct)∪data	43 direct data	3	2
XRL A, R_n	A←(A)⊕(Rn)	68~6F	1	1
XRL A, direct	A←(A)⊕(direct)	65 direct	2	1
XRL A, @R_i	A←(A)⊕((Ri))	66~67	1	1
XRL A, #data	A←(A)⊕data	64 data	2	1
XRL direct, A	direct←(direct)⊕(A)	62 direct	2	1
XRL direct, #data	direct←(direct)⊕data	63 direct data	3	2
CLR A	A←0	E4	1	1
CPL A	A←/(A)	F4	1	1
RL A	(A)左移	23	1	1
RLC A	(A)带 Cy 左移	33	1	1
RR A	(A)右移	03	1	1
RRC A	(A)带 Cy 右移	13	1	1
		位操作类指令（17 条）		
CLR C	C←0	C3	1	1
CLR bit	bit←0	C2 bit	2	1
SETB C	C←1	D3	1	1
SETB bit	bit←1	D2 bit	2	1
CPL C	C←/Cy	B3	1	1
CPL bit	bit←/(bit)	B2 bit	2	1
ANL C, bit	C←Cy∩(bit)	82 bit	2	2
ANL C,/bit	C←Cy∩/(bit)	B0 bit	2	2
ORL C, bit	C←Cy∪(bit)	72 bit	2	2
ORL C,/bit	C←Cy∪/(bit)	A0 bit	2	2
MOV C, bit	C←(bit)	A2 bit	2	1
MOV bit, C	bit←Cy	92 bit	2	1
JC rel	Cy=1 时，转移	40 rel	2	2
JNC rel	Cy=0 时，转移	50 rel	2	2
JB rel	Bit=1 时，转移	20 bit rel	3	2
JNB rel	Bit=0 时，转移	30 bit rel	3	2
JBC rel	Cy=1 时，转移,并清零	10 bit rel	3	2

（续）

助 记 符	功 能	代 码	字节数	机器周期
控制转移类指令（17 条）				
ACALL addr11	短调用	a10 a9 a8 1 1 addr(7~0)	2	2
LCALL addr16	长调用	12addr(15~8) addr(7~0)	3	2
RET	子程序返回	22	1	2
RETI	中断返回	32	1	2
AJMP addr11	短跳转	a10 a9 a8 0 1 addr(7~0)	2	2
LJMP addr16	长跳转	02addr(15~8) addr(7~0)	3	2
SJMP rel	相对转移	80 rel	2	2
JMP @A+DPTR	间接转移	73	1	2
JZ rel	A=0 时，转移	60 rel	2	2
JNZ rel	A≠0 时，转移	70 rel	2	2
CJNE A,direct,rel	A≠(direct)时，转移	B5 direct rel	3	2
CJNE A,#data,rel	A≠data 时，转移	B4 data rel	3	2
CJNE R_n, #data,rel	(Rn)≠data 时，转移	B8~BF data rel	3	2
CJNE @R_i, #data,rel	((Ri))≠data 时，转移	B6~B7 data rel	3	2
DJNZ R_n, rel	(Rn)-1≠0 时，转移	D8~DF rel	2	2
DJNZ direct, rel	(direct)-1≠0 时，转移	D5 direct rel	3	2
NOP	空操作	00	1	1

参 考 文 献

[1] 徐敏，刘建春，关键生．单片机原理及应用［M］．北京：机械工业出版社，2012.
[2] 喻宗泉，喻晗，李建民．单片机原理与应用技术［M］．西安：西安电子科技大学出版社，2006.
[3] 李全利，迟荣强．单片机原理及接口技术［M］．北京：高等教育出版社，2004.
[4] 肖看，李群芳．单片机原理、接口及应用：嵌入式系统技术基础［M］．北京：清华大学出版社，2010.
[5] 胡乾斌，李玲，喻红．单片微型计算机原理与应用［M］．武汉：华中科技大学出版社，2006.
[6] 张毅刚，彭喜元．单片机原理与应用设计［M］．北京：电子工业出版社，2008.
[7] 张齐．单片机系统设计与开发［M］．北京：机械工业出版社，2008.
[8] 赵亮，侯国锐．单片机 C 语言编程与实例［M］．北京：人民邮电出版社，2003.
[9] 牛余朋，牛傲其．51 单片机 C 语言的编程技巧［J］．实用电子制作，2007：23-25.
[10] 龚运新．单片机 C 语言开发技术［M］．北京：清华大学出版社，2006.
[11] 郭惠，吴迅．单片机 C 语言程序设计完全自学手册［M］．北京：电子工业出版社，2008.
[12] 林立，张俊亮，等．单片机原理及应用：基于 Proteus 及 Keil C［M］．北京：电子工业出版社，2009.
[13] 刘坤．51 单片机 C 语言应用开发技术大全［M］．北京：电子工业出版社，2008.
[14] 张齐，朱宁西．单片机应用系统设计技术：基于 C51 的 Proteus 仿真［M］．北京：电子工业出版社，2009.
[15] 王为青，程国钢．单片机 Keil Cx51 应用开发技术［M］．北京：人民邮电出版社，2007.
[16] 朱清慧．Proteus：电子技术虚拟实验室［M］．北京：中国水利水电出版社，2010.
[17] 谢维成，杨加国．单片机原理与应用及 C51 程序设计［M］．北京：清华大学出版社，2006.
[18] 江世明，黄同成．单片机原理及应用［M］．北京：中国铁道出版社，2010.
[19] 李建忠．单片机原理及应用［M］．西安：西安电子科技大学出版社，2008.
[20] 彭伟．单片机 C 语言程序设计实训 100 例：基于 8051+Proteus 仿真［M］．北京：电子工业出版社，2009.
[21] 马淑华．单片机原理与接口技术［M］．北京：北京邮电大学出版社，2007.
[22] 高洪志．MCS-51 单片机原理及应用技术教程［M］．北京：人民邮电出版社，2009.